高等职业教育农业农村部"十三五"规划教材

"十三五"江苏省高等学校重点教材

吴雪芬 席敦芹 邱晓红 ◎ 主编

园艺植物保护

中国农业出版社
北京

内 容 简 介

《园艺植物保护》是高等职业院校三年制园艺技术等相关专业的一门专业核心课程，是研究园艺植物病虫害的发生、发展规律及综合防治的科学，是保护园艺植物并使其正常生长发育的科学，也是直接服务于园艺生产及养护的应用性科学，它对提升学生的综合素质有重要作用。学生通过学习本教材，能够掌握在生产实践中防治园艺植物病虫害所必需的基础知识、基本理论和实践操作技能。

编审人员名单

主　编　吴雪芬　席敦芹　邱晓红

副主编　姜宗庆　张艳艳　吴　凯

编　者　(以姓氏笔画为序)

　　　　　刘　洋　刘永红　吴　凯

　　　　　吴雪芬　邱晓红　张艳艳

　　　　　姜宗庆　贾永红　席敦芹

审　稿　陈啸寅

前 言

为全面推进乡村振兴,坚持农业农村优先发展,坚持科技是第一生产力、人才是第一资源、创新是第一动力。也为了贯彻《国家职业教育改革实施方案》(国发〔2019〕4号)、《关于职业院校专业人才培养方案制订与实施工作的指导意见》(教职成〔2019〕13号)等文件精神,以全面提高教学质量为目标,以创新课程教学体系和改革教学内容为重点,本教材依据国家高等职业教育的特点和专业人才培养目标,适应新形势,以高职学生毕业后从事的岗位群所需的专业知识与专业技能为主线,将理论知识与技能融为一体,旨在培养能直接从事园艺植物保护的高级应用型与植保技术推广的技能型人才。

本教材在编写过程中突出了理论与生产的紧密结合,注重实用性与应用性。在内容选取上,以园艺植物生产发展要求为依据,在保证基本理论和基本技术教学的前提下,突出新知识、新技能等的运用,将目前生产上经常发生的园艺植物病虫害内容编入本教材。在园艺植物病虫害种类安排上,以常见园艺植物病虫害为主,适当编入部分其他园艺植物病虫害。在结构上,打破传统的以学科为中心的教材体系,内容编排贴近园艺生产需求,遵循能力培养规律,并结合课程实际设计了与课程能力目标相符的任务实施,深入实施科教兴国战略,坚持教育优先发展、科技自立自强、人才引领驱动,加快建设科技强国、人才强国。做到学生校内学习与实际工作的一致,实现理论教学与实践教学相结合,"教、学、做、训"一体化,提高学生的职业能力。

本教材内容较为详尽,在具体的教学过程中,各地可根据具体当地园艺植物病虫害发生情况适当调整内容,教学中要注重教学内容的实效性及前瞻性,并能做到点面结合,深入浅出。本教材可供高等职业院校园艺技术等相关专业教学使用,也可作为园艺植物保护技术培训及园艺植保相关技术人员学习的参考书。

本教材承蒙江苏农林职业技术学院陈啸寅教授审稿，编写过程中也参考了专家学者的相关资料，在此一并表示感谢。由于编者水平有限，加之时间仓促，教材中的疏漏或不妥之处在所难免，敬请读者提出宝贵意见，以便及时修订。

编　者

2020 年 10 月

目 录

前言

绪论 走进园艺植物保护 ········ 1
任务一 了解园艺植物保护 ········ 1
任务二 领会植保工作方针 ········ 3

项目一 园艺植物昆虫和螨类识别 ········ 6
任务一 认识昆虫 ········ 6
一、有害昆虫 ········ 6
二、有益昆虫 ········ 6
任务二 昆虫的外部形态特征 ········ 7
一、昆虫的头部及附器 ········ 8
二、昆虫的胸部及附器 ········ 13
三、昆虫的腹部及附器 ········ 16
四、昆虫体壁的构造及在害虫防治上的应用 ········ 17
五、昆虫的内部器官及在害虫防治上的应用 ········ 18
任务三 昆虫的生物学特性 ········ 22
一、昆虫的生殖方式 ········ 22
二、昆虫的变态 ········ 23
三、昆虫个体发育各虫期特点及在防治上的应用 ········ 24
四、昆虫的世代和年生活史 ········ 28
五、昆虫的主要行为习性及在防治上的应用 ········ 31
任务四 识别园艺植物昆虫和螨类主要类群 ········ 33
一、昆虫分类的依据和方法 ········ 34

二、园艺昆虫的主要类群 ··· 34
　　三、螨类 ··· 41
任务五　环境对昆虫的影响 ··· 43
　　一、环境因素对昆虫的影响 ··· 43
　　二、利用生物因素防治昆虫 ··· 46
　　三、利用土壤因素防治昆虫 ··· 47
　　四、人类控制昆虫 ··· 48
任务六　园艺植物害虫的调查统计和预测预报 ·· 49
　　一、园艺植物害虫的调查统计 ·· 49
　　二、园艺植物害虫的预测预报 ·· 52
任务实施 ··· 57
　　技能实训1-1　识别昆虫的外部形态及各虫态 ·· 57
　　技能实训1-2　识别直翅目、半翅目、同翅目昆虫及其常见科的形态特征 ······· 58
　　技能实训1-3　识别鞘翅目、鳞翅目、双翅目、膜翅目昆虫及其常见科的
　　　　　　　　　形态特征 ··· 59
　　技能实训1-4　采集、制作和保存昆虫标本 ··· 60
　　技能实训1-5　调查、统计田间的园艺植物病虫害 ···································· 64

项目二　园艺植物病害及主要病原菌类群识别

任务一　认识园艺植物病害 ··· 68
　　一、园艺植物病害的含义 ·· 68
　　二、侵染性病害和非侵染性病害的关系 ·· 70
　　三、植物病害的分类 ··· 70
　　四、园艺植物病害症状识别 ·· 71
　　五、园艺植物非侵染性病害病原识别 ·· 75

任务二　园艺植物病原真菌类群 ·· 79
　　一、真菌的营养体 ·· 80
　　二、真菌的繁殖体 ·· 81
　　三、真菌的生活史 ·· 82
　　四、植物病原真菌的主要类群 ·· 83

任务三　园艺植物其他病原物类群 ··· 97
　　一、原核生物细菌 ·· 97
　　二、园艺植物病原病毒 ·· 100
　　三、园艺植物其他病原物 ··· 103

任务四　诊断园艺植物病害 ··· 109
　　一、园艺植物病害的诊断步骤 ·· 109
　　二、园艺植物病害的诊断方法 ·· 109

三、新病害的鉴定——柯赫氏法则 ·· 111
　　四、诊断植物病害时应注意的问题 ·· 111
任务五　园艺植物侵染性病害的发生与流行 ·· 111
　　一、病原物的寄生性和致病性 ·· 111
　　二、寄主植物的抗病性 ·· 112
　　三、园艺植物侵染性病害的侵染过程 ·· 114
　　四、园艺植物侵染性病害的侵染循环 ·· 116
任务六　园艺植物病害的预测预报和调查统计 ·· 118
　　一、预测预报园艺植物病害的流行 ·· 118
　　二、调查统计园艺植物病害 ·· 120
任务实施 ·· 122
　　技能实训 2-1　识别常见园艺植物病害症状 ·· 122
　　技能实训 2-2　识别园艺植物病原真菌形态与类群（鞭毛菌亚门、接合菌亚门、
　　　　　　　　 子囊菌亚门） ·· 123
　　技能实训 2-3　识别园艺植物病原真菌形态与类群（担子菌亚门、
　　　　　　　　 半知菌亚门） ·· 124
　　技能实训 2-4　识别植物病原细菌、线虫及寄生性种子植物形态 ······················ 126
　　技能实训 2-5　采集、制作和保存植物病害标本 ······································ 127
　　技能实训 2-6　植物病原物的分离、接种与培养 ······································ 130

项目三　园艺植物病虫害综合防治技术 ·· 136
任务一　制订园艺植物病虫害综合治理方案 ·· 136
　　一、提出综合治理概念 ·· 136
　　二、综合治理的含义 ·· 137
　　三、制订综合治理方案所遵循的原则 ·· 137
任务二　实施园艺植物病虫害综合治理方案 ·· 138
　　一、植物检疫 ·· 139
　　二、农业防治 ·· 142
　　三、生物防治 ·· 145
　　四、物理防治 ·· 149
　　五、化学防治 ·· 151
任务实施 ·· 162
　　技能实训 3-1　识别和简易鉴别常用农药的性状 ······································ 162
　　技能实训 3-2　配制波尔多液及其质量鉴定 ·· 163
　　技能实训 3-3　制订园艺植物病虫综合治理方案 ······································ 164

项目四　园艺植物害虫和螨类防治技术 ·· 167
任务一　园艺植物地下害虫防治技术 ·· 167

一、蛴螬类 ……………………………………………………………… 167
　　二、蝼蛄类 ……………………………………………………………… 170
　　三、地老虎类 …………………………………………………………… 172
　　四、金针虫类 …………………………………………………………… 174
　　五、地蛆（种蝇） ……………………………………………………… 175
任务二　园艺植物食叶性害虫防治技术 ………………………………… 176
　　一、刺蛾类 ……………………………………………………………… 177
　　二、蓑蛾类 ……………………………………………………………… 180
　　三、夜蛾类 ……………………………………………………………… 182
　　四、毒蛾类 ……………………………………………………………… 185
　　五、枯叶蛾类（以黄褐天幕毛虫为例） ……………………………… 186
　　六、菜粉蝶 ……………………………………………………………… 188
　　七、小菜蛾 ……………………………………………………………… 189
　　八、黄曲条跳甲 ………………………………………………………… 190
　　九、瓜绢螟 ……………………………………………………………… 191
　　十、黄守瓜 ……………………………………………………………… 192
　　十一、茄二十八星瓢虫 ………………………………………………… 193
　　十二、美洲斑潜蝇 ……………………………………………………… 194
　　十三、柑橘潜叶蛾 ……………………………………………………… 195
　　十四、豆野螟 …………………………………………………………… 196
　　十五、苹果小卷叶蛾 …………………………………………………… 197
任务三　园艺植物吸汁类害虫防治技术 ………………………………… 199
　　一、蚜虫类 ……………………………………………………………… 199
　　二、介壳虫类 …………………………………………………………… 206
　　三、粉虱类 ……………………………………………………………… 212
　　四、叶蝉类（以大青叶蝉为例） ……………………………………… 216
　　五、网蝽类 ……………………………………………………………… 217
　　六、叶螨类（红蜘蛛） ………………………………………………… 219
任务四　园艺植物钻蛀性害虫防治技术 ………………………………… 224
　　一、天牛类 ……………………………………………………………… 224
　　二、木蠹蛾类（以咖啡木蠹蛾为例） ………………………………… 229
　　三、透翅蛾类（以葡萄透翅蛾为例） ………………………………… 230
　　四、螟蛾类（以桃蛀螟为例） ………………………………………… 231
　　五、夜蛾类（以棉铃虫和烟青虫为例） ……………………………… 232
　　六、小卷叶蛾科（以梨小食心虫为例） ……………………………… 234
　　七、实蝇类（以柑橘实蝇为例） ……………………………………… 235
任务实施 ……………………………………………………………………… 241

技能实训4-1　识别园艺植物害虫的形态和为害状 …………………………………… 241
　　技能实训4-2　识别常见蔬菜害虫的形态和为害状 …………………………………… 242
　　技能实训4-3　识别常见果树害虫的形态和为害状 …………………………………… 244

项目五　园艺植物病害防治技术 ……………………………………………………………… 246

任务一　园艺植物苗期及根部真菌性病害防治技术 ……………………………………… 246
　　一、猝倒病 ……………………………………………………………………………… 246
　　二、立枯病 ……………………………………………………………………………… 248
　　三、白绢病 ……………………………………………………………………………… 250
　　四、园艺植物苗期其他病害 …………………………………………………………… 251

任务二　园艺植物叶、花、果真菌性病害防治技术 ……………………………………… 251
　　一、白粉病类 …………………………………………………………………………… 252
　　二、霜霉病类 …………………………………………………………………………… 255
　　三、锈病类 ……………………………………………………………………………… 259
　　四、炭疽病类 …………………………………………………………………………… 263
　　五、煤污病 ……………………………………………………………………………… 271
　　六、叶斑病类 …………………………………………………………………………… 272
　　七、疫病类 ……………………………………………………………………………… 279
　　八、灰霉病类 …………………………………………………………………………… 283
　　九、叶畸形类（以桃缩叶病为例） …………………………………………………… 286
　　十、穿孔病类（以桃李穿孔病为例） ………………………………………………… 287
　　十一、黑星病类（以梨黑星病为例） ………………………………………………… 289
　　十二、疮痂病类（以柑橘疮痂病为例） ……………………………………………… 290
　　十三、树脂病类（以柑橘树脂病为例） ……………………………………………… 292
　　十四、黑痘病类（以葡萄黑痘病为例） ……………………………………………… 294
　　十五、白腐病类（以葡萄白腐病为例） ……………………………………………… 295
　　十六、褐腐病类（以桃褐腐病为例） ………………………………………………… 297

任务三　园艺植物茎干真菌性病害防治技术 ……………………………………………… 298
　　一、腐烂、溃疡病类 …………………………………………………………………… 298
　　二、菌核病类（以十字花科蔬菜菌核病为例） ……………………………………… 301
　　三、枯黄萎病类 ………………………………………………………………………… 302
　　四、轮纹病类（以苹果、梨轮纹病为例） …………………………………………… 305
　　五、干腐病类（以苹果干腐病为例） ………………………………………………… 306

任务四　园艺植物其他病原物病害防治技术 ……………………………………………… 308
　　一、园艺植物细菌性病害和植原体病害防治技术 …………………………………… 309
　　二、园艺植物病毒病害防治技术 ……………………………………………………… 316
　　三、园艺植物线虫病害及其他病害防治技术 ………………………………………… 321

四、寄生性种子植物防治技术 ··· 323
任务实施 ·· 331
　　技能实训5-1　识别园艺植物苗期和根部病虫害的形态及为害状 ··································· 331
　　技能实训5-2　识别园艺植物叶部和枝干病害的症状和病原真菌形态 ··························· 332
　　技能实训5-3　识别蔬菜病害的症状和病原菌形态 ·· 333
　　技能实训5-4　识别果树病害的症状和病原菌形态 ·· 335

主要参考文献 ·· 337

绪 论
走进园艺植物保护

知识目标

- 掌握园艺植物保护的概念、性质、研究内容和任务。
- 明确园艺植物保护在园艺生产上的作用和重要地位。
- 了解我国园艺植物保护的现状和发展趋势。

能力目标

- 领会园艺植物保护的内涵。
- 能够在实际工作中应用我国的植保工作方针。

任务一 了解园艺植物保护

园艺植物保护是研究园艺植物（果树、蔬菜、花卉等）病害的症状识别、发病规律，害虫的形态特征、生活习性，病虫害预测预报、防治方法的一门科学，是直接为园艺植物生产服务的一门应用科学。因为病虫生活在由环境、寄主植物、天敌等因子组成的复杂生态系统中，所以园艺植物保护是以植物及植物生理学、园艺植物栽培学、生态学、统计学等有关学科为基础，研究园艺植物病害、虫害等的发生和为害规律，并采用积极有效措施进行预防和治理的课程，是种植类专业的必修课。

园艺植物又称园艺作物，是指在露地或保护地中人工栽培的蔬菜、果树、花卉、草坪、观赏树木、香料及部分特种经济作物等。园艺植物在生长发育及其贮运过程中不可避免地会遭受多种病、虫、草、鼠的为害，使产量降低，品质变劣，给国民经济、人民生活带来严重的影响，甚至产生灾难性的后果。据统计，全世界因病、虫、草为害造成的损失，在蔬菜中占 27.6%，其中病害占 10.1%、虫害占 8.6%、草害占 8.9%；在果树中占 28.0%，其中病害占 16.4%、虫害占 5.8%、草害占 5.8%。

我国历史上就有蝗灾肆虐上千年而得不到有效治理，致使人们流离失所、哀鸿遍野的例子。中华人民共和国成立前夕，我国东北地区由于苹果树腐烂病发生严重，苹果树病死达 140 多万株，减产 25 万 t。20 世纪 80 年代以后，梨树由于黑星病的为害，病果率达 30%～60%，严重的减产 30%～50%。葡萄黑痘病在流行年份致使我国长江流域及沿海地区葡萄减产高达 50% 以上。蔬菜病害中，茄科、瓜类病毒病、枯萎病等都是生产上非常严重的病害。迄今为止，全国各地普遍发生的大白菜病毒病、霜霉病、软腐病和茄黄萎病等仍是生产上重要的问题。观赏植物方面，1995年以来，昆明地区铁线莲枯萎病、白粉病的蔓延；唐菖蒲病毒病在云南的流行；鸡冠花褐斑病在昆明世博园荷兰园的发生，都给花卉生产在数量、品质上造成了重大影响。漳州、崇明水仙都是闻名世界的传统球根花卉，却由于病毒病而影响出口。林木方面，松材萎蔫线虫病自1982年在我国南京市中山陵首次发现以来，在短短的十几年内，又相继在安徽、广东、浙江等省局部地区发现并流行成灾，导致大量松树枯死，对我国的松林资源、自然景观和生态环境造成了严重破坏，且有继续扩展蔓延之势。

随着人民生活水平的提高，蔬菜、水果和花卉等的生产受到各级政府部门、生产者和广大消费者的高度重视。近年来随着我国农业种植结构的调整，园艺植物品种增加、数量翻番，为某些病虫提供了丰富的营养物质，并为其创造了适于生活的环境条件，同时削弱了非园艺植物和以园艺植物为营养物质和生活环境的其他生物（如天敌）的生活条件，减少了在园艺植物群落中的物种组分和种群之间的竞争，致使有害生物的种群数量急剧上升，给园艺生产带来不同程度的经济损失。在正常防治的情况下，每年病虫害仍造成较大的经济损失，如果防治失利，损失可达到50%以上。

病虫危害是园艺植物丰产增收的一大障碍，没有园艺植物保护，园艺植物丰产就没有保证。人们为了保护园艺植物，避免或减少病虫害损失，不断开展病虫害防治工作。园艺植物保护就是人类在长期与病虫害的斗争中逐渐形成和发展起来的。

我国园艺植物病虫害研究与实践的历史悠久，2 600年前就有治蝗、防螟的科学记载，2 200年前已开始应用砷、汞制剂和藜芦杀虫。公元前1世纪的《氾胜之书·种禾》中关于谷种的处理是世界上最早记载的药剂浸种。公元304年，在广东就有关于用黄猄蚁防治柑橘害虫的记载。公元528—549年，开始运用调节播种期、收获期，选用抗虫品种的方法防治害虫。公元12世纪，宋朝韩彦直的《橘录》中也记载了多种病害的防治方法。

近代园艺植物保护的发展甚为迅速。推广新技术、培育农技人员等取得了举世瞩目的成就。当好维护国家粮食安全的'保护伞'，确保'中国碗装中国粮'，特别是20世纪60年代以来，由于遗传学、微生物学、分子生物学、电子显微技术、电子计算机等学科的发展和应用，植物病虫害防治的研究已经由宏观、微观向超微观发展，从一般形态观察进入分子生物学研究阶段。各种高新技术在园艺植物保护的研究和实践中日益普及，遥感、遥控技术已用于害虫的分布情况和危害程度的遥测侦察，为预测预报工作提供了可靠的依据；原子能、激光、超声波、激素、遗传工程已在病虫害的管理和防治上显示出愈来愈重要的作用。

纵观20世纪，园艺植物保护技术随着其他科学技术的突飞猛进也得到了迅速发展。进入21世纪，由于世界经济全球化趋势增强，科技革命迅猛发展，人民生活水平不断提高，这对园艺植物生产和植保工作提出了新的要求。

随着病虫害综合治理理论和技术向高、深层次发展及系统工程原理和方法在有害生物治理技术中的应用，病虫害的计算机优化管理也将逐步提高，这使园艺植物保护与信息学、环境学、社会学、经济学、决策学、计算机与信息科学等也发生越来越密切的联系。

学习园艺植物保护的主要任务是在认识园艺植物病虫害重要性的基础上，掌握园艺植物重要病虫害的发生、发展规律，吸取前人研究成果和国内外最新研究成果，结合生产实际，积极推广行之有效的综合防治措施，进一步提高和创新防治水平。同时，对目前尚未搞清楚发生规律的病虫害，要加强科学研究，不断提高理论水平，及时解决生产实践中的实际问题，确保园艺植物生长健壮、优质、高产。

任务二　领会植保工作方针

1950年我国就提出了"防重于治"的植保工作方针，提倡有准备、有计划地防治农作物病虫害。随着农业、工业生产的迅速发展和植保工作经验的不断积累，针对不同时期的具体情况，我国曾对植保方针进行了几次修改、补充，但是"预防为主"一直是植保工作一贯的指导思想。

20世纪60年代由于连年大面积使用化学农药，忽视了化学农药的负面效应，结果引起了环境污染、天敌等有益生物急剧减少、有害生物产生抗药性和再猖獗等严重问题。自此人们对病虫害防治的认识进一步深化，加之世界范围内保护环境、保护生态平衡的呼声日益高涨，以农业防治为基础、多种措施协调配合的综合防治策略便应运而生。1964年的全国农作物主要病虫害综合防治讨论会认真总结了病虫害治理的经验和教训，一致认为"农作物病虫害的防治，要考虑经济、安全、有效；防治病虫害的目的是为了农业生产的高产、稳产、增收，同时也要注意保证人畜安全，避免或减少环境污染和其他有害副作用"，这表明了综合治理的必要性和迫切性。1965年，在全国植保工作会议上进一步研究确定了"预防为主，综合防治"为我国植保工作的总方针，使我国的农作物病虫害防治进入了一个新阶段。1980年全国植保工作会议上提出"因地、因时、因病虫制宜地协调运用农业的、化学的、生物的和物理的各种手段，经济有效地将病虫草害控制在经济损害允许水平之下"。20世纪80年代以来，农业生态系统工程原理、有害生物生态调控策略和可持续发展理论应用到病虫害综合防治中，对"预防为主，综合防治"的植保工作方针又赋予了新的内容。以生态学为基础，实施可持续的病虫害控制策略已成为病虫害综合治理战略的核心。

"预防"是贯彻植保工作方针的基础，"综合防治"不应被看成仅仅是防治手段的多样化，更重要的是以生态学为基础，协调应用各种必要手段，经济、简易、安全、有效持续控制病虫危害。任何防治有害生物的设计，如果脱离了这一指导思想，采用的措施再多，也不是好的综合防治。

当前，我国园艺植物病虫草害防治的研究正在向着可持续发展的方向迈进，如在防治策略上，由追求短期行为开始向以生态学为基础的方向发展。过去那种"头痛医头，脚痛医脚"的粗放管理、短期行为产生的严重不良后果让人们认识到园艺植物保护必须从生态学的观点出发，坚持可持续发展，把病虫草害防治纳入园艺植物生产或园艺建设的总体规划中去。化学防治必须做到使用高效、低毒、低残留的环境友好型农药；减少农药的一次使用量；减少施药次数；保证轮换施药，保证农业的绿色、可持续发展，为我国新时代的生态文明建设贡献力量。在效果评价上，由单项指标评价向多指标综合评价方向发展，不应追求所谓100%的理想防效，而应严格按照防治指标用药，将病虫草害控制在经济损失允许水平以下。

深入理解"绿色植保、公共植保、科技植保、现代植保"的理念，确保粮食、食品安全。"粮丰民安"是社会稳定的重要基础，习近平总书记强调"中国人的饭碗任何时候都要牢牢端在自己手上"。由于我国是一个发展中国家，经济和社会因素与发达国家相比还有很大差距，化学农药品种结构不合理，其中高毒、高残留的农药所占的比例较高，杀虫剂占农药总量的60%，有机磷占杀虫剂的60%，高毒品种又占有机磷农药的60%的状况还十分突出，因而植保工作是人与自然和谐系统的重要组成部分，是农业和农村公共事业的重要组成部分，是高产、优质、高效、生态、安全农业的保障和支撑，是践行"绿水青山就是金山银山"理念的重要表现。

园艺植物保护是一门既有理论又有极强实践性的课程。学习者应注意掌握基本概念、基本理论和基本方法，注意基础知识和应用之间的关系，如掌握昆虫口器的类型与运用杀虫剂和生物农药的关系等。要善于运用比较分析的方法掌握学习的内容，本课程中涉及病虫害种类达百余种，学习时一一记住是不可能的，重要的是能够举一反三，灵活运用，提高分析问题和解决问题的能力。如各类植物上的害虫在生物学特性上有其共性，也有其个性，害虫防治措施常以害虫生物学特性作为依据，因此可以通过对代表性害虫进行比较分析，从其发生和为害规律中找出薄弱环节，作为制订防治措施的依据。园艺植物保护具有较强的实践性和应用性，包括病虫害发生和为害规律及采取的防治措施；又有地域性和季节性的特点，必须因地、因时制宜。因此，不仅要学好本教材中的理论知识，还必须通过教学实习、顶岗实习和生产实习等实践性教学环节巩固和加深理解该课程的综合知识。

实践应用

我国劳动人民在植物病虫害防治方面积累了丰富的经验，并有很多创造发明。早在3 000年前就已经与蝗虫、螟虫展开了斗争，纪元前300年左右开始应用农业技术和矿物药剂防治虫害，1 600多年前就开始以虫治虫，6世纪对选择抗害品种、轮作和种子处理方法就已有比较详细的记载。有些病虫害在当时就已基本上得到控制，如飞蝗、麦类黑穗病、麦类锈病、小麦线虫病及甘薯黑斑病等。

案例分析

1845—1846年的爱尔兰饥馑（irish famine）指的是爱尔兰由于发生严重的马铃薯晚疫病饿死几十万人，并迫使150万人逃荒移居美洲；1942—1943年印度的孟加拉饥荒（bengal famine）指的是孟加拉由于水稻胡麻斑病大流行，饿死200多万人；1880年法国波尔多地区葡萄种植业因遭受霜霉病的危害而使酿酒业濒临破产；1910年美国南部佛罗里达州的柑橘园因溃疡病的流行而被迫大面积销毁病树，烧毁了25万株成树、300万株树苗，损失达1 700万美元。

? **复习思考**

1. 园艺植物保护的任务是什么？我国当前的植保工作方针是什么？
2. 结合当地园艺植物病虫害情况，举例说明园艺植物保护在园艺植物生产上的重要性。
3. 阐述园艺植物保护的含义。
4. 如何学好园艺植物保护这门课程？

项目一

园艺植物昆虫和螨类识别

知识目标

- 掌握昆虫的一般形态特征,昆虫的繁殖、发育和变态类型。
- 掌握昆虫头部、胸部、腹部及其附器的特征。
- 掌握园艺植物主要害虫所属目、科的识别特征。
- 掌握昆虫口器、体壁、消化系统、呼吸系统、神经系统等在害虫防治上的应用。
- 了解环境对昆虫发生、发展的影响。

能力目标

- 能够识别常见园艺植物主要害虫的所属目、科。
- 会采集、制作及鉴定完整的昆虫标本。
- 了解生产上有益昆虫的利用及有害昆虫的防治方法。

任务一 认识昆虫

昆虫纲特征及其近缘纲动物形态

昆虫的种类和数量极多,分布很广,其中很多种类与人类有密切关系,有些对人类有害,有些对人类有益。

一、有害昆虫

昆虫中有48.2%以植物为食,如蝗虫、天牛、象甲、蚜虫等为害农林植物,称农林害虫。蚊子、跳蚤等能吸人血传病,称卫生害虫。还有许多昆虫能为害牲畜,如牛虻、厩蝇、虱等叮咬牲畜,称家畜害虫。昆虫还能传播植物病害,植物的病毒病多数是由刺吸汁液的昆虫传播的,据记载,蚜虫可传播170种病毒病,叶蝉可传播133种病毒病。

二、有益昆虫

家蚕、紫胶虫、白蜡虫、五倍子蚜虫、胭脂虫等昆虫虫体及其代谢产物是重要的工业原料,称为原料昆虫。有的昆虫以害虫为食物,称为天敌昆虫,如食虫瓢虫、草蛉、食蚜蝇、螳螂等能捕食害虫,赤眼蜂、小茧蜂、姬蜂等寄生在害虫体内。有些昆虫可传播花粉,如蜜蜂、壁蜂，称为传粉昆虫，目前85%的显花植物是由昆虫传播花粉的。有些昆虫的虫体、产物可入中药，称为药用昆虫，如冬虫夏草、九香虫、斑蝥等。有些昆虫色彩鲜艳、形态奇异、鸣声悦耳或有争斗性，可供人们欣赏娱乐，称为观赏昆虫，如蝴蝶画、斗蟋蟀都有较高的观赏和经济价值。有些昆虫的虫体可作为畜禽、蛙鱼的饲料，称为饲料昆虫，如黄粉虫、人工笼养家蝇。腐食性昆虫以动植物遗体或动物排泄物为食，是地球上的清洁工，加速了微生物对生物残体的分解，称为环保昆虫，如埋葬甲、蜣螂。这些昆虫对人类都有益，简称为益虫。

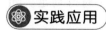 实践应用

> 掌握昆虫纲的特征和昆虫与人类的关系，可以区分日常生活中见到的虫子哪些是昆虫，哪些不是昆虫。还可以辨别哪些昆虫对人类有益，哪些对人类有害，通过控制害虫的为害，充分利用有益昆虫资源，造福于人类。

 案例分析

> 昆虫对人类的益害不是绝对的，会因条件不同而转化。例如，柑橘凤蝶成虫主要是观赏昆虫，但其幼虫为害园艺植物，又是害虫；寄生蝇类寄生在害虫体内对人类有益，但寄生在柞蚕体内则成为人类的害虫。

任务二 昆虫的外部形态特征

昆虫是动物界中种类最多、数量最大、分布最广的一个类群。全世界已知昆虫种类有100多万种，约占整个动物界的2/3，我国已知昆虫近5万种。昆虫的繁殖能力强，如一个白蚁巢中的白蚁数量达百万个，一株树可有10万头蚜虫。从热带到两极，高山到平原，陆地到海洋，空中到地下，都有昆虫的分布。

昆虫属于动物界节肢动物门昆虫纲，因此其具有节肢动物门的共同特征。节肢动物门的特征如下：体躯分节，由一系列的体节组成；整个体躯被有含几丁质的外骨骼；有些体节上具有成对的分节附肢，节肢动物的名称即由此而来；体腔就是血腔；心脏在消化道的背面；中枢神经系统由脑和腹神经索组成。节肢动物门中5个比较重要纲之间的区别见表1-1。

表1-1 节肢动物门主要纲的区别

纲名	体躯分段	复眼	单眼	触角	足	翅	生活环境	代表种
蛛形纲	头胸部、腹部	无	2~6对	无	2~4对	无	陆生	蜘蛛
甲壳纲	头胸部、腹部	1对	无	2对	5对以上	无	水生或陆生	虾、蟹

(续)

纲名	体躯分段	复眼	单眼	触角	足	翅	生活环境	代表种
唇足纲	头部、胴部	1对	无	1对	每节1对	无	陆生	蜈蚣
重足纲	头部、胴部	1对	无	1对	每节2对	无	陆生	马陆
昆虫纲	头部、胸部、腹部	1对	0～3个	1对	3对	2对或0～1对	陆生或水生	蝗虫

1. 蛛形纲 体躯分成头胸部和腹部2个体段。头部不明显，无触角。4对行动足。陆生，以肺叶或气管呼吸。常见的有蜘蛛、螨、蜱等（图1-1）。

2. 甲壳纲 体躯分成头胸部和腹部2个体段。2对触角。至少5对行动足。水生，以鳃呼吸。常见的有虾、蟹、水蚤等（图1-1）。

3. 唇足纲 体躯分成头部和胴部2个体段。1对触角。每一体节上有1对行动足，第1对足特化为颚状的毒爪。陆生，以气管呼吸。蜈蚣为本纲典型代表（图1-1）。

4. 重足纲 与唇足纲很接近，故也有将两者合称为多足纲。与唇足纲比较，重足纲的各个体节除前方3、4节及末后1、2节外，其他各由2节合并而成，所以各节有2对行动足。马陆为本纲典型代表（图1-1）。

5. 昆虫纲 成虫体躯明显地分为头部、胸部、腹部3个体段。头部具有口器和1对触角，通常还有复眼和单眼。胸部具有3对足，一般还有2对翅。腹部由9～11个体节组成，缺少行动用的附肢，但多数会转化成外生殖器，有时还有1对尾须（图1-2）。

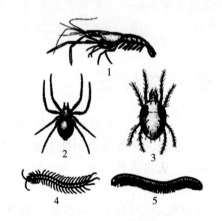

图1-1 昆虫的近亲
1. 甲壳纲（虾） 2. 蛛形纲（蜘蛛） 3. 蛛形纲（螨）
4. 唇足纲（蜈蚣） 5. 重足纲（马陆）

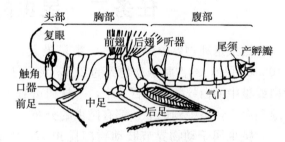

图1-2 昆虫纲代表（蝗虫体躯的构造）

昆虫的头部及其附器

一、昆虫的头部及附器

头部是昆虫体躯的第一个体段，以膜质的颈与胸部相连。头壳坚硬，多呈圆形或椭圆形。头部通常着生1对触角、1对复眼、1～3个单眼和口器，是昆虫感觉和取食的中心（图1-3）。

(一) 昆虫头部的构造

在头壳形成的过程中，由于体壁内陷形成许多沟和缝，将头壳表面分成若干区。位于头壳上方的是头顶，前方的是额区，下方是唇区，两侧为颊，后方为后头和后头孔。

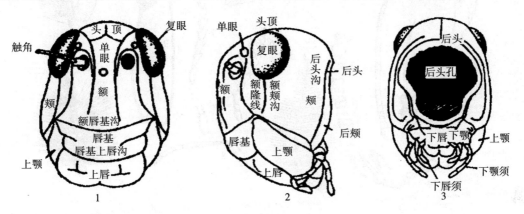

图1-3 昆虫头部构造
1. 正面　2. 侧面　3. 后面

(二) 昆虫的头式

不同昆虫的口器在头部着生的位置或方向有所不同，常依据口器在头部的着生位置把昆虫头部的型式（即头式）分为下列3种（图1-4）。

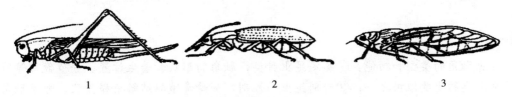

图1-4 昆虫的头式
1. 下口式（蝗虫）　2. 前口式（步行甲）　3. 后口式（蝉）

1. 下口式　口器着生在头部下方，与身体纵轴垂直。多见于植食性昆虫，如蝗虫、鳞翅目幼虫等。

2. 前口式　口器着生在头部前方，与身体纵轴呈钝角或几乎平行。多见于捕食性及钻蛀性昆虫，如蝼蛄、步行甲等。

3. 后口式　口器向后伸，与身体纵轴成锐角。多见于刺吸式口器的昆虫，如蚜虫、蝉等。

昆虫头式的不同，反映了取食方式的不同。因此，头式是识别昆虫的依据之一，可依据头式的类型判别植物的被害状，为科学合理防治害虫提供依据。

(三) 触角

触角位于额区两复眼间的一对触角窝内，由柄节、梗节、鞭节3节组成。触角上有许多感觉器和嗅觉器，在昆虫觅食、求偶、产卵、避敌等活动中起着重要的作用，少数昆虫的触角还具备呼吸、抱握功能。多数昆虫鞭节因种类和性别不同而外形变化很大，常作为识别昆虫种类的主要依据之一（图1-5）。

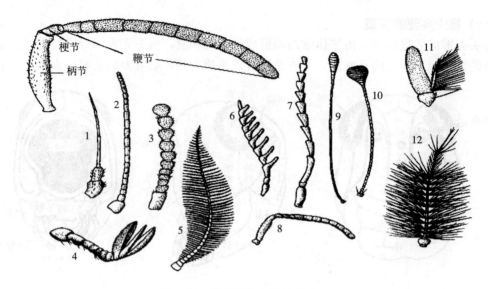

图 1-5 昆虫触角的结构与类型

1. 刚毛状（蜻蜓）　2. 丝状（飞蝗）　3. 念珠状（白蚁）　4. 鳃叶状（金龟甲）　5. 羽毛状（樗蚕蛾）
6. 栉齿状（绿豆象）　7. 锯齿状（锯天牛）　8. 膝状（蜜蜂）　9. 球杆状（菜粉蝶）
10. 锤状（长角蛉）　11. 具芒状（绿蝇）　12. 环毛状（库蚊）

实践应用

> 昆虫触角的类型和功能：①鉴定昆虫种类，触角的形状、着生位置、分节数目等常作为昆虫分类的重要依据之一；②辨别昆虫的性别，如舞毒蛾雄蛾触角栉齿状，雌蛾触角丝状略带锯齿状；③用于害虫防治，如根据地老虎成虫、黏虫等对糖、醋、酒味的喜好，配制毒饵加以诱杀，又如利用黄守瓜对雷公藤、蚊子对酞酸二甲酯的拒避，可用这些药物作为拒避剂来防止这些害虫的为害等。

（四）眼

昆虫的眼分为复眼和单眼两种（图1-6）。

 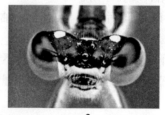

　　　　1　　　　　　　　　2

图 1-6 昆虫的复眼和单眼
1. 复眼　2. 单眼

1. 复眼　完全变态昆虫的成虫和不完全变态昆虫的成虫、若虫都具有复眼。复眼多为圆形、卵圆形，由许多六角形小眼组成，一般小眼数越多，它的视力越强。复眼对于昆虫取食、觅偶、群集、避敌等起着重要作用。另外，复眼对光的反应比较敏感，如对光的强度、波长、颜色等都有较强的分辨能力。

2. 单眼 有些昆虫的成虫在1对复眼之间还生有1~3个单眼。单眼没有看到物像功能，只能辨别光线强弱。有无单眼及单眼的数目、排列状况、着生位置是识别昆虫种类的重要特征。

实践应用

> 对昆虫单眼和复眼的研究在实践中被广泛应用于仿生学和害虫防治中。如研究制成的飞机对地速度计、新型照相机"昆虫眼"，用黑光灯诱杀害虫、黄板诱杀蚜虫，覆盖银灰色薄膜避蚜等。

（五）口器

由于食性和取食方式的不同，昆虫口器的构造也有不同的类型，一般分为咀嚼式和刺吸式两大类（图1-7、图1-8、图1-9）。咀嚼式口器是口器的原始形式，主要由上唇、上颚、下颚、下唇、舌等几个部分组成，其他形式的口器都是从这种口器演化而来（表1-2、图1-10）。

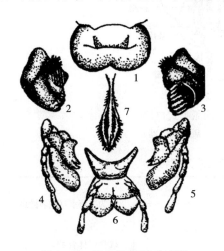

图1-7 蝗虫的咀嚼式口器
1. 上唇 2、3. 上颚 4、5. 下颚 6. 下唇 7. 舌

图1-8 咀嚼式口器昆虫为害状

了解昆虫口器构造、取食方式及植物的被害状，不仅能判别昆虫的进化地位，而且可根据害虫类型来选择合适的农药剂型开展防治。如咀嚼式口器昆虫咬食植物茎、叶、花、果等组织器官，并全部将其吞入消化道内，故可将有胃毒作用的化学杀虫剂或在消化道内产生毒素的微生物农药喷洒在植物表面或制成毒饵，害虫取食后中毒或致病死亡；而具有刺吸式口器的害虫则以内吸性药剂效果最好，将这类药剂施于作物的任何部位，都能被吸收运转到植物体内各部位，昆虫刺吸植物汁液后就会中毒而死；具有虹吸式口器的害虫能吸收流体物质，只要把农药拌在糖液里，就可诱杀这类害虫。

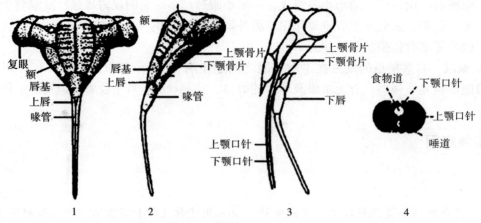

图1-9 蝉的刺吸式口器
1. 头部正面观 2. 头部侧面观 3. 口器各部分分解 4. 口针横切面

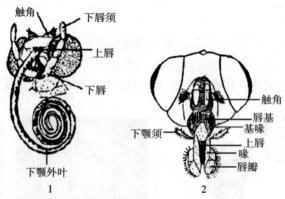

图1-10 蝶的虹吸式口器和苍蝇的舐吸式口器
1. 蝶头部（虹吸式口器） 2. 苍蝇头部（舐吸式口器）

表1-2 常见昆虫的口器结构特征及为害特点

类型	结构特征及作用					为害特点（代表昆虫）
	上唇	上颚	下颚	下唇	舌	
咀嚼式	位于口器上方，单片状，具味觉功能	位于上唇下方，1对，坚硬带齿，能切磨食物	位于上颚后方，片状，生有1对下颚须，具味觉和托持食物的功能，辅助上颚取食	位于口器底部，片状，具味觉功能，帮助运送和吞咽食物	位于口腔中央，柔软袋状，具味觉功能	取食固体食物，蚕食叶片成缺刻穿孔或仅留叶脉，甚至吃光，花蕾残缺不全（斜纹夜蛾），潜食叶肉（美洲斑潜蝇），吐丝缀叶（樟巢螟），卷叶（棉大卷叶螟），在果实（桃小食心虫）或枝干内（天牛）钻蛀为害，咬断幼苗根部（蛴螬）
刺吸式	贴于口器基部，三角形	上颚和下颚均延长呈针状，包在喙内，形成食物道和唾液道		延伸成分节的喙，保护口针	位于口针基部，柔软袋状	吸取植物汁液，常使植物呈现斑点、卷曲、皱缩、枯萎、畸形、虫瘿。多数还可传播病害（蚜虫、飞虱、叶蝉等）

(续)

类型	结构特征及作用					为害特点（代表昆虫）
	上唇	上颚	下颚	下唇	舌	
虹吸式	退化	退化	延长并嵌合成管状卷曲的喙，内形成食物道	退化	退化	除部分夜蛾为害果实外，一般不造成为害（蛾、蝶类成虫）
锉吸式	与下唇组成喙	右上颚退化，左上颚和1对下颚特化成口针		下唇与上唇组成喙，下唇与舌构成唾液道		锉破植物表皮以喙吸取汁液（蓟马）

实践应用

　　昆虫口器类型与害虫防治关系密切。防治咀嚼式口器的害虫，一般选用胃毒剂或触杀剂，如灭幼脲、菊酯类杀虫剂等。对于蛀茎、潜叶或蛀果等钻蛀性害虫，施药时间应在害虫蛀入之前；对于地下害虫，一般使用毒饵、毒谷。防治刺吸式口器害虫使用内吸剂，如吡虫啉等，也可用触杀剂，如菊酯类杀虫剂等。防治虹吸式口器的昆虫，可将胃毒剂制成液体毒饵，使其吸食后中毒，如用糖醋酒混合液诱杀多种蛾类等。

二、昆虫的胸部及附器

　　胸部是昆虫的第二体段，由3节组成，依次称为前胸、中胸和后胸，各胸节的侧下方均生1对足，依次称前足、中足和后足。在中胸和后胸背面两侧通常各生1对翅，分别称前翅和后翅（图1-11）。足和翅是昆虫的主要运动器官，所以胸部是昆虫的运动中心。

（一）胸足

　　胸足是昆虫体躯上最典型的附肢，是昆虫行走的器官，由基节、转节、腿节、胫节、跗节、中垫、爪组成（图1-12）。跗节和中垫的表面具有许多感觉器，害虫在喷有触杀剂的植物上爬行时，药剂也容易由此进入虫体引起中毒死亡。

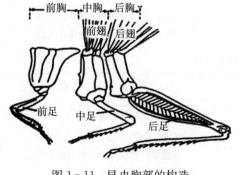

图1-11　昆虫胸部的构造

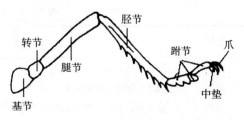

图1-12　昆虫胸足的基本构造

各种昆虫由于生活环境和生存方式不同，足的构造和功能产生了相应的变化，形成各种类型的足（图1-13）。了解昆虫足的构造及类型，对于识别昆虫、推断其栖息场所、研究它们的生活习性和为害方式以及进行害虫防治和益虫保护都有重要意义。

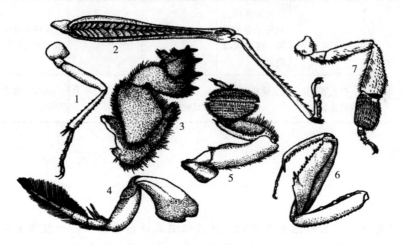

图1-13 昆虫足的类型
1. 步行足（步行虫） 2. 跳跃足（蝗虫） 3. 开掘足（蝼蛄） 4. 游泳足（龙虱）
5. 抱握足（雄龙虱的后足） 6. 捕捉足（螳螂） 7. 携粉足（蜜蜂）

（二）翅

昆虫的翅一般为三角形，有3条边、3个角、3个褶、4个区（图1-14），翅面上贯穿着翅脉（图1-15）。昆虫的翅一般为膜质，但有些昆虫由于适应特殊需要和功能而发生变异（表1-3）。

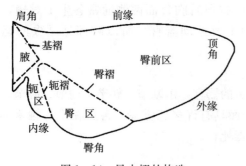

图1-14 昆虫翅的构造

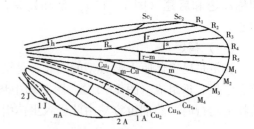

图1-15 昆虫翅的假想模式脉序
（黄少彬，2006. 园艺植物病虫害防治）

表1-3 昆虫翅的类型及特点

类型	质地与特点	代表昆虫
膜翅	膜质透明，翅脉明显	蚜虫、蜂类、蝇类
鳞翅	膜质，翅面上覆有鳞片	蝶、蛾类
覆翅	皮革质，较厚，翅脉隐约可见	蝗虫、蝼蛄、蟋蟀的前翅
缨翅	膜质，狭长，边缘上着生很多细长的缨毛	蓟马

(续)

类型	质地与特点	代表昆虫
鞘翅	角质坚硬，翅脉消失或不明显	金龟子、叶甲、天牛的前翅
半鞘翅	基部为革质或角质，端部则为膜质	椿象的前翅
平衡棒	后翅退化成极小的棍棒状，飞翔时用以平衡身体	蚊、蝇、雄性介壳虫的后翅
毛翅	膜质，翅面布满细毛	石蛾

昆虫的翅扩大了它们的活动范围，便于觅食、求偶和逃逸等，增强了其生存的竞争能力，因此翅对昆虫的繁荣意义重大。翅的类型是昆虫分类的重要依据之一（图 1-16），在昆虫纲内有近半数的目是以其翅的特征命名的，如鞘翅目、鳞翅目等。

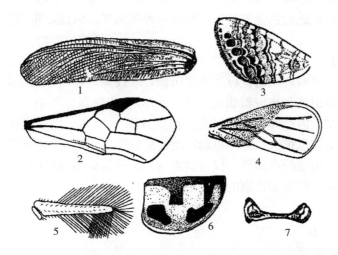

图 1-16 昆虫翅的类型
1. 复翅 2. 膜翅 3. 鳞翅 4. 半鞘翅 5. 缨翅 6. 鞘翅 7. 平衡棒

有些昆虫飞翔时为了协调 2 对翅的动作，前、后翅间具有有效连锁构造，称连锁器（图 1-17）。

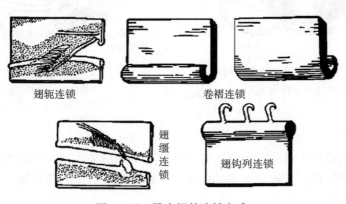

图 1-17 昆虫翅的连锁方式

实践应用

研究昆虫足的构造和类型，可以识别害虫，推断昆虫的栖息场所，了解昆虫的生活方式，有利于害虫防治和益虫的利用。足上具有各种感觉器。感觉器多位于跗垫和中垫上，是某些触杀剂进入虫体的通道。昆虫翅的质地、对数、大小、被物、脉相等的变异是昆虫分类的重要依据。

三、昆虫的腹部及附器

腹部是昆虫的第三体段，通常由9~11个体节组成，1~8节两侧各有1个气门，用于呼吸。腹内包藏着各种脏器和生殖器，末端具有外生殖器。因此，腹部是昆虫新陈代谢和生殖的中心。

（一）外生殖器

昆虫用以交配和产卵的构造统称为外生殖器，雌性为产卵器，雄性为交尾器。交尾器位于第九腹节，主要由阳具和抱握器组成（图1-18）。产卵器位于第八、第九节的腹面，由腹产卵瓣、背产卵瓣、内产卵瓣和生殖孔等组成（图1-19）。由于昆虫产卵的环境场所不同，产卵器的外形变化也很大，如蝗虫的产卵器呈短锥状，螽斯的产卵器呈刀剑状，蛾、蝶及蝇类等昆虫无特殊构造的产卵器，仅在腹末有一个能够伸缩的伪产卵器。昆虫外生殖器的形态和构造是识别昆虫种类和性别的重要依据之一。

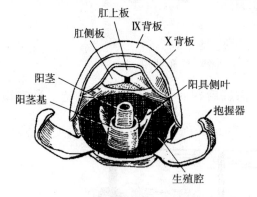

图1-18 昆虫雄性外生殖器的构造
（雷曹亮，2003. 昆虫知识）

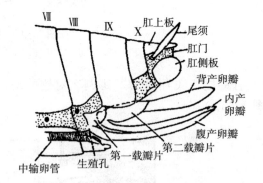

图1-19 昆虫雌性外生殖器的构造
（雷曹亮，2003. 昆虫知识）

（二）尾须

昆虫的尾须通常是1对须状突起，着生在腹部第十一节。尾须在低等昆虫，如部分无翅亚纲（缨尾目、双尾目）及有翅亚纲的蜻蜓目、蜉蝣目、直翅目等中普遍存在，并且形状和构造等变化很大。

> **实践应用**
>
> 了解昆虫的产卵器和交尾器,便于进行虫情调查和预测预报,同时也是识别昆虫的重要依据之一;根据产卵器的形状和构造,可以了解害虫的产卵方式和产卵习性,从而采取针对性的防治措施。

四、昆虫体壁的构造及在害虫防治上的应用

体壁是昆虫骨化了的皮肤,包在昆虫体躯的外围,具有与高等动物骨骼相似的作用,所以称外骨骼。昆虫的外骨骼具有支撑身体,着生肌肉,防止体内水分过度蒸发,调节体温,防止外部水分、微生物及其他有毒物质的侵入,接受外界刺激,分泌各种化合物,调节昆虫的行为等功能。

(一)体壁的构造与特性

体壁极薄,但构造复杂,由里向外分为底膜、皮细胞层及表皮层。底膜是紧贴细胞层的薄膜,是体壁与内脏的分界线;皮细胞层由单层活细胞组成,部分细胞能特化成各种不同的腺体、刚毛、鳞片等;表皮层是皮细胞层向外分泌的非细胞性的物质层,由内向外区分为内表皮、外表皮和上表皮3层(图1-20)。表皮层含几丁质、骨蛋白和蜡质等,因而体壁坚韧,对外来物质的侵入有较强的抵抗力。

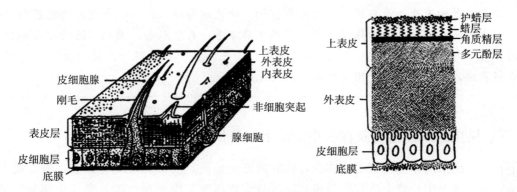

图1-20 昆虫体壁的构造

昆虫的体壁很少是光滑的,常向外凸出或向内陷入,形成体壁的衍生物。体壁的外长物有非细胞性外突和细胞性外突两大类。非细胞性外突是表皮凸起形成的,没有细胞参与,如小刺、微毛、脊纹等。细胞性外突可分为单细胞突起和多细胞突起两类,单细胞突起由部分皮细胞变形而成,如刚毛、鳞片、毒毛和感觉毛等;多细胞突起由部分体壁向外凸起而成,如刺、距(图1-21)。

(二)体壁构造与害虫防治

可以根据昆虫体壁的构造和特性采取相应的措施破坏体壁的构造,提高化学防治效果。如在使用触杀剂农药防治时必须接触虫体,穿过体壁渗入体内才能发挥药效。从体壁构造来

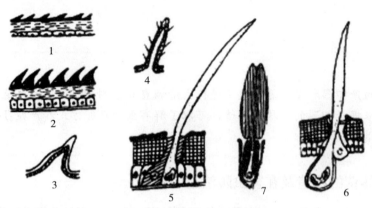

图 1-21 体壁的外长物
1、2. 非细胞表皮突起 3. 刺 4. 距 5. 刚毛 6. 毒毛 7. 鳞片

看，体表的许多毛、刺、鳞片阻碍了药剂与体壁接触，更重要的是上表皮具疏水性的蜡质，使药剂不易黏附，老龄昆虫体壁较厚，药剂难于渗入。昆虫各处体壁厚薄不均，膜区和感受器区域体壁较薄，低龄幼虫体壁较薄，药剂易于渗入。故在使用触杀剂防治害虫时最好在幼虫低龄阶段，以使用黏附力、穿透力强的油乳剂为好。

实践应用

> 昆虫体壁构造及性能与药剂防治关系密切。油乳剂易渗入疏水性表皮层的蜡层和护蜡层，杀虫效果好。低龄幼虫体壁较薄，农药容易穿透，易于触杀，因此，防治害虫要"治早治小"。抑制昆虫表皮几丁质合成的杀虫剂，如灭幼脲、氟啶脲等，使幼虫蜕皮时不能形成新表皮，从而使变态受阻或形成畸形而死亡。

五、昆虫的内部器官及在害虫防治上的应用

昆虫内部器官观察

昆虫的体壁包绕形成体腔，体腔内充满血液，所以体腔又称血腔，内部器官浸浴在血液中。整个体腔由背膈和腹膈分成背血窦、腹血窦、围脏窦3个部分。消化道纵贯中央，在上方与其平行的是背血管，在下方与其平行的是腹神经索。与消化道相连的还有专司排泄的马氏管。消化道两侧为呼吸系统的侧纵干，开口于身体的两侧，即气门。生殖器官中的卵巢或睾丸位于消化道背侧面，以生殖孔开口于体外。这些内部器官虽各有其特殊功能，但它们联系紧密，故成为不可分割的整体（图1-22）。了解昆虫的内部器官及生理特点是科学制订害虫防治措施的基础。

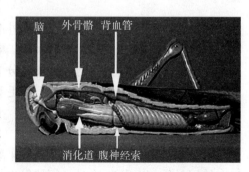

图 1-22 昆虫内部器官构造

（一）昆虫消化系统的基本结构、功能及在防治上的应用

消化道由口到肛门，纵贯体躯中央，由前肠、中肠、后肠 3 部分组成（图 1-23）。咀嚼式口器消化系统包括前肠（又包括口腔、咽喉、食道、嗉囊和前胃）、中肠和后肠（包括回肠、结肠和直肠）。中肠又称胃，主要功能是分泌消化酶，消化食物和吸收营养。有些昆虫前肠前端向前凸起形成管状或其他形状的胃盲囊，以扩大分泌和吸收面积。胃盲囊的基部是中肠和前肠的分界线。

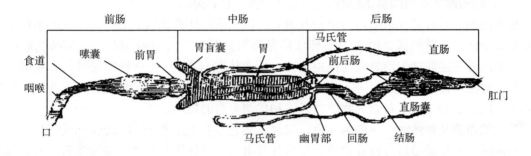

图 1-23　昆虫消化道模式构造

刺吸式口器的昆虫中肠一般细而长，常常首尾相贴接，其前、后端分别与前肠和后肠相连，包藏于一种结缔组织中，形成滤室。滤室的作用是将食物中不需要的或过多的游离氨基酸、糖分和水分等直接渗入中肠后端或后肠，经后肠排出体外（即蜜露），以保证输入中肠的液汁有一定的浓度，提高中肠的效率。

在中肠和后肠的交界处生有许多细微的盲管，称为马氏管，它是昆虫的排泄器官。后肠的功能是吸收食物和回收尿中的水分及无机盐类，并排出食物残渣和代谢产生的废物，形成粪便，以调节血淋巴渗透压和酸碱度等。

昆虫对食物的消化主要依赖消化液中各种酶的作用，糖类、脂肪、蛋白质等降解或水解为较简单的、可溶性小分子才能被中肠的肠壁细胞所吸收，而各种消化酶必须在一定的酸碱度条件下才能起作用，一般昆虫消化液的 pH 在 6～8。酶的活性要求一定的酸碱度，所以昆虫中肠液常有较稳定的 pH，一般蛾、蝶类幼虫中肠 pH 在 8～10。胃毒杀虫剂的作用与昆虫中肠 pH 有密切关系，因为 pH 的大小与农药的溶解度有关。了解昆虫中肠的 pH，有助于正确选用胃毒剂。如敌百虫在碱性作用下水解形成毒性更强的敌敌畏，故对肠液偏碱性的蝶、蛾类幼虫效果好。苏云金芽孢杆菌（Bt 乳剂及转基因棉花）在碱性条件下水解释放出毒蛋白（毒素）、芽孢，毒素穿透昆虫肠壁引起败血症而使昆虫死亡。所以，了解昆虫消化液的性质，对胃毒杀虫剂的选用具有指导意义。

（二）昆虫呼吸系统的基本结构、功能及在防治上的应用

大多数昆虫靠气管系统进行呼吸。在游离氧的参与下，有机物质被分解而释放能量，供昆虫生长、发育、繁殖、运动的需要。

昆虫的呼吸系统由气门、气门气管、侧纵干、背气管、内脏气管和微气管组成，某些昆虫气管的一部分扩大形成膜质的气囊，用以增加贮气和促进气体的流通。

气门是气管在体壁上的开口，分布在昆虫身体的两侧。一般昆虫的气门有 10 对，即中、后胸及腹部第 1～8 节各 1 对，圆形或椭圆形，孔口有骨片、筛板或毛刷遮盖，有开闭机构，

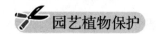

依需要而开关。气门通常具有疏水性，同一种毒剂的油乳剂比水剂杀虫力大。

气门连通两侧的侧纵干，通过横走气管连接主气管及分布于昆虫组织细胞中的微气管，形成呼吸系统。昆虫通过呼吸作用进行气体交换，主要靠虫体运动的鼓（通）风作用和空气的扩散作用，即虫体内外气体浓度压力差，气管内和大气中不同气体的分压不同而进行。某些杀虫剂的辅助剂，如肥皂水、面糊水等，能堵塞气门，使昆虫因缺氧而死亡。

（三）昆虫循环系统的基本结构、功能及在防治上的应用

昆虫的循环器官是一条结构简单的背血管。昆虫的循环系统背血管由一系列心室构成的心脏和前端的大动脉组成。昆虫的循环作用是开放式循环：心脏收缩时，心室两侧心门关闭，血液由心室经前端大动脉流入昆虫头腔，压入体腔（血腔）；心脏舒展时，心室两侧心门打开，血液由体腔（血腔）进入心室，循此往复，从而完成昆虫的血液循环。在这个循环过程中，昆虫主要完成了对营养物质的运送和代谢废物的排出。

昆虫的血液又称体液，一般为无色、绿色、黄色或棕色，没有红细胞，不能输送氧气。昆虫血液的主要功能是运送营养物质给全身各部组织，将代谢废物送入排泄器官，吞噬脱皮时解离的组织细胞、死亡的血细胞和入侵的微生物，愈合伤口，调节体内水分，传递压力以利孵化、蜕皮、羽化和展翅等，某些昆虫的血液具有毒性，能分泌到体外御敌。血液循环与药剂防治的关系：某些无机盐类杀虫剂能使昆虫血细胞发生病变，破坏血细胞；烟碱类药剂能扰乱血液的正常运行；除虫菊素能降低昆虫血液循环的速度；低浓度的有机磷杀虫剂能加速心脏搏动，高浓度的则抑制心脏搏动甚至致使昆虫死亡。

（四）昆虫神经系统的基本结构、功能及在防治上的应用

神经系统是生物有机体传导各种刺激，协调各器官系统产生反应的机构。昆虫的神经系统包括中枢神经系统、交感神经系统和周缘神经系统三部分。中枢神经系统包括起自头部消化道背面的脑，通过围咽神经连锁与消化道腹面的咽喉下神经节连接，再由此沿消化道腹面连接胸部和腹部的各个神经节纵贯于腹血窦的腹神经索。构成神经系统的基本单位是神经元，一个神经元包括一个神经细胞体和由此发出的神经纤维。由神经细胞体分出的一根较长的神经纤维主支称为轴状突，由轴状突侧生分出的副支称为侧支。轴状突和侧支端部都一分再分而成为树枝状的细支称为端丛。由神经细胞体本身向四周分出的短小端丛状纤维称为树状突。

昆虫的一切生命活动都受神经支配。一切刺激与反应相互联系的一条基本途径就是一个反射弧。构成反射弧的各神经元的神经末端并不直接相连，而是通过乙酰胆碱来传导冲动。突触的传导作用是指前一个神经末梢受到冲动后，由囊泡分泌出一种化学物质——乙酰胆碱来传导冲动，靠这种物质才能把冲动传到另一神经元的端丛（即称为化学传导），完成神经的传导作用。乙酰胆碱完成传导冲动后，很快被吸附在神经末梢表面的乙酰胆碱酯酶水解为胆碱和乙酸而消失，使神经恢复常态。当下一个冲动到来时，又重新释出乙酰胆碱而继续实现冲动的传导。

目前使用的有机磷杀虫剂和氨基甲酸酯类杀虫剂都属于神经毒剂，其杀虫机制就是抑制乙酰胆碱酯酶的活性，使神经末梢释放出的乙酰胆碱无法进行水解，扰乱正常的代谢作用，使昆虫神经长时间过度兴奋。辛硫磷等农药能够抑制乙酰胆碱酶的活动，使昆虫持续保持紧张状态，导致其过度疲劳而死亡。

（五）昆虫生殖系统的基本结构、功能及在防治上的应用

生殖系统是昆虫的繁殖器官。雌性生殖系统包括卵巢、侧输卵管、中输卵管、受精囊、生殖腔（或阴道）、附腺等；雄性生殖系统包括睾丸、输精管、储精囊、射精管、附腺等。

交配又称交尾，是指同种异性个体交配的行为和过程。昆虫以性外激素、鸣声、发光、发声等因子刺激后，雌、雄个体才能求偶和交配，通过交尾，雄虫才能将精液或精包注入雌虫的生殖器内。多数昆虫的交配是由雌虫分泌性外激素引诱雄虫，但也有一些昆虫，如蝶类是由雄虫分泌性外激素引诱雌虫。不同种昆虫一生的交配次数不同，有的一生只交配1次，有的则交配多次，往往雌虫比雄虫交配次数少，如棉红铃虫雌虫一生交配1~2次，而雄虫交配6~7次。昆虫交配的时间与分泌性外激素的节律是一致的，多数昆虫都发生在每日的黄昏时候，有些雌、雄虫羽化时间相差1~2d，以免与同批雌、雄个体近亲交配。昆虫交配的地点多与下一代幼虫的取食有关。鳞翅目昆虫多在幼虫的寄主植物附近交配，这些植物的气味能刺激雌虫释放性信息素，从而吸引雄虫；寄生性昆虫常在寄主密集的场所交配和产卵，使幼虫孵化后迅速找到寄主。雌虫在交配以后，交配囊内的精子又能刺激它释放一种激发产卵的体液因子，促进雌蛾的产卵活动。

两性交配时，雄虫将精液或精珠注入雌虫生殖器官，使精子贮存于雌虫受精囊中的过程称受精。昆虫的受精方式可分为间接受精和直接受精两种，间接受精是指雄虫将精包排出体外，置于各种场所，再由雌虫拾取；直接受精是雄虫在交配时将精子以精液或精包形式直接送入雌虫生殖道内。多数昆虫都采用直接受精方式进行受精。鳞翅目、膜翅目、鞘翅目和双翅目中某些昆虫，雄性附腺分泌物在精子排出前后按一定顺序直接射入阴道或交配囊内，形成一定形状的精包。

雌、雄成虫交配后，精子被贮存在雌虫的受精囊中，当雌虫排卵经过受精囊孔时，精子由卵孔进入卵子，精子核与卵核结合成合子。

生产上可以利用雌虫释放的性外激素来诱杀雄虫。目前使用的性引诱剂多数是根据或模拟天然的性外激素的化学结构而合成的，并用于生产上诱集和诱杀害虫。可以通过解剖观察雌虫卵巢管内卵子的发育情况，预测其产卵为害时期。此外，还可以利用某些方法使卵不能受精，造成不育。

（六）昆虫分泌系统的基本结构、功能及在防治上的应用

昆虫的生长发育和繁殖等一系列生命活动，除取决于遗传特性外，还受到产生于昆虫体内的一种特殊化学物质的控制，这种物质就是激素。激素是属于受神经系统节制的内分泌器官和腺体分泌的微量化学物质。按激素的生理作用和作用范围可分为内激素和外激素两类。内激素分泌于体内，调节内部生理活动。外激素是腺体分泌物挥发于体外，作为种内个体间传递信息之用，故又称信息激素。内激素的种类很多，主要的是脑激素或称活化激素、蜕皮激素、保幼激素。外激素中目前已经发现的主要有性外激素、性抑制外激素、示踪外激素、警戒外激素和群集外激素等。目前只有性外激素和性诱剂在害虫预测预报和防治上有所应用。

昆虫的排泄器官主要是马氏管。此外，昆虫体内的脂肪体、肾细胞、体壁以及由体壁特化而成的一些腺体，也具有排泄作用。

昆虫的内部器官及生理特点是科学制订防治措施的基础（表1-4）。

表 1-4　昆虫内部器官结构、功能与害虫防治的关系

内部器官	结构	功能	与药剂防治的关系
消化系统	消化道（前肠、中肠、后肠）、唾腺	消化食物，回收食物残渣里的水分	胃毒剂、内吸剂和拒食剂等在害虫的消化道内的溶解度与肠液中的酸碱度及其他因素有关，另外这些药剂可以影响害虫的食欲和消化能力
呼吸系统	气门、气管（侧纵干、支气管、微气管）	调节气流，防止水分蒸发，进行气体交换	通过气门开放，增强昆虫的呼吸作用，加速对熏蒸药剂的吸收，从而达到较好的熏杀效果
循环系统	血液、背血管（大动脉、心室、心门）	运输、排泄、吞噬、愈伤、孵化、蜕皮及羽化	破坏血细胞，扰乱血液的正常运行，抑制心脏搏动
排泄系统	马氏管	吸收各组织新陈代谢排出的废物、水分及盐基的吸收、排泄	破坏对各组织新陈代谢排出物的吸收从而累积中毒
神经系统	中枢、交感、周缘神经系统，神经元	传导外部刺激和内部反应的冲动，形成一定的习性行为和生命活动	破坏乙酰胆碱的分解作用，使神经传导一直处于过度兴奋和紊乱状态，破坏了正常的生理活动，以致其麻痹衰竭而死
生殖系统	雌性生殖器官、雄性生殖器官	繁殖后代	破坏受精过程，造成卵的不受精，形成不育

任务三　昆虫的生物学特性

昆虫的生物学特性主要指昆虫的繁殖方式、个体生长发育规律、年生活史及行为习性等。昆虫的生活、繁殖和行为习性是在长期演化过程中逐步形成的。昆虫种类不同，其生物学特性也不一样。了解昆虫的生活方式和行为习性，可以找出害虫生活史中的薄弱环节，并利用其薄弱环节进行防治，具有非常重要的作用。

一、昆虫的生殖方式

昆虫的生殖方式多种多样，常见的有以下几种（图 1-24）。

1　　　　　　　　　2　　　　　　　　　3

图 1-24　昆虫的生殖方式
1. 两性生殖　2. 卵胎生　3. 多胚生殖

（一）两性生殖

昆虫绝大多数是雌雄异体，通过两性交配后，雌虫产出受精卵，每粒卵发育为一个新个

体，这种繁殖方式又称为两性卵生，是昆虫繁殖后代最普通的方式。

（二）孤雌生殖

孤雌生殖指雌虫不经交配或卵不经受精而产生新个体的生殖方式，这种生殖方式又称单性生殖。有些昆虫通常是两性生殖，偶尔出现孤雌生殖，如家蚕。有些昆虫完全或基本上以孤雌生殖进行繁殖，这类昆虫一般没有雄虫或雄虫极少，如介壳虫、竹节虫、蓟马等。另外，一些昆虫如棉蚜、桃蚜等，两性生殖和孤雌生殖随季节变化而交替进行，春、夏季节进行孤雌生殖，秋末冬初气温下降时进行两性生殖，产生雄性个体，交配产卵越冬，称为异态交替或世代交替。

（三）多胚生殖

某些昆虫母体产下的每一个卵分裂发育成两个或更多的胚胎，每个胚胎发育成一个新个体，这种生殖方式称为多胚生殖，如内寄生性蜂类的小蜂、姬蜂等。

（四）卵胎生

昆虫的卵在母体内发育成熟，胚胎发育所需营养来自卵黄而不是母体，孵化直接产下新个体的生殖方式称卵胎生，如蚜虫和一些蝇类。

另外，少数昆虫在母体还未达到成虫阶段，处于幼虫期就进行繁殖，称为幼体生殖，如一些瘿蚊。

昆虫多样化的生殖方式是对复杂多变的外界环境的适应，可以保证其种族的繁衍。

实践应用

诱捕器利用昆虫性信息素防治害虫。根据当地主要害虫，正确选用靶标害虫性信息素诱芯，在田间设置诱捕器（通常使用水盆式诱捕器）。在靶标害虫成虫发生期间，在田间设置大量性信息素诱捕器，大面积统一放置，雄蛾受诱芯释放的性信息素引诱投入水盆中而死亡。诱芯的有效期一般在30d左右，一般每667m^{2}设置2~3个田间盆式诱捕器，诱捕器的间隔距离为60~80m，当晚盆内诱集的成虫翌日上午捞出，便于翌日晚上继续诱杀。

二、昆虫的变态

昆虫在生长发育过程中，不仅体积和质量不断增加，在外部形态和内部构造上也发生了显著变化，从而形成几个不同的发育阶段，这种从卵孵化到成虫性成熟所经过的形态上的变化，称为变态。按昆虫不同发育阶段的变化，变态可分为不完全变态与完全变态两大类（图1-25）。

昆虫的发育和变态

（一）不完全变态

昆虫一生中只经过卵、若虫（幼虫或稚虫）、成虫3个虫期。若虫与成虫的外部形态和生活习性很相似，仅个体的大小、翅及生殖器官发育程度不同，这种若虫实际相当于幼虫。一般可分为以下3种类型。

1. 渐变态 幼期与成虫期的形态、习性及栖息环境等都很相似，只是幼期的个体小，

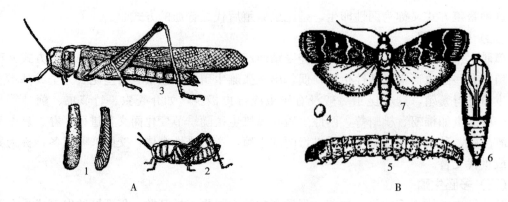

图 1-25 昆虫的不完全变态和完全变态
A. 不完全变态　B. 完全变态
1. 卵袋及其剖面　2. 若虫　3. 成虫　4. 卵　5. 幼虫　6. 蛹　7. 成虫

翅发育不完全（称为翅芽），性器官未成熟。幼期虫态称为若虫。属于这种变态类型的昆虫主要有蝗虫、蝼蛄、螽斯、蜚蠊、螳螂、蝽类、蝉、叶蝉、蚜虫、木虱等。

2. 半变态　幼虫期水生，成虫期陆生，幼虫期与成虫期在形态、器官、生活习性上均存在明显差异。此类幼期虫态称为稚虫，如蜻蜓目、蜉蝣目等目的昆虫。

3. 过渐变态　若虫与成虫均陆生，形态相似，但末龄若虫不吃不动，极似完全变态昆虫中的蛹，但其翅在若虫的体外发育，故称为拟蛹或伪蛹。如缨翅目的蓟马、同翅目的粉虱和雄性蚧类均属过渐变态，一般认为它是不完全变态向完全变态演化的一个中间过渡类型。

（二）完全变态

昆虫具有卵、幼虫、蛹、成虫4个虫态。幼虫与成虫在外部形态、内部结构及行为习性上存在着明显的差异，翅在幼虫的体内发育。如鳞翅目的蛾、蝶类昆虫，幼虫无翅，口器为咀嚼式，取食植物等固体食物；成虫有翅，口器为虹吸式，吮吸花蜜等液体食物。属于此类变态类型的昆虫占大多数，如鞘翅目的甲虫类（金龟子），鳞翅目的蛾、蝶类，膜翅目的蜂类，双翅目的蚊、蝇类等。

在完全变态类型昆虫中，有些如芫菁、螳蛉等，各龄幼虫在体形、结构和生活习性上存在明显差异，这种更为复杂的变态过程称为复变态。如芫菁1龄幼虫为蛃型，2～4龄为蛴螬型，5龄为伪蛹型，6龄又变为蛴螬型。

三、昆虫个体发育各虫期特点及在防治上的应用

昆虫的个体发育过程可分为胚胎发育和胚后发育两个阶段。胚胎发育是从卵发育成为幼体的发育期。胚后发育是从卵孵化后开始至成虫性成熟的整个发育期。昆虫在胚后发育过程中要经过一系列形态和内部器官的变化，出现幼期、蛹期和成虫期。

（一）卵期

卵自母体产下后到孵化成幼体经过的时间称卵期，短的只需1～2d，多数需6～10d。

卵外面是一层坚硬的卵壳，起保护作用。卵内有卵黄膜、细胞质、卵黄、细胞核。卵壳的顶部有受精孔，是精子进入卵内的通道。卵的大小差异较大，一般在0.5～2.0mm。卵的形状也各不相同，常见的有椭圆形、袋形、球形、桶形、半球形、篓形、有柄形（图1-26）。

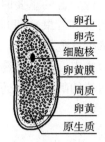
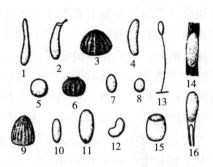

图1-26 昆虫卵的构造及类型

1. 长茄形（飞虱） 2. 袋形（三点盲蝽） 3. 半球形（小地老虎） 4. 长卵形（蝗虫） 5. 球形（甘薯天蛾）
6. 篓形（棉金刚钻） 7. 椭圆形（蝼蛄） 8. 椭圆形（大黑鳃金龟） 9. 馒头形（棉铃虫） 10. 长椭圆形（棉蚜）
11. 长椭圆形（豆芫菁） 12. 肾形（棉蓟马） 13. 有柄形（草蛉） 14. 被有绒毛的椭圆形卵块（三化螟）
15. 桶形（椿象） 16. 双瓣形（豌豆象）

昆虫产卵的方式有差别，有的单粒散产，如棉铃虫；有的多粒块产，如玉米螟。昆虫对卵的保护方式也有所不同，有的在卵块上覆盖一层绒毛，如三化螟；有的卵块包在分泌物所造成的泡沫塑料状袋内，如蝗虫。产卵场所也因虫而异，多数昆虫产在植物枝叶的表面，如三化螟；有的产在寄主植物组织内，如叶蝉；有的产在土壤中，如蝼蛄；有些则产在其他昆虫的卵、幼虫、蛹或成虫体内，如体内寄生蜂。

各种昆虫卵的形状、大小、产卵方式有所不同，它们在鉴别昆虫种类和组织防治上都有重要作用。卵期静止不动，卵壳有保护作用，加之产卵时的各种保护措施，因此卵期药剂防治效果很差。掌握了害虫卵期长短，在幼虫初孵时进行防治，则效果较好。

实践应用

了解害虫卵的形态，掌握其产卵方式及场所，对鉴定昆虫、预测预报和防治害虫具有十分重要的意义。特别是对那些比较集中的害虫，可进行人工采卵，如菜田摘除菜粉蝶卵块、剪除天幕毛虫的产卵枝等都是十分有效的防治措施。

（二）幼虫期

昆虫幼体从卵内破壳而出的过程称为孵化。幼体从孵化到出现蛹（或成虫）特征所经历的时间称幼虫期（或若虫期）。幼虫期是昆虫的取食生长时期，也是主要为害时期。

昆虫是外骨骼动物，体壁坚硬会限制其生长，所以幼体生长到一定程度会将束缚过紧的旧表皮蜕去，重新形成新表皮，才能继续生长，蜕下的旧皮称为虫蜕。昆虫在蜕皮前常不食不动，每蜕皮1次，虫体的体积、质量都显著地增大。从卵孵化至第一次蜕皮前称为1龄幼虫（若虫），以后每蜕皮1次增加1龄。所以，昆虫虫龄的计算方法是蜕皮次数加1。相邻两次蜕皮之间所经历的时间称为龄期。昆虫蜕皮的次数和龄期的长短因种类及环境条件不同而不同，一般幼虫蜕皮4～5次。

孵化

蜕皮

昆虫幼虫（若虫）期是取食的主要时期，也是昆虫进行为害的重要时期，因此，此时期是开展防治的关键和重要时期，生产上应不失时机地在幼虫（若虫）期开展有效防治。防治一定要抓住低龄期，因为在3龄前昆虫活动范围小，食量少，危害较轻，抗药能力差，体壁较薄，药剂易于渗入。生长后期，昆虫食量骤增，常暴食成灾，而且抗药力增强。有些昆虫低龄阶段群集在一起，有利于集中防治。所以，在3龄前的幼龄阶段施药防治效果好。

不同种类的昆虫，幼体形态多不相同。有的幼体和成虫相似，称若虫；有的与成虫迥异，称幼虫。完全变态昆虫的幼虫由于其对生活环境长期适应，在形态上发生了很大的变化，主要分为以下类型（图1-27）。

1. 无足型 完全无足，如蝇类幼虫。

2. 寡足型 只有3对发达的胸足，无腹足，如金龟甲幼虫。

3. 多足型 除有3对胸足外，还有多对腹足，如蝶、蛾幼虫有3对胸足和2～5对腹足，叶蜂类幼虫有3对胸足和6～8对腹足。

鳞翅目与膜翅目叶蜂科多足型幼虫的区别：鳞翅目幼虫头部额区有倒Y形的蜕裂线，而膜翅目叶蜂科的幼虫无此蜕裂线；鳞翅目幼虫腹部通常有5对腹足，着生于第3～6和第10腹节上，第10腹节上的1对又称臀足，腹足末端具趾钩（蠋型）；膜翅目叶蜂科幼虫从腹部第2节开始有腹足，一般6～8对，有的多达10对，腹足末端无趾钩（伪蠋型）。

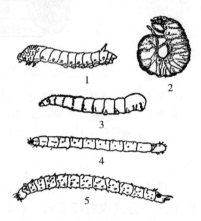

图1-27 完全变态类幼虫的类型
1. 多足型　2. 寡足型
3. 无足型（无头）　4. 无足型（半头）
5. 无足型（全头）

（三）蛹期

化蛹

幼虫老熟后停止取食，寻找适当场所，有的吐丝作茧，有的作土室或借隐蔽地点，体缩短变粗，不食不动，进入前蛹期，又称预蛹期。前蛹期是老熟幼虫化蛹前的时期。末龄幼虫（老熟幼虫）蜕去最后一次皮变成蛹的过程称为化蛹。从化蛹到成虫羽化所经历的时间称为蛹期。蛹是幼虫转变为成虫的过渡时期，表面不食不动，但内部进行着分解旧器官、组成新器官的剧烈的新陈代谢活动。各种昆虫蛹的形态不同，可分3个类型（图1-28）。

1. 离蛹（裸蛹） 触角、足、翅等与蛹体分离，有的还可以活动，如金龟甲、蜂类的蛹。

2. 被蛹 触角、足、翅等紧贴在蛹体上，表面只能隐约见其形态，如蝶、蛾的蛹。

3. 围蛹 蛹体被幼虫最后蜕下的皮形成桶形外壳所包围，里面是离蛹。这是蝇、虻类所特有的蛹。

昆虫蛹期不活动，要求相对稳定的环境来完成内部器官和外部形态的转变过程。蛹期是昆虫生命活动中一个薄弱环节，缺少防御和躲避敌害的能力，容易受到敌害和外界不良环境条件的影响。利用这一习性可以防治一些害虫，有固定场所的在一定

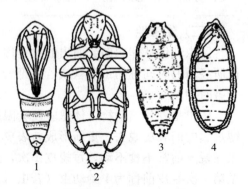

图1-28 昆虫蛹的类型
1. 被蛹　2. 离蛹　3、4. 围蛹

度上可人工清除，如翻耕晒土、灌水等；可进行蛹体密度调查，由蛹期推算成虫期和产卵期等。

（四）成虫期

不完全变态的若虫和完全变态的蛹蜕去最后一次皮变为成虫的过程称为羽化。成虫期是昆虫个体发育的最后一个阶段，其雌、雄性别明显分化，性细胞逐渐成熟，具有生殖力，成虫的一切生命活动都以生殖为中心，所以成虫主要是进行交配产卵、繁殖后代，因此，成虫期本质上是昆虫的生殖期。另外，由于成虫期是昆虫个体发育的最后阶段，身体结构已经固定，种的特征已经显示，成虫的性状稳定，所以成虫的形态特征成为系统发生和昆虫形态分类鉴定的主要依据。

羽化

有些昆虫在羽化后性器官已经成熟，不再需要取食即可交尾、产卵。这类成虫的口器往往退化，寿命很短，对作物的危害性不大，如一些蛾、蝶类。也有一些成虫没有取得补充营养时虽可交配产卵，但产卵量不高，需要补充营养，才能大大提高产卵量，如黏虫、小地老虎等。大多数昆虫刚羽化为成虫时，性器官还没有完全成熟，成虫阶段需要继续取食增加营养，完成生殖器官的发育，满足其卵巢发育对营养的需要，达到性成熟和交配产卵，这种对性细胞发育成熟不可缺少的成虫期取食行为，称为补充营养，如不完全变态的蝗虫、盲蝽、叶蝉、守瓜等。有些昆虫的性成熟还需要特殊的刺激，如东亚飞蝗和黏虫需经历远距离的迁飞，一些雌蚊必须经过吸血刺激。需要补充营养的昆虫，成虫阶段对植物仍能造成危害，并且成虫期一般较长。因此，了解此类昆虫对补充营养的要求，对于进行害虫的预测预报及采取有效的防控措施是十分重要的。

昆虫性成熟后就可交配，通常分泌性信息素引诱同种异性个体前来交配。交配次数因种类不同而异，有的一生只交配1次，有的交配多次，一般雄虫比雌虫交配次数多，如棉红铃虫雌虫一般交配1~2次，而雄虫交配1~8次。雌虫交配后即可产下受精卵。昆虫产卵的次数、产卵量及产卵期的长短等因种类不同而异，并且受到环境和营养条件的制约。只有在最适宜的生态条件下，昆虫才能达到最大的生殖力。昆虫的生殖力一般很强，一般每头雌虫可产卵几十至数百粒，如小菜蛾可产卵100~200粒，小地老虎平均产卵1 000粒，最多可达3 000多粒。

成虫从羽化到第一次交配的间隔期称交配前期。从羽化到第一次产卵所经过的历期称为产卵前期。从第一次产卵到产卵终止的历期称为产卵期。各种昆虫交配前期、产卵前期和产卵期常有一定的天数，但也受环境条件的综合影响而发生变动。

掌握了昆虫的产卵习性，可以在生产上不失时机地在成虫产卵前期及时开展成虫期防治，因为成虫产卵之后很快死亡，防治成虫是一种"预防性"防治策略，它将害虫防治在对农作物产生危害之前，因此在产卵前期诱杀成虫，产卵盛期释放卵寄生蜂，可以提高防治效果，控制害虫种群数量，从而可以挽回更大的损失。

有些昆虫雌、雄个体除了生殖器官和性腺等第一性征不同外，还常常在个体的大小、体形、色泽、触角形状、器官构造以及生活行为等第二性征方面也存在着差异，这种现象称为雌雄性二型现象（图1-29）。如小地老虎雄性触角为羽毛状，雌性为丝状；蓑蛾类、介壳虫的雄虫有翅，雌虫无翅；鞘翅目锹形甲雄虫的上颚比雌虫发达得多；蟋蟀、螽斯的雄虫有发音器；鳞翅目舞毒蛾雄虫为暗褐色，触角羽状，雌虫为黄白色，触角线状。

 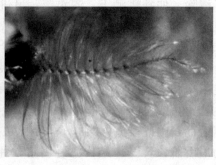

图1-29 昆虫雌雄性二型现象
1. 雄蚊触角 2. 雌蚊触角

有些昆虫除了雌雄性二型现象外，在同种昆虫同一性别的不同个体中存在着两种或两种以上不同个体类型分化的现象，称之为多型现象（图1-30）。多型现象常发生在成虫期，有些昆虫在幼虫期也会出现。如异色瓢虫翅面上的色斑有多种类型，稻褐飞虱、高粱长蝽的雌成虫有长翅型和短翅型两种；棉蚜有无翅型和有翅型等类型。多型现象在膜翅目的蜜蜂、蚂蚁和等翅目的白蚁等高等社会性昆虫中体现得更为典型，它们不仅个体间结构、颜色不同，而且行为差异明显，社会分工明确，如蜜蜂有蜂后（蜂王）、雄蜂和工蜂。

图1-30 蚜虫多型现象
1. 苹果瘤蚜无翅型 2. 苹果瘤蚜有翅型

了解昆虫的雌雄性二型和多型现象，可以帮助我们避免在鉴别昆虫种类时产生误差，同时可以提高昆虫种类调查和预测预报的准确性。

四、昆虫的世代和年生活史

（一）世代和世代重叠

昆虫的一个新个体（卵或幼虫）从离开母体开始发育到成虫性成熟繁殖产生后代的发育史，称为一个世代（图1-31），简称一代或一化。

昆虫种类不同，环境条件不同，完成一个世代所需时间不同，在1年内能完成的世代数也不同。但有些昆虫1年内完成的世代数不因地区而改变，如舞毒蛾、大地老虎等，不论在南方还是北方，都是1年只发生1代，称为一化性昆虫。有些昆虫1年能发生2代或更多代，如小地老虎随地区不同，1年可发生2~7个世代不等；梨小食心虫1年发生3~5代不等；蚜虫类1年可发生10余代或20~30代，这些昆虫称多化性昆虫。另外一些昆虫，完成一个世代往往需要2~3年，如叩头甲、金龟子；最长的甚至长达10余年，如十七年蝉。昆虫在1年内发生的世代数，除取决于昆虫的遗传因素外，还受环境条件的影响，一般北方气温低，完成1个世代的历期长，1年内世代数较少，南方气温高，世代历期短些，1年内可以发生多代。如黏虫在东北部1年发生2代，在东北南部则发生3代，在华北发生3~4代，在华南可发生6代；小菜蛾在东北、华北北部地区1年发生3~4代，在黄河流域中下游地区发生5~6代，在广州可发生17代。

图1-31 完全变态昆虫的一个世代
1. 雄成虫 2. 雌成虫 3. 幼虫 4. 蛹 5. 为害状

1年发生多代的昆虫，由于成虫期和产卵时间长，产卵期先后不一，或越冬虫态出蛰期不集中，同一时期内存在同一世代不同虫态或不同世代相同虫态发生重叠现象，世代之间无法划分清楚，呈现"子孙同堂"的现象，称世代重叠。世代重叠的害虫发生不整齐，常给防治带来困难。如桃蛀果蛾，越冬幼虫出土时间超过两个月，同时出现前后两个世代的成虫、卵和幼虫，使世代的划分变得十分复杂。还有一些昆虫，如榆叶甲，在北京1年发生1代，绝大多数以成虫越冬，而有一小部分则继续产卵发育，发生第二代，即所谓的局部世代。

计算昆虫的世代是以卵期为起点的，一年发生多代的昆虫依出现的先后次序称第一代、第二代……凡是前一年未完成生活周期，翌年继续发育为成虫的，都不能称为翌年的第一代，而是前一年最后一代的继续，一般称为越冬代。如以幼虫越冬，翌年春开始活动化蛹变成虫，这个蛹和成虫属越冬代，其成虫产的卵才能算作当年的第一代。

(二) 年生活史

昆虫1年内的生长发育史指由当年越冬虫态开始活动起，到翌年越冬结束止的发育过程，包括越冬（越夏）虫态、场所，1年发生的世代数，各世代、各虫态的发生时间和历期，也称为年生活史，简称为生活史，常用图表的方式表示（表1-5）。

表 1-5 葱斑潜蝇的生活史

(潘秀美等，2001. 葱斑潜蝇生物学特性研究)

月旬 世代	1—3 上 中 下	4 上 中 下	5 上 中 下	6 上 中 下	7 上 中 下	8 上 中 下	9 上 中 下	10 上 中 下	11 上 中 下	12 上 中 下
越冬代	▲　▲　▲	▲ ▲ ▲ ＋ ＋ ＋	▲ ▲ ▲ ＋ ＋ ＋	▲ ▲ ▲ ＋ ＋ ＋	▲ ＋					
1		● ● － ▲	● ● ● － － － ▲ ▲ ▲ ＋ ＋ ＋	● ● ● － － － ▲ ▲ ▲ ＋ ＋ ＋	● － ▲ ＋					
2			● － ▲	● ● ● － － － ▲ ▲ ▲ ＋ ＋ ＋	● ● ● － － － ▲ ▲ ▲ ＋ ＋ ＋	▲ ＋				
3				● ● － ▲	● ● ● － － － ▲ ▲ ▲ ＋ ＋ ＋	● ● ● － － － ▲ ▲ ▲ ＋ ＋ ＋	▲ ＋			
4					● －	● ● ● － － － ▲ ＋	● ● ● － － － ▲ ▲ ▲ ＋ ＋ ＋	▲ ▲ ▲	▲ ▲ ▲	
5						● － ▲	● ● ● － － － ▲ ▲ ▲ ＋ ＋ ＋	● ● － ▲	▲ ▲ ▲	▲
6							● ● － ▲ ＋	● ● ● － － － ▲ ▲ ▲ ＋ ＋ ＋	▲ ▲ ▲ ＋ ＋	▲ ▲
越冬代							● － ▲	● ● － － ▲ ▲ ▲	▲ ▲ ▲	

注：●卵；－幼虫；▲蛹；＋成虫。

1年发生1代的昆虫，它的年生活史就是1个世代；1年发生多代的昆虫，年生活史就包括几个世代。昆虫生活史可以采用生活史图表示，也可以采用生活史表表示，或者采用图表结合的形式来表示，当然也可以用文字记述。研究昆虫的年生活史，目的是摸清昆虫在1年之内的发生规律、活动和危害情况，以便针对昆虫生活史中的薄弱环节与有利时机进行防治。

（三）休眠和滞育

昆虫在1年的生活周期中，常常发生生长发育或生殖暂时停止的现象，这种现象多发生在严冬或盛暑季节，所以称为越冬或越夏，又称停育。这是昆虫为了安全渡过不良环境，经长期演化所形成的有利于其种群延续的一种高度适应，从生理上可区分为休眠和滞育两种。各种昆虫越冬、越夏往往有其特定的虫态和场所，而且不吃不动，此时开展人工防治具有较好防效。

休眠是指昆虫在个体发育过程中，由不良的环境条件（主要指低温或饥饿）直接引起的处于不食不动、生长发育停滞的现象。当不良环境消除后，昆虫即可恢复正常生长发育状态。例如，在温带或寒带地区，冬季气温较低，植物干枯，食物减少，有些昆虫如东亚飞蝗、瓢虫等，便会进入休眠状态，称为冬眠；在中低纬度地区，夏季炎热，如叶甲，就会潜伏在草叶下或草丛中，生长发育暂时停止，称为夏眠。昆虫进入休眠，体内生理代谢降低，脂肪体含量增高，抗逆能力明显增强。

还有些昆虫在不良环境尚未到来之前就进入停育状态，即使不良环境解除也不能恢复生长发育，必须经过一定的外界刺激如低温、光照等，才能打破停育状态，这种现象称滞育。滞育具有遗传稳定性。具有滞育特性的昆虫都有各自固定的滞育虫态，如玉米螟只以老熟幼虫滞育。引起滞育的生态因子有光周期、温度和食物等，其中光周期是影响昆虫滞育的主要因素。光周期在自然界中的变化规律是最稳定的因素，昆虫对光信号的刺激直接而又敏感，因此，在不利条件未来临之前，昆虫便在生理上有所准备，进入了滞育。

五、昆虫的主要行为习性及在防治上的应用

昆虫的行为习性是种或种群的生物学特性，包括昆虫的活动和行为。

（一）食性

食性是指昆虫对食物的适应性，是昆虫在长期演化过程中对食物所形成的选择性。不同昆虫食性不同，同种昆虫不同虫期也不完全相同，甚至差异很大。根据食物性质的不同可将昆虫分为以下5类。

1. 植食性 以植物活体组织为食料，包括绝大多数农林害虫和少部分益虫，如蝗虫、棉铃虫、小菜蛾、家蚕等。

2. 肉食性 主要以动物活体组织为食料，绝大多数是益虫。按其取食方式的不同又可分为捕食性，如蜻蜓、瓢虫等；寄生性，如赤眼蜂等寄生蜂。

3. 杂食性 兼食动物、植物等，如胡蜂、蟋蟀、蠼螋等。

4. 粪食性 专以动物粪便为食的食性，如蜣螂等。

5. 腐食性 以动物尸体或腐败的植物为食，如埋葬甲、果蝇等。

根据昆虫取食范围的广窄可分为以下3类。

1. 单食性 仅取食一种植物或动物的食性，也称专食性，如豌豆象只取食豌豆，三化螟只取食水稻，澳洲瓢虫只取食吹绵蚧等。

2. 寡食性 能取食同属、同科和近缘科几种植物的食性，如菜粉蝶主要为害十字花科植物。

3. 多食性 能取食很多科、属植物的食性，如棉蚜可食害74科植物，小地老虎可食害多科植物。

昆虫的食性具有稳定性，但当其嗜好食物缺乏时，食性会被迫发生改变。了解害虫的食性，可以通过采取轮作倒茬、合理的作物布局、中耕除草等农业措施防治害虫，同时对昆虫天敌的选择与利用也有实际价值。

（二）趋性

趋性是昆虫对外界刺激（如光、温度、湿度、某种化学物质等）所产生的趋向或背向的定向活动。凡是向着刺激物定向运动的称为正趋性，背向刺激物活动的称为负趋性。昆虫的趋性根据刺激物的性质可以分为趋光性、趋化性和趋温性等。

1. 趋光性　趋光性是昆虫对光刺激所做出的定向反应。昆虫通过视觉器官趋向光源的反应行为称为正趋光性；反之，则为负趋光性。一般夜间活动的蛾类对光源都表现为正趋光性，尤其是对波长在 330～

图 1-32　黑光灯诱虫

400nm 的黑光灯具有强的趋性（图 1-32）。因此，可利用黑光灯、双色灯来诱杀害虫和进行预测预报。在白昼日光下活动的多数蝶类、蚜虫等对灯光为负趋光性。

2. 趋化性　趋化性是昆虫通过嗅觉器官对某些化学物质的刺激所做出的定向反应，也有正负之分，对昆虫觅食、求偶、交配、避敌、寻找产卵场所等活动都有重要意义。如菜粉蝶趋向于在含有芥子油糖苷气味的十字花科植物上产卵，小地老虎对糖醋液具有趋性。对具有强烈趋化性的害虫，可进行诱集或捕杀，也可人工释放性引诱剂（图 1-33），干扰其交配，从而降低害虫种群数量，如用糖、醋、酒等混合液诱集地老虎、黏虫，利用新鲜杨、柳枝把诱集棉铃虫、黏虫等。

图 1-33　性引诱剂诱虫

3. 趋温性　昆虫是变温动物，本身不能保持和调节体温，必须主动趋向环境中的适宜温度，这是昆虫趋温性的本质所在。如东亚飞蝗蝗蝻每天早晨要晒太阳，当体温升到适合时才开始进行跳跃、取食等活动。严冬酷暑某些害虫就要寻找适合场所越冬、越夏也是趋温性的一种表现。

（三）假死性

有些昆虫受到突然的接触或震动时，全身表现出一种反射性的抑制状态，身体卷曲，或从植株上坠落地面，一动不动，片刻后又爬行或飞起，这种特性为假死性。如叶甲、金龟甲等的成虫，菜粉蝶、大叶黄杨尺蠖、甜菜夜蛾等的幼虫及叶螨类受到触动，就会呈现假死状态。假死性是昆虫逃避敌害的一种适应方式，在害虫防治中可以利用它们的假死性用骤然振落方法加以捕杀或采集标本。

实践应用

黄板诱杀法：选用一块长 20cm、宽 15cm 的硬纸板或木板，上面贴上黄纸，然后在黄纸上涂一层黄油，制成诱杀板，将诱杀板插在花盆间，利用蚜虫对黄色的趋性，将蚜虫粘在诱杀板上，达到防治蚜虫的目的。

(四) 群集性

同种昆虫大量个体高密度地聚集在一起的习性称为群集性。群集性是昆虫在有限的空间内个体大量繁殖或大量集中的结果。如蚜虫常群集在作物嫩芽上，粉虱常群集在茄科蔬菜的叶背等。

根据群集方式的不同，可分为临时性群集和永久性群集。临时性群集是昆虫仅在某一虫态或某一时期群集在一起，之后便分散活动。例如，天幕毛虫低龄幼虫在树杈上结网，并群集于网内，近老熟时便分散活动；大叶黄杨长毛斑蛾初龄幼虫群集在一起，老龄时则分散开来。某些昆虫的群集性具有季节性，如瓢虫，越冬期间大量集结在砖石下、建筑物隐蔽处、地表覆盖层下，越冬结束后就分散，显然，这种群集有利于昆虫渡过不良环境。永久性群集指昆虫在整个生育期终生都聚集在一起，外力很难将其分散，而且群体向一定方向迁移或作远距离的迁飞。如飞蝗卵块较密集时，孵出的蝗蝻就会聚集成群，集体行动迁移，发育为成虫后仍不分散，成群迁飞。永久性群集主要是由于昆虫受到环境的刺激引起体内发生特殊的生理反应，并通过外激素使个体间保持信息联系。了解昆虫的群集性对集中防治害虫提供了方便。

(五) 迁飞 (移)

有些昆虫在成虫羽化到翅骨化变硬的羽化初期常成群地从一个发生地区长距离迁飞到几百至上千千米外的另一个发生地区。如当东亚飞蝗密度大而形成群居时，常进行远距离的群迁，而小地老虎、黏虫等则呈季节性地借助上空季风气流作南北方向的长距离飞行，这种周期性行为称为迁飞 (移)。迁飞 (移) 是昆虫个体生理因子与环境相互作用的综合反应，常发生在某一特定时期。这些昆虫成虫开始迁飞 (移) 时，雌虫的卵巢还没有发育，大多数没有交尾产卵，这种迁飞 (移) 是昆虫的一种适应性，有助于种的延续。

(六) 扩散

昆虫在一定的空间内短时间聚集大量的同种个体，由于食料不足或活动空间不足，造成部分群集个体向外扩散的现象称为昆虫的扩散。大多数昆虫在环境条件不适或食物不足时，会发生近距离的扩散或迁移。如斜纹夜蛾和旋花天蛾等幼虫，当吃完一片地的作物后就会成群地迁移到邻近的地块为害。

昆虫的迁飞 (移)、扩散会造成短期内害虫大发生，因此，了解害虫的迁飞 (移) 特性及扩散的时期对害虫的测报及在害虫迁飞 (移)、扩散之前开展防治具有重要意义。

任务四　识别园艺植物昆虫和螨类主要类群

昆虫分类在生产实践上具有极其重要的意义：在益虫利用和害虫防治工作中，对某些具有重要经济意义的种类因形态近似而易混淆，若忽视分类鉴别，可能给工作带来巨大损失；在植物检疫方面，正确鉴定害虫种类并查明分布区有助于准确划分疫区和确定对外、对内植物检疫对象名单；在农业上，农业害虫的防治及害虫的科学研究工作必须进行正确的昆虫种类鉴别。

一、昆虫分类的依据和方法

昆虫分类和其他动物分类一样,目前仍以外部形态特征作为主要依据,所鉴别的种类绝大部分正确且使用简便。昆虫分类的阶元包括界、门、纲、目、科、属、种 7 个等级,有时因实际需要,在纲、目、科、属、种等分类单位下还分设亚纲、亚目、亚科、亚属、亚种等分类单位,书写时必须按阶梯排列。以蔷薇白轮盾蚧为例,其分类阶梯如下。

界:动物界 Animalia
门:节肢动物门 Arthropoda
纲:昆虫纲 Insecta
亚纲:有翅亚纲 Pterygota
目:同翅目 Homoptera
亚目:胸喙亚目
总科:蚧总科 Coccoidea
科:盾蚧科 Diaspididae
属:白轮盾蚧属 *Aulacaspis*
种:蔷薇白轮盾蚧 *rosae*

种是指在形态、生理、生态、生物学及地理分布等方面相同,并且在自然状况下能自由交配,产生具有繁殖力的后代的个体总称。种是分类的基本单位,种间有相对明确的界限,动物界的种以种群的形式存在,具有相同的形态特征,能自由交配繁衍后代,与其他物种有生殖隔离的一种类型。在每个种的公布区内,种内个体是以种群形式存在的,种与种之间有生殖隔离现象。种是客观存在的实体,种以下或以上的分类阶元都是相对单元,带有一定的主观性。

昆虫每个种都有一个学名。学名采用国际上统一规定的双名法,由属名和种名共同组成,并且都由拉丁字母来书写。前面是属名,后面是种名,一般在最后还要加上命名人的姓氏或其缩写。属名的第一个字母要大写,种名全部小写,后面姓氏的第一个字母也要大写。例如,马尾松毛虫(中文名称)的学名为 *Dendrolimus punctatus* Walker。

         属名   种名 定名人

若是亚种,则采用三名法,将亚种名排在种名之后,第一个字母小写。如天幕毛虫 *Malacosoma neustria testacea* Motschulsky,是由属名、种名、亚种名组成,命名者的姓置于亚种名之后。

园艺昆虫主要目的特征

二、园艺昆虫的主要类群

昆虫纲根据它们的外部形态特征、变态和生活习性等分为不同目。目前国内多数学者将昆虫纲分为 34 目,其中与园艺植物关系密切的 9 个目概述如下。

(一)直翅目

直翅目昆虫虫体多为中至大型,咀嚼式口器,触角多为丝状,前胸背板发达,前翅为覆翅,后足跳跃式或前足开掘式。腹部有尾须,产卵器发达。多为植食性,不完全变态(表 1-6、图 1-34)。

表 1-6 直翅目昆虫重要科特征

科	主要特征	常见种类
蝗科	触角短于体长，听器着生在第一腹节两侧，后足跳跃足，产卵器凿头状，尾须短不分节	东亚飞蝗、中华稻蝗
蝼蛄科	触角短于体长，听器在前足胫节内侧，前足开掘足，后翅长，纵折伸过腹末如尾状，尾须长，产卵器不发达，不外露，植食性	华北蝼蛄、东方蝼蛄
蟋蟀科	触角长于体长，听器在前足胫节内侧，后足跳跃足，产卵器发达且呈剑状，尾须长	姬蟋蟀

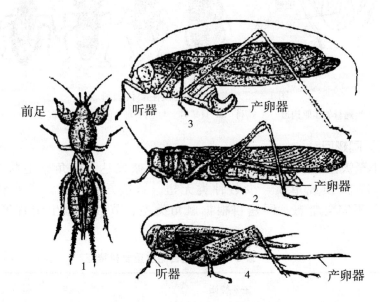

图 1-34 直翅目常见科
1. 蝼蛄科　2. 蝗科　3. 螽斯科　4. 蟋蟀科

（二）半翅目

半翅目昆虫虫体小至中型，个别大型，刺吸式口器，复眼发达，不完全变态（表 1-7、图 1-35）。

表 1-7 半翅目昆虫重要科特征

科	主要特征	常见种类
蝽科	体小至大型，体色多变，头小三角形，触角多 5 节，喙 4 节，具单眼。小盾片发达且呈三角形，前翅膜区有纵脉，且多出自一基横脉上	荔枝蝽、菜蝽
网蝽科	体小而扁，无单眼，前胸背板常向两侧或向后延伸，盖住小盾片。胸部与前翅具网状花纹	梨网蝽
缘蝽科	体中到大型，体狭，两侧缘略平行。触角 4 节，喙 4 节，有单眼。胸背板梯形，侧角常呈刺状或叶状突出。膜区从一基横脉上发出很多纵脉	黄伊缘蝽
猎蝽科	体中型，头狭长，长度大于宽度。触角 4 节，复眼发达，单眼 2 个或无，喙 3 节，基部弯曲，不能平贴腹面。膜片发达，有 2~3 个大基室，上伸出 2 纵脉	黄足猎蝽

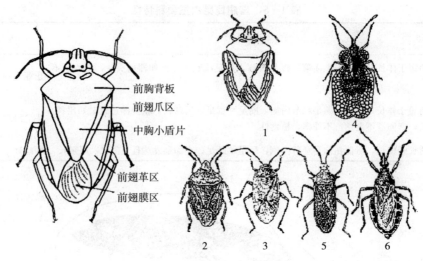

图 1-35 半翅目特征及主要代表科
1. 半翅目的体躯构造 2. 蝽科 3. 盲蝽科 4. 网蝽科 5. 缘蝽科 6. 猎蝽科

(三) 同翅目

体小至大型,刺吸式口器,喙分节。复眼发达,触角刚毛状或丝状。前翅质地均匀,膜质或革质,少数种类无翅。繁殖方式多样,常有转主和世代交替现象,不完全变态。同翅目根据触角类型、节数及着生位置等分科(表 1-8、图 1-36)。

同翅目、半翅目主要科特征观察

表 1-8 同翅目昆虫重要科特征

科	主要特征	常见种类
叶蝉科	体小至中型,一般细长。头部较圆,不窄于胸部,触角刚毛状,生于两复眼间。前翅加厚不透明,后足胫节密生两排刺	茶小绿叶蝉、黑尾叶蝉
蚜科	体小型,触角丝状,翅透明,前翅翅痣发达,腹部第6节背面两侧生腹管1对,腹部末节中央有突起(尾片)	瓜蚜
粉虱科	体微小,体具纤细白蜡粉,触角6节,前翅最多3条翅脉,后翅1条翅脉,腹部第9节背面凹入一皿状孔	温室白粉虱
蚧总科	雌虫终生固着在植物上,不能活动,幼龄若虫行动活泼。虫体表面大多被覆各种蜡质介壳,腹末有卵囊。无翅,大多足、触角、眼等附器也极度退化,口器中的颚丝极细长,刺入植物组织内吸汁。雄成虫体小,仅具1对前翅,后翅退化成平衡棒,腹末常有细蜡丝	吹绵蚧、角蜡蚧、矢尖蚧

(四) 鞘翅目

鞘翅目通称甲虫,是昆虫纲乃至动物界中种类最多、分布最广的第一大目,全世界已知约 35 万种,占昆虫总数的 1/3,中国已知 7 000 余种,广泛分布于地球陆地及淡水的每一个角落。鞘翅目昆虫虫体大小悬殊,体壁坚硬,体形多样。成虫和幼虫口器均为咀嚼式。成虫复眼发达,一般无单眼。触角形状各异,10~11 节。前翅为鞘翅,后翅为膜质。

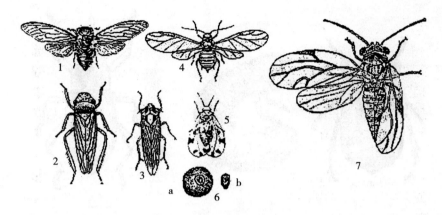

图 1-36 同翅目常见科
1. 蝉科 2. 叶蝉科 3. 飞虱科 4. 蚜科 5. 粉虱科
6. 盾蚧科（梨圆蚧）（a. 雌虫 b. 雄虫） 7. 木虱科

鞘翅目昆虫生长过程为完全变态（芫菁等少数昆虫为复变态），即由幼虫发育至成虫须经过一个不食不动的蛹期。食性多样化，植食性、捕食性、腐食性、粪食性、尸食性和寄生性均有。许多种类为农林害虫，也有捕食性种类。多陆生，部分水生。多数成虫有趋光性，几乎所有种类都有假死行为。幼虫为寡足型或无足型。蛹为离蛹。鞘翅目根据触角、复眼、口器、足的形状及幼虫的类型等分科（表1-9、图1-37）。

鞘翅目主要科特征观察

表1-9 鞘翅目昆虫重要科特征

科	主要特征	常见种类
金龟科	体小至大型，圆筒形，触角鳃叶状。前足近乎开掘足，胫节扁，其上具齿。鞘翅常不及腹末，中胸小盾片多外露（食粪者多不外露）	华北大黑鳃金龟、铜绿丽金龟
瓢甲科	体小至中型，体背隆起呈半球形。鞘翅常具红、黄、黑等星斑。头小，部分隐藏在前胸背板下。触角短小，锤状	澳洲瓢虫、七星瓢虫、异色瓢虫
叶甲科	体小至中型，体色美丽。触角丝状，复眼圆形，跗节隐5节	大猿叶虫
步甲科	头前口式，前胸背板比头宽，触角11节，丝状，后足步行足	金星步甲
叩头虫科	触角锯齿状或栉齿状，前胸背板两后角常尖锐突出，前胸腹板后方有突出物，嵌在中胸腹板的凹陷内，跗节5节	细胸金针虫
天牛科	体呈长圆筒形，触角长，前胸背板两侧和中央有条纹，背板的刻纹、粗糙颗粒和毛被是分类的重要特征，蛹为裸蛹	星天牛、桃红颈天牛

1. 肉食亚目 前胸有背侧缝。后翅具小纵室。后足基节固定在后胸腹板上，不能活动，并将第一可见腹板完全分割开。触角多丝状。

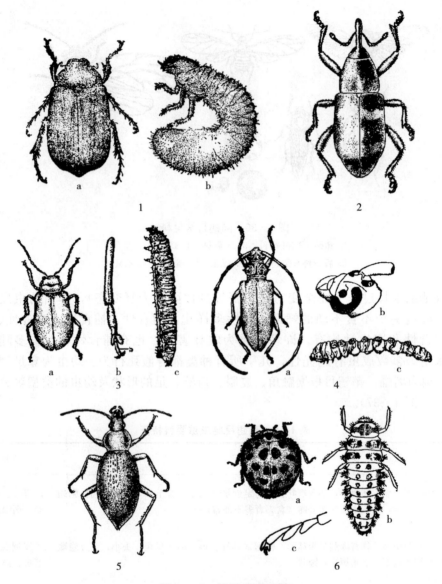

图 1-37 鞘翅目常见科

1. 金龟总科（a. 成虫　b. 幼虫）　2. 象甲科　3. 叶甲科（a. 成虫　b. 胫节和跗节　c. 幼虫）
4. 天牛科（a. 成虫　b. 头部　c. 幼虫）　5. 步甲科　6. 瓢甲科（a. 成虫　b. 幼虫　c. 跗节）

2. 多食亚目　前胸无明显背侧缝。后翅无小纵室。后足基节不固定在后胸腹板上，并不将第一可见腹板分割。触角形状各异。

（五）鳞翅目

鳞翅目昆虫虫体小至大型，体披鳞片及鳞毛，并由鳞片构成各种色泽与花纹。触角丝状、球杆状、羽毛状等。复眼发达，单眼 2 个或无，口器虹吸式或退化。前翅大于后翅，少数种类雌虫无翅。幼虫多为多足型，咀嚼式口器，腹足 2~5 对，有趾钩。蛹多数为被蛹。成虫一般不为害植物，幼虫多为植食性（表 1-10，图 1-38）。

表 1-10 鳞翅目昆虫重要科特征

科	主要特征	常见种类
粉蝶科	体中型，多为白色、黄色、橙色或杂有黑色或红色斑点。前翅三角形，后翅卵圆形	菜粉蝶、山楂粉蝶
蛱蝶科	体中或大型，有各种鲜艳的色斑。飞翔迅速而活泼。前足退化短小，常缩起。触角锤状	小红蛱蝶
螟蛾科	体小至中型，体瘦长，色淡，触角丝状，下唇须发达多直伸前方。前翅狭长呈三角形，翅面平滑有光泽，后翅有发达臀区，臀脉3条	玉米螟、桃蛀螟
夜蛾科	体多中至大型，色淡，触角丝状或羽状。前翅桨状或呈三角形，多斑纹，后翅宽色淡，臀脉2条或者1条	小地老虎、烟青虫
菜蛾科	体小而狭，色暗。成虫休息时，触角伸向前方。下唇须伸向上方，翅狭，前翅披针形，后翅菜刀形	小菜蛾
卷蛾科	前翅略呈长方形，有些种类休息时呈吊钟状	梨小食心虫
尺蛾科	体小至中型，细弱。多暗色，夜出性，休息时翅平放	棉大造桥虫，桑尺蠖

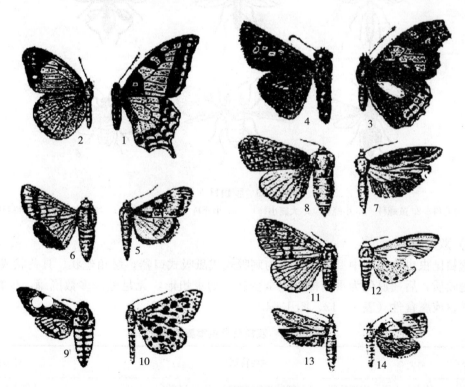

图 1-38 鳞翅目常见科
1. 凤蝶科 2. 粉蝶科 3. 蛱蝶科 4. 弄蝶科 5. 螟蛾科 6. 夜蛾科 7. 菜蛾科
8. 木蠹蛾科 9. 天蛾科 10. 尺蛾科 11. 毒蛾科 12. 灯蛾科 13. 麦蛾科 14. 卷蛾科

1. 锤角亚目 触角球杆状，成虫白天活动，休止时四翅立竖于背，被蛹多有棱角。
2. 异角亚目 触角多样，但非球杆状，成虫多夜间活动，休止时四翅覆于腹背或平展，被蛹无棱角。

(六) 膜翅目

膜翅目昆虫虫体大小悬殊。触角丝状或膝状，口器咀嚼式或嚼吸式。两对翅同为膜质。完全变态。幼虫多足型或无足型。裸蛹，有的有茧。食性复杂，有植食性、捕食性和寄生性等（表1-11、图1-39）。

表1-11 膜翅目昆虫重要科特征

科	主要特征	常见种类
叶蜂科	身体短粗，触角丝状，有明显的翅痣，前足胫节有2端距，产卵器锯状	菜叶蜂
茧蜂科	体小型，触角丝状，多节；仅有第一回脉，无第二回脉；多无小室或极不明显；翅面上有花纹	粉蝶小茧蜂

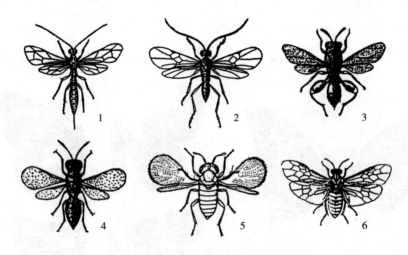

图1-39 膜翅目常见科

1. 姬蜂科 2. 茧蜂科 3. 小蜂科（广大腿小蜂） 4. 小蜂科（黑腿小蜂） 5. 纹翅卵蜂科 6. 叶蜂科

(七) 双翅目

双翅目昆虫虫体小到中型。成虫多为刺吸式或舐吸式口器，触角丝状、具芒状或其他形状。前翅膜质，后翅退化为平衡棒。完全变态。幼虫蛆形，无足型。多数围蛹，少数被蛹。肉食、粪食或腐食性（表1-12、图1-40）。

表1-12 双翅目昆虫重要科特征

科	主要特征	常见种类
食蚜蝇科	体中至大型，体具色斑，部分翅脉与外缘平行，R与M脉间具一伪脉	凹带食蚜蝇
潜蝇科	体小型，无腋片，C脉有一处中断，Sc脉退化或与R_1脉合并，或仅在基部与R_1脉分开，具口鬃，第二基室与臀室极小，腿节具刚毛	豌豆潜叶蝇
实蝇科	体小至中型，体常呈棕、黄、黑等色；头大，具细颈，触角光滑或有细毛；翅面常有雾状褐色斑纹；雌蝇腹末数节形成细长的产卵器	柑橘大实蝇

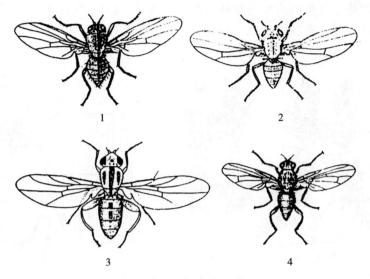

图 1-40 双翅目常见科

1. 潜蝇科　2. 水蝇科　3. 杆蝇科　4. 种蝇科

（八）缨翅目

过渐变态。口器锉吸式。两对翅全为缨翅，翅狭长，翅缘密生长毛，翅脉少或无翅脉。步行足，足末端有可伸缩的泡（中垫），爪退化。触角短，6~9 节。主要科为蓟马科（图 1-41），该科特征为：体扁，触角 6~8 节，末端 1~2 节形成带刺，3~4 节上有感觉器；雌虫具锯状产卵器，向下弯曲，如葱蓟马。

图 1-41 缨翅目常见科（蓟马科）

（九）脉翅目

几乎全为益虫，成虫、幼虫均有捕食性。体小至大型，柔软。翅膜质，脉多如网。口器咀嚼式。完全变态。脉翅目重要的代表科有草蛉科（图 1-42）、粉蛉科。

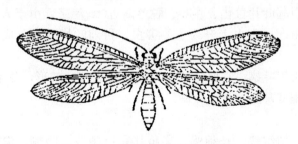

图 1-42 脉翅目常见科（草蛉科）

三、螨类

螨类属节肢动物门蛛形纲蜱螨亚纲。它是一群形态、生活习性和栖息场所多种多样的小型节肢动物，广泛分布于世界各地。

螨类体微小至小型，小的仅 0.1mm 左右，大的可达 1cm 以上。一般为圆形和卵圆形。

虫体基本分为颚体（又称假头）与躯体两部分（图1-43）。颚体由口下板、螯肢、须肢及颚基组成。躯体表皮上有各种条纹、刚毛等。有些种类有眼，多数位于躯体的背面。腹面有4对足。

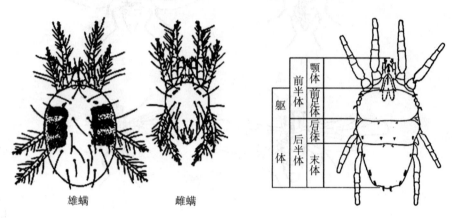

图1-43 螨类及体段划分示意

螨类生活史可分为卵、幼螨、若螨和成螨4个发育阶段。幼螨有3对足，若螨和成螨则有4对。若螨和成螨形态很相似，但生殖器官未成熟。在生活史发育过程中有1~3个或更多个若螨期。成熟雌螨可产卵、产幼螨，有的可产若螨，有些种类可行孤雌生殖。

目前，全世界已经描述记载的蜱螨有40余万种。按经济意义可以把蜱螨亚目分为农业螨类、医学螨类和环境螨类，这里介绍农业螨类。

农业螨类包括生活于植物体上以及动植物产品上的螨类。依照其食性分为植食性和肉食性两类。

（一）植食性螨类

植食性螨类主要有叶螨、瘿螨、粉螨、跗线螨等，刺吸或咀嚼为害，多数是人类生产的破坏者。

叶螨是世界性五大害虫（实蝇、桃蚜、二化螟、盾蚧、叶螨）之一。它们吸食植物叶绿素，造成褪绿斑点，引起叶片黄化、卷叶、脱落。近40年来，由于人类一度采用单一的化学药剂防治，使叶螨由次要害虫上升为主要害虫，目前叶螨问题已成为农林生产中的突出问题。

瘿螨的危害性仅次于叶螨，它取食植物汁液并造成枝叶畸形，如毛毡状或海绵状叶片，其中有些种类的防治难度甚至超过了叶螨。

（二）肉食性螨类

肉食性螨类主要有植绥螨、长须螨、半疥螨、巨须螨、吸螨、肉食螨、绒螨、大赤螨等，捕食或寄生于其他螨类、昆虫等节肢动物，多数是生物防治因子。植绥螨的研究较为深入，目前已知近2 000种。长须螨是叶螨、瘿螨、跗线螨等害螨的常见捕食者，在生物防治中的作用仅次于植绥螨。其他如巨须螨、肉食螨、大赤螨等也具有十分广阔的应用前景，在将来会得到进一步开发。

工厂化生产捕食螨用于防治农林害虫是当今害虫防治的一个亮点。用捕食螨防治大棚、温室害螨，效率远高于化学农药，且无污染等后遗症。在欧美的一些发达国家，捕食螨已成为取代化学农药的主要产品。

实践应用

　　山东省寿光市留吕镇菜农李振德和妻子经营两个大棚,他们向生防专家们讲述了自己使用捕食螨一年来的情况。他说,这一季已经放了3次捕食螨了。为了防治蓟马、红蜘蛛和烟粉虱等,以前每个月要用药2~3次,否则花、果被害,严重的整棚拔掉。他还介绍,在种植彩椒时,一直使用捕食螨防治害虫,半年时间才用了2次药,而在往年,每半个月左右就要打一次药,每次花费100多元。

任务五　环境对昆虫的影响

　　研究昆虫与周围环境关系的科学称昆虫生态学。它是害虫测报、防治和益虫利用的理论基础。每一种生物都有相当数量的个体,同种的个体在生活环境内组成一个相对独立的生殖繁衍单位,称为种群。在生态环境中,各生物群落间相互联系的总体构成生物群落。种群、生物群落与环境组成一个相互关联的体系,称为生态系统。生态系统中诸因素的变化常导致昆虫群落组分和种群数量的变动;反之,昆虫种群和群落的改变也影响生态系统。因此,研究农田、果园、茶园等生态系统的构成和动态,对控制害虫数量和增加天敌种群数量,减少农药施用和污染,提高害虫种群的管理水平具有重要意义。

　　生态因子错综复杂,并综合影响昆虫种群的兴衰,其中以环境因素、生物因素、土壤因素影响最大。

一、环境因素对昆虫的影响

(一) 温度

　　昆虫是变温动物,它们的体温随周围环境温度的变化而变化,所以其活动、分布、生长发育、繁殖受温度的直接影响和支配。

　　1. 温度对昆虫生长发育的影响　　昆虫的生活直接受温度的影响,环境温度高则发育快,环境温度低则发育慢。昆虫对环境温度的要求是有一定范围的,温带地区的昆虫一般要求温度在8~40℃,称为有效温区。在这个温区中使昆虫开始生长发育的温度,称为发育起点。为了便于说明温度对昆虫生命活动的作用,可以假定把温度范围划分为5个温区(表1-13)。

表1-13　温区划分及温度对温带地区昆虫的作用

温度/℃	温区	温度对昆虫的作用
46~60	致死高温区	短期兴奋后即死亡,是由于高温直接破坏酶的作用,这一过程是不可逆的

(续)

温度/℃	温区		温度对昆虫的作用
41~45	亚致死高温区		热昏迷状态。这种情况下的死亡取决于高温的程度和持续时间
31~40	高适温区	有效温区	温度升高,死亡率增大,发育速率随温度升高而减慢
23~30	最适温区		死亡率最小,生殖力最大,发育速度最快
9~22	低适温区		温度降低,死亡率增大,发育速率随温度降低而减慢
-9~8	亚致死低温区		冷昏迷状态。这种情况下的死亡取决于低温的强度和持续时间
-40~-10	致死低温区		组织结冰引起组织或细胞内部产生不可复原的变化而引起死亡

一般而言,温度直接影响昆虫的生长发育、繁殖、寿命、活动及分布,从而影响昆虫的发生期、发生量及其在地理上的分布。应当指出,不同种类的昆虫对环境温度的反应是不同的,如稻纵卷叶螟卵期的适宜温度为 22~28℃,而黏虫却在 19~22℃较适宜。所以,对任何一种害虫都应研究和了解其对环境温度的反应,才能较好地做好测报和防治工作。

2. 有效积温定律(有效积温法则)**的应用** 在有效温度范围内,昆虫的生长发育速度常随温度的升高而加快。昆虫完成一定的发育阶段(世代或虫期等),所需天数与该天数内温度的乘积理论上是一个常数。用公式表示:$K=NT$,其中 K 表示常数,N 表示发育天数,T 表示平均温度。因为昆虫的发育起点不是从 0℃开始,因此昆虫的发育温度应减去发育起点(C)。

有效积温公式是:

$$K=N \cdot (T-C) \quad 或 \quad N=\frac{K}{T-C}$$

这个公式说明了昆虫的发育速度与温度之间存在一定的关系,称为有效积温定律(有效积温法则)。有效积温定律的应用可有下列几个方面。

(1)预测害虫发生期。知道一种昆虫或一个虫期的有效积温和发育起点,便可根据公式 $N=K/(T-C)$ 进行发生期预测。

例如,东亚飞蝗的发育起点温度为 18℃,从卵发育到 3 龄若虫所需有效积温为 130 日度,当地当时的平均气温为 25℃。问几日后达到 3 龄若虫高峰?

根据公式:$N=K/(T-C)=130/(25-18)=19$(日)

即 19 日后东亚飞蝗 3 龄若虫达到高峰。

(2)预测某一地区某种昆虫的发生代数。知道某种昆虫一个完整世代发育的有效积温(K_2),再利用各地气象站的资料计算出各地年有效积温的总和(K_1),用 K_1 除以 K_2,便可确定这种昆虫在该地区 1 年中发生的世代数(N),即 $N=K_1/K_2$。

(3)预测昆虫的地理分布。如果当地有效积温不能满足某种 1 年发生 1 个世代昆虫的 K 值,则这种昆虫在该地就不能完成发育。

(4)控制昆虫的发育进度。如果在田间释放寄生蜂等益虫防治害虫,可根据释放日期的需要,按照 $T=K/(N+C)$ 计算出室内饲养益虫需要的温度,通过调节温度来控制益虫的发育进度,在合适的日期释放出去。

有效积温定律的应用有一定的局限性，有时会产生误差。因此，对具体问题要进行具体分析，才能正确反映客观规律。

（二）湿度

湿度事实上是水的问题。水是虫体的组成成分和生命活动的重要物质与媒介。不同的昆虫或同种昆虫的不同发育阶段对水的要求不同，水分过高或过低都能直接或间接影响昆虫正常的生命活动直到死亡。昆虫对湿度的要求有一定范围，它对昆虫的发育速度、繁殖力和成活率有明显影响。因而在自然条件下湿度主要影响害虫的发生量。不少昆虫如小地老虎和盲椿象等要求高湿条件，湿度越大，产卵越多，卵的孵化率也显著增高。但有些害虫如蚜虫和螨类，在低湿条件下发育、生殖较快，尤其在干旱致作物缺水的情况下，由于汁液浓度增高而提高了营养价值，从而更有利于其繁殖。

（三）温湿度的综合影响

自然界中，温度与湿度总是同时存在、互相影响并综合作用于昆虫的。对一种昆虫来说，适宜的温度范围常随湿度的变化而变化，反之适宜的湿度范围也会因温度不同而变化，只有在温湿度都适宜条件下，才有利于昆虫的发生和发育。

为了正确反映温湿度对昆虫的综合作用，常以温湿系数（Q）来表示，公式为：

$$Q=\frac{RH}{T} 或 Q=\frac{M}{T}$$

式中，Q 为温湿系数，RH 为相对湿度，M 为降水量，T 为平均温度。在一定的温湿度范围内，相应的温湿度组合能产生相近或相同的生物效能。但不同的昆虫必须限制在一定的温度、湿度范围内。因为不同的温湿度组合可以得出相同的系数，但它们对昆虫的作用却截然不同。

（四）光

光主要影响昆虫的活动规律与行为，协调昆虫的生活周期，起信号作用。光照度对昆虫的活动或行为影响明显。不同的昆虫对不同波长光的趋性不同。光周期的变化是引起昆虫滞育的重要因素。

光的性质以波长来表示，不同波长显示出不同的颜色。人类可见光的波长在 400～770nm，即 4 000～7 700Å（1Å＝0.1nm），而昆虫可见光偏于短光波，在 253～700nm，即 2 530～7 000Å。许多昆虫对紫外光表现正趋性，广泛应用的黑光灯是短光波，波长在 360nm 左右，即 3 600Å左右，所以诱虫最多。昆虫对不同光的颜色有明显的分辨能力。蜜蜂能区分红、黄、绿、紫 4 种颜色，蚜虫对黄色反应敏感。因此，不同颜色的光成为不同种类昆虫产卵、觅食、寻找栖息场所等生命活动的信息。

光照度对昆虫活动与行为的影响十分明显。蝶类在白天强光下飞翔，夜蛾类喜在夜间弱光下活动。如菜粉蝶在强光下飞翔，地老虎和吸果夜蛾等喜在夜间活动，一些钻蛀性昆虫习惯于弱光。昼夜交替时间在一年中的周期性变化称为光周期。它是时间与季节变化最明显的标志。不同的昆虫对光周期的变化有不同的反应。如棉蚜在长日照条件下大量产生无翅蚜，在秋末短日照条件下则产生有翅蚜。有性雌蚜与有性雄蚜交配产卵越冬。

光照时间及其周期性变化是引起昆虫滞育的重要因素。如桃小食心虫，在不足 13h 的光照下，不论何种温度，幼虫几乎全部滞育。凡使昆虫种群 50％的个体进入滞育的光照

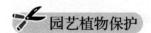

时间，称为临界光周期。不同昆虫的临界光周期不同。一般北半球纬度越高的地区，地理种群临界光照点越高，滞育发生的时间就越早。季节周期性变化影响着昆虫的年生活史。试验证明，许多昆虫的孵化、化蛹、羽化都有一定的昼夜节奏特性，与光周期变化有密切关系。

(五) 风

风直接影响昆虫的地理分布与垂直分布，而且会通过影响大气温度与湿度间接影响昆虫的生长发育。风对昆虫迁飞与扩散的影响尤为明显，如黏虫等借大气环流作远距离迁飞，小龄幼虫与红蜘蛛等借风扩散与转移。但大风，尤其是暴风雨，常给弱小昆虫或初龄幼虫（若虫）以致命打击。许多昆虫能借风力传播到很远的地方，如蚜虫可借风力迁移1 220～1 440km，松干蚧卵囊可被气流带到高空随风飘移。

有的时候大气候虽不适于某种害虫的大发生，但由于栽培条件、肥水管理、植被状况的影响，害虫所处的小环境（田间气候）适于某种害虫发生为害，也会出现局部严重发生，如黏虫、韭蛆等。

二、利用生物因素防治昆虫

(一) 食物对昆虫的影响

昆虫食料的种类和数量可直接影响到它的生长、发育、繁殖及分布。如二化螟取食茭白比取食水稻长得好。同一种植物，由于不同生育期营养条件不同，对昆虫影响也不同。如稻苞虫幼虫取食分蘖、圆秆期的水稻，其成活率为32.4%；而取食孕穗期的水稻，其成活率仅为3.3%。由此可见，食物的种类和成分直接影响昆虫的发育速度、成活率、生殖力等。寄主植物营养条件恶化不但造成害虫大量死亡，而且使许多害虫变形、迁移或进入休眠。

(二) 食物链

自然界同一区域内生活的各种生物构成一个生物群落。凡是未经过人们开垦或改造而自然形成的生物群落称原始生物群落，反之，称次生生物群落。两种群落各有特点，前者生物种类多，但优势种不明显，后者种类少但优势种明显。桃园里除桃树外，还有各种杂草及以桃树为食料的害虫，又有以害虫为食料的天敌，这种动物与植物、害虫与益虫之间取食与被取食的关系把多种生物联系在一起，恰如一条链条一环扣一环，称为食物链。在一个链条中，各种生物都占有一定的比重，相互制约和依存，达到生物间的相对平衡，其中任何一环的变动（减少或增加），都会影响整条食物链。如瓜田蚜虫大发生后，便会有瓢虫大发生，瓢虫消灭了蚜虫，瓜田便恢复平衡；反之，滥用农药会大量杀伤瓢虫，瓜蚜又会猖獗为害。了解当地食物链的特点及内在联系，可以选择最佳的综合治理措施，达到控制或减轻虫害发生的目的。

(三) 植物的抗虫性

昆虫可以取食植物，植物对昆虫的取食也会产生抗性，甚至有的植物还可"取食"昆虫。植物对昆虫取食为害所产生的抗性反应称为植物的抗虫性。植物的抗虫性可表现为排趋性、抗生性和耐害性。

1. 排趋性 排趋性是由于植物形态、组织上的特点和生理生化上的特性或体内的某些特殊物质的存在，阻碍了昆虫对植物的选择，或由于植物物候期与害虫的为害期不吻合，使其局部或全部避免受害。

2. 抗生性 抗生性是指植物体内某些有毒物质被害虫取食后引起害虫生理失调甚至死亡，或植物受害后产生一些特殊反应（如极强的愈合能力）阻止害虫为害。

3. 耐害性 耐害性是指植物受害后由于本身的强大补偿能力使产量减少很小。

利用植物的抗虫性来选育种植抗虫高产作物品种在农业害虫防治上具有重要意义。

（四）天敌因素

在自然界中，昆虫本身是食物链的一个环节，一方面它吃其他生物，另一方面它又被某些生物所吃。昆虫在自然界中的生物性敌害称昆虫的天敌。

1. 天敌昆虫 天敌昆虫分寄生性与捕食性两大类。寄生性昆虫在寄主体内完成个体发育，如赤眼蜂产卵于玉米螟卵内并在寄主卵内完成个体发育，最后羽化为蜂，飞出寄主。寄生性天敌昆虫种类多，其中膜翅目、双翅目昆虫利用价值最大。寄生性昆虫根据寄生和取食方式分为内寄生与外寄生两类。凡是寄生在寄主的卵、幼虫、蛹和成虫内的称内寄生，反之称外寄生。捕食性昆虫从幼虫到成虫性成熟再到产卵需要捕食多个寄主，最后才完成发育。捕食性天敌种类很多，最常见的有螳螂、蜻蜓、草蛉、虎甲、瓢甲、食蚜蝇等。这些益虫在自然界中帮助人们消灭大量害虫，许多在生物防治中已发挥了巨大的作用。

2. 天敌微生物 昆虫在生长发育过程中常因致病微生物的侵染而生病死亡，利用天敌微生物治虫越来越受到人们的广泛应用。

（1）细菌。已发现昆虫感染的病原细菌有近100种。目前研究和应用较多的为芽孢杆菌，如苏云金芽孢杆菌和日本金龟甲芽孢杆菌等。昆虫感染细菌病害之后的显著特征是行动迟缓，食欲减退，死后身体软化变色、带黏性、发臭。

（2）真菌。能侵染昆虫的真菌有500余种，其中重要的有微孢子、虫霉菌、白僵菌、绿僵菌等。昆虫感染真菌病害之后的显著特征是死虫身体变硬，体表有白色、绿色、黄色等不同色泽的霉状物。不少真菌可制成菌粉长期保存，便于工业化生产和田间使用。

（3）病毒。常见的能侵染昆虫的病毒有细胞核多角体病毒、细胞质多角体病毒、颗粒体病毒等，以细胞核多角体病毒侵染昆虫最多。病毒主要通过带毒食物、排泄物或借媒介传播而感染。昆虫感病后表现食欲减退，腹足紧抓树梢下垂而死，皮破流出大量病毒液体，但无臭味。用病毒防治害虫，用量少，效果好且持久，但其繁殖受限，必须活体培养，因此在防治应用上受到限制。

（4）线虫。线虫在生物防治上的应用近年来逐渐受到重视。

（5）蜘蛛及其他食虫动物。鸟类的应用早就被人们所重视。蜘蛛的应用近年来在生物防治中也越来越受到人们的重视。

三、利用土壤因素防治昆虫

土壤是昆虫的特殊生态环境，对昆虫的影响主要表现在以下几方面。

（一）土壤的温度

不同的昆虫可以在不同的土壤深度找到所适温度，加上土壤本身的保护作用，土壤成了昆虫越冬和越夏的良好场所。随着季节的更替和土壤温度的变化，土壤中生活的昆虫，如蛴螬、蝼蛄等地下害虫常上下垂直移动，生长季节到土表下为害，严冬季节可潜入土壤深处越冬。

(二) 土壤的湿度

土壤空隙中的湿度,除表层外,一般处于饱和状态。昆虫的卵、蛹及休眠状态的幼虫等多以土壤作栖息地。在土壤中生活的昆虫对土壤湿度的变化有一定的适应能力,如甘薯金花虫越冬幼虫一般在5—6月化蛹变为成虫,若此时干旱少雨,则延迟出土期和减轻危害。

(三) 土壤的理化性质

土壤酸碱度及含盐量对土栖昆虫或半土栖昆虫的活动与分布有很大的影响,如麦红吸浆虫幼虫适生于pH 6~11的土壤中,在pH<6的土壤中不能生存。土壤结构对土栖昆虫也有影响,如黄守瓜幼虫在黏土中的化蛹率及羽化率均比在沙土地高。

四、人类控制昆虫

(一) 改变一个地区的昆虫组成

人类生产活动中常有目的的从外地引进某些益虫,如澳洲瓢虫相继被引进各国,较好地控制了吹绵蚧的危害。但人类活动中也无意带进了一些危险性害虫,如地中海实蝇、美国白蛾等。

(二) 改变昆虫的生活环境和繁殖条件

人类培育出抗虫耐虫的作物、蔬菜、果树及茶树幼苗,大大减轻了受害程度;大规模地兴修水利、植树造林和治山改水的活动,改变了自然面貌,从根本上改变了昆虫的生存环境,从生态上控制了害虫的发生,如对东亚飞蝗的防治就是一个典型的例子。

(三) 人类直接治理害虫

如对果树食心虫和果树红叶螨的成功防治就是人类直接治理害虫的典型案例。但是在化学治虫中,由于用药不当又常出现某些害虫猖獗为害的现象,如果树上的红叶螨一再猖獗,其原因之一就是滥用农药。

另外,在人类的生产活动和贸易往来中,一些危害严重的新的害虫也常随人类的频繁交往传播蔓延,给农业生产带来新的危害,因此加强植物检疫、增强检疫意识是十分必要的。

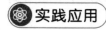

苏云金芽孢杆菌(Bacillus thuringiensis, Bt)是一种细菌杀虫剂,其主要作用成分为晶体蛋白(ICP)。伴孢晶体(主要成分为蛋白质)进入昆虫消化道后,被碱性肠液破坏成较小单位的δ-内毒素,使中肠停止蠕动,瘫痪,中肠上皮细胞解离,停食,芽孢在肠中萌发,经被破坏的肠壁进入血腔后大量繁殖,使昆虫得败血症而死。苏云金芽孢杆菌对人畜安全,大鼠急性口服LD_{50}为8 000mg/kg,对作物无药害,不伤害蜜蜂和其他益虫,但对蚕有毒。苏云金芽孢杆菌杀虫谱广,对鳞翅目特别有效。该产品已通过有机产品认证,可以广泛应用于有机农产品生产中的害虫防治。

任务六　园艺植物害虫的调查统计和预测预报

知识目标

- 掌握园艺植物害虫的田间调查方法，并对有关调查数据进行统计和整理分析。
- 掌握园艺植物害虫的田间预测预报方法，准确预测有关虫害的发生结果。

能力目标

- 能够进行园艺植物害虫的田间调查和预测预报，并对有关调查数据进行统计和整理分析。
- 能够预测有关虫害的发生结果，并应用于实际生产中。

一、园艺植物害虫的调查统计

为了做好害虫的防治工作，必须有目的地调查昆虫的情况，熟悉其消长规律，并加以统计分析，掌握可靠的数据，才能做好预测预报工作并制订出正确的防治措施，保证防治效果。

（一）昆虫调查的主要内容

昆虫调查一般分为普查与专题调查两种。普查主要是了解一个地区或某一作物上害虫发生的基本情况，如害虫种类、发生时间、发生数量、危害程度、防治情况等。专题调查是在普查的基础上进行的、针对一种或几种害虫的较为详细的调查，一般要求较高的准确度。昆虫调查的内容主要有以下几方面。

1. 害虫发生及危害情况调查　即了解一个地区在一定时间内的害虫种类、发生时间、发生数量及危害程度等。对于当地常发性或暴发性的重点害虫，则可以详细调查记载害虫各虫态的始发期、盛发期、盛末期和数量消长情况等，目的是为确定防治对象田和防治适期提供依据。

2. 害虫、天敌发生规律的调查　即调查某一害虫或天敌的寄主范围、发生世代、主要习性以及在不同农业生态条件下数量变化的情况等，目的是为制订防治措施和保护利用天敌提供依据。

3. 害虫越冬情况调查　调查害虫的越冬场所、越冬基数、越冬虫态等，目的是为制订防治计划和开展害虫长期预报等积累资料。

4. 害虫防治效果和作物受害损失调查　查明防治效果及作物受损失程度及其原因，可为制订害虫防治方案和为政府决策提供科学参数。

（二）昆虫的田间分布型及其取样方法

1. 分布型　每种昆虫和同种昆虫的不同虫态在田间的分布都有一定的分布型，最常见的有随机分布型、核心分布型、嵌纹分布型3种（图1-44）。

活动力强的昆虫在田间分布比较均匀，称随机分布型，如黄条跳甲成虫在白菜地里的分布。活动力弱的昆虫或虫态在田间往往呈不均匀分布，多数由小集团形成一个个核心，并从核心呈放射状蔓延，称核心分布型，如菜蚜在十字花科蔬菜地里的分布。有的昆虫是从田间杂草过渡来的，在田间呈不均匀的疏密互间的分布，称嵌纹分布型，也称负二项式分布型，

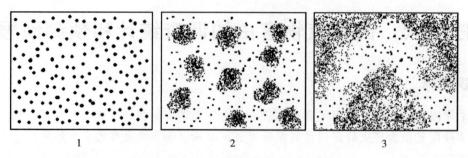

图 1-44 昆虫种群田间分布型示意
1. 随机分布型　2. 核心分布型　3. 嵌纹分布型

如温室白粉虱成虫在温室蔬菜上的分布。

2. 取样方法　调查时无法逐田、逐株地把全部昆虫记数、度量，常采用抽样的调查方法，由局部推知全局，由样本对总体做出估计。常用的取样方式有如下几种（图 1-45）。

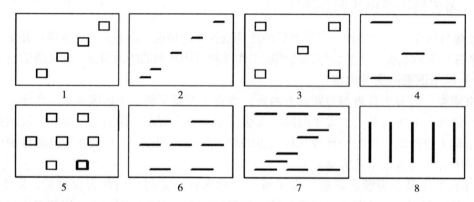

图 1-45　田间调查取样法示意
1、2. 对角线式　3、4. 五点式　5、6. 棋盘式　7. Z 形式　8. 平行式

（1）对角线式。有单对角线和双对角线两种方式，适用于密集的或成行的植物及随机分布型昆虫。

（2）五点式。可按一定面积、一定长度或一定植株数量选取样点，适用于随机分布型昆虫。

（3）棋盘式。适用于密集的或成行的植物、随机分布型或核心分布型昆虫。

（4）Z 形式。适用于嵌纹分布型昆虫。

（5）平行式。取样点较多，每点样本可适当减少，适用于成行的植物和核心分布型昆虫。

（三）昆虫调查情况统计

调查得到的数据资料要经过整理加工，由表及里地分析和推论，才能找出昆虫的客观发生规律，并准确地应用到害虫的预测预报和防治工作中去。

1. 田间药效试验　常用害虫的死亡率、虫口减退率来表示杀虫剂对害虫的防治效果。

当能准确地查到样点内所有死虫和活虫时，可用死亡率表示杀虫剂的防治效果。计算公式如下：

$$死亡率=(死亡个体总数/供试总虫数)\times100\%$$

当只能准确地查到样点内活虫而不能找到全部死虫时,一般用虫口减退率表示杀虫剂的防治效果。计算公式如下:

$$虫口减退率=\frac{防治前的活虫数-防治后的活虫数}{防治前的活虫数}\times100\%$$

死亡率和虫口减退率包含杀虫剂所造成的死亡和自然因素所造成的死亡。如果自然死亡率(这里指不施药的对照区的死亡率)很低,则虫口减退率基本上可反映杀虫剂的真实效果。但当自然死亡率>5%时,则上述死亡率和虫口减退率就不能客观地反映杀虫剂的真实效果,此时应予校正,常用校正防效来表示。计算公式如下:

$$校正防效=\left(1-\frac{处理区处理后虫量\times对照区处理前虫量}{处理区处理前虫量\times对照区处理后虫量}\right)\times100\%$$

2. 作物受害情况调查

(1) 被害率。表示植物的植株、茎秆、叶片、花和果实等受害虫为害的普遍程度,不考虑受害轻重,常用被害率来表示。

$$被害率=\frac{被害株(茎、叶、花、果)数}{调查总株(茎、叶、花、果)数}\times100\%$$

如调查桃小食心虫蛀食苹果的蛀果率(被害率),调查 500 个果,其中被蛀果实 35 个,则蛀果率(被害率)为 $\frac{35}{500}\times100\%=7\%$。

(2) 被害指数。许多害虫对植物的为害只造成植株产量的部分损失,植株之间的受害程度并不相同,被害率不能完全说明受害的实际情况,因此往往需要用被害指数表示。调查时,将害虫危害情况按植株受害轻重分成不同等级,然后分级计数。

$$被害指数=\frac{\sum[各级被害株(茎、叶、花、果)数\times各级代表数值]}{调查总株(茎、叶、花、果)数\times最高分级级数}\times100$$

现以蚜虫为例,说明被害指数的计算方法。将蚜害分成 5 个等级,蚜虫为害分级标准、不同等级的株数及计算蚜害指数的方法如下(表 1-14)

表 1-14 蚜虫分级调查

等级	蚜害情况	株数	株数×等级
0	无蚜虫,全部叶片正常	41	
1	有蚜虫,全部叶片无蚜害异常现象	26	1×26=26
2	有蚜虫,受害最重叶片出现皱缩、不展	18	2×18=36
3	有蚜虫,受害最重叶片皱缩、半卷,超过半圆形	3	3×3=9
4	有蚜虫,受害最重叶片皱缩、卷,呈圆形	0	
合计		88	71

调查蚜虫为害植株总共 88 株,0 级 41 株,1 级 26 株,2 级 18 株,3 级 3 株。

$$被害指数=\frac{41\times0+26\times1+18\times2+3\times3}{88\times4}\times100\approx20.2$$

被害指数越大,植株受害越重;被害指数越小,植株受害越轻。植株受害最重时被害指数为100；植株没受害时，被害指数为0。

（四）损失估计

作物因害虫为害所造成的损失程度直接取决于害虫数量的多少。为了准确地估计害虫所造成的损失，需要进行损失估计调查，害虫的为害损失估计包括产量损失和质量损失，它受害虫发生数量、发生时期、为害方式、为害部位等多种因素的综合影响。就产量损失而言，应先计算受害百分率和损失系数，进而求得产量损失百分率。

1. 受害百分率的计算

$$P = n/N \times 100\%$$

式中，P 为被害或有虫（株或梢等）百分率，n 为被害或有虫（株或梢等）样本数，N 为调查样本总数。

2. 损失估计

（1）调查计算损失系数。

$$Q = (a-e)/a \times 100\%$$

式中，Q 为损失系数，a 为未受害植株单株平均产量，e 为受害植株单株平均产量。

（2）产量损失百分率。

$$C = (Q \times P)/100$$

式中，C 为产量损失百分率，其余同以上公式。

（3）实际损失百分率。

$$L = (a \times M \times C)/100$$

式中，L 为实际损失百分率，M 为单位面积植株数，其余同以上公式。

二、园艺植物害虫的预测预报

园艺植物害虫的预测预报就是根据害虫的生物学特性、发生发展规律、田间调查资料，结合当地当时园艺植物的生长发育状况及当地的气候变化规律和有关历史档案，进行综合分析，对园艺植物害虫未来发生发展动态趋势作出判断，并将判断结果发布给有关生产单位和个人，以便做好防治准备工作和指导工作。

害虫预测预报的内容包括害虫的发生期预测、发生量预测、迁飞预测、发生范围预测、危害程度预测等，其中以前两种预测最重要。

（一）发生期预测

发生期预测是指预测某种害虫的某一虫态或某一虫龄发生或为害出现的时间，如对孵化、化蛹、羽化、迁飞等方面的预测。害虫发生期的准确预测对抓住关键时期防治害虫、提高防治效果、降低防治成本非常重要。如果树食心虫必须消灭在卵期和幼虫孵化至蛀入果实之前，一旦蛀入果内，防治效果则较差。有些暴食性食叶害虫（如斜纹夜蛾、地老虎）必须防治在3龄之前，否则后期食量大增，危害严重，同时抗药性增强，毒杀比较困难。

发生期预报通常以害虫虫态历期在一定的生态环境条件下需经历一定时间的资料为依据。在掌握虫态历期资料的基础上，只要知道前一虫期的出现期，考虑近期环境条件（如温度），便可推断后一虫期的出现期。

1. 根据预测时间的长短划分预测类型　　害虫预测预报根据预测时间的长短可分为长期预测、中期预测和短期预测。

(1) 长期预测。预测1年或1年以上某地区某种害虫的发生动态和趋向。由于预测时间较长，期间气候等环境因素变化较大，故准确性较差。例如，我国滨湖及河泛地区根据年初对涝、旱预测的资料及越冬卵的情况来推断当年飞蝗的发生动态。

(2) 中期预测。预测20~90d的害虫发生情况。通常是预测下一个世代或1代以上的发生情况。它是根据田间害虫的调查情况，结合害虫发育历期和当地近期的气象资料，对害虫未来发展趋势进行预测。

(3) 短期预测。预测20d内某种害虫的发生动态。通常是根据害虫前一两个虫态的发生情况推测后一两个虫态的发生时期和数量，以确定未来的防治时期、防治次数和防治方法。短期预测的准确性较高，使用范围广，对生产指导意义较大。

2. 根据预测采用的方法划分预测方法 害虫预测预报根据采用的方法分为发育进度预测法、有效积温预测法、物候预测法、害虫趋性诱测法、回归统计预测法等。

(1) 发育进度预测法。该方法主要根据昆虫前一虫态在田间实际发育进度，加上相应的虫态历期，预测下一个或几个虫态的发生期。该方法作为短期预测的准确性很高，实用价值大，为目前国内普遍采用的发生期预测方法。

害虫发育进度预测中常将某种害虫的某一虫态或某一虫态的发生期，根据其昆虫种群数量在时间上的分布进度分为始见期、始盛期、高峰期、盛末期和终见期5个时期。通常把最初见到某种昆虫的时期称为始见期，最后见到的时间称为终见期。在数理统计学上通常把发育进度百分率达16%、50%、84%左右当作为划分始盛期、高峰期、盛末期的数量标准。要做好发育进度预测必须查准发育进度，搜集、测定和计算害虫历期及期距资料，找准虫源田，测准基准线，选择合适的历期或期距。根据不同的方法，发育进度预测法又可分为历期预测法、期距预测法和分龄（分级）推算法等。

①历期预测法。这是一种短期预测，准确性较高。历期是昆虫完成一定的发育阶段所经历的天数。采用历期预测法，首先要通过饲养观察或其他途径获得预测对象昆虫在不同温度下各代各虫态的历期资料，然后在田间进行定点定时发育进度系统调查，最后在调查掌握害虫发育进度的基础上，调查得到某一虫期的始盛期、高峰期、盛末期出现的时间，参考当时气温预报，分别向后加上当时气温条件下相应虫态或世代的历期，便可预测后一虫态或世代的始盛期、高峰期、盛末期的时间。

例如，田间查得5月14日为第1代茶尺蠖化蛹盛期，5月蛹历期10~13d，产卵前期2d，则产卵盛期为5月26—29日；再向后加上卵期8~11d，即6月3—9日应为第2代卵的孵化盛期。产卵盛期为5月14日加10~13d（蛹期）加2d（产卵前期），即5月26—29日；卵孵化盛期为5月26—29日加8~11d（卵期），即6月3—9日。

②期距预测法。期距就是昆虫两个发育阶段之间相距的时间。期距预测法是以害虫发育进度为基准进行的。方法是根据前一虫态发生的日期，加上相应的期距天数，推算出后一虫态发生的日期；或根据前一世代的发生期，加上一个世代的期距，预测后一个世代同一虫态的发生期，也可推算出下一代同一虫期发生的时间。

了解虫态历期或期距的方法有以下几种。

a. 搜集资料。从文献上搜集有关主要害虫的一些历期与温度关系的资料，作出发育历期与温度关系的曲线，或分析计算出直线回归式备用。在预测时结合当地当时的气温预告值，求出所需要的适合的历期资料。

b. 饲养法。从人工控制的不同温度下或在自然变温条件下饲养一定数量的害虫，观察并记录其各代、各虫态、各龄期和各发育阶段在其生长发育过程中的特征，从而总结出它们的历期与温度间关系的资料。

c. 田间调查法。从某一虫态出现前开始田间调查，每隔 1~3d 进行 1 次（虫期短的间隔期也短），统计各虫态所占的百分比，将系统调查统计的百分比进行排列，便可看出发育进度的变化规律。根据前一虫态与后一虫态盛发高峰期相距的时间，即可确定盛发高峰期距，其他以此类推。害虫化蛹百分率、羽化百分率、孵化率可按下式计算：

$$化蛹率 = \frac{活蛹数 + 蛹壳数}{活幼虫数 + 活蛹数 + 蛹壳数} \times 100\%$$

$$羽化率 = \frac{蛹壳数}{幼虫数 + 活蛹数 + 蛹壳数} \times 100\%$$

$$孵化率 = \frac{卵粒或卵块孵化数}{检查卵粒或卵块总数（已孵化 + 未孵化）} \times 100\%$$

d. 诱集法。对于一些飞翔能力较强的害虫，可以利用它们的生物学特性，如趋光性、趋化性、觅食和潜伏等习性来诱集害虫，获得历期或期距资料。如用黑光灯诱测各种夜蛾、螟蛾、金龟子等，用杨树枝把诱测棉铃虫成虫、烟青虫成虫，用糖醋酒诱测地老虎成虫，用性诱剂诱虫，用黄皿诱蚜虫等。在害虫发生期前开始经常性诱测，逐日记载所获雌、雄虫或总虫量，通过连续系统的记载可以将某一害虫各代间始、盛、末期的期距统计出来。将上一代的盛期日期加上期距，推算出下一代盛期的发生时间。当获得多年的数据资料后，便可分析总结出具有规律性的资料用于期距预测。同时，这些诱测器诱集的虫数也可作为验证预测值是否准确的依据，还可有目的地搜集活蛾，解剖观察卵巢发育级别及交配次数，按自然积温与虫量发生关系求得积温预测式等资料。

③分龄（分级）推算法。该方法主要用于对各虫态历期较长的害虫进行预测，即可根据某种害虫某龄幼虫或某级蛹到羽化的历期，推算出成虫羽化始盛期、高峰期和盛末期。

例如，1983 年在皖南宣城大田查得第 1 代茶小卷叶蛾于 5 月 16 日进入 4 龄盛期，按当时 25℃ 左右各虫态的发育历期推算为：第 2 代卵盛孵期为 5 月 16 日加 3~4d（4 龄幼虫历期）加 5~6d（5 龄幼虫历期）加 6.5d（蛹历期）加 2~4d（成虫产卵前期）加 6~8d（第 2 代卵历期），即 5 月 16 日加 22.5~28.5d 为 6 月 8—14 日。大田幼虫的实际盛孵期在 6 月 12 日，与上述推算的时间基本一致。

(2) 有效积温预测法。根据有效积温法则预测害虫发生期，在国内各地早已研究应用。当测得害虫某一虫态、龄期或世代的发育起点（C）和有效积温（K）后，就可根据田间虫情、当地常年同期的平均气温（T），结合近期气象预报，利用有效积温公式计算出下一虫态、龄期或世代出现所需的天数（N），从而对该种害虫下一虫态、龄期或世代的发生期进行预测。

(3) 物候预测法。利用自然界各种生物现象发生时期的相互关系来预测害虫发生期的方法称为物候预测法。自然界中害虫生长发育的阶段经常与寄主或其他植物的生育期相吻合。在长期的农林业生产和害虫测报实践中，人们积累了丰富的物候学知识。如在江南一带对马尾松毛虫的预测，根据"桃花红，松毛虫出叶丛；枫叶红，松毛虫钻树缝"可以比较准确地掌握马尾松毛虫出蛰和入蛰期；还有"花椒发芽，棉蚜孵化；芦苇起锥，向棉田迁飞"等说法。因此，可根据这些物候现象来预测某些害虫的发生期。利用物候预测害虫发生期不仅简便易行,便于群众掌握,而且具有一定的科学依据。

(二)发生量预测

根据某一害虫虫源基数、形态特征或其他指标等预测害虫未来发生数量的多少和危害性大小的方法,称为发生量预测。害虫发生数量的预测是决策是否应该进行防治以及防治地区、田块、面积的规模和防治次数的依据。目前,虽然有不少关于发生量预测的资料,但总的研究进展仍远远落后于发生期预测,这是由于影响害虫发生量的因素较多。例如,营养的量与质的影响、气候直接与间接的作用、天敌的消长和人为因素等,常引起害虫发生量的波动以及繁殖力、个体大小、性比、色泽、死亡率等的各种变化。这种变化的幅度和深度常因害虫的种类不同而不同。

害虫有效基数预测法是根据上一世代某种害虫的有效虫口基数、生殖力、存活率等预测下一代该害虫发生数量多少的方法。此法对一化性害虫或一年发生代数少的害虫的预测效果较好,特别是在耕作制度、气候、天敌寄生率等较稳定的情况下应用效果较好。预测的根据是害虫发生的数量通常与前一代的虫口基数有密切的关系。基数愈大,下一代的发生量往往愈大,相反则较小。在预测和研究害虫数量变化规律时,对许多害虫可在越冬后、早春时进行有效虫口基数调查,作为预测第一代发生量的依据。对许多主要害虫的前一代防治不彻底或未防治时,由于残留的虫量大,基数高,则后一代的发生量往往增大。常用下式计算繁殖数量:

$$P = P_0 \left[e \times \frac{f}{m+f} \times (1-M) \right]$$

式中,P 为繁殖数量,即下一代的发生量,P_0 为上一代虫口基数,e 为每头雌虫平均产卵数;$f/(m+f)$ 为雌虫百分率,f 为雌虫数,m 为雄虫数,M 为死亡率(包括卵、幼虫、蛹、成虫未生殖前的死亡数),$1-M$ 为存活率,$1-M=(1-a) \times (1-b) \times (1-c) \times (1-d)$,其中 a、b、c、d 分别代表卵、幼虫、蛹、成虫未生殖前的死亡率。

例如,某地在菜粉蝶第 1 代幼虫开始化蛹时,查得其基数为 10 800 头/hm²,设其性比为 1:1,第 1 代幼虫、蛹、成虫和第 2 代卵的总死亡率为 80%,又知第 1 代每雌成虫平均产卵量为 120 粒,预报第 2 代幼虫数量。

$$P = P_0 \left[e \times \frac{f}{m+f} \times (1-m) \right] = 10\ 800 \times \left(120 \times \frac{1}{2}\right) \times (1-0.8) = 129\ 600 \text{(头/hm}^2\text{)}$$

依据调查基数预测发生量的工作量较大。要真正查清前一代的基数很不容易,对多食性害虫和越冬虫源较广的种类如玉米螟等,以及目前尚未弄清其越冬虫源的或具有远距离迁飞习性的害虫如黏虫等,要查明其可靠的有效虫口基数则更困难。另外,检查时间与方法都应根据物种的生物学、生态学特性而定,事先要弄清其主要虫源,测定该种的生殖力、死亡率、性比、寄生率及其他有关数据。

案例分析

有效积温预测法的应用

根据有效积温法则预测害虫发生期。

例如,已知槐尺蠖卵的发育起点温度(C)为 8.5℃,卵期的有效积温(K)为 84℃,

卵产下当时的日平均气温为20℃，若天气情况无异常变化，预测卵的孵化期。

根据有效积温法则 $K=N\times(T-C)$，则：$N=\dfrac{K}{T-C}=\dfrac{84}{20-8.5}\approx 7.3$ (d)

可以预测 7d 以后槐尺蠖的卵就会孵化出幼虫。

❓复习思考

一、简答题

1. 你见到的动物中哪些是昆虫？请说明理由。
2. 为害植物的昆虫口器主要有哪两大类？为害植物后各有何为害状？如何防治这两类口器的害虫？
3. 根据体壁的结构如何加强对害虫的防治？
4. 昆虫有哪些习性？如何根据昆虫的习性来防治害虫？
5. 为什么使用化学药剂防治害虫的幼虫要在3龄之前？
6. 如何区分鳞翅目蛾类幼虫和膜翅目叶蜂幼虫？
7. 简述昆虫的消化系统与药剂防治的关系。
8. 直翅目、鳞翅目、鞘翅目的主要特征有哪些？
9. 昆虫和螨类的形态结构有什么不同？昆虫感知外界信息的器官有哪些？
10. 昆虫的呼吸、神经、生殖系统与防治有何关系？
11. 昆虫有哪些特征？其分类地位如何？昆虫是怎样感觉到外界信息的？
12. 简述昆虫触角、眼、口器、胸足、翅的基本构造及类型。
13. 简述昆虫纲与蛛形纲、甲壳纲、多足纲的区别。
14. 简述昆虫的眼与趋光性的关系及在防治上的应用。
15. 何谓世代、年生活史？温度、湿度和食物对昆虫的影响各有哪些特点？
16. 农业害虫的天敌有哪些类型？各举1~2例。
17. 简述害虫的主要分布型及其常用的调查方法。
18. 根据一种或一类害虫设计田间调查取样法，并设计出记载表。
19. 害虫预测预报根据预测时间长短可分为哪几种类型？每种类型的特点是什么？
20. 发生期预测有哪些方法？
21. 什么是被害率、被害指数、损失率？它们是如何计算的？

二、搭配题（用线将下列对应的部位连接起来）

1. 丝　状　　A. 麻皮蝽
2. 刚毛状　　B. 金龟甲　　　　a. 咀嚼式口器
3. 鞭　状　　C. 凤　蝶
4. 鳃　状　　D. 白　蚁　　　　b. 刺吸式口器
5. 球杆状　　E. 黑蚱蝉
6. 念珠状　　F. 星天牛　　　　c. 虹吸式口器

三、判断题（对的打"√"，错的打"×"）

1. 金龟甲、叶甲、步甲均有假死性。（　　）

2. 地老虎的幼虫喜食酸甜物。（ ）
3. 蝗虫、椿象、蝉、蜂类均为不完全变态昆虫。（ ）
4. 化学防治幼虫的最佳时期是初龄幼虫期和蜕皮期。（ ）
5. 以卵越冬的昆虫具越冬代。（ ）
6. 直翅目昆虫的后足为跳跃足。（ ）
7. 同翅目昆虫的触角为刚毛状。（ ）
8. 半翅目昆虫的前翅为鞘翅。（ ）

任务实施

技能实训 1-1　识别昆虫的外部形态及各虫态

一、实训目标

掌握昆虫纲的特征；熟悉昆虫的外部形态特征，观察各附器的结构和类型；认识两种变态类型昆虫的主要特点和不同发育阶段的主要形态特征，熟悉昆虫幼虫和蛹的类型。

二、实训材料

蝗虫、蝼蛄、螳螂、椿象、叶蝉、草蛉、白蚁、蛾类、蝶类、龙虱、金龟甲、瓢甲、步甲、天牛、象甲、家蝇、蜜蜂、蜘蛛、蜈蚣、马陆、虾等浸渍或干制标本，部分微小昆虫的玻片标本、昆虫模具、昆虫外部特征挂图及多媒体课件等。

三、仪器和用具

体视显微镜、放大镜、解剖针、挑针、镊子、搪瓷盘、培养皿和多媒体教学设备等。每组1套。

四、操作方法

（1）观察节肢动物门蛛形纲（蜘蛛）、甲壳纲（虾）、唇足纲（蜈蚣）、重足纲（马陆）与昆虫的主要区别。

（2）观察蝗虫的体躯。注意其体壁的特征及头、胸、腹3个体段的划分及触角、复眼、单眼、口器、足、翅、气门、听器、尾须、外生殖器等的着生位置和形态。

（3）观察蜜蜂触角的柄节、梗节、鞭节的构造。对比观察蛾类、蝶类、椿象、金龟甲、步甲、家蝇、天牛、白蚁等昆虫的触角，各属何种类型？

（4）观察蝗虫前足的构造。对比观察步甲的前足、蝼蛄的前足、蝗虫的后足、蜜蜂的后足、螳螂的前足、龙虱的后足等都发生了哪些变化，各属何种类型？

（5）取天蛾或菜粉蝶的前翅，观察昆虫翅的构造。对比观察蝗虫、椿象、金龟甲、步甲、象甲、蜜蜂、蓟马、家蝇的前后翅，各属何种类型？

（6）昆虫口器观察。

①用镊子取下蝗虫咀嚼式口器的上唇、上颚、下颚、下唇和舌对照挂图进行观察。

②观察蚜蝉的刺吸式口器、蛾类或蝶类的虹吸式口器、蜜蜂的嚼吸式口器、家蝇的舐吸式口器、蓟马的锉吸式口器等示范标本。

（7）比较菜粉蝶与蝗虫的生活史标本，两者在各发育阶段和各虫态的形态特征方面有何区别？

（8）观察供实验昆虫的卵粒或卵块形态，它们在排列方式及有无保护物等方面各有何特点？

（9）比较观察蝗虫、椿象等昆虫的若虫与成虫，它们在形态上有何主要区别（注意翅的形态与大小）？

（10）观察天蛾、尺蠖、菜粉蝶、蝇类、瓢甲、金龟甲、象甲等幼虫，它们的外部形态与成虫的显著区别是什么？各属何种类型？

（11）观察菜粉蝶、金龟甲、瓢甲、蝇、寄生蜂等蛹的形态，它们各属何种类型？有何主要特征？

（12）观察双叉犀金龟、小地老虎等成虫，它们的雌虫和雄虫在形态上有何区别？蚜虫的成虫在形态上有何主要特点？

五、实训成果

（1）粘贴昆虫咀嚼式口器的解剖构造，并注明各部分名称。

（2）描述昆虫与蛛形纲、甲壳纲、唇足纲、重足纲动物在形态特征上的主要区别。

（3）列表记载供试昆虫的触角、口器、翅和足的类型。

（4）列表注明所观察昆虫的卵、幼虫、蛹各属何种类型。

（5）不完全变态昆虫的若虫与成虫在形态上有什么区别？

技能实训 1-2　识别直翅目、半翅目、同翅目昆虫及其常见科的形态特征

一、实训目标

识别直翅目、半翅目、同翅目昆虫及其常见科的形态特征。

二、实训材料

蝗虫、蟋蟀、蝼蛄、椿象、盲蝽、猎蝽、蚜蝉、叶蝉、粉虱、蚜虫等玻片标本、针插标本或浸渍标本。直翅目、半翅目、同翅目昆虫的分类示范标本，昆虫挂图、照片及多媒体课件等。

三、仪器和用具

体视显微镜、放大镜、镊子、挑针、培养皿和多媒体教学设备等。

四、操作方法

（1）观察直翅目、半翅目、同翅目昆虫的分类示范标本，它们在外形上有何主要区别？

(2) 观察蝗虫、蟋蟀、蝼蛄的触角形状和口器类型,以及前后翅的质地、形状,前足、后足各属何种类型;并观察前胸背板、听器、产卵器及尾须等各有何主要特征。

(3) 观察椿象、盲蝽、猎蝽的口器,其喙由何处伸出?前后翅各属何种类型?

(4) 观察蚱蝉、叶蝉、粉虱、蚜虫等昆虫的触角类型、口器类型,其喙从何处伸出?前翅质地、休息时翅的状态如何?观察蚜虫的腹管和触角感觉圈的形状。

五、实训成果

将所观察各目代表科昆虫的主要形态特征填入表1-15。

表1-15 昆虫目及主要科形态特征观察记录

目	科	口器特征	翅特征	足特征	其他特征

技能实训1-3 识别鞘翅目、鳞翅目、双翅目、膜翅目昆虫及其常见科的形态特征

一、实训能力

识别鞘翅目、鳞翅目、双翅目、膜翅目昆虫及其主要科的形态特征。

二、实训材料

步甲、虎甲、吉丁虫、金龟甲、瓢甲、象甲、叶甲、天牛、凤蝶、粉蝶、弄蝶、眼蝶、天蛾、瘿蚊、潜蝇、食蚜蝇、叶蜂、姬蜂、胡蜂、茧蜂、小蜂等针插标本、浸渍标本或玻片标本,鞘翅目、鳞翅目、双翅目、膜翅目等分类示范标本,昆虫挂图、照片及多媒体课件等。

三、仪器和用具

体视显微镜、放大镜、镊子、挑针、培养皿和多媒体教学设备等。

四、操作方法

(1) 观察鞘翅目、鳞翅目、双翅目、膜翅目昆虫分类示范标本,它们各有何主要特征?

(2) 观察步甲、虎甲、金龟甲、瓢甲、象甲、叶甲、天牛等昆虫的前后翅各属何种类型。其头式、触角形状、足的类型、跗节数目等特征如何?幼虫类型、口器特征如何?观察比较步甲和金龟甲腹部第1节腹板是否被后足基节臼(窝)分开。

(3) 对比蛾类与蝶类的主要形态区别。在体视显微镜下观察蛾、蝶类幼虫腹足的趾钩。

对比观察凤蝶、粉蝶、弄蝶、螟蛾、夜蛾、毒蛾、舟蛾、卷叶蛾、潜叶蛾、刺蛾、天蛾、蛀果蛾等成虫的触角形状，翅的形状、颜色，幼虫的足式、体形等的形态特点。

（4）观察瘿蚊、潜蝇、食蚜蝇的成虫口器、触角、前后翅各属何种类型。

（5）观察叶蜂、姬蜂、胡蜂、茧蜂、小蜂成虫的胸腹连接处是否缢缩。其幼虫是多足型，还是无足型？

五、实训成果

（1）将所观察各目代表科昆虫的主要形态特征填入表1-16。

表1-16 昆虫目及主要科形态特征观察记录

目	科	口器特征	翅特征	足特征	其他特征

（2）以步甲、金龟甲为代表，比较肉食亚目和多食亚目的主要区别。

（3）以粉蝶、夜蛾为代表，比较锤角亚目和异角亚目的主要区别。

技能实训1-4 采集、制作和保存昆虫标本

一、实训能力

采集、制作和保存园艺植物昆虫标本，并通过标本采集和鉴定熟悉当地昆虫的种类、识别特点和发生情况。

二、实训材料与用具

剪刀、小刀、镊子、放大镜、挑针、标本瓶、烧杯、福尔马林、酒精、捕虫网、吸虫管、毒瓶、纸袋、采集箱、诱虫灯等。

三、操作方法

（一）昆虫标本的采集

1. 采集用具

（1）捕虫网。由网圈、网袋和网柄三部分组成。捕虫网按用途分为用于采集空中飞行昆虫的空网、用于扫捕植物丛中昆虫的扫网、用于捕捉水生昆虫的水网。

（2）吸虫管。用于采集蚜虫、蓟马、红蜘蛛等微小昆虫。主要利用吸气时形成的气流将虫体带入容器。

昆虫标本的采集

（3）毒瓶和毒管。专用于毒杀昆虫，一般由严密封盖的磨口广口瓶制成。由教师示范制备简易毒瓶：广口瓶底放一些棉花，滴入几滴三氯甲烷（氯仿）或四氯甲烷（四氯化碳），或棉花上蘸上较多的敌敌畏，然后放入大小适宜的滤纸即可。

(4) 指形管。用于暂时存放虫体较小的昆虫。管底一般是平的，形状如手指。

(5) 三角纸袋。常用来暂时存放蝶、蛾类昆虫的标本。一般用坚韧的光面纸，裁成长宽比为3∶2的方形纸片，大小可多备几种，折叠成三角形，如图1-46所示。

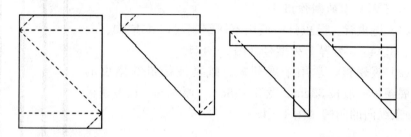

图1-46 三角纸袋折叠方法

(6) 采集盒。通常用于暂时存放活虫。由铁皮制成，盖上有一块透气的铜纱和一个带活盖的孔。

(7) 采集箱和采集袋。防压的标本、需要及时针插的标本及用三角纸包装的标本可放在木制的采集箱内。外出采集的玻璃用具、记载本、采集箱等可放于一个有不同规格的分格的采集袋内。其大小可自行设计。

(8) 其他用具。镊子、诱虫灯、砍刀、枝剪、手锯、手持放大镜、毛笔、铅笔等都是必不可少的用品。

2. 采集方法

(1) 网捕。主要用来捕捉能飞善跳的昆虫。对于能飞的昆虫，可用气网迎头捕捉或从旁掠取，并立即摆动网柄，将网袋下部连同昆虫一并甩到网框上。如果捕到大型蝶、蛾类昆虫，可由网外用手捏压其胸部，使之失去活动能力，然后直接包于三角纸袋中；如果捕获的是一些中小型昆虫，可抖动网袋，使虫集中于网底部，放入毒瓶中，待虫毒死后再取出，装入指形管中。栖息于草丛或灌木丛中的昆虫，要用扫网边走边扫捕。

(2) 振落。摇动或敲打植株、树枝，昆虫假死坠地或吐丝下垂，再加以捕捉；或昆虫受惊起飞，暴露了目标，便于网捕。

(3) 搜索。仔细搜索昆虫活动的痕迹，如植物被害状、昆虫分泌物、粪便等，特别要注意在朽木中、树皮下、树洞中、枯枝落叶下、植物花果中、砖石下、泥土中和动物粪便中仔细搜索。

(4) 诱集。即利用昆虫的趋性和栖息场所等习性来诱集昆虫，如灯光诱集（黑光灯诱虫）、食物诱集（糖醋酒液诱虫）、色板诱集（黄色粘虫板诱蚜）、潜所诱集（草把、树枝把诱集夜蛾成虫）和性诱剂诱集等。

3. 采集标本时应注意的问题　一件好的昆虫标本个体应完好无损，在鉴定昆虫种类时才能做到准确无误，因此在采集时应耐心细致，特别对于小型昆虫和易损坏的蝶、蛾类昆虫。

此外，昆虫的各个虫态及为害状都要采到，这样才能对昆虫的形态特征和危害情况在整体上进行认识，特别是制作昆虫的生活史标本，不能缺少任何一个虫态或为害状，同时还应采集一定数量的昆虫，以保证昆虫标本后期制作的质量和数量。

在采集昆虫时还应做简单的记录,如寄主植物的种类、被害状、采集时间、采集地点等,必要时可编号,以保证制作标本时标签内容的准确和完整。

(二)昆虫标本的制作

1. 干制标本的制作用具

(1) 昆虫针。昆虫针一般用不锈钢制成,共有00、0、1、2、3、4、5号等7种型号(图1-47)。

昆虫标本的制作和保存

(2) 展翅板。常用来展开蝶、蛾类或蜻蜓等昆虫的翅。展翅板一般长33cm、宽8~16cm、厚4cm。在展翅板的中央可挖一条纵向的凹槽(图1-48)。

图1-47 昆虫针

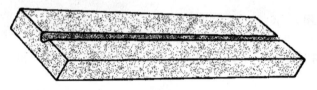

图1-48 展翅板

(3) 还软器。对于已干燥的标本进行软化的玻璃器皿。还软器一般用干燥器改装而成。

(4) 三级台。由整块木板制成,长7.5cm、宽3.0cm、高2.4cm,分为三级,每级高皆是8mm,中间钻有小孔(图1-49)。

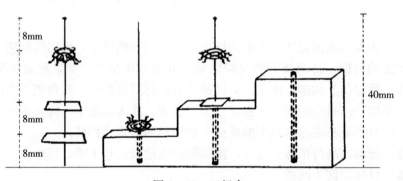

图1-49 三级台

此外,大头针、三角纸台、粘虫胶等也是制作昆虫标本必不可少的用具。

2. 干制标本的制作方法

(1) 针插昆虫标本。插针时,按照昆虫标本体形大小选择型号合适的昆虫针。一般插针位置在虫体上是相对固定的。蝶、蛾、蜂、蜻蜓、蝉、叶蝉等从中胸背面正中央插入,穿透中足中央;蚊、蝇从中胸中央偏右的位置插针;蝗虫、蟋蟀、蝼蛄的虫针插在前胸背板偏右的位置;甲虫类的虫针插在右鞘翅的基部;蝽类的虫针插于中胸小盾片的中央(图1-50)。昆虫插针后要调高和整姿。

(2) 展翅。蝶、蛾和蜻蜓等昆虫插针后还需展翅。虫体身体嵌入展示板凹槽,虫体的背面应与两侧面的展翅板水平。借助玻璃纸条、大头针等工具使姿态固定(图1-51)。

3. 浸渍标本的制作和保存 身体柔软、微小的昆虫和少数虫态(幼虫、蛹、卵)、螨类可用保存液浸泡后装于标本瓶内保存。

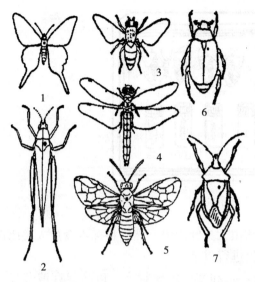
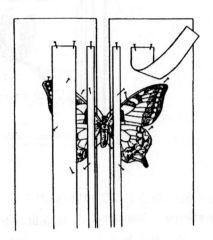

图 1-50　昆虫的插针位置
1. 鳞翅目　2. 双翅目　3. 鞘翅目　4. 直翅目
5. 蜻蜓目　6. 膜翅目　7. 半翅目

图 1-51　展翅方法

常用的保存液配方如下：

（1）酒精液。常用浓度为 75%。小型和体壁较软的虫体可先在低浓度酒精中浸泡后，再用 75% 酒精液保存，以免虫体变硬。也可在 75% 酒精液中加入 0.5%～1.0% 的甘油，可使虫体体壁长时间保持柔软。

（2）福尔马林液。福尔马林（含甲醛 40%）1 份、水 17～19 份。福尔马林液保存昆虫标本效果较好，但会使标本略膨胀，并有刺激性气味。

（3）绿色幼虫标本保存液。用硫酸铜 10g 溶于 100mL 水中，煮沸后停火，并立即投入绿色幼虫。刚投入时有褪色现象，待一段时间绿色恢复后可取出，用清水洗净后浸于 5% 福尔马林液中保存。

（4）红色幼虫浸渍液。用硼砂 2g、50% 酒精 100mL 混合后浸渍红色饥饿幼虫。

（5）黄色幼虫浸渍液。用无水酒精 6mL、氯仿 3mL、冰醋酸 1mL 混合而成。先将黄色昆虫在此混合液中浸渍 24h，然后移入 70% 酒精中保存。

4. 昆虫生活史标本的制作　将前面用各种方法制成的标本，按照昆虫的发育顺序，即卵、各龄幼虫（若虫）、蛹、成虫（雌虫、雄虫）及成虫和幼虫（若虫）的为害状，安放在一个标本盒内，在标本盒的左下角放置标签即可（图 1-52）。

（三）昆虫标本的保存

昆虫标本是园艺植物保护课程的研究对象和参考资料，必须妥善保存。保存标本要注意防蛀、防鼠、避光、防尘、防潮和防霉。

1. 针插标本的保存　针插的昆虫标本必须放在有盖的标本盒内。盒有木质的和纸质的两种，规格也多样，盒底铺有软木板或泡沫塑料板，适于插针；盒盖与盒底可以分开，用于展示的标本盒盖可以嵌玻璃，长期保存的标本盒盖最好不要透光，以免标本出现褪色现象。

标本在标本盒中应分类排列，如天蛾、粉蝶、叶甲等。鉴定过的标本应插好学名标签，

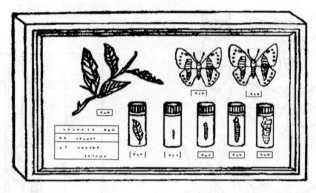

图1-52 生活史标本盒

在盒内的四角还要放置樟脑球以防虫蛀,樟脑球用大头针固定。然后将标本盒放入关闭严密的标本橱内,定期检查,发现蛀虫及时用敌敌畏进行熏杀。

2. 浸渍标本的保存 盛装浸渍标本的器皿,盖和塞一定要封严,以防保存液蒸发。在浸渍液表面加一薄层液体石蜡,也可起到密封的作用。浸渍标本需放入专用的标本橱内。

四、实训成果

采集、识别当地10个目的昆虫,并按教师指定要求制作一定数量的针插标本和浸渍标本,并写好主要标本的标签和详细采集记载。

五、成绩评定标准

成绩根据实验态度、操作过程、实验报告等方面综合评定(表1-17)。评定等级分为优秀(90～100分)、良好(80～89分)、及格(60～79分)、不及格(小于60分)。

表1-17 技能实训综合评定

评定项目(所占分值)	评定内容和环节	评定标准	备注
实训态度(10分)	积极、认真	主动、仔细地进行和完成实训内容	
操作过程(50分)	实训工具的准备; 标本的采集过程; 标本的制作过程	①能正确选择方法采集昆虫标本。 ②能熟练地完成昆虫标本采集、制作和保存的各个步骤	
实训报告(40分)	实训报告质量	①目的明确,按时完成报告。 ②报告内容表述正确	

技能实训1-5 调查、统计田间的园艺植物病虫害

一、实训目标

了解园艺植物病虫害田间调查统计的重要性;掌握园艺植物病虫害田间调查与统计的方法。

二、实训材料与用具

皮尺、记录本、铅笔、计算器、放大镜及标本采集用具等。

三、操作方法

(一) 病虫害田间调查

1. 调查内容

（1）发生和危害情况调查。为了解一个地区在一定时间内的病虫发生及危害情况，要进行的病虫害调查一般可分为一般调查和重点调查。一般调查主要了解一个地区的病虫种类、发生期与发生量及危害程度等，病虫害的调查以田间调查为主，根据调查的目的选适当的调查时间。了解病虫害基本情况多在病虫盛发期进行，此时比较容易正确反映病虫发生情况和获得有关发病因素的对比资料，对于重点病虫的专题研究和预测预报等，则应根据需要分期进行，必要时还应定点调查。重点调查病虫害的始发期、盛发期及盛发末期及数量消长规律等。除了调查其发生时间和数量、危害程度外，还需调查该病虫的生活习性、发生规律和寄主范围等。

（2）病虫及天敌发生规律的调查。调查某种重要病害或新发生的病虫害和天敌的寄主范围、发生世代、病虫越冬场所、越冬基数、越冬虫态、病原越冬方式等主要习性及不同生态条件下的数量变化情况。

（3）防治效果调查。施药前与施药后病虫发生程度和密度的对比调查；施药区与对照区的发生程度对比及不同防治措施、时间、次数的对比调查等。

2. 调查方法

（1）病虫害的田间分布类型。不同的病虫害在田间的分布形式不同。虫害在田间通常有3种分布类型，即随机分布型、核心分布型和嵌纹分布型。

（2）调查取样方法。取样方法有多种，可根据病虫在田间的分布不同而采取不同的取样方法。无论采用何种取样，总的原则是最大限度地缩小误差。常用的取样方法有五点取样、棋盘式取样、对角线取样、平行线取样和Z形取样。

园艺植物病虫害的田间分布类型及调查方法

（3）取样单位。取样单位因病虫种类、分布方式和植物品种不同而异。长度单位（m）适用于调查地下害虫和密集植物或植物苗期病虫害；面积单位（m^2）适用于调查地下害虫和密集植物或植物苗期病虫害；质量单位（kg）多用于调查种子中的病虫害；以植株和部分器官为单位适用于调查全株或茎、叶、果等部位上的虫害；以网捕为单位，即以一定大小口径捕虫网的扫捕次数为单位，多用于调查虫体小而活动性大的害虫；此外，还有的以体积为单位。

(二) 调查资料的计算及整理

调查中获得的数据必须进行整理，才能简明准确地反映客观实际情况，便于分析比较。常用的统计方法：

1. **被害率** 反应病虫发生或为害的普通程度。

$$被害率 = \frac{有虫（或发病）样本数}{调查样本总数} \times 100\%$$

2. **虫口密度** 表示一个单位内的虫口数量，常用百株虫数表示。

$$百株虫数 = \frac{调查所得总虫数}{调查总株数} \times 100\%$$

3. **病情指数** 在植物局部被害的情况下，各受害单位的受害程度是不同的。发病率无法表示受害程度，需按被害的严重程度分级（表1-18至表1-21），再以病情指数表示。

$$病情指数 = \frac{\sum[各级病叶（株）数 \times 发病级别]}{调查总叶（株）数 \times 分析标准最高级别} \times 100$$

表1-18 叶部病害的分级标准

病级	病情	代表数值
1	叶片上无病斑	0
2	叶片上有个别病斑	1
3	病斑面积占叶面积1/3以下	2
4	病斑面积占叶面积1/3~1/2	3
5	病斑面积占叶面积2/3以上或叶柄有病斑	4

表1-19 黄瓜霜霉病分级标准

病级	病情	代表数值
1	叶片上无病斑	0
2	单位面积（9cm²）中少于2个病斑	1
3	单位面积（9cm²）中有2~4个病斑	2
4	单位面积（9cm²）中有5~9个病斑	3
5	单位面积（9cm²）中有10个以上病斑	4

表1-20 果实病害分级标准

病级	病情	代表数值
1	果面无病斑	0
2	果面上有个别病斑	1
3	病斑面积占果面面积1/4以下	2
4	病斑面积占果面面积1/4~1/3	3
5	病斑面积占果面面积1/3以上	4

表1-21 枝干病害分级标准（苹果树腐烂病）

病级	病情	代表数值
1	枝干无病	0
2	树体有几个小病斑或1~2个较大病斑（直径15cm左右），枝干齐全，对树势无明显影响	1
3	树体有多块病斑或在粗大枝干部位有3~4个较大病斑，枝干基本齐全，对树势有些影响	2
4	树体病斑较多或粗大枝干部位有几个大病斑（直径20cm以上），已锯除1~2个主枝或中心枝，树势及产量已受到明显影响	3
5	树体遍布病斑或粗大枝干病斑很大或很多枝干残缺不全，树势极度衰弱，以至枯死	4

4. **损失估计** 大部分病虫的被害率与损失率不一致。病虫所造成的损失应以生产水平相同的受害区与未受害区的产量或经济产量对比来计算。

$$损失率 = \frac{未受害区产量（产值）-受害区产量（产值）}{未受害区产量（产值）} \times 100\%$$

四、实训成果

（1）根据什么来确定田间调查取样方法？

（2）选取当地 1～2 种园艺植物病虫害进行调查，计算发病率及病情指数或虫口密度后并计算损失率。

五、成绩评定标准

成绩根据实验态度、操作过程、实验报告等方面综合评定（表 1-22）。评定等级分为优秀（90～100 分）、良好（80～89 分）、及格（60～79 分）、不及格（小于 60 分）。

表 1-22 技能实训综合评定

评定项目（所占分值）	评定内容和环节	评定标准	备注
实训态度（10 分）	积极、认真	主动、仔细地进行和完成实训内容	
操作过程（50 分）	调查前期工作的准备；整个调查工作的进行	①能根据植物品种即病虫害种类正确选择调查方法。②能熟练地完成调查资料的记录和整理	
实训报告（40 分）	实训报告质量	①目的明确，按时完成报告。②报告内容表述正确。③数据翔实	

项目二
园艺植物病害及主要病原菌类群识别

知识目标

- 掌握园艺植物病害的基本概念；了解植物病害发生的原因，理解病原、植物、环境三者的关系。
- 掌握植物病害的症状和类型及症状在诊断植物病害中的作用。
- 掌握常见侵染性病害病原物的类群，侵染性病害的发生发展规律和病害诊断的常用方法。

能力目标

- 熟练掌握显微镜使用技术及制片、切片技术。
- 能够对本地区常见园艺植物病害进行初步识别、诊断和防治。

任务一 认识园艺植物病害

一、园艺植物病害的含义

植物在生长发育和贮运过程中，由于遭受病原生物的侵染和不良环境条件的非生物因素的影响，其正常的生长发育受到抑制，代谢发生改变，生理功能、组织结构以及外部形态遭到破坏或改变，最后导致产量降低、品质变劣甚至死亡的现象，称为植物病害。

（一）病理过程

植物发生病害后，由于病原的影响，在生理上、组织上和形态上发生不断变化而持续发展的过程，称为病理过程。各种植物病害的发生都必须经过一定的病程。与植物病害相比，风、雹、昆虫以及高等动物对植物造成的机械损伤没有逐渐发生的病理过程，因此不属真正的病害。

（二）植物病害的相对性

从生物学观点考虑，韭菜在弱光下栽培成为幼嫩的韭黄，菰草感染黑粉菌后幼茎形成肉质肥嫩的茭白（图2-1），羽衣甘蓝变形的叶片提高了观赏价值等，这种由于植物本身正常生理机制受到干扰而造成的异常后果，也属于植物病害。但从经济学观点考虑，植物的这种异常后果却使其经济价值提高了，故一般不属于植物病害的范畴。

植物病害有以下特点：植物病害是根据植物外观的异常与正常相对而言的，健康相当于正常，病态相当于异常；植物病害与机械创伤不同，其区别在于植物病害有一个生理病变过程，

图 2-1 植物病害的相对性
1. 韭黄 2. 茭白

而机械创伤往往是瞬间发生的;植物病害必须具有经济损失,郁金香的杂色花是病毒侵染所致,韭黄是遮光栽培所致,上述不但没有经济损失,反而提高了经济价值,故不属病害范畴。

(三) 园艺植物病害发生的基本条件

植物病害是感病植物与病原在外界条件影响下相互斗争并导致植物生病的过程,感病植物、病原和环境条件成为构成植物病害并影响其发生发展的基本因素。

1. 感病植物 为病原物提供必要的营养物质及生存场所的感病植物称为寄主。当病原作用于植物时,植物本身会对病原进行积极的抵抗。当植物的抵抗能力远远超过某一致病因素的侵害能力时,病害就不能发生。

2. 病原 引起植物病害发生的原因称为病原。病原是病害发生过程中起直接作用的主导因素,分为生物性病原和非生物性病原两大类。

(1) 生物性病原。由生物性病原引起的病害能够互相传染,能从一株植物传染给另一株植物,有侵染过程,所以又称为侵染性病害或传染性病害,如白菜霜霉病、烟草病毒病等。

引起侵染性病害的生物性病原称为病原生物,简称病原物。病原物大多数是肉眼难以看见的微生物,包括真菌、细菌、植原体、螺原体、类立克次氏体、放线菌、线虫、病毒、类病毒、寄生性种子植物、寄生性藻类等(图 2-2)。

(2) 非生物性病原。由非生物性病原引起的病害无侵染过程,不能相互传染,不能从一株植物传染给另一株植物,所以又称为非侵染性病害、生理性病害或非传染性病害。非生物

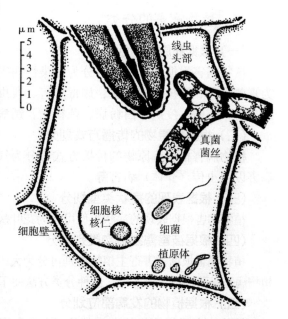

图 2-2 几类植物病原物与植物细胞大小的比较

性病原包括植物所处环境中的营养元素不足或不均衡,如缺素症、肥害等;水分供应失调;温度过高、过低或骤然改变;光照度或光周期的不正常变化;土壤中盐分过多;环境污染;农药使用不当等。这些因素连续不断地影响植物,其强度超过了植物的适应范围,就会引起植物病害。

3. 环境条件　环境条件是指直接或间接影响寄主及病原的一切生物和非生物条件。环境条件一方面直接影响病原，促进或抑制其生长发育，另一方面影响寄主的生活状态及其抗病性，当环境条件有利于病原物而不利于寄主时，病害才能发生和发展。

4. 病害三角　植物病害需要有病原、寄主植物和一定的环境条件三者配合才能发生，三者相互依存，缺一不可，称为病害三角或病害三要素（图2-3）。

图2-3　病害三角

病害三角在植物病理学中占有十分重要的位置。在分析病因、侵染过程和流行，以及制订防治对策时，都离不开对病害三角的分析。

二、侵染性病害和非侵染性病害的关系

不适宜的环境条件不仅是非侵染性病害的病原，同时还是侵染性病害的主要诱因。非侵染性病害使植物抗病性降低，利于侵染性病原的侵入和发病。如冻害不仅可以使细胞组织死亡，还往往导致植物的长势衰弱，使许多病原物更易于侵入。侵染性病害有时也削弱植物对非侵染性病害的抵抗力，如某些叶斑病害不仅引起木本植物提早落叶，也使植株更容易受冻害和霜害。两者相互促进，往往导致病害加重。因此，加强栽培管理，改善植物的生长条件，及时处理病害，可以减轻两类病害的恶性互作。

三、植物病害的分类

（一）根据病原类别划分

植物病害根据病原类别可分为侵染性病害和非侵染性病害。侵染性病害按病原物种类分为真菌病害、原核生物病害、病毒病害、线虫病害和寄生性种子植物病害等。真菌病害又可细分为霜霉病、疫病、白粉病、菌核病、锈病、炭疽病等。

（二）根据病原物的传播方式划分

植物病害根据病原物的传播方式可分为气传病害、土传病害、水流传播病害、种苗传播病害以及虫传（介体）病害等。

（三）根据表现的症状类型划分

植物病害根据表现的症状类型可分为花叶病、斑点病、溃疡病、腐烂病、枯萎病、疫病等。

（四）根据被害寄主植物类别划分

植物病害根据被害寄主植物类别可分为大田作物病害、经济作物病害、园艺植物病害、园林植物病害、药用植物病害等。这种分类方法便于统筹制订某种植物多种病害的综合防治计划。

（五）根据植物的发病部位划分

植物病害根据植物的发病部位可分为叶部病害、根部病害、茎秆病害、花器病害和果实病害等。

（六）根据寄主植物的发育阶段（生育期）划分

植物病害根据寄主植物的发育阶段（生育期）可分为苗期病害、成株病害和产后病害等。

另外，还可以根据植物病害的传播流行速度和流行特点分为单年流行病害、积年流行病

害；根据病原物生活史分为单循环病害、多循环病害等。

四、园艺植物病害症状识别

园艺植物病害症状识别

植物感染病原物后，在一定环境条件下，生理上、组织上、形态上发生病变所表现的特征，称为症状。症状包括病状和病征。植物感病后本身的不正常表现称为病状。病原物在寄主植物发病部位的特征性表现称为病征。

植物病害都有病状，而病征只有在由真菌、细菌和寄生性种子植物等所引起的病害上表现较明显，且一般发病到一定时候和一定条件下才产生。病毒、植原体和类病毒等寄生在植物细胞内，在植物体外无表现，故它们所致的病害无病征。植物病原线虫多数在植物体内寄生，一般植物体外无病征。非侵染性病害也没有病征。

无论是非侵染性病害还是侵染性病害，都是由生理病变开始，随后发展到组织病变和形态病变。因此，症状是植物内部一系列复杂病理变化在植物外部的表现。各种植物病害的症状都有一定的特征和稳定性，对于植物的常见病和多发病，可以依据症状进行识别，所以症状是诊断病害的重要依据之一。

（一）病状及类型

植物感病后本身的不正常表现称为病状，其类型有以下几种。

1. 变色　变色是指植物的局部或全株失去正常的颜色或发生的颜色变化。变色是由于色素比例失调造成的，本质是叶绿素受到破坏，其细胞并没有死亡，以叶片变色最为常见，如花叶（最为常见）、斑驳、褪绿、黄化、红化、紫化和明脉等（图2-4）。

图2-4　变色类型
1. 花叶　2. 斑驳　3. 褪绿　4. 黄化　5. 明脉　6. 红花、紫化

2. 坏死　坏死指植物细胞和组织的死亡，多为局部小面积发生，如各种病斑、穿孔、叶枯、叶烧、疮痂、溃疡、角斑、流胶等（图2-5）。

3. 腐烂　植物较大面积组织的分解和破坏称为腐烂，如干腐、湿腐和软腐等（图2-6）。腐烂和坏死有时很难区别。一般来说，腐烂是整个组织和细胞受到破坏和消解，而坏死则多

图 2-5 坏死类型
1. 叶斑 2. 疮痂 3. 穿孔 4. 猝倒 5. 流胶 6. 立枯

少还保持原有组织和细胞的轮廓。

图 2-6 腐烂类型
1. 干腐 2. 湿腐 3. 软腐

含水分较多的组织发病后，细胞消解较快，腐烂组织不能及时失水，则称为湿腐。比较坚硬而含水较少的组织发病后，细胞消解较慢，腐烂组织中的水分能及时蒸发而消失，则称为干腐，如苹果干腐病等。若含水分较多的组织发病，细胞中胶层先受到破坏，腐烂组织的细胞出现离析以后再发生细胞的消解，则称为软腐，如大白菜软腐病和君子兰软腐病等。根据腐烂的部位不同又有根腐、茎基腐、果腐和花腐等。

4. 萎蔫 萎蔫是指植物的整株或局部因脱水而枝叶下垂的现象。萎蔫有生理性和病理性萎蔫之分。病理性萎蔫主要由于植物维管束受到毒害或破坏，水分吸收和运输困难造成的。病原物侵染引起的萎蔫一般不能恢复，萎蔫有局部性的和全株性的。植株失水迅速仍能保持绿色的称青枯，不能保持绿色的称枯萎和黄萎（图2-7）。

5. 畸形 植物受害部位的细胞生长发生促进性或抑制性的病变，使被害植物全株或局部产生畸形，如矮化、矮缩、丛枝、皱缩、卷叶和瘤肿等（图2-8）。此外，植物花器变成叶片状结构，使植物不能正常开花结实，称为花变叶。畸形多由病毒、类病毒和植原体等病

图2-7 萎蔫类型
1. 西瓜枯萎病　2. 番茄枯萎病　3. 黄瓜枯萎病

原物侵染引起，如枣疯病、桃缩叶病、李袋果病、根结线虫病等。

图2-8 畸形类型
1. 桃缩叶病　2. 竹丛枝病　3. 南瓜畸形

（二）病征及类型

病原物在寄主植物发病部位的特征表现称为病征。

1. 霉状物　植物发病部位常产生各种霉，如真菌的菌丝、孢子梗和孢子在植物表面构成的特征，其着生部位、颜色、质地、疏密变化较大，可分为霜霉、绵霉、灰霉、青霉及黑霉等（图2-9）。霉层由病原真菌的菌丝体、孢子梗和孢子所组成，如黄瓜霜霉病等。

图2-9 霉状物
1. 青霉　2. 灰霉　3. 黑霉　4. 霜霉　5. 绵霉

2. 粉状物 粉状物是病原真菌在病部产生的一些孢子和孢子梗聚集在一起所表现的特征。根据粉状物的颜色不同可分为白粉、黑粉等（图2-10），如凤仙花白粉病、月季白粉病等。

1　　　　　　　　　　　2

图2-10　粉状物

1. 白粉　2. 黑粉

3. 锈状物 锈状物是某些真菌孢子在病部表现的特征（图2-11）。根据颜色不同可分为锈粉、白锈等，如海棠锈病、牵牛花白锈病等。

4. 点（颗）粒状物 点（颗）粒状物是病原真菌在病部产生的形状、大小、色泽等各不相同的小颗粒，如分生孢子器、分生孢子盘、闭囊壳等（图2-12）。这些点（颗）粒状物为真菌的繁殖体，颜色多为黑色、褐色，如梨轮纹病、山茶炭疽病等病部的黑色点状物。

真菌的繁殖体

 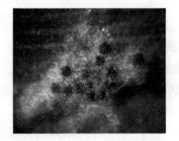

图2-11　锈状物　　　　图2-12　点（颗）粒状物

5. 菌核和菌索 菌核和菌索是真菌为渡过不良环境由菌丝交织形成的一种形状、大小不一，质地坚硬，外有皮层，内为髓质的休眠体（图2-13）。褐色或黑色，小的如菜籽状、鼠粪状、角状，大的如拳头状。如白绢病发病后期在茎基部形成的茶褐色油菜籽状的菌核，油菜、萝卜、莴苣等菌核病的菌核。

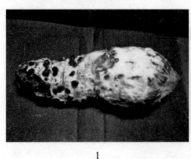 

1　　　　　　　　　　　2

图2-13　菌核和菌索

1. 菌核　2. 菌索

6. 脓状物（溢脓） 脓状物（溢脓）是植物病原原核生物中细菌性病害所特有的病征菌痂或菌胶粒，如桃细菌性穿孔病、番茄青枯病和马蹄莲细菌性软腐病等（图2-14）。

（三）症状变化及其在病害诊断中的作用

植物病害症状对于病害诊断具有重要意义。常见病害可以根据症状诊断，但对某些病害不能单凭症状进行识别，主要是植物病害的症状表现有其复杂性。如环境条件和作物品种不同会使症状发生改变；36℃以上、10℃以下或光照不足会使烟草病毒病症状不明显或隐症（症状消失）；一种病害

图2-14 脓状物

往往可以表现几种症状，即所谓的综合征；植株感病时的生育期不同，症状也有变化。因此，对于一种新发生的病害，不能简单地根据一般症状确定病害种类。

1. 典型症状 植物病害常见的一种症状称为典型症状，如烟草花叶病毒（TMV）侵染多种植物后都表现为花叶症状，但它在心叶烟或苋色藜上却表现为枯斑。

2. 症状潜隐或隐症现象 一种病害症状出现后，由于环境条件改变或使用农药治疗后，原有症状逐渐减退或暂时消失，隐症的植物体内仍有病原物存在，一旦环境条件恢复或农药作用消失后，隐症的植物还会重新显症。如丝瓜病毒病在高温条件下花叶症状会暂时消失，当环境条件适宜时又会恢复典型的花叶症状。

3. 潜伏侵染 有些病原物侵染寄主植物后暂时不表现明显的症状，当寄主抗病性减弱或环境条件适宜时症状才开始表现。如米兰炭疽病，当米兰生长衰弱或在高湿条件下发病严重，表现症状；当米兰生长健壮或环境条件不适宜时则不发病，没有表现症状。

4. 综合征 有的病害在一种植物上可以同时或先后表现两种或两种以上不同类型的症状，这种情况称为综合征。例如，稻瘟病在芽苗期发生引起烂芽，在成株期侵染叶片则表现枯斑，侵染穗部导致穗茎枯死引起白穗。

5. 并发症 当两种或多种病害同时在一株植物上混发时，可以出现多种不同类型的症状，这种现象称为并发症。并发症有时会产生彼此干扰的拮抗现象，也可能出现加重症状的协同作用。

五、园艺植物非侵染性病害病原识别

园艺植物的非侵染性病害是由植物自身的生理缺陷、遗传性疾病或由生长环境中不适宜的物理、化学等因素直接或间接引起的一类病害。它和侵染性病害的区别在于没有病原生物的侵染，在植物不同的个体间不能互相传染，所以又称为非传染性病害或生理病害。

（一）营养失调

营养失调包括植物缺乏某种元素、各种营养元素间的比例失调、营养过量，这些因素可以诱使植物表现出各种病状，一般称为缺素症或多素症，如缺氮、缺磷、缺钾、缺铁、缺镁、缺硼、缺锌、缺钙、缺锰、缺硫等。症状在植株下部老叶首先出现时，一般可见黄化（缺N）、紫色（缺P）、叶枯（缺K）、明脉（缺Mg）、小叶（缺Zn）；症状在植株上部新叶出现时，一般表现畸形果（缺B）、芽枯（缺Ca）、白叶（缺Fe）、黄化（缺S）、失绿斑

(缺 Mn)、叶畸形(缺 Mo)、幼叶萎蔫(缺 Cu)。某些元素过量也会导致植物中毒,主要是微量元素过量所致(多素症),如肥害、药害、盐碱地等(表 2-1、图 2-15)。

表 2-1 各营养元素缺乏或过量所引起的症状

元素种类	缺乏症状	过量症状
氮(N)	症状先在下部老组织中出现,老叶黄化枯焦,新叶淡绿,植株早衰,成熟提早,产量降低	叶暗绿色,徒长,延迟成熟,茎叶变软,抗病力下降,易受害虫为害
磷(P)	先在下部老组织上表现症状,茎叶暗绿或呈紫红色,生育期推迟	株高变矮,叶变肥厚,成熟提早,产量降低
钾(K)	老叶先端黄化,后叶尖及叶缘发生枯焦,症状随生育期延长而加重,早衰	引起镁缺乏症
钙(Ca)	生长受阻,节间缩短,矮小,组织柔软,茎生长点死亡;根系不发达,根尖停止生长;幼叶往往黄化,叶片顶端和叶缘生长受阻,叶片中部继续生长,出现扭曲症状	引起锰、铁、硒、锌缺乏症
铁(Fe)	症状先在幼叶上出现,先是脉间失绿,但叶脉仍保持绿色,后叶片逐渐变白,叶脉变黄,导致叶片死亡	引起锰缺乏症
锰(Mn)	新叶脉间失绿黄化,严重时褪绿部分呈黄褐色,逐渐增多扩大,有时叶片发皱,卷曲,甚至凋萎	叶先端生出褐色或紫褐色小斑点,引起铁、钼缺乏症
硼(B)	茎尖生长点受抑,节间缩短,根系发育不良;老叶增厚变脆,色深,无光泽;新叶皱缩,卷曲,失绿,叶柄短缩加粗;蕾花脱落,果实发育不良	抑制种子萌发,引起幼苗死亡,叶片变黄枯焦,植株矮化
锌(Zn)	新叶叶片失绿,变小,节间缩短,植株矮小	褐色斑点,引起铁、锰缺乏症
铜(Cu)	幼叶褪绿、坏死、畸形及叶尖枯死,植株纤细;双子叶植物叶片卷曲,植株凋萎,叶片易折断,叶尖呈黄绿色;果树发生顶枯、树皮开裂、流胶	根伸长停止,引起铁的缺乏症

图 2-15 营养失调症状

造成植物营养元素缺乏的原因有多种：土壤中缺乏营养元素；土壤中营养元素的比例不当，元素间的颉颃作用影响植物吸收；土壤的物理性质不适，如温度过低、水分过少、pH过高或过低等。大量施用化肥、农药的地块，在连作频繁的保护地栽培等情况下，土壤中大量元素与微量元素的不平衡较为突出，在这种土壤环境中生长的作物往往会表现出营养失调症状。土壤中某些营养元素含量过高对植物生长发育也是不利的，甚至造成严重伤害。

（二）水分失调

植物在长期水分供应不足的情况下，营养生长受到抑制，各种器官的体积和质量减少，导致植株矮小、细弱。缺水严重时，可引起植株萎蔫、叶缘枯焦等症状，造成落叶、落花和落果，甚至整株凋萎枯死。土壤水分过多会影响土壤温度的升高和土壤的通气性，使植物根系活力减弱，甚至受到毒害，引起水淹（沤根）、烂根，植株生长缓慢，下部叶片变黄、下垂，落花、落果，严重时导致植株枯死。水分供应不均或变化剧烈时，可引起根菜类、甘蓝及番茄果实开裂，黄瓜形成畸形瓜，番茄发生脐腐病等（图2-16）。

1　　　　　　　　　　　　　　2

图2-16　水分失调症状
1. 番茄果实开裂　2. 烂根

（三）温度不适

高温可使光合作用迅速减弱，呼吸作用增强，糖类积累减少，生长减慢，有时使植物矮化和提早成熟。温度过高常使植物的茎、叶、果实等产生灼伤（图2-17）。保护地栽培通风散热不及时也常造成高温伤害。高温干旱常使辣椒大量落叶、落花和落果。

低温对植物为害也很大。0～5℃的低温所致病害称冷害。一些喜温植物以及热带、亚热带和保护地栽培的植物较易受冷害，当气温低于10℃时，就会出现变色、坏死和表面斑点等常见冷害症状（图2-18），木本植物上则出现

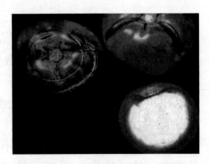

图2-17　高温强光灼伤症状

芽枯、顶枯。植物开花期遇到较长时间的低温会影响结实。0℃以下的低温所致病害称冻害。冻害的症状主要是幼茎或幼叶出现水浸状暗褐色的病斑，之后组织逐渐死亡，严重时整株植物变黑、枯干、死亡。土温过低往往导致幼苗根系生长不良，引起瓜类等作物幼苗沤根，容易遭受根际病原物的侵染。

剧烈变温对植物的影响往往比单纯的高、低温更大。如昼夜温差过大可以使木本植物枝干发生灼伤或冻裂，这种症状常见于树干的向阳面。另外，光照过强可引起露地植物日灼

病,光照不足可引起保护地植物徒长。

图2-18 温度不适病状
1. 冷害 2. 冻害

(四) 有害物质

1. 农药、激素使用不当 各种化学农药、化肥、除草剂和植物生长调节剂若选用不当,或施用方法不合理,或使用时期不适宜,或施用浓度过高等,都可对植物造成药害(图2-19)。高温环境下更易发生药害。药害根据发生时间长短可分为3类。

图2-19 药害

(1) 急性药害。一般在施药后2～3d发生,主要表现为叶片出现斑点、穿孔、焦灼、枯萎、黄化、失绿、畸形、卷叶及落叶;果实出现斑点、畸形、变小和落果;花瓣表现为枯焦、落花、落蕾、变色及腐烂;植株生长迟缓、矮化、茎秆扭曲,甚至全株死亡。植物的幼嫩组织或器官容易发生此类药害。无机铜、硫制剂等容易发生急性药害,如石硫合剂。

(2) 慢性药害。慢性药害不会很快表现出明显的症状,而是逐渐影响植株的正常生长发育,使植物生长缓慢,枝叶不繁茂,叶片变黄以至脱落。慢性药害还表现为开花减少、结实延迟、果实变小、早期落果、品质下降、色淡、味差、籽粒不饱满和种子发芽率降低等。

(3) 残留药害。施药时总会有部分药剂落在地面或表土中,这些药剂有的可能分解很慢,在土壤中积累,待残留药物积累到一定程度就会影响作物生长而表现药害。植物受残留药害显示的症状与慢性药害的症状相似。

2. 环境污染物 环境污染主要是指空气污染、水源污染、土壤污染等,这些污染物对不同植物的危害程度不同,引起的症状各异(表2-2)。

表2-2 环境污染物种类、来源、敏感植物及引起的主要症状

污染物种类	污染来源	敏感植物	主要症状
臭氧（O_3）	空气中的光化学反应、风暴中心等	烟草、菜豆、石竹、菊花、矮牵牛、丁香、柑橘及松等	叶面产生褪绿及坏死斑，有时植株矮化，提前落叶
二氧化硫（SO_2）	煤和石油的燃烧、天然气工业、矿石冶炼等	豆科植物、辣椒、菠菜、南瓜、胡萝卜、苹果、葡萄、桃及松等	生长受抑制，低浓度导致叶缘及叶脉间产生褪绿的坏死斑点，高浓度使叶脉间漂白
氢氟酸（HF）	铝工业、磷肥制造、钢铁厂、制砖业等	唐菖蒲、郁金香、石竹、杜鹃、桃、蚕豆及黄瓜等	双子叶植物的叶缘或单子叶植物的叶尖产生枯焦斑，病健交界处产生红棕色条纹
氮化物（NO_2、NO）	内燃机废气、天然气、石油或煤燃烧等	菜豆、番茄、马铃薯、杜鹃、水杉、黑杉及白榆等	幼嫩叶片的叶缘变红褐色或亮黄褐色。低浓度时只抑制植物生长而无症状表现
氯化物（Cl_2、HCl）	精炼油厂、玻璃工业、塑胶焚化等	月季、郁金香、百日草、紫罗兰及菊花等	主要为害新叶，在叶脉间产生边缘不明显的褪绿斑；严重时全叶变白、枯卷、脱落
乙烯（C_2H_4）	汽车废气、煤或油燃烧、后熟的果实等	石竹、东方百合、兰花、月季及金盏花等	叶片早衰，植株矮化，花、果减少

（五）非侵染性病害与侵染性病害的关系

非侵染性病害通常可使植物抗病性降低，利于侵染性病原的侵入和发病。如冻害不仅可以使细胞组织死亡，还往往导致植物的生长势衰弱，使许多病原物更易于侵入。侵染性病害有时也削弱植物对非侵染性病害的抵抗力，如某些叶斑病害不仅引起木本植物提早落叶，也使植株更容易受冻害和霜害。加强栽培管理、改善植物的生长条件、及时处理病害可以减轻这两类病害的恶性互作。

任务二 园艺植物病原真菌类群

知识目标

- 掌握园艺植物病原真菌的主要类群及鉴别特征。
- 掌握园艺植物病原真菌主要类群的生物学特性及致病特点。

能力目标

- 能够对常见的园艺植物病原真菌进行初步鉴别。
- 能够鉴别病原真菌引起的常见园艺植物病害。

真菌具有真正的细胞核，核外有核膜，属于真核生物。已记载的植物病原真菌有8 000种以上。真菌可引起3万余种植物病害，占植物病害总数的80%，属第一大病原物。植物上常见的霜霉病、白粉病、锈病和黑粉病四大病害都是由真菌引起的，历史上大流行的植物病害多数是真菌引起的。因此，了解真菌的一般性状对于有效地防治植物真菌病害是必不可

少的。

真菌的生长和发育先要经过一定时期的营养生长阶段,当营养生长进行到一定时期时,真菌转入繁殖阶段,这是真菌产生各种类型孢子进行繁殖的时期。

一、真菌的营养体

真菌营养生长阶段的结构称为营养体。除极少数真菌的营养体是单细胞（如酵母菌）外,典型的真菌营养体都是分支的丝状（体）结构,呈纤细的管状体,直径 $5\sim6\mu m$,单根丝状体称为菌丝,许多根菌丝交织集合在一起的结构称为菌丝体。菌丝多数无色。高等真菌的菌丝内有横隔膜,将菌丝隔成多个长圆筒形的小细胞,称为有隔菌丝;低等真菌的菌丝内一般无横隔膜,称为无隔菌丝（图 2-20）。菌丝的主要功能是吸收、输送和贮存营养,为繁殖做准备。

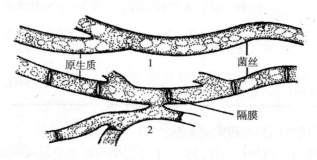

图 2-20 菌丝结构
1. 无隔菌丝 2. 有隔菌丝

菌丝每一部分都潜存着生长的能力,每一断裂的小段菌丝在适宜的条件下均可继续生长。酵母菌芽殖产生的芽孢子相互连接成链状,与菌丝相似,称假菌丝。

寄生真菌以菌丝侵入寄主的细胞间或细胞内吸收营养物质。当菌丝体与寄主细胞壁或原生质接触后,营养物质和水分进入菌丝体内。生长在细胞间的真菌,特别是专性寄生菌在菌丝体上形成吸器,伸入寄主细胞内吸收养分和水分。吸器的形状因真菌的种类不同而异,有掌状、分支状、指状、球状等（图 2-21）。

  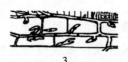 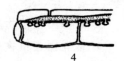

图 2-21 真菌吸器的类型
1. 掌状（白粉菌） 2. 分支状（霜霉菌） 3. 指状（白锈菌） 4. 球状（锈菌）

真菌的菌丝体一般是分散的,但有时可以密集形成菌组织。真菌的菌组织还可以形成菌核、子座和菌索等变态类型。

1. 菌核 菌核是由菌丝紧密交织而成的较坚硬的休眠体,其形状和大小差异较大,通常呈菜籽状、鼠粪状或不规则状。初期常为白色或浅色,成熟后为褐色或黑色,多较坚硬。菌核的功能主要是抵抗不良环境,当条件适宜时,菌核能萌发产生新的菌丝体或形成产孢结构（图 2-22）。

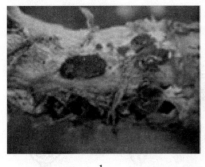
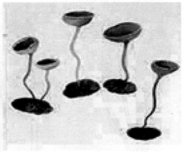

图 2-22 菌核及萌发
1. 菌核 2. 菌核萌发形成的子囊盘

2. 菌索 菌索是菌丝体绞结成的绳索状物，它不仅对不良环境有很强的抵抗能力，而且可以主动延伸到数米以外去侵染寄主或摄取营养成分。

3. 子座 子座呈垫状，其主要功能是形成产孢结构，也有抵御不良环境的作用。

4. 假根 假根是菌丝体长出的根状菌丝，功能是深入基质内吸取养分并固着菌体（图 2-23）。

5. 附着胞 附着胞是真菌孢子萌发形成的芽管或菌丝顶端的膨大部分，功能是牢固地附着在寄主体表，其下方产生侵入钉穿透寄主植物的角质层和表层细胞壁。

二、真菌的繁殖体

真菌营养体生长到一定时期所产生的繁殖器官称为繁殖体。低等真菌繁殖时，营养体全部转为繁殖体，称为整体产果。高等真菌繁殖时，营养体部分分化为繁殖体，其余营养体仍然进行营养生长，称为分体产果。真菌的繁殖方式分为无性繁殖和有

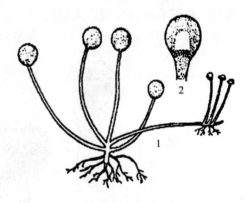

图 2-23 根霉属假根
1. 具有假根和匍匐枝的丛生孢囊梗和孢子囊
2. 放大的孢子囊

性生殖两种，无性繁殖产生无性孢子，有性生殖产生有性孢子。孢子是真菌繁殖的基本单位，其功能相当于高等植物的种子。真菌产生孢子体或孢子的结构称为子实体。

1. 无性繁殖及无性孢子的类型 无性繁殖是指真菌不经过两性细胞或性器官的结合，直接从营养体上以断裂、裂殖、芽殖和割裂等方式产生孢子的繁殖方式。无性繁殖产生的孢子称为无性孢子，其类型多种多样（图 2-24）。

（1）游动孢子。即鞭毛菌的无性孢子。游动孢子肾形、梨形，单细胞，无细胞壁，只有原生质膜，具 1~2 根鞭毛，可在水中游动。

（2）孢囊孢子。即接合菌的无性孢子。孢囊孢子球形，单细胞，有细胞壁，无鞭毛，释放后可随风飞散。

（3）分生孢子。即子囊菌、半知菌的无性孢子。分生孢子的种类很多，其形状、大小、色泽、形成和着生的方式都有很大的差异。

（4）厚垣孢子。即以原生质浓缩、细胞壁加厚而形成的厚壁休眠孢子。厚垣孢子可以抵

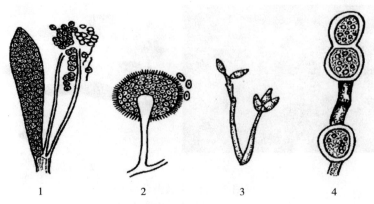

图2-24 真菌无性孢子的类型
1. 游动孢子 2. 孢囊孢子 3. 分生孢子 4. 厚垣孢子

御不良环境,存活多年,条件适宜时萌发形成菌丝。

2. 有性生殖及有性孢子的类型 有性生殖指真菌通过两性细胞或性器官的结合,经过质配、核配和减数分裂产生后代的生殖方式。真菌有性生殖产生的孢子称为有性孢子,有性孢子的类型有很多(图2-25)。真菌的性细胞称为配子,性器官称为配子囊。

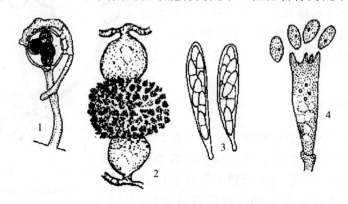

图2-25 真菌有性孢子的类型
1. 卵孢子 2. 接合孢子 3. 子囊孢子 4. 担孢子

(1) 卵孢子。指异型配子囊经过质配、核配形成的球形、厚壁、双倍体的休眠孢子。一般发生在鞭毛菌中。

(2) 接合孢子。指同型异质配子囊经过质配、核配形成的近球形、厚壁、双倍体的休眠孢子。一般发生在接合菌亚门中。

(3) 子囊孢子。在子囊中产生,异型配子囊经过质配、核配和减数分裂形成单倍体的孢子,每个子囊通常产生8个子囊孢子。子囊孢子形态差异很大。发生在子囊菌中。

(4) 担孢子。通常在担子上产生,由体细胞或菌丝接合形成担子,经减数分裂后在外面形成的小孢子称担孢子。发生在担子菌中。

三、真菌的生活史

1. 典型生活史 真菌从一种孢子萌发开始,经过一定的营养生长和繁殖阶段,最后又产生同一种孢子的过程，称为典型生活史。真菌的典型生活史包括无性繁殖和有性生殖两个阶段。真菌的菌丝体在适宜条件下生长一定时间后，进行无性繁殖产生无性孢子，无性孢子萌发形成新的菌丝体。菌丝体在植物生长后期或病菌侵染的后期进入有性阶段，产生有性孢子，有性孢子萌发产生芽管进而发育成为菌丝体，菌丝体产生下一代无性孢子的无性阶段（图2-26）。

真菌无性繁殖阶段产生无性孢子的过程，在一个生长季节可以连续循环多次，是病原真菌侵染寄主的主要阶段，在生活史中往往可以独立地多次重复循环。完成一次无性循环的时间较短，一般为6~10d，产生的无性孢子的数量极大，对植物病害的传播和发生发展甚至流行起着重要作用。在营养生长后期、寄主植物休闲期或环境不适情况下，真菌转入有性生殖产生有性孢子，这

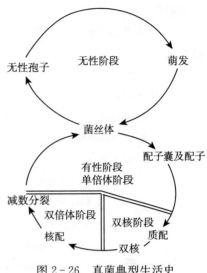

图2-26 真菌典型生活史

就是它的有性阶段，在整个生活史中往往仅出现一次，一般只产生一次有性孢子，植物病原真菌的有性孢子多半在侵染后期或经过休眠后才产生，其作用除了繁衍后代外，主要是抵御不良环境，成为翌年病害初侵染的来源。通常来说，无性阶段在生长季节时常发生，有性阶段在生长季节末形成，翌年是初侵染来源，易发生变异。

2. 不典型生活史 在真菌生活史中，有的真菌不止产生一种类型的孢子，可以产生两种或两种以上不同类型的孢子，这种形成几种不同类型孢子的现象，称为真菌的多型性。如典型的锈菌在其生活史中可以形成性孢子（0）、锈孢子（Ⅰ）、夏孢子（Ⅱ）、冬孢子（Ⅲ）和担孢子（Ⅳ）5种不同类型的孢子。一般认为多型性是真菌对环境适应性的表现。多数植物病原真菌在一种寄主植物上就可以完成生活史，这种现象称为单主寄生，大多数真菌都是单主寄生。少数真菌需要在两种或两种以上亲缘关系不同的寄主植物上交替寄生才能完成其生活史，无性阶段在一种植物上寄生，有性阶段在另一种植物上寄生，称为转主寄生。一般经济价值较大的植物称为寄主，另一寄主植物称为转主寄主或中间寄主。如梨锈病菌冬孢子和担孢子产生于桧柏上，性孢子和锈孢子则产生于梨树上，转主寄主为桧柏。

3. 不完全生活史 有些真菌生活史只有营养体阶段和有性阶段，没有无性阶段，没有无性孢子，如担子菌；有些真菌的有性阶段到目前还没有发现，其生活史只有营养体阶段和无性阶段，如半知菌；有些真菌生活史只有营养体阶段，既没有有性阶段，也没有无性阶段，生活史中不产生任何类型的孢子，依靠菌丝体和菌核完成其生活史，如立枯丝核菌的生活史中仅有菌丝体和菌核。

四、植物病原真菌的主要类群

1. 真菌的分类 虽然Cavaliver-Smith（1981—1988）提出了八界学说，把生物分为古细菌界、细菌界、古始动物界、原生动物界、藻物界、动物界、植物界、真菌界等8界，原来的真菌被分在原生动物界、藻物界和真菌界，将原来的真菌界生物称为菌物界。但因一直存在很大的争论而不能统一。本教材仍沿用Ainsworth的《真菌辞典》第七版（1971）和《真菌进展论文集》（1973）建立的真菌分类系统，这个分类系统是以魏泰克的五界分类系统

为基础的。

真菌分类的阶元包括界、门、纲、目、科、属、种 7 个等级。书写时，必须按阶梯排列。

```
                英文                     拉丁固定词尾
    界 Kingdom                    无
      门 Phylum                    (- mycota)
        亚门 Subphylum              (- mycotina)
          纲 Class                   (- mycetes)
            亚纲 Subclass             (- mycetidea)
              目 Order                (- ales)
                科 Family              (- aceae)
                  属 Genus             无
                    种 Species          无
```

2. 真菌的命名　与其他生物一样，采用 Linnaeus 提出的拉丁双名法，即属名＋种名＋（最初定名人）最终定名人。属名的首字母要大写，种名则一律小写。拉丁学名要求斜体。命名人的姓名写在种名之后，如学名已改动，原命名人置于括号中。如果命名人是两人，则用 "et" 或 "&" 连接。如寄生霜霉 *Peronospora parasitica*（Persoon）Fries 和枸杞霜霉 *Peronospora lycii* Ling et Tai。

3. 主要类群　真菌的主要类群如表 2-3 所示。

表 2-3　真菌 5 个亚门的主要特征

名称	营养体	无性繁殖体	有性繁殖体
鞭毛菌亚门	无隔菌丝或单细胞	游动孢子	卵孢子
接合菌亚门	无隔菌丝	孢囊孢子	接合孢子
子囊菌亚门	有隔菌丝或单细胞	分生孢子	子囊孢子
担子菌亚门	有隔菌丝	少有分生孢子	担孢子
半知菌亚门	有隔菌丝	分生孢子	无

（1）鞭毛菌亚门。本亚门真菌的特征是水生或潮湿利于其生长发育，其营养体多为无隔菌丝体，少数是单细胞，无性繁殖产生游动孢子，有性生殖产生卵孢子。其中腐霉属、疫霉属、霜霉属、白锈属等与园艺植物病害关系密切（表 2-4、图 2-27 至图 2-31）。

表 2-4　鞭毛菌亚门常见园艺植物病害病原及其所致病害的特点

属名	病原形态特点	所致病害特点	代表病害
腐霉属	孢囊梗菌丝状，孢子囊球状或姜瓣状，成熟后一般不脱落，萌发时产生泡囊	根腐、猝倒、腐烂	瓜果腐霉
疫霉属	孢囊梗分化不显著至显著，孢子囊球形、卵形或梨形，成熟后脱落，萌发时产生游动孢子或直接产生芽管		柑橘脚腐病、黄瓜疫病、芍药疫病

(续)

属名	病原形态特点	所致病害特点	代表病害
霜霉属	孢囊梗顶部对称二叉状锐角分支，末端尖细	病部产生白色或灰黑色霜霉状物	十字花科蔬菜、葱和菠菜霜霉病
假霜霉属	孢囊梗主干单轴分支，以后又作2～3回不对称二叉状锐角分支，末端尖细		黄瓜霜霉病
单轴霉属	孢囊梗单轴分支，分支呈直角，末端平钝		葡萄霜霉病
白锈属	孢囊梗不分支，短棍棒状，密集在寄主表皮下呈栅栏状，孢囊梗顶端串生孢子囊	白色疱状突起，表皮破裂散出白色锈粉	十字花科蔬菜白锈病

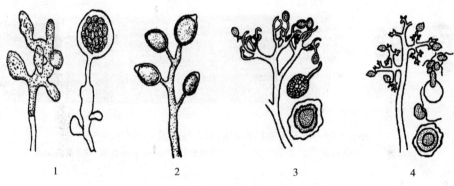

图2-27 鞭毛菌亚门主要属的形态特征
1. 腐霉属　2. 疫霉属　3. 霜霉属　4. 单轴霉属

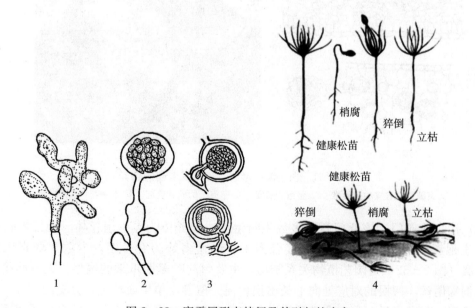

图2-28 腐霉属形态特征及其引起的病害
1. 孢子囊　2. 孢子囊萌发形成泡囊孢子　3. 卵孢子　4. 苗床上的松苗发病状

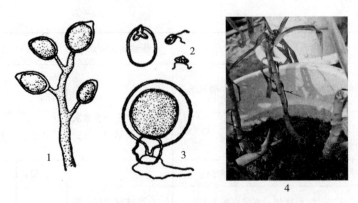

图 2-29 疫霉属形态特征及其引起的病害
1. 孢囊梗及孢子囊 2. 游动孢子 3. 卵孢子 4. 百合疫病

图 2-30 鞭毛菌亚门代表属形态特征及其引起的病害
1. 霜霉属 2. 假霜霉属 3. 单轴霉属 4. 白菜霜霉病 5. 黄瓜霜霉病 6. 葡萄霜霉病

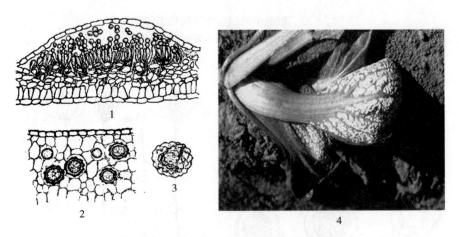

图 2-31 白锈菌属形态特征及其引起的病害
1. 突破寄主表皮的孢囊堆 2. 卵孢子萌发 3. 卵孢子的瘤状突起 4. 十字花科蔬菜白锈病

(2) 接合菌亚门。该亚门真菌多数为陆生型，营养体为无隔菌丝体。无性繁殖在孢子囊内产生孢囊孢子，有性生殖产生接合孢子。绝大多数为腐生菌，少数为弱寄生菌。其中根霉属（图 2-32）与园艺植物关系密切，主要引起贮藏期瓜果的腐烂。无隔菌丝分化出假根和匍匐菌丝，假根的对应处向上长出孢囊梗。孢囊梗单生或丛生，分支或不分支，顶端着生孢子囊。孢子囊呈球形，成熟后囊壁消解或破裂，散出孢囊孢子。接合孢子表面有瘤状突起。

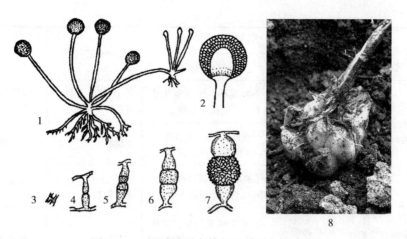

图 2-32 根霉属形态特征及其引起的病害
1. 假根 2. 孢子囊 3. 原配子囊 4、5. 配囊柄及原配子囊 6、7. 接合孢子 8. 百合鳞茎根霉软腐病

（3）子囊菌亚门。全世界发现 32 000 种，占真菌的 1/3，全部陆生，寄生，形态千差万别。除酵母菌为单细胞外，其他子囊菌的营养体都是分支繁茂的有隔菌丝体。无性繁殖产生分生孢子，产生分生孢子的子实体有分生孢子器、分生孢子盘、分生孢子束等；有性生殖产生子囊和子囊孢子，大多数子囊产生在子囊果内，少数是裸生的。常见的子囊果有子囊壳、闭囊壳、子囊腔和子囊盘。子囊菌主要依据子囊果的特征进行分类（表 2-5、图 2-33 至图 2-41）。

表 2-5 子囊菌亚门常见园艺植物病害病原及其所致病害的特点

目		属		所致病害特点	代表病害
名称	形态特点	名称	形态特点		
外囊菌目	子囊以柄细胞方式形成	外囊菌属	子囊平行排列在寄主表面，呈栅栏状	皱缩、丛枝、肥肿	桃缩叶病、李囊果病
白粉菌目	子囊果是闭囊壳。菌丝体外生，以吸器深入寄主组织中	白粉菌属	闭囊壳内含多个子囊，附属丝菌丝状，不分支	病部表面通常有一层明显的白色粉状物，后期可出现许多黑色的小颗粒	萝卜、菜豆、瓜类白粉病
		单丝壳属	闭囊壳内含1个子囊，附属丝菌丝状，不分支		瓜类、豆类、蔷薇白粉病
		叉丝单囊壳属	闭囊壳内含1个子囊，附属丝二叉状分支		苹果、山楂白粉病
球壳目	子囊果是子囊壳	小丛壳属	子囊壳小，壁薄，多埋生于子座内	病斑、腐烂、小黑点	瓜类、番茄、苹果炭疽病
		黑腐皮壳属	子囊壳具长颈，成群埋生于寄主组织中的子座基部	树皮腐烂、小黑点	苹果树、梨树腐烂病
多腔菌目	每个子囊腔内含有1个子囊	痂囊腔菌属	子囊座生在寄主组织内，子囊孢子具有3个横隔膜	增生、木栓化，病斑表面粗糙或突起	葡萄黑痘病、柑橘疮痂病

(续)

目		属		所致病害特点	代表病害
名称	形态特点	名称	形态特点		
座囊菌目	每个子囊腔内含有多个子囊,子囊间无拟侧丝	球座菌属	子囊座小,生于寄主表皮下,子囊孢子单胞	腐烂、干枯、斑点	葡萄黑腐病、葡萄房枯病
		球腔菌属	子囊座散生在寄主组织内,子囊孢子有隔膜	裂蔓	瓜类蔓枯病
格孢腔菌目	每个子囊腔内含有多个子囊,子囊间有拟侧丝	黑星菌属	子囊座孔口周围有黑色、多隔刚毛,子囊孢子双胞	黑色霉层、疮痂、龟裂	苹果、梨黑星病
		格孢腔菌属	子囊座球或瓶形,光滑无刚毛。子囊孢子卵圆形,多胞,砖格状	病斑	葱类叶枯病
柔膜菌目	子囊盘不在子座内发育,子座多生在植物表面,子实层成熟前即外露,子囊顶端不加厚	核盘菌属	子囊盘盘状或杯状,由菌核产生	腐烂	十字花科蔬菜菌核病
		链核盘菌属	子囊盘盘状或杯状,由假菌核产生	腐烂	苹果、梨、桃褐腐病

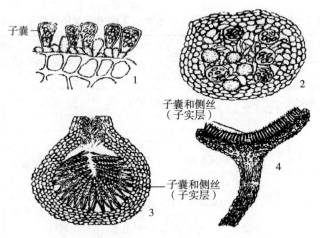

图 2-33 子囊果类型
1. 裸露的子囊果 2. 闭囊壳 3. 子囊壳 4. 子囊盘

 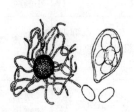  

1　　　　　　2　　　　　　3　　　　　　4

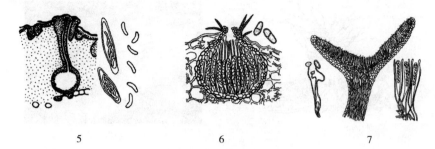

图2-34 子囊菌亚门主要属的形态特征
1. 外囊菌属 2. 白粉菌属 3. 单丝壳属 4. 叉丝单囊壳属
5. 黑腐皮壳属 6. 黑星菌属 7. 核盘菌属

图2-35 白粉菌目代表属形态特征及其引起的病害
1. 叉丝壳属 2. 球针壳属 3. 白粉菌属 4. 钩丝壳属
5. 单丝壳属 6. 叉丝单囊壳属 7. 紫薇白粉病

图2-36 小煤炱属形态特征及其引起的病害
1. 产生在菌丝体上的闭囊壳 2. 子囊孢子 3. 紫薇煤污病

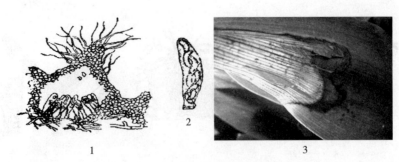

图 2-37 小丛壳属形态特征及其引起的病害
1. 子囊壳 2. 子囊及子囊孢子 3. 一叶兰炭疽病

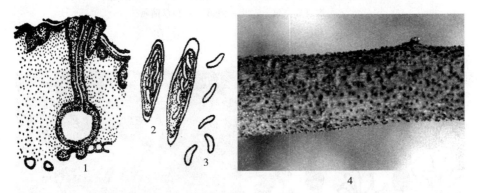

图 2-38 黑腐皮壳属形态特征及其引起的病害
1. 子囊壳着生于子座组织内 2. 子囊 3. 子囊孢子 4. 杨树腐烂病

图 2-39 黑星菌属形态特征及其引起的病害
1. 子囊壳、子囊及子囊孢子 2. 梨黑星病

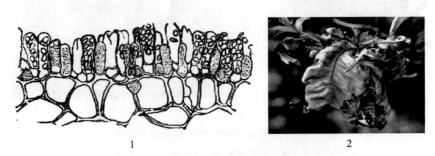

图 2-40 外囊菌属形态特征及其引起的病害
1. 子囊及子囊孢子 2. 桃缩叶病

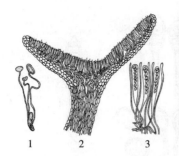

图 2-41 核盘菌属形态特征及其引起的病害
1. 菌核萌发形成子囊盘 2. 子囊盘 3. 子囊、侧丝及子囊孢子 4. 菊花菌核病

（4）担子菌亚门。营养体为发达的有隔菌丝体。无性繁殖一般不发达，有性生殖产生担子和担孢子。高等担子菌产生担子果，担子散生或聚生在担子果上，如蘑菇。担子上着生4个担孢子。低等的担子菌不产生担子果，如黑粉菌，担子从冬孢子萌发产生，不形成子实层，冬孢子散生或成堆着生在寄主组织内。根据上述特征对担子菌亚门进行分类（表2-6、图2-42至图2-47）。

表 2-6 担子菌亚门常见园艺植物病害病原及其所致病害的特点

纲		目		属		所致病害特点	代表病害
名称	形态特点	名称	形态特点	名称	形态特点		
冬孢菌纲	无担子果，在寄主上形成分散或成堆的冬孢子，担子自冬孢子上产生	锈菌目	冬孢子由次生菌丝顶端细胞形成，以横隔膜分成4个细胞，每个细胞产生1个担孢子，担孢子从小梗上长出	胶锈菌属	冬孢子双胞，浅黄至暗褐色，冬孢子柄无色，遇水膨胀胶化	病部产生铁锈状物	梨锈病
				柄锈菌属	冬孢子有柄，双胞，深褐色，单主或转主寄生		葱、美人蕉锈病
				单胞锈菌属	冬孢子有柄，单胞，顶端较厚		菜豆、蚕豆锈病
				多胞锈菌属	冬孢子3胞至多胞，表面光滑或有瘤状突起，柄基部膨大		玫瑰、月季锈病
冬孢菌纲	无担子果，担子从冬孢子上产生，不形成子实层，冬孢子成堆或散生于寄主组织内	黑粉菌目	冬孢子由次生菌丝间细胞形成，有或无隔膜，担孢子侧或顶生，数目不定，无小梗	黑粉菌属	冬孢子单生，冬孢子堆周围无膜包围，冬孢子萌发时产生有隔膜的担子，侧生担孢子	病部产生黑色粉状物	茭白黑粉病
				条粉菌属	冬孢子堆成熟时露出，冬孢子结合成球，外有不孕细胞层		葱类黑粉病
层菌纲	有担子果，为裸果型或半被果型，不产生冬孢子	木耳目	担子圆柱形，有隔膜	卷担菌属	担子自螺旋状菌丝顶端长出，往往卷曲	病部产生紫色绒状菌丝层	苹果、梨和桑等紫纹羽病

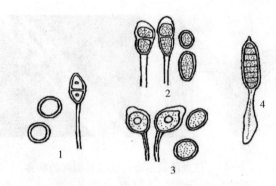

图2-42 担子菌亚门主要属的形态特征
1. 胶锈菌属 2. 柄锈菌属 3. 单胞锈菌属 4. 多胞锈菌属

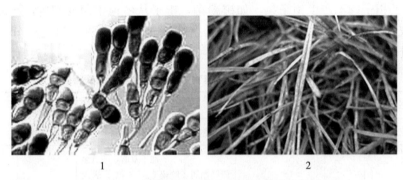

图2-43 柄锈菌属形态特征及其引起的病害
1. 冬孢子 2. 草坪锈病

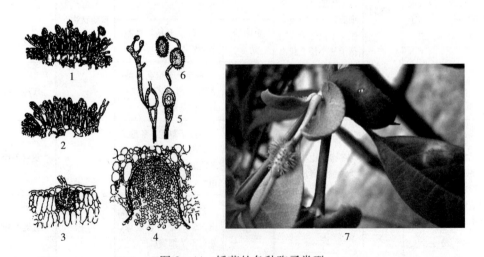

图2-44 锈菌的各种孢子类型
1. 夏孢子堆和夏孢子 2. 冬孢子堆和冬孢子 3. 性孢子器和性孢子 4. 锈孢子腔和锈孢子
5. 冬孢子及其萌发 6. 夏孢子及其萌发 7. 木瓜海棠锈病

图2-45　多胞锈菌属形态特征及其引起的病害
1. 冬孢子　2、3. 玫瑰锈病

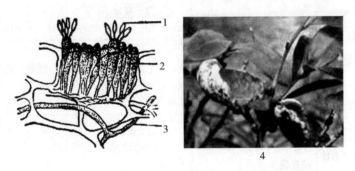

图2-46　外担子菌属形态特征及其引起的病害
1. 担孢子　2. 担子　3. 菌丝　4. 杜鹃花饼病

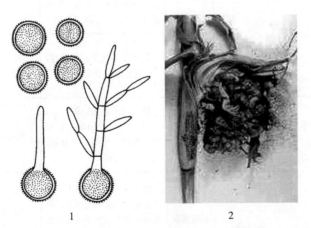

图2-47　黑粉菌属形态特征及其引起的病害
1. 冬孢子及萌发的担子、担孢子　2. 玉米黑粉病

（5）半知菌亚门。营养体多为分支繁茂的有隔菌丝体，无性繁殖产生各种类型的分生孢子，多数种类有性阶段尚未发现。发现有性阶段的多数为子囊菌，少数为担子菌。其着生分生孢子的结构类型多样。有些种类分生孢子梗散生或呈束状，或着生在分生孢子座上；有些

种类形成孢子果，分生孢子梗和分生孢子着生在近球形、具孔口的分生孢子器中或盘状的分生孢子盘上。半知菌亚门常见的园艺植物病害的病原及其所致病害的特点如下（表2-7、图2-48至图2-54）。

表2-7 半知菌亚门常见园艺植物病害病原及其所致病害的特点

纲		目		属		所致病害特点	代表病害
名称	形态特点	名称	形态特点	名称	形态特点		
丝孢纲	分生孢子不产生在分生孢子盘或分生孢子器内	无孢目	不产生分生孢子	丝核菌属	产生菌核，菌核间有丝状体相连。菌丝多为近直角分支，分支处有缢缩	根茎腐烂、立枯	多种园艺植物立枯病
				小菌核属	产生菌核，菌核间无丝状体相连	茎基和根部腐烂、猝倒	多种园艺植物白绢病
		丝孢目	分生孢子产生在分生孢子梗上或直接生于菌丝上	粉孢属	分生孢子梗短小，不分支，分生孢子单胞，串生	寄主体表形成白色粉状物	多种园艺植物白粉病
				青霉属	分生孢子梗顶端帚状分支，分支顶端形成瓶状小梗，其上串生分生孢子，分生孢子单胞	腐烂、霉状物	柑橘绿霉病、青霉病
				轮枝孢属	分生孢子梗直立，分支，轮生、对生或互生，分生孢子单胞	黄萎、枯死，维管束变色	茄子黄萎病
				尾孢属	分生孢子梗黑褐色，丛生，不分支，有时呈屈膝状。分生孢子呈线形、鞭形或蠕虫形，分生孢子多胞	病斑	樱花褐斑穿孔病、紫荆角斑病
				黑星孢属	分生孢子梗短，暗褐色，有明显孢痕，分生孢子双胞	叶斑、溃疡、霉状物	苹果、梨黑星病
		瘤座菌目	分生孢子坐垫状	镰孢属	分生孢子多胞，镰刀形，一般有2~5个分隔。有时形成小型分生孢子，单胞，无色，椭圆形	萎蔫、腐烂	西瓜、番茄、香石竹和大丽菊枯萎病
腔孢纲	分生孢子产生在分生孢子盘或分生孢子器内	黑盘孢目	分生孢子产生在分生孢子盘上	炭疽菌属	分生孢子盘生于寄主表皮下，有时生有褐色刚毛。分生孢子梗无色至褐色，分生孢子无色，单胞，长椭圆形或弯月形	病斑、腐烂、小黑点	多种园艺植物炭疽病
				盘二孢属	分生孢子无色，双胞。分隔处缢缩，上胞较大而圆，下胞较小而尖	叶斑	苹果褐斑病

(续)

纲		目		属		所致病害特点	代表病害
名称	形态特点	名称	形态特点	名称	形态特点		
腔孢纲	分生孢子产生在分生孢子盘或分生孢子器内	球壳孢目	分生孢子产生在分生孢子器内	叶点霉属	分生孢子器埋生，有孔口。分生孢子梗短，分生孢子小，单胞，无色，近卵圆形	病斑	苹果、凤仙花斑点病
				茎点霉属	分生孢子器埋生或半埋生，分生孢子梗短，分生孢子小，卵形，无色，单胞	叶斑、茎枯、根腐	柑橘黑斑病、甘蓝黑胫病
				大茎点霉属	形态与茎点霉属相似，但分生孢子较大	叶斑、枝干溃疡、果腐	苹果、梨轮纹病
				壳针孢属	分生孢子无色，线形，多隔膜	病斑	芹菜斑枯病

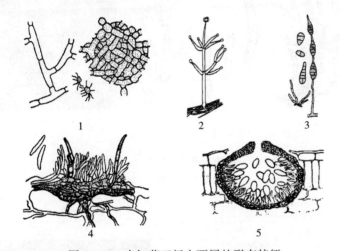

图2-48 半知菌亚门主要属的形态特征
1. 丝核菌属 2. 轮枝孢属 3. 链格孢属 4. 炭疽菌属 5. 大茎点霉属

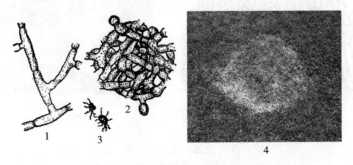

图2-49 丝核菌属形态特征及其引起的病害
1. 菌丝 2. 菌丝纠结形成的菌组织 3. 菌核 4. 草坪褐斑病

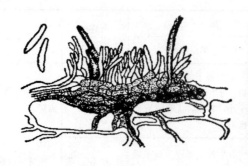 

　　　　　1　　　　　　　　　　　　　　2

图2-50　炭疽菌属形态特征及其引起的病害
1. 分生孢子盘及分生孢子　2. 兰花炭疽病

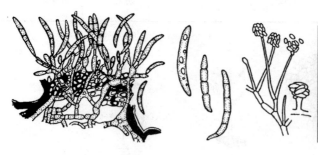 

　　　　　1　　　　　　　　　　　　　　2

图2-51　镰孢霉属形态特征及其引起的病害
1. 分生孢子梗和大型分生孢子、小型分生孢子　2. 水仙鳞茎腐烂病

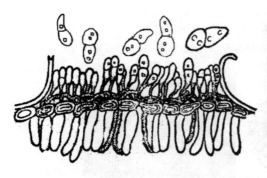 

　　　　　1　　　　　　　　　　　　　　2

图2-52　盘二孢属形态特征及其引起的病害
1. 分生孢子盘及分生孢子　2. 月季黑斑病

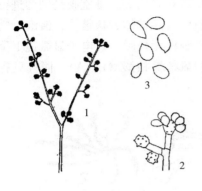

图2-53 葡萄孢属形态特征及其引起的病害
1. 分生孢子梗和分生孢子　2. 分生孢子梗上端膨大的顶部　3. 分生孢子　4. 非洲菊灰霉病

图2-54 叶点霉属形态特征及其引起的病害
1. 病斑　2. 分生孢子器　3. 分生孢子梗和分生孢子　4. 桂花枯斑病

任务三　园艺植物其他病原物类群

一、原核生物细菌

原核生物是指含有原核结构的微生物，一般是指由细胞壁和细胞膜或只有细胞膜包围细胞质所组成的单细胞生物，包括细菌、放线菌以及无细胞壁的植原体等。原核生物无真正的细胞核，无核膜包围，核质分散在细胞质中，形成椭圆形或近圆形的核质区。

细菌病害的数量和危害性仅次于真菌和病毒，是引起植物病害最多的一类植物病原原核生物。植物细菌病害分布很广，目前已知的植物病害细菌有300多种，我国发现的有70种以上。细菌病害主要见于被子植物，裸子植物上很少发现。

（一）细菌一般性状

1. 细菌的形态结构　细菌属于原核生物界，是单细胞的微小生物。一般细菌的形态为球状、杆状和螺旋状（图2-55）。植物病原细菌大多是杆状菌，两端略圆或尖细，一般宽$0.5\sim0.8\mu m$、长$1\sim3\mu m$。细菌的结构较简单，外层有具有一定韧性和强度的细胞壁。细胞壁外常围绕一层黏液状物质，其厚薄不等，比较厚而固定的黏质层称为荚膜。细胞壁内是半透明的细胞膜,它的主要成分是水、蛋白质、类脂质和多糖等。细胞膜是细菌进行能量代谢的场所。细胞膜内充满呈胶质状的细胞质。细胞质中有颗粒体、核糖体、液泡、气泡等内含物,但无高尔基体、线粒体、叶绿体等。细菌的细胞核无核膜,在电子显微镜下呈球状、卵状、哑铃状或带状的透明区域。它的主要成分是脱氧核糖核酸(DNA),而且只有一个染色体组(图2-56)。

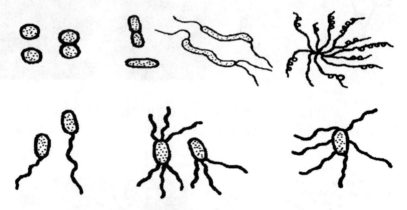

图2-55 细菌形态及鞭毛着生方式

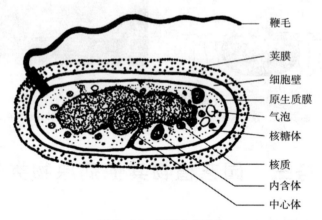

图2-56 细菌内部结构

绝大多数植物病原细菌不产生芽孢,但有一些细菌可以生成芽孢。芽孢对光、热、干燥及其他因素有很强的抵抗力。通常煮沸消毒不能杀死全部芽孢,必须采用高温、高压处理或间歇灭菌法才能杀灭。大多数植物病原细菌都能游动,其体外生有丝状的鞭毛。鞭毛数通常为3～7根,多数着生在菌体的一端或两端,称极毛;少数着生在菌体四周,称周毛(图2-55)。细菌鞭毛的有无、着生位置和数目是细菌分类的重要依据。

2. 细菌的繁殖方式　细菌的繁殖方式一般是裂殖,即细菌生长到一定限度时,细胞壁自菌体中部向内凹入,胞内物质重新分配为两部分,最后菌体从中间断裂,把原来的母细胞分裂成两个形式相似的子细胞。细菌突出的特点是繁殖速度极快,一般1h分裂1次,在适宜的环境条件下,有的每20～30min即可裂殖1次。

3. 细菌的生理特性　植物病原细菌都是非专性寄生菌,都能在培养基上生长繁殖。在固体培养基上可形成各种不同形状和颜色的菌落,通常以白色和黄色的圆形菌落居多,也有褐色和形状不规则的。菌落的颜色和细菌产生的色素有关。细菌的色素若限于细胞内，则只有菌落有颜色；若分泌到细胞外，则培养基也变色。假单胞杆菌属的植物病原细菌有的可产生荧光性色素并分泌到培养基中。青枯病细菌在培养基上可产生大量褐色色素。

植物病原细菌可以在普通培养基上培养，生长的最适温度为26～30℃，温度过高或过低都会使细菌生长发育受到抑制。细菌能耐低温，对高温比较敏感，通常在48～53℃下处理10min，多数细菌就会死亡。植物病原细菌绝大多数为好气性，少数为兼性厌气性。一般在中性偏碱的环境中生长良好。

革兰氏染色反应是细菌的重要属性，也是细菌分类的一个重要性状。细菌用结晶紫染色后，再用碘液处理，然后用酒精或丙酮冲洗，洗后不褪色的是阳性反应，洗后褪色的是阴性反应。植物病原细菌革兰氏染色反应多为阴性，少数为阳性。革兰氏染色能反映出细菌本质的差异，阳性反应的细胞壁较厚，为单层结构；阴性反应的细胞壁较薄，为双层结构。

（二）识别细菌主要类群

细菌个体很小，构造简单。细菌分类主要以下列几个方面的性状为依据：①形态上的特征；②营养型及生活方式；③培养特性；④生理生化特性；⑤致病性；⑥症状特点；⑦抗原构造；⑧对噬菌体的敏感性；⑨遗传学特性。细菌分类的意见颇不一致，过去曾有许多种分类系统。现在较普遍采用的是伯节氏（Bergey）在1974年《伯节氏细菌鉴定手册》第八版中提出的分类系统。植物病原细菌分属于土壤杆菌属（*Agrobacterium*）、黄单胞菌属（*Xanthomonas*）、假单胞菌属（*Pseudomonas*）、欧文氏菌属（*Erwinia*）、布鲁氏菌属（*Brucella*）和棒状杆菌属（*Corynebacterium*）等（表2-8）。

表2-8 常见园艺植物病原细菌及其所致病害的特点

门		属			致病特点	代表病害
名称	特征	名称	鞭毛	菌落特征		
薄壁菌门	有细胞壁，较薄，革兰氏染色反应阴性	土壤杆菌属	周生或侧生1～6根鞭毛	圆形，隆起，光滑，灰白至白色	肿瘤、畸形	桃、苹果、月季根癌病
		欧文氏菌属	周生多根鞭毛	圆形，隆起，灰白色	腐烂、萎蔫、叶斑、溃疡	白菜软腐病、梨火疫病
		假单胞菌属	极生1～4根或多根鞭毛	圆形，隆起，灰白色，多数有荧光反应	叶斑、腐烂和萎蔫	黄瓜细菌性角斑病、桑疫病
		黄单胞菌属	极生单根鞭毛	隆起，黏稠，蜜黄色，产生非水溶性色素	叶斑、叶枯	甘蓝黑腐病、柑橘溃疡病、桃细菌性穿孔病
		布鲁氏菌属	极生2～4根鞭毛	光滑，湿润而隆起或粗糙，干燥而低平	萎蔫，维管束变褐	茄科植物青枯病
厚壁菌门	有细胞壁，较厚，革兰氏染色反应阳性	棒状杆菌属	无	圆形，光滑，隆起，多为灰白色	萎蔫，维管束变褐	马铃薯环腐病

二、园艺植物病原病毒

植物病毒是仅次于真菌的重要病原物,目前已命名的植物病毒达1 000多种。病毒是一类结构简单、非细胞形态、具有传染性的专性寄生物,病毒粒体很小,主要由核酸和蛋白质组成,又称为分子寄生物。其核酸基因的质量小于3×10^8道尔顿,需要有寄主细胞的核糖体和其他成分才能复制增殖。寄生植物的称为植物病毒,寄生动物的称为动物病毒,寄生细菌的称为噬菌体。

(一)植物病毒的一般性状

1. 植物病毒的形态结构　形态完整的病毒称为病毒粒体。病毒比细菌更加微小,只有在电子显微镜下才能观察到病毒粒体,其形态可分为3类:棒状,有硬棒状和软棒状(或称纤维状、线状)两类,软棒状一般长450~1 250nm,个别长2 000nm,宽10~13nm,硬棒状长130~300nm,宽15~20nm;球状,粒体常呈几面体,直径一般在16~80nm;弹状(或称杆状),一般呈子弹状,一端钝圆一端平截或两端钝圆,长50~240nm,为宽的3倍(图2-57)。不同类型的病毒粒体大小差异很大。

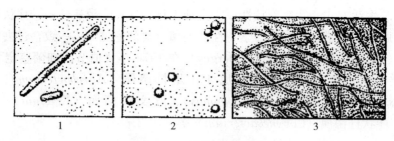

图2-57　植物病毒形态
1. 弹状　2. 球状　3. 棒状

2. 植物病毒的结构和成分　植物的病毒粒体由核酸和蛋白质两大部分组成,主要成分是核酸和蛋白质,蛋白质在外,形成衣壳,核酸在内,形成轴心(图2-58)。此外,还含有水分、矿物质元素等。植物病毒外部的蛋白质衣壳具有保护核酸免受核酸酶或紫外线破坏的作用。

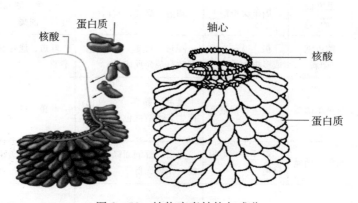

图2-58　植物病毒结构与成分

绝大部分植物病毒的核酸是核糖核酸(RNA),个别种类是脱氧核糖核酸(DNA)。

RNA 为单链，少数是双链的。核酸携带着病毒的遗传信息，使病毒具有传染性。

各种病毒的结构是不同的。一般棒状病毒的粒体是空心的，其外壳由蛋白质亚基呈螺旋形对称排列，中间是核酸链。球状病毒的粒体中心也是空的，外壳由 60 个或 60 个倍数的蛋白质亚基组成，蛋白质亚基镶嵌在粒体表面。弹状病毒粒体的结构更复杂，具有较粒体短而细的管状中髓；蛋白质亚基也组成螺旋形衣壳，在衣壳外有一层凸起的外膜，外膜是由脂蛋白的亚基组成，外膜的成分为糖蛋白；核酸链与蛋白质的结合与棒状病毒相似。

3. 病毒的寄生性与致病性 病毒是一种专性寄生物，它的粒体只能存在于活的细胞中。病毒的寄生性和寄生专化性不完全符合，一般对寄主选择性不严格，因此它的寄主范围很广。如烟草花叶病毒能侵染 36 科的 236 种植物。不少植物感染某种病毒后不表现症状，其生长发育和产量不受显著影响，这表明有的病毒在寄主上只具有寄生性而不具有致病性，这种现象称为带毒现象，被寄生的植物称为带毒体。

4. 植物病毒的理化特性 病毒作为活体寄生物，在其离开寄主细胞后会逐渐丧失侵染性。不同种类的病毒对各种物理化学因素的反应有差异。

（1）钝化温度（失毒温度）。含有病毒的植物汁液在不同温度下处理 10min 后，使病毒失去致病力的最低温度称为钝化温度，也称为致死温度。病毒对温度的抵抗力比其他微生物高，也相当稳定。不同病毒具有不同的致死温度。大多数植物病毒的钝化温度为 55～60℃，烟草花叶病毒的钝化温度为 90～93℃。

（2）稀释限点（稀释终点）。把含有病毒的植物汁液加水稀释，使病毒保持侵染力的最大稀释限度称为稀释限点。病毒的稀释限点与病毒汁液浓度有关，浓度越高，稀释限点越大，而病毒的浓度往往受栽培条件、寄主植物状况的影响。因此，同一病毒的稀释限点不一定相同，稀释限点只能作为鉴定病毒的参考指标。各种病毒的稀释限点差别很大，如菜豆普通花叶病毒的稀释限点为 10^{-3}，烟草花叶病毒的稀释限点为 10^{-6}。

（3）体外存活期（体外保毒期）。病毒汁液离体后，在室温（20～22℃）条件下，含有病毒的植物汁液保持侵染力的最长时间称为体外存活期。不同植物病毒在体外保持致病力的时间长短不一，大多数病毒的体外存活期为数天至数月，有的只有几个小时或几天，有的可长达一年以上。

（4）对化学物质的反应。病毒对一般杀菌剂如氯化汞、酒精、甲醛、硫酸铜等有较强的抗性，但肥皂等除垢剂可使病毒的核酸和蛋白质分离而钝化，而使许多病毒失去毒力，因此常把除垢剂作为病毒的消毒剂。

5. 植物病毒的变异 植物病毒发生变异的现象是普遍的，发生变异的原因很多，有自然发生的，也有人工诱发的。最常见的是病毒通过不同的寄主时，使种内的某些更适应的粒体分别得到增殖而形成若干变株。其次，化学和物理因素也能诱发病毒变异，如电离辐射、X 射线、γ 射线以及高温、亚硝酸、羟胺等处理，均可诱发突变，引起变异，特别是亚硝酸处理的作用最明显，其中少数病毒粒体能生存下来，成为不同于原病毒的新株系。再次，病毒在复制、增殖过程中也会发生遗传变异。病毒经过生物、化学和物理等因素的作用形成新株系后，不同的变株可能引起植物表现不同的症状。不同株系或变株之间在传毒介体、抗原特异性、蛋白质衣壳中氨基酸的成分、传播特性、致病力、寄主范围和致病症状的严重程度等方面存在差异，有的甚至粒体形状也不一样。因此，病毒的变异使鉴定、选育抗病品种及防治变得相当复杂。

6. 植物病毒的复制增殖 植物病毒是一种非细胞状态的分子寄生物，缺少生活细胞所具备的细胞器，不能像真菌那样具有复杂的繁殖器官，也不能像细菌那样以裂殖方式进行繁殖。绝大多数植物病毒都缺乏独立的酶系统，不能合成自身繁殖所必需的原料和能量，因此，病毒只能在活细胞内利用寄主的合成系统、营养物质和能量，并利用寄主的部分酶和膜系统，分别合成核酸和蛋白质，再装配成子代病毒粒体，这种特殊的繁殖方式称为复制增殖。

病毒侵入寄主细胞后，在其核酸（基因组）的控制下，在寄主细胞里分别形成其子代的核酸与蛋白质外壳等成分，然后在寄主细胞内装配成病毒粒体，最后以各种方式释放到细胞外，再感染其他细胞。通常病毒的增殖过程也是病毒的致病过程。

7. 植物病毒的命名 目前植物病毒较通用的命名法是英文俗名法，这种命名法是以最先发现的病毒所侵染的寄主植物加上症状来命名的。俗名法的缺点是病毒名和病害名两者合一，随着同种病毒在不同寄主上的发现，往往造成一些理解上的困难。

（二）园艺植物病毒主要类群

为害园艺植物的重要病毒及其所致病害特点见表 2-9。

表 2-9 为害园艺植物重要的病毒及其所致病害特点

属名	种名	形态大小	钝化温度、稀释限点、体外存活期	侵染来源	传播方式	所致病害特点	寄主范围
烟草花叶病毒属	烟草花叶病毒（TMV）	杆状，18～300nm	93℃左右 10^{-7}～10^{-4} 几个月以上	病株残体、野生寄主植物、栽培植物	汁液接触、花粉、种苗	发育缓慢、畸形、明脉、花叶	烟草、番茄、辣椒、马铃薯及兰花等
黄瓜花叶病毒属	黄瓜花叶病毒（CMV）	球状，直径28nm	50～70℃ 10^{-6}～10^{-3} 1～10d	多年生杂草、花卉和其他栽培植物	蚜虫、汁液接触、少数通过土壤	斑驳、花叶、皱缩、畸形、矮化、坏死	67科470多种植物
马铃薯Y病毒属	马铃薯Y病毒（PVY）	线状，(11～15) nm×750nm	50～65℃ 10^{-6}～10^{-2} 2～4d	茄科植物、杂草	蚜虫、种子、无性繁殖材料	花叶、皱缩、坏死条斑、明脉、斑驳	茄科、藜科和豆科60多种植物
线虫传多面体病毒属	烟草环斑病毒（TRSV）	球状，直径28nm	50～65℃ 10^{-4} 6～10d	多年生寄主植物	线虫、蚜虫、叶蝉、蓟马	环斑、褪绿或坏死斑	多科320多种植物

（三）植物病毒的传播和侵染

植物病毒是严格的细胞内专性寄生物，既不能主动离开寄主植物活细胞，也不能主动侵入寄主细胞或从植物的自然孔口侵入，因此植物病毒只能依靠介体或非介体传播，从传毒介体或机械所造成的、不足以使细胞死亡的微伤口侵入。植物病毒的传播和侵染可分为下列几种类型。

1. 昆虫和螨类介体传播 大部分植物病毒是通过昆虫传播的，主要是刺吸式口器的昆虫，如蚜虫、叶蝉等。少数咀嚼式口器的昆虫，如甲虫、蝗虫等也可传播病毒，有些螨类也是病毒的传播媒介。

2. 线虫和真菌传播　线虫和真菌传播过去称土壤传播，现已明确除了烟草花叶病毒可在土壤中存活较久外，土壤本身并不传毒，主要是土壤中的某些线虫或真菌传播病毒。

3. 种子和其他繁殖材料传播　大多数植物病毒是不通过种子传播的，只有豆科、葫芦科和菊科等植物上的某些病毒可以通过种子传播。有些植物种子是由于带有病株残体或病毒颗粒而传毒。感染病毒的块茎、球茎、鳞茎、块根、插条、砧木和接穗等无性繁殖材料都可以传播病毒。极少数植物病毒可通过病株花粉的授粉过程将病毒传播给健株。

4. 嫁接传播　所有植物病毒凡是寄主可以进行嫁接的均可通过嫁接传播。

5. 汁液传播（机械传播）　汁液传播是病株的汁液通过机械造成的微伤口进入健株体内的传播方式。人工移苗、整枝、修剪、打杈等农事操作过程中，手和工具沾染了病毒汁液可以传播病毒；大风使健株与邻近病株相互摩擦，造成微小伤口，病毒随着汁液进入健株都属于这种传播方式。

田间很多植物病毒病的发生和危害程度常与某些昆虫有密切的关系。这是因为病毒粒体不能长期暴露于寄主体外，又无任何主动传播能力，这就决定了病毒的传播和侵入必须具备被动接触与形成微伤条件才能完成。因此，植物病毒的传播和侵入一般需借助于其他生物，其中最主要的是昆虫。昆虫作为传毒介体是一个突出又复杂的问题。

传毒昆虫的种类以刺吸式口器昆虫如蚜虫、叶蝉、飞虱等为主，这可能与病毒要求微伤侵入有关；但有些咀嚼式口器昆虫也有传毒作用。昆虫传播植物病毒常具有一定的专化性，即不同的病毒需要不同的昆虫进行传播，而不同昆虫的传毒能力也有差异。一般蚜虫主要传播花叶型病毒；叶蝉、飞虱等昆虫传播的病毒多为黄化型。专化性强的病毒常常仅靠少数几种介体传播，如小麦丛矮病毒的主要传毒介体是灰飞虱。值得注意的是，传毒昆虫不一定就是为害作物的主要害虫；昆虫传播病毒时，常根据病毒与传毒介体的关系将病毒区分为非持久性、半持久性和持久性等3种类型。

（1）非持久性病毒。指传毒昆虫在病株上吸食几分钟后，病毒粒体即可附着于口针上，使昆虫立即获得传毒能力。但经数分钟或数小时将口针里的病毒排完后，就失去了传毒作用，故也称为口针型病毒。这类病毒专化性不强，如一些花叶型病毒。

（2）半持久性病毒。指传毒介体在病株上吸食较长时间而获毒之后不能马上传播病毒，所吸病毒需经几小时至几天的循回期，等病毒通过介体中肠和血液、淋巴再到唾腺时，才能开始传毒。这类病毒经昆虫一次吸食能传播较长时间，因而又称为循回型病毒。但病毒不能在昆虫体内增殖，一旦病毒被排完后也不再起传毒作用。循回型病毒的昆虫介体比较专化，多数引起黄化型或卷叶型症状，如甜菜黄化病毒。

（3）持久性病毒。病毒不仅在介体内有转移过程，而且能增殖。传毒昆虫在病株上一次饲毒后，多数可以终身传毒，有的还能经卵传递。因其能在介体内增殖，又称为增殖型病毒。持久性病毒多由叶蝉、飞虱传播，引起黄化、矮缩和其他畸形症状。如黑尾叶蝉传播的水稻黄矮病毒。

三、园艺植物其他病原物

（一）类病毒

类病毒是比病毒还小的粒体，外部没有蛋白衣壳，只含核糖核酸的粒片。但它们和病毒一样，同样能有效地侵染生物细胞而成为病原生物。当前，类病毒通常被认为是比病毒更为低级的寄生物。类病毒所致病害主要有马铃薯纺锤形块茎病、柑橘裂皮病、菊花矮缩病等。

（二）植原体

1. 主要性状 植原体是一类有细胞生物，属于原核生物。其形态结构介于细菌与病毒之间，体积小于细菌，没有细胞壁，但有一个分为3层的柔软单位膜。植原体的形态多变，大小不一，常见的有圆形、椭圆形、不规则形或螺旋形等，有的形态发生变异如蘑菇状或马蹄形。主要通过二均分裂、出芽生殖和形成许多小体后再释放出来等3种形式进行繁殖。

2. 传播和侵染 植原体可通过嫁接或菟丝子传病，但自然条件下主要依靠昆虫介体进行传播和侵染。多数植原体在叶蝉、木虱等昆虫体内能够进行繁殖。因此，植原体不仅在传病昆虫体内循回期长，而且都能使介体终生带毒。

3. 症状特点 植原体侵入寄主后，多集中在韧皮部进行繁殖和为害，从而普遍表现为系统侵染，形成散发性病害。植原体所致病害的特异性症状主要表现为茎叶褪绿黄化、矮缩、丛枝、花变叶、萎缩以及器官畸形等类型，如甘薯丛枝病、桑树萎缩病、泡桐丛枝病等。

4. 对抗生素的反应 植原体对青霉素的抵抗能力较强，但对四环素类的抗生素非常敏感。故生产上可用四环素防治由植原体所引起的植物病害。植原体能在人工培养基上培养，但至今获得成功的只有少数。

（三）类立克次氏体

类立克次氏体是原核生物。大小也介于细菌和病毒之间，一般为$0.3\mu m \times 3.0\mu m$。类立克氏次体形态多样，有球形、椭圆形或杆状等。类立克次氏体可通过嫁接传病，但自然情况下主要依靠昆虫介体传播，汁液接种不能侵染。类立克次氏体经昆虫介体取食侵入寄主后，主要在木质部（也可在韧皮部）繁殖和为害，因而造成全株性病害。由于类立克次氏体具有细胞壁结构，而对青霉素类药物特别敏感。因此，通过应用四环素和青霉素进行病害防治将有助于诊断植原体和类立克次氏体所致的植物病害。

（四）园艺植物病原线虫

线虫又称蠕虫，属于动物界线形动物门线虫纲，是一类低等动物，种类多，分布广。多数线虫能独立生活于土壤和水流中，但也有不少可以寄生于人类、动物和植物上。其中，寄生在植物上引起植物病害的类群称为植物病原线虫，如花生根结线虫。线虫的寄主植物非常广泛，几乎所有农作物、园艺植物以及林木等都有线虫病的发生，并常遭受严重损失。

线虫为害植物与一般害虫不同，它能引起寄主生理功能的破坏和一系列的病变，与一般的病害症状相似，因此常称为植物线虫病。线虫除直接为害植物外，有的还能传播其他病原物，如真菌、病毒、细菌等，并和这些病菌一起引起复合病害，加剧病害的严重程度，应引起重视。

植物线虫病一直受到人们的重视。根据1994年的初步估计，全世界每年因线虫为害给粮食和纤维作物造成的损失约为12%。东北和黄淮地区的大豆胞囊线虫、甘薯茎线虫一直造成生产上的严重损失；近年来松材线虫传入我国并在江苏、安徽等省蔓延，引起一些松树树种的毁灭性灾害。生产上也可以利用斯氏线虫科、异小杆线虫科等昆虫病原线虫防治小地老虎、大黑鳃金龟等害虫。此外，还可以利用线虫捕食真菌、细菌。

1. 一般性状

(1) 线虫的形态结构。线虫因其体形呈线状而得名。大多数植物病原线虫体形细小,两端稍尖,形如线状,多为乳白色或无色透明,肉眼不易看见。绝大多数雌雄同形,呈蠕虫状,长0.3~1.0mm、宽30~50μm。少数植物线虫雌雄异形,雄虫为线形,雌虫幼虫期为线形,成熟后膨大呈梨形、球形或柠檬形(图2-59)。

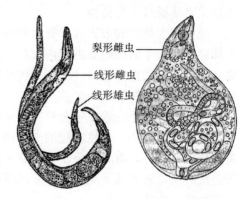

图2-59 线虫虫体形态特征

线虫虫体分为头部、体段和尾端三部分,结构较简单,从外向内可分为体壁和体腔两部分。体壁角质,几乎透明,有弹性,不透水,有保持体形和防御外来毒物渗透的作用。体腔很原始,其内充满体腔液,体腔液是一种原始的血液,起着呼吸和循环系统的作用。线虫缺乏真正的呼吸系统和循环系统。线虫的口腔内有一个针刺状的器官,称为口针,是线虫侵入寄主植物体内并获取营养的工具。口针能穿刺植物的细胞和组织,并且向植物组织内分泌消化酶,消化寄主细胞中的物质,然后吸入食管。口腔下是很细的食管,食管中部膨大形成食管球。食管的后端是唾液腺,可分泌消化液。

(2) 生活史。植物线虫一般为两性交配生殖,也可以孤雌生殖。植物线虫的生活史很简单,包括卵、幼虫和成虫3个阶段。卵通常为椭圆形,半透明,产在植物体内、土壤中或留在卵囊内。幼虫发育到一定阶段就蜕皮,每蜕皮1次,就增加1个龄期,一般有4个龄期。线虫的生殖系统非常发达,1条线虫在一生中可产卵500~3 000个。在环境条件适宜的情况下,多数线虫完成1个世代一般只需要21~28d。多数线虫1年可以完成多代,少数线虫1年只完成1代,如小麦粒线虫1年仅发生1代。线虫在一个生长季节里大都可以发生若干代,发生的代数因线虫种类、环境条件和为害方式而不同,不同种类线虫的生活史长短差异很大。

(3) 生物学特性。植物病原线虫都是专性寄生物,只能在活的植物细胞或组织内取食和繁殖,在植物体外就依靠它体内储存的养分生活或休眠。线虫发育最适温度一般在15~30℃,在45~50℃的热水中10min即可死亡。土壤是线虫最重要的生态环境,在土壤环境中,温度和湿度是影响线虫的重要因素,土壤的温湿度高,线虫活跃,体内的养分消耗快,存活时间较短;在低温低湿条件下,线虫存活时间较长。线虫在寒冷、干燥或缺乏寄主时,能以休眠或滞育的方式在植物体外长期存活,多数线虫的存活期可以达到1年以上,而卵囊或胞囊内未孵化的卵存活期更长。植物寄生线虫在土壤中有许多天敌,有寄生线虫的原生动物,有吞食线虫的肉食性线虫,有些土壤真菌可以菌丝体在线虫体内寄生。

(4) 传播和侵染。线虫大都生活在土壤的耕作层中,在田间的分布一般是不均匀的,水平分布呈块状或中心分布。垂直分布与植物的根系有关,在地面到15cm深的耕作层内线虫较多,尤其是根周围的土壤。植物病原线虫多以幼虫或卵在土壤、田间病株、带病种子和无性繁殖材料、病残体等场所越冬。

线虫在土壤中的活动性不大,整个生长季节内,线虫在土壤中的扩展范围很少超过0.3~1.0m。被动传播是线虫的主要传播方式,在田间主要通过灌溉水传播,人为传播方式有耕作机具携带病土、种苗调运、污染线虫的农产品及其包装物的贸易流通等，通常远距离传播主要是通过人为传播。

线虫寄生植物的方式有外寄生和内寄生。外寄生是线虫的虫体大部分留在植物体外，仅头部穿刺到寄主的细胞和组织内取食。内寄生是线虫的整个虫体都进入植物组织内。线虫主要从植物表面的自然孔口（气孔和皮孔）侵入和在根尖的幼嫩部分直接穿刺侵入，也可从伤口和裂口侵入植物组织内。

(5) 致病作用。线虫吸食营养是靠其口针刺入细胞内，首先注入唾液腺的分泌液，消化一部分细胞内含物，再将液化的内含物吸入口针，并经过食管进入肠内。在取食过程中，线虫除分泌唾液外，有时还分泌毒素或激素类物质，造成细胞的死亡或过度生长。此外，线虫所造成的伤口常常成为某些病原真菌或细菌的侵入途径，对植物造成更为严重的伤害。线虫还可传播病毒病。

2. 园艺植物病原线虫主要类群　为害园艺植物的重要病原线虫及其所致病害的特点见表 2-10。

表 2-10　为害园艺植物的重要病原线虫及其所致病害的特点

属名	形态特征	重要种类	寄主范围	所致病害特点
茎线虫属	雌、雄虫体均为蠕虫形，雌虫单卵巢，卵母细胞1～2行排列。雌虫和雄虫尾为长锥状，末端尖锐，侧线4条，交合伞不包至尾尖	鳞球茎茎线虫	300 种以上植物	为害茎、块茎、球茎、鳞茎或叶片。引起坏死、腐烂、矮化、变色、畸形、肿瘤
		马铃薯茎线虫	马铃薯、甘薯	薯块表皮龟裂，内部干腐、空心。茎蔓、块根发育不良，短小或畸形，严重者枯死
根结线虫属	雌雄异形，雌虫成熟后膨大呈梨形，卵成熟后全部排到体外的胶质卵囊中。雄虫蠕虫形，尾短，无交合伞，交合刺粗壮	南方根结线虫、爪哇根结线虫	多种单子叶和双子叶园艺植物	根部形成根瘤，须根少，严重时整个根系肿胀成鸡爪状。植株生长衰退
滑刃线虫属	雌、雄虫体均为蠕虫形。滑刃形食管，卵巢短，前伸或回折1次或多次；侧区通常具2～4条侧线；阴门位于虫体后部1/3处	草莓滑刃线虫、菊花叶线虫	草莓、菊花	为害植物的叶、芽、花、茎和鳞茎，引起叶片皱缩、枯斑、花畸形、死芽、茎枯、茎腐和全株畸形等
剑线虫属	矛线形食管，食管前部较细，后部较宽呈柱状；口针的导环靠后	标准剑线虫、美洲剑线虫	多种单子叶和双子叶园艺植物	根尖肿大、坏死、木栓化。标准剑线虫传播葡萄扇叶病毒，美洲剑线虫传播烟草环斑病毒、番茄环斑病毒
长针线虫属	矛线形食管，食管前部较细，后部较宽呈柱状；口针的导环靠前	长针线虫	多种单子叶和双子叶园艺植物	根部寄生，引起根尖肿大、扭曲、卷曲等畸形。有些种类传播植物病毒

(五) 寄生性种子植物

植物大多数都是自养的。在种子植物中，少数植物种类由于根系或叶片退化，或者缺乏足够的叶绿素，必须从其他植物上获取营养物质而营寄生生活，称为寄生性植物，又称寄生性种子植物,全世界有2 500种以上。寄生性种子植物在热带地区分布较多,如无根藤、独脚金、寄生藻类等;有些在温带,如菟丝子、桑寄生等;少数在比较干燥冷凉的高纬度或高海拔地区,如列当。

寄生性种子植物的寄主大多数是野生木本植物,少数寄生在农作物或果树上,从田间的草本植物、观赏植物、药用植物到果树林木和行道树木等均可受到不同种类寄生植物的为害。寄生性种子植物从寄主植物上吸取水分、矿物质、有机物供自身生长发育需要,而导致植物生长衰弱,严重的导致植物死亡。

1. 一般性状

(1) 寄生性。根据其对寄主植物的依赖程度,分为全寄生和半寄生两类。全寄生指寄生性植物从寄主植物上获取它自身生活所需要的所有营养物质,包括水分、无机盐和有机物质的寄生方式,如菟丝子。半寄生是指寄生性植物茎叶内具有叶绿素,自身能够进行光合作用来合成有机物质糖类,但由于根系退化,需要从寄主植物中吸取水分和无机盐,以吸根的导管与寄主植物维管束的导管相连,如槲寄生。按照寄生性种子植物在寄主植物上的寄生部位分为根寄生和茎寄生,如列当、独脚金等属于根寄生,无根藤、菟丝子、槲寄生等属于茎寄生。

(2) 致病性。寄生性种子植物对寄主植物的致病作用主要表现为对营养物质的争夺。一般来说,全寄生植物比半寄生植物的致病能力要强,如全寄生类植物主要寄生在一年生草本植物上,当寄主个体上的寄生物数量较多时,可引起寄主植物黄化和生长衰弱,严重时造成大片死亡,对产量影响极大。而半寄生类植物主要寄生在多年生的木本植物上,寄生初期对寄主生长无明显影响,发病速度较慢,但当寄生植物群体数量较大时,会造成寄主生长不良和早衰,最终也会导致死亡,但树势退败速度较慢。有些寄生性植物除了争夺营养外,还能将病毒从病株传播到健株上。

(3) 繁殖与传播。寄生性种子植物虽都以种子繁殖,但传播的动力和传播方式有很大的差异。如菟丝子种子或蒴果常随寄主种子的收获与调运而传播扩散;桑寄生科植物的果实被鸟类啄食并随鸟的飞翔活动而传播。这种依靠风力或鸟类介体传播,或与寄主种子一起随调运而传播的属于被动传播。还有少数寄生植物的种子成熟时,果实吸水膨胀开裂,将种子弹射出去,这是主动传播的类型。

2. 寄生性种子植物的主要类群　为害园艺植物的重要寄生性种子植物及其所致病害的特点见表2-11、图2-60、图2-61。

表2-11　为害园艺植物的重要寄生性植物及其所致病害的特点

属名	形态特征	发生规律	致病特点	主要种类	寄主范围
菟丝子属	无根,茎多为黄色丝状体,用以缠绕寄主;叶片退化为鳞片状,无叶绿素;花小,淡黄色,聚成头状花序;果为蒴果,扁球形,内有1~4粒种子;种子很小,卵圆形,稍扁,黄褐色至深褐色	种子成熟后落入土壤或混入作物种子中,翌年受寄主分泌物刺激,种子发芽,长出旋卷的幼茎缠绕寄主,在与寄主接触部位产生吸盘,侵入到寄主植物维管束吸取水分和养分。寄生关系建立后,吸盘下部茎逐渐萎缩并与土壤分离,上部茎不断缠绕寄主,蔓延为害	寄主植物生长严重受阻,减产甚至绝收。传播病毒	中国菟丝子	豆科、菊科、茄科、百合科及伞形花科等草本植物
				南方菟丝子	
				田野菟丝子	
				日本菟丝子	多种果树和林木

（续）

属名	形态特征	发生规律	致病特点	主要种类	寄主范围
列当属	根退化成吸根，以短须状次生吸器与寄主根部的维管束相连；茎肉质；叶片退化为鳞片状，无叶绿素；花两性，穗状花序；果为球状蒴果；种子极小，卵圆形，深褐色	种子落入土壤或混杂在作物种子中，遇适宜条件和植物根分泌物刺激，可萌发产生幼根，接触寄主根部后生成吸盘，与寄主植物的维管束相连，吸取寄主植物的水分和养分。茎在根外发育并向上长出花茎	寄主植物生长不良，严重减产	埃及列当	哈密瓜、西瓜、甜瓜、黄瓜、烟草及番茄等
				向日葵列当	向日葵、烟草及番茄等
桑寄生属	常绿小灌木，少数为落叶性。枝条褐色，圆筒状，有匍匐茎；叶为柳叶形，少数退化为鳞片状；花两性，多为总状花序；浆果，种胚和胚乳裸生，包在木质化的果皮中	鸟啄食果实后，种子被吐出或经消化道排出，黏附树皮上。种子萌发产生胚根，与寄主接触后形成吸盘，吸盘上产生初生吸根，侵入寄主到达活的皮层组织，形成假根和次生吸根，与寄主导管相连，吸取寄主的水分和无机盐。初生吸根和假根可不断产生新枝条，同时长出匍匐茎，沿枝干背光面延伸，并产生吸根侵入寄主树皮	受害植株生长衰弱，落叶早，翌年放叶迟，严重时枝条枯死	桑寄生	多种林木和果树
				樟寄生	
槲寄生属	绿色小灌木。茎圆柱形，多分支，节间明显，无匍匐茎；叶革质，对生，有些全部退化；花极小，单性，雌雄异株；果实为浆果			槲寄生、东方槲寄生	

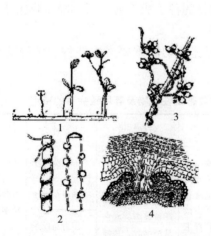

图2-60 菟丝子发育及侵染植物的过程
1. 菟丝子自种子萌发至缠绕寄主的过程　2. 菟丝子的茎和果实
3. 枝条被害状　4. 寄主和菟丝子茎切面

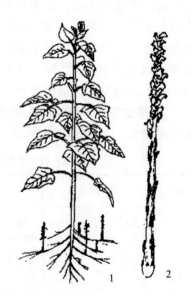

图2-61 列　当
1. 列当在向日葵上的为害状
2. 列当的花序

任务四　诊断园艺植物病害

认识和研究植物病害，掌握植物病害的发生规律，目的是为了防治植物病害。合理有效的防治措施总是建立在对病害的准确诊断上。诊断就是判断植物生病的原因，确定病原类型和病害种类，为病害防治提供科学依据。

园艺植物病害诊断

一、园艺植物病害的诊断步骤

对园艺植物病害进行诊断，首先要区分是属于侵染性病害还是非侵染性病害。许多植物病害的症状有很明显的特点，应该仔细观察感病植物的症状，在多数情况下，还需要进行详细和系统地检查。其次是仔细分析，包括询问和查找资料以掌握病例特点，再结合镜检、活检等全面检查确定病害类型。因此，诊断的步骤一般包括植物病害的田间诊断、症状观察、病原室内鉴定、病原生物的分离培养和接种。

二、园艺植物病害的诊断方法

（一）诊断非侵染性病害

1. 诊断目的　通过田间观察、考察环境、栽培管理等来检查病部表面有无病征。查明和鉴别植物发病的原因，进而采取相应的防治措施。非侵染性病害一般具有以下3个特点：一是病害往往大面积同时发生，表现同一症状，病株在田间的分布具有规律性，一般比较均匀；二是病害没有逐步传染扩散现象，没有传染性，没有先出现中心病株，没有从点到面扩展的过程；三是症状具有特异性，病株常表现全株性发病，如缺素症，只表现病状而无病征，组织内也分离不到病原物，但是患病后期由于抗病性降低，病部可能会有腐生菌类出现，病状类型有变色、枯死、落花落果、畸形和生长不良等。非侵染性病害发生与环境条件、气候变化、栽培管理、农事操作有密切的相关性，如土壤缺乏某些元素、气温下降、施肥喷药、空气污染等；当引起病害的因素得到改善时，许多病状可以消失，植株恢复健康。

一般病害突然大面积同时发生，多是由于"三废"污染、气候因素所致；病害产生明显的枯斑、灼烧、畸形等症状，又集中于某一部位，无病史，多为农药、化肥使用不当造成的伤害；植株下部老叶或顶部新叶颜色发生变化，可能是缺素病，可采用化学诊断和施肥试验进行确诊；病害只限于某一品种，表现生长不良或有系统性的一致表现，多为遗传性障碍；日灼病常发生在温差变化大的季节及向阳面。

2. 诊断方法　非侵染性病害常采用现场调查的方法。引起非侵染性病害的原因很多，而且有些非侵染性病害的症状与侵染性病害的症状又很相似，因而给诊断带来一定的困难。由于非侵染性病害是由不良环境条件所致，因此现场调查和观察时，不仅要观察病害的症状特点，还要了解病害发生的时间、范围、有无病史、气候条件以及土壤、地形、施肥、施药和灌水等因素，进行综合分析，找出病害发生的原因。生理性病害与病毒病均无病征，容易混淆，区别是一般病毒病的田间分布是分散的，且病株周围可以发现完全健康的植株，生理性病害常常成片发生。

（二）诊断侵染性病害

侵染性病害由病原生物侵染所致，病害有一个发生发展或传播的过程。许多病害具有一个发病中心，然后由少到多、由点到片、由轻到重地扩展。在特定的品种或环境条件下，植株间病害有轻有重。大多数的真菌病害、细菌病害、线虫病害以及所有的寄生植物病害，可以在病部表面观察到病征、病原物，少数要在组织内部才能看到。有些真菌和原核生物病害，所有的病毒、类病毒病害，在植株表面虽然没有病征，但所表现的症状具有明显的特点，综合分析是可以与非侵染性病害相区别的。

1. 诊断真菌病害 大多数真菌病害在病部产生病征，或稍加保湿培养即可生出子实体。病征表现多种多样，如粉状物、霉状物、锈状物等。各种子实体丰富多彩，但要注意区分这些子实体是真正病原真菌的子实体，还是次生或腐生真菌的子实体，因为在病斑部尤其是老病斑或坏死部分常有腐生真菌和细菌污染，并充满表面。较为可靠的方法是从新鲜病叶的边缘做镜检或分离，选择合适的培养基是必要的，一些特殊性诊断技术也可以选用。按柯赫氏法则进行鉴定，尤其是接种后看是否发生同样病害是最基本也是最可靠的一项措施。

植物细菌病害的鉴别

2. 诊断细菌病害 大多数细菌病害的病状有一定特点，斑点、腐烂、萎蔫、肿瘤大多数是细菌病害的特征。叶斑类型的病害，初期病斑呈水渍状或油渍状边缘，半透明，常有黄色晕圈。在潮湿条件下，在病斑部位常可以见到污白色、黄白色或黄色的菌脓。腐烂类型的细菌病害产生特殊的气味且无菌丝，可与真菌引起的腐烂区别。萎蔫型的细菌病害，横切病株茎基部，稍加挤压可见污白色菌脓溢出，且维管束变褐。有无菌脓溢出是细菌性萎蔫同真菌性萎蔫的最大区别。切片镜检有无喷菌现象是最简便易行又最可靠的诊断技术。在显微镜下可以观察到细菌从维管组织切口涌出。有的细菌（如韧皮部杆菌属）和植原体病害用扫描电镜可观察到植物韧皮部细胞内的病原。用选择性培养基来分离细菌，挑选出来再用于过敏反应的测定和接种也是常用的方法。革兰氏染色、血清学检验和噬菌体反应也是细菌病害诊断和鉴定中常用的快速方法。细菌病害病原的鉴定必须经分离纯化后做细菌学性状鉴定。

3. 诊断植原体病害 植原体病害的特点是植株矮缩、丛枝或扁枝，小叶与黄化，少数出现花变叶或花变绿，只有在电镜下才能看到植原体。注射四环素以后，初期病害的病状可以隐退、消失或减轻。用四环素类抗生素灌注植物，病株出现一定时期的恢复，可间接证明是植原体病害。

4. 诊断线虫病害 病原线虫常常引起植物生长衰弱，如果周围没有健康植株做对照，往往容易忽视线虫病。田间观察到衰弱的植株，应仔细检查其根部有无肿瘤和虫体。线虫病害的病状主要有虫瘿、根结、胞囊、茎（芽、叶）坏死、植株矮化、黄化呈缺肥状。外寄生线虫病害常在病株上观察到虫体，形成根结的线虫，掰开根结可找到雌虫。在植物外表、内部或根表、根内、根际土壤、茎或籽粒中可见到有的植物寄生线虫存在。还可以采用漏斗分离方法收集寄生线虫，用于鉴定。

5. 诊断病毒病害 在田间诊断中最易与病毒病相混淆的是非侵染性病害，诊断时应注意分析。病毒病具传染性，无病征；多为系统感染，新叶新梢上病状最明显；采取病株叶片用汁液摩擦接种或用蚜虫传毒接种可引起发病；有独特的病状，如花叶、脉带、环斑、坏死、斑驳、蚀纹、矮缩等。在已知的34组植物病毒中，约有20个组的病毒在寄主细胞内形成内含体，撕取表皮镜检时可见内含体。许多病毒接种在某些特定的指示植物或鉴别寄主上会产生特殊的病状，这些病状可以作为诊断的依据之一。从病组织中挤出汁液，经负染后在透射电镜下观察病毒粒体形态与结构是十分快速而可靠的诊断方法，在电镜下可见到病毒粒体和内含体。用血清学诊断技术可快速作出正确的诊断。类病毒病害田间表现主要有畸形、坏死、变色等。许多植物感染类病毒后不表现病状，主要通过室内方法加以诊断。

6. 诊断寄生性植物引起的病害 在感病植物体上或根际可以看到其寄生物，即寄生在植物上的寄生性植物本身（如菟丝子、列当、槲寄生等）就足以对病害进行确诊。

三、新病害的鉴定——柯赫氏法则

对于不熟悉的病害、疑难病害和新病害，即使在实验室观察到病斑上的微生物或经过分离培养获得的微生物，都不足以证明这种生物就是病原物。因为从田间采集到的标本上，其微生物的种类是相当多的，有些腐生菌在病斑上能迅速生长，在病斑上占据优势。因此，需要采用特殊的诊断方法——柯赫氏法则。柯赫氏法则的要点有：①在任何有病植物体上都能发现同一种致病的微生物存在，并诱发一定的症状，这种微生物和某种病害有经常的联系；②从病组织中可以分离获得这种微生物的纯培养物，或该微生物可在离体的或人工培养基上分离纯化，获得纯培养，并且明确它的特征；③把这种纯培养物接种到相同品种的健康植物上可以产生相同的病害症状；④从接种发病的植物上能再次分离到这种微生物，性状与原微生物的记录相同。

四、诊断植物病害时应注意的问题

（1）不同的病原可导致相似的症状。如叶稻瘟和稻胡麻叶斑病的初期病斑不易区分；萎蔫性病害可由真菌、细菌、线虫等病原引起。

（2）相同的病原在同一寄主植物的不同生育期或不同的发病部位，表现为不同的症状。如红麻炭疽病在苗期为害幼茎，表现为猝倒，而在成株期为害茎、叶和蒴果，表现为斑点型。相同的病原在不同的寄主植物上，表现的症状也不相同，如十字花科病毒病在白菜上呈花叶，在萝卜叶上呈畸形。

（3）环境条件可以影响病害的症状。如腐烂病类型在气候潮湿时表现湿腐症状，气候干燥时表现干腐症状。缺素症、黄化症等生理性病害与病毒病、植原体、类立克次氏体引起的症状类似；在病部的坏死组织上，可能有腐生菌，容易造成混淆和误诊。

任务五 园艺植物侵染性病害的发生与流行

一、病原物的寄生性和致病性

植物病害的发生是在一定的环境条件下由寄主与病原物相互作用的结果，是在适宜环境条件下病原物大量侵染和繁殖，造成植物减产或品质下降的过程。要认识病害的发生发展规律，就必须了解病害发生发展的各个环节，深入分析病原物、寄主植物和环境条件在各个环节中的作用。

一种生物与另一种生物生活在一起并从中获得营养物质的现象，称为寄生。一般把寄生的生物称为寄生物，被寄生的生物称为寄主。

（一）病原物的寄生性

病原物从寄主活的组织或细胞中取得营养物质而生存的能力称为病原物的寄生性。按照病原物从寄主活体获得营养能力的大小,可以把病原物分为两种类型。

1. 专性寄生物 专性寄生物寄生能力最强,只能从生活着的寄主细胞和组织中获得所需的营养物质,当寄主植物的细胞和组织死亡后,寄生物也停止生长和发育,所以也称为活体寄生物。植物病原物中,所有植物病毒、类病毒、植原体、寄生性种子植物,大部分植物病原线虫、霜霉菌、白粉菌和锈菌等都是专性寄生物。它们对营养的要求比较复杂,一般不能在普通的人工培养基上培养。

2. 非专性寄生物 非专性寄生物又称兼性寄生物,既可以寄生于活的植物组织上,还可以在死的植物组织上生活。绝大多数的植物病原真菌和植物病原细菌都是非专性寄生物,但它们的寄生能力也有强弱之分。强寄生物的寄生性仅次于专性寄生物,以寄生生活为主,但也有一定的腐生能力,在某种条件下,可以营腐生生活,大多数真菌和叶斑性病原细菌属于这一类。弱寄生物寄生性较弱,只能从死的有机体上获得营养物质或只能在衰弱的活体寄主植物或处于休眠状态的植物组织或器官(如块根、块茎、果实等)上营寄生生活,如引起猝倒病的腐霉菌,在生活史中的大部分时间营腐生生活,易于人工培养,可以在人工培养基上完成生活史。

病原物的寄生性与病害的防治关系密切。如抗病品种主要是针对寄生性较强的病原物所引起的病害,弱寄生物引起的病害一般很难获得理想的抗病品种,应采取栽培管理措施提高植物的抗病性。

(二)病原物的致病性

致病性是指病原物所具有的破坏寄主和引起病害的能力。病原物对寄主植物的致病性的表现是多方面的。首先是夺取寄主的营养物质,致使寄主生长衰弱;分泌各种酶和毒素,使植物组织中毒进而消解、破坏组织和细胞,引起病害;有些病原物还能分泌植物生长调节物质,干扰植物的正常代谢,引起生长畸形。专性寄生物对寄主细胞和组织的直接破坏性小,所引起的病害发展较为缓慢;多数非专性寄生物对寄主的直接破坏作用很强,可很快分泌酶或毒素杀死寄主的细胞或组织,再从死亡的组织和细胞中获取营养。

病原物的致病性只是决定植物病害严重性的一个因素。病害发生的严重程度还与病原物的发育速度、传染效率等因素有关。在一定条件下,致病性较弱的病原物也可能引起严重的病害,如霜霉菌的致病性较弱,但引起的霜霉病是多种作物的重要病害。

病原真菌、细菌、病毒、线虫等病原物,其种内常存在致病性的差异,依据其对寄主属的专化性可区分成不同的专化型;同一专化型内又根据对寄主种或品种的专化性分成不同的生理小种,病毒称为株系,细菌称为菌系。了解当地病原物所属的生理小种,对选择抗病品种、分析病害流行规律和预测预报具有重要的实践意义。

二、寄主植物的抗病性

抗病性是寄主植物抵御病原物侵染以及侵染以后所造成损害的能力,是植物与其病原物在长期共同进化过程中相互适应和选择的结果,是寄主植物的一种属性。抗病性是植物的遗传潜能,其表现受寄主与病原相互作用的性质和环境条件共同影响。

(一)植物的抗病性类型

1. 免疫 在适合发病的条件下,寄主植物不被病原物侵染,完全不发病或不表现可见症状的现象。

2. 抗病 寄主植物对病原物侵染的反应表现为发病较轻的现象。发病很轻的称为高抗。

3. 耐病 又称抗损失（害），是植物忍受病害的能力。耐病寄主植物对病原物侵染的反应表现为发病较重，受害严重，但产量和品质等方面不受严重损害，它是植物忍受病害的性能，也称为耐害性。

4. 感病 寄主植物受病原物侵染后发病严重，产量和品质损失较大的现象。发病很重的称为严重感病。

5. 避病 又称为抗接触，一定条件下，寄主植物感病期与病原物侵染期错开，或者缩短寄主感病部分暴露在病原物下的时间，从而避免或减少受感染的机会。

6. 抗侵入 病原物与植物接触但不能进入植物体内的形式。

7. 抗扩展 阻止病原物的繁殖，不让其产生质变。抗扩展是植物抗病性表现最普遍的形式，应进一步深入研究，以更好地指导抗病育种工作。

8. 抗再侵染 植物的抗再侵染特性通称为诱发抗病性。

根据作物品种对病原物生理小种抵抗情况将品种抗病性分为垂直抗病性和水平抗病性。垂直抗病性是指寄主的某个品种能高度抵抗病原物的某个或某几个生理小种的情况，这种抗病性的机制对生理小种是专化的，一旦遇到致病力强的小种就会丧失抗病性而变成高度感病。水平抗病性是指寄主的某个品种能抵抗病原物的多数生理小种，一般表现为中度抗病。由于水平抗病性不存在生理小种对寄主的专化性，所以抗病性不易丧失。

（二）寄主植物的抗病性机制

寄主植物抗病性有的是植物先天具有的被动抗病性，也有因病原物侵染而引发的主动抗病性。抗病机制包括形态结构和生理生化方面的抗性。

寄主植物固有的抗病机制是指植物本身所具有的物理结构和化学物质在病原物侵染时形成的结构抗性和化学抗性。如植物的表皮被毛不利于形成水滴，也不利于真菌孢子接触植物组织；角质层厚不利于病原菌侵入；植物表面气孔的密度、大小、构造及开闭习性等常成为抗侵入的重要因素；皮孔、水孔和蜜腺等自然孔口的形态和结构特性也与抗侵入有关；木栓层是植物块茎、根和茎等抵抗病原物侵入的物理屏障；植物体内的某些酚类、单宁和蛋白质可抑制病原菌分泌的水解酶。

在病原物侵入寄主后，寄主植物会从组织结构、细胞结构、生理生化方面表现出主动的防御反应。如病原物的侵染常引起侵染点周围细胞的木质化和木栓化；植物受到病原物侵染的刺激产生植物保卫素，可抑制病原菌生长。过敏性反应是在侵染点周围的少数寄主细胞迅速死亡，抑制了专性寄生病原物的扩展。对植物预先接种某种微生物或进行某些化学、物理因子的处理后产生获得抗病性。如病毒近缘株系间的交互保护作用，当寄主植物接种弱毒株系后再感染强毒株系，寄主对强毒株系表现出抗性。

20世纪50年代由Flor所提出的基因对基因学说阐明了抗病性的遗传学特点。该学说认为对应于寄主方面的每一个决定抗病性的基因，病原物方面也存在一个决定致病性的基因。反之，对应于病原物方面的每一个决定致病性的基因，寄主方面也存在一个决定抗病性的基因。任何一方的有关基因都只有在另一方相对应的基因作用下才能被鉴别出来。基因对基因学说不仅可用以改进品种抗病基因型与病原物致病性基因型的鉴定方法，预测病原物新小种的出现，而且对于抗病性机制和植物与病原物共同进化理论的研究也有指导作用。

化学的主动抗病性因素主要有过敏性坏死反应、植物保卫素形成和植物对毒素的降解作

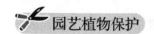

用等，研究这些因素在植物病理学理论上或抗病育种的实践中都有重要意义。

有些寄主植物受到病原生物的侵染时，可以发生一系列的保卫反应。保卫反应是指病原生物侵染后，在植物受害组织附近所激起的积极反应，以限制和消灭已经开始寄生活动的寄生物。

1. 植物保卫反应　植物保卫反应可分为两种类型，即活质反应和坏死反应。最突出的例子是核果类叶片对穿孔病所表现的反应：当病原菌侵染叶片后，侵染点附近的细胞组织积极活动，首先木栓化或木质化以封锁病原侵染点的四周，接着产生离层使病部脱落而摆脱病原菌的扩展，这是寄主细胞积极活动而产生保卫反应的结果。

2. 植物保卫素　植物保卫素是植物受到病原物侵染后或受到多种生理的、物理的刺激后所产生或积累的一类低分子量抗菌性次生代谢产物。植物保卫素对真菌的毒性较强。近年来，对于植物保卫素的研究有很大进展。例如，稻瘟病菌侵入后，首先产生毒素毒害水稻的细胞和组织，使其形成病斑。抗病水稻品种遭受稻瘟病菌侵染后，立即产生绿原酸和阿魏酸等植物保卫素，用以中和稻瘟病菌分泌的毒素而免遭为害。现已知 21 科 100 种以上的植物产生能植物保卫素，豆科、茄科、锦葵科、菊科和旋花科植物产生的植物保卫素最多；90 多种植物保卫素的化学结构已被确定，其中多数为类异黄酮和类萜化合物。

3. 过敏性坏死反应　过敏性坏死反应是植物对非亲和性病原物侵染表现高度敏感的现象，此时受侵细胞及其邻近细胞迅速坏死，病原物受到遏制或被杀死，或被封锁在枯死组织中。过敏性坏死反应是植物发生最普遍的保卫反应类型，长期以来被认为是小种专化抗病性的重要机制，对真菌、细菌、病毒和线虫等多种病原物普遍有效。植物对锈菌、白粉菌、霜霉菌等专性寄生菌非亲和小种的过敏性反应以侵染点细胞和组织坏死，发病叶片不表现肉眼可见的明显病变或仅出现小型坏死斑，病菌不能生存或不能正常繁殖为特征。

4. 交互保护作用　交互保护作用是一种典型的诱发抗病性。在植物病毒学的研究中，人们早已发现病毒近缘株系间有交互保护作用。当植物寄主接种弱毒株系后，再次接种同一种病毒的强毒株系，则寄主抵抗强毒株系，症状减轻，病毒复制受到抑制。

三、园艺植物侵染性病害的侵染过程

病原物的侵染过程是指从病原物与寄主接触、侵入寄主到寄主发病的过程。侵染是一个连续的过程，一般分为接触期、侵入期、潜育期和发病期 4 个时期。

（一）接触期

接触期有时又称为侵入前期，是指病原物到达寄主植物表面或附近，受到寄主植物分泌物的影响，向寄主运动并与寄主植物感病部位接触，产生侵入结构的时期。

病毒、植原体和类病毒的接触和侵入是同时完成的，细菌从接触到侵入几乎也是同时完成的，都没有明显的接触期，而真菌接触期的长短因种而异。

接触期的病原物已经从休眠状态转入生长状态，病原物暴露在寄主体外，正处于其生活史中最薄弱的环节，必须克服各种不利于侵染的环境因素才能侵入，若能创造不利于病原物与寄主植物接触和生长繁殖的生态条件可有效地防治病害。因此，接触期是采取防治措施的关键时期。

（二）侵入期

侵入期是指病原物从侵入寄主到与寄主建立寄生关系的这一段时期。

1. 病原物的侵入途径　病原物通过一定的途径进入植物体内才能进一步发展而引起病害。侵入途径主要有3种：①伤口侵入，如虫伤、冻伤、自然裂缝等；②自然孔口侵入，如气孔、水孔、皮孔等；③直接侵入。各种病原物往往有特定的侵入途径，如病毒只能从微伤口侵入，细菌可以从伤口和自然孔口侵入，大部分真菌可从伤口和自然孔口侵入，少数真菌、线虫、寄生性植物可从表皮直接侵入。

2. 侵入所需时间和数量　病原物侵入所需时间一般是很短的，植物病毒和一部分病原细菌接触寄主即可侵入。病原真菌需经萌发、产生芽管等过程，所需时间大多在几小时内。

3. 影响侵入的环境条件　影响病原物侵入的环境条件主要是温度和湿度，光照等对病原物的侵入也有一定作用。其中，湿度对真菌和细菌等病原物的侵入影响最大，湿度决定孢子能否萌发和侵入。绝大多数气流传播的真菌病害，其孢子萌发率随湿度增加而增大，在水滴（膜）中萌发率最高。如真菌的游动孢子和细菌只有在水中才能游动和侵入，而白粉菌的孢子在湿度较低的条件下萌发率高，在水滴中萌发率反而很低。另外，在高湿条件下，寄主愈伤组织形成缓慢，气孔开张度大，水孔吐水多而持久，植物组织柔软，抗侵入能力大大降低。温度影响孢子能否萌发和侵入的速度。真菌孢子在适温条件下萌发只需几小时。如马铃薯晚疫病菌孢子囊在12~13℃的适宜温度下萌发仅需1h，而在20℃以上时需5~8h。

温度和湿度既影响病原物也影响寄主植物。在植物生长季节，温度一般都能满足病原物侵入的需要，而湿度的变化较大，常常成为病害发生的限制因素。所以，在潮湿多雨的气候条件下病害发生严重，而雨水少或干旱季节病害轻或不发生。同样，恰当的栽培管理措施，如灌水适时适度、合理密植、合理修剪、适度打除底叶、改善通风透光条件、田间作业尽量避免机械损伤植株和注意促进伤口愈合等，都有利于减轻病害的发生程度。但是，植物病毒病在干旱条件下发病严重，这是因为干旱有利于传毒昆虫（如蚜虫）的繁殖。如果使用保护性杀菌剂，必须在病原物侵入寄主之前使用，也就是选择在田间少数植株发病初期使用，这样才能收到理想的防治效果。

（三）潜育期

从病原物侵入与寄主建立寄生关系开始，到寄主表现明显症状为止的这一段时期称为潜育期。它是病原物在植物体内进一步繁殖和扩展的时期，也是寄主植物调动各种抗病因素积极抵抗病原为害的时期。对潜育期长短的影响，环境条件中起主要作用的是温度。在一定范围内，温度升高，潜育期缩短。在病原物生长发育的最适温度范围内，潜育期最短。

潜育期的长短还与寄主植物的生长状况密切相关。凡生长健壮的植物，抗病力强，潜育期相应延长；而营养不良、长势弱或氮素肥料施用过多、徒长的，潜育期短，发病快。在潜育期采取有利于植物正常生长的栽培管理措施或使用合适的杀菌剂可减轻病害的发生。病害流行与潜育期的长短关系密切。有重复侵染的病害，潜育期越短，重复侵染的次数越多，病害流行的可能性越大。

（四）发病期

发病期指从寄主开始表现明显症状而发病到寄主生长期结束，甚至植物死亡为止的一段时期，又称症状表现期。在发病期，病部常呈现典型的症状。病原真菌在受害部位产生孢子，细菌产生菌脓。另外，病原物繁殖体的产生也需要适宜的温度和湿度，在适宜的温度条件下，湿度大，病部才会产生大量的孢子或菌脓。对病征不明显的病害标本进行保湿，可以促进其产生病征，以便识别病害。掌握病害的侵染过程及其规律性，有利于开展病害的预测预报和制订防治措施。

四、园艺植物侵染性病害的侵染循环

病害的侵染循环是指侵染性病害从一个生长季节开始发生，到下一个生长季节再度发生的过程，包括病原物的越冬与越夏、病原物的传播以及病原物的初侵染和再侵染等环节（图2-62）。

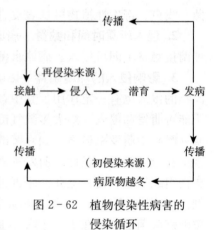

图2-62 植物侵染性病害的侵染循环

（一）病原物的越冬与越夏

病原物的越冬与越夏是指病原物在一定场所度过寄主休眠阶段保存自己的过程。这些病原物越冬、越夏的场所主要有以下几种。

1. 田间病株 田间病株主要是指被病原物侵染的寄主植物。病原物可在田间一年生、二年生或多年生的寄主植物上越冬、越夏。如冬小麦在秋苗阶段被锈菌或白粉菌侵染后，病菌以菌丝体在寄主体内越冬；夏季在小麦收获后，田间的自生麦苗成为锈菌、白粉菌的越夏场所。

2. 种子、苗木和其他繁殖材料 种子、苗木、块根、块茎、鳞茎和接穗等繁殖材料是多种病原物重要的越冬或越夏场所。这些带有病原物的种子和其他各种繁殖材料，在播种和移栽后不仅会使植物本身发病，而且还会成为田间的发病中心，造成病害的蔓延。如将这些繁殖材料进行远距离调运，还会使病害传入新区，成为病害远距离传播的重要原因。如菟丝子的种子混杂在作物种子中，马铃薯环腐病菌在块茎中越冬等。

因此，在播种前应根据病原物在种苗上的具体位置选用最经济有效的处理方法，如水选、筛选、热处理或药剂处理等。加强植物检疫，对种子等繁殖材料实行检疫检验，调运无病繁殖材料，是防止危险性病害扩大传播的重要措施。

3. 病株残体 病株残体包括寄主植物的枯枝、落叶、落花、落果、烂皮和死根等植株残体。大部分非专性寄生的真菌和细菌能以腐生的方式在病株残体上存活一段时期。某些专性寄生的病毒也可随病株残体休眠。病株残体对病原物既可起到一定的保护作用，增强其对恶劣环境的抵抗力，又可提供营养条件，作为形成繁殖体的能源。当病株残体分解和腐烂后，多数种类的病原物往往也逐渐死亡和消失。

4. 土壤 各种病原物常以休眠体的形式保存于土壤中，也可以腐生的方式在土壤中存活。如鞭毛菌的休眠孢子囊和卵孢子、黑粉菌的冬孢子等，可在干燥土壤中长期休眠。

在土壤中腐生的病原物可分为土壤寄居菌和土壤习居菌两类。土壤寄居菌是在土壤中随病株残体生存的病原物，土壤寄居菌的存活依赖于病株残体，当病株残体腐败分解后，它们不能单独存活在土壤中，大多数寄生性强的真菌、细菌属于这一类；土壤习居菌对土壤适应性强，在土壤中能长期独立存活和繁殖，寄生性较弱，如腐霉属、丝核属真菌等。

连作能使土壤中某些病原物数量逐年增加，使病害不断加重。合理轮作可阻止病原物的积累，有效地减轻土传病害的发生。

5. 粪肥 病菌的休眠孢子可以直接散落于粪肥中，也可以随病株残体混入肥料。作物

的秸秆、谷糠、枯枝落叶、野生杂草等残体都是堆肥、垫圈和沤肥的材料,因此病原物可经常随各种病株残体混入肥料越冬或越夏。有机肥在未经充分腐熟的情况下,可能成为多种病害的侵染来源,因此使用农家肥必须充分腐熟。以病株残体作为饲料的,病原休眠体随秸秆经过牲畜消化道后,仍能保持其生命力而使粪肥带菌,从而增加了病菌在肥料中越冬的数量。

6. 昆虫和其他传播介体　昆虫、螨类和某些线虫是植物病毒病的主要生物传播介体,也是植物病毒的越冬和越夏场所。

(二) 病原物的传播

越冬、越夏的病原物通过一定的传播方式与寄主植物发生接触,引起寄主植物发病。病原物种类不同,传播的方式和方法也不同,主要分为主动传播和被动传播两类。

1. 主动传播　病原物依靠本身的运动或扩展蔓延进行的传播,称为主动传播,如很多真菌向空间主动弹射孢子,游动孢子在水中游动,线虫在土壤中蠕动等。这种传播方式有利于病原物主动接触寄主,但其传播的距离较短,活动范围十分有限,仅对病原物的传播起一定的辅助作用。自然条件下一般以被动传播为主。

2. 被动传播

(1) 气流传播。这是最常发生的一种传播方式。气流传播的距离远、范围大,容易引起病害流行。典型的气流传播病害有大叶黄杨白粉病、紫薇白粉病等。

(2) 风雨或流水传播。流水传播距离一般比较近,只有几十米远。雨水、灌溉水的传播都属于流水传播,如苗期猝倒病、立枯病等的病原物随灌溉水传播。因此,在防治时要注意采用正确的灌水方式,避免串灌和漫灌。

(3) 昆虫和其他动物介体传播。多数植物病毒、类病毒、植原体等都可借助昆虫传播,其中尤以蚜虫、叶蝉、飞虱等刺吸式口器的昆虫传播为多。咀嚼式口器的昆虫可以传播真菌病害,线虫可传播细菌、真菌和病毒病害,鸟类可传播寄生性种子植物的种子等。

(4) 土壤和肥料传播。土壤和肥料传播病原物实际上是土壤和肥料被动地被携带到异地而传播病原物。土壤能传播在土壤中越冬或越夏的病原物,带土的块茎、苗木等可远距离传播病原物,农具、鞋靴等可近距离传播病原物。肥料混入病原物,如果未充分腐熟,其中的病原物接种体能够长期存活,可以由粪肥传播病害。

(5) 人为因素传播。各种病原物都能以多种方式由人为的因素传播。人类在从事各种商业贸易活动和农事操作时,常常无意识地传播了病原物。人为传播因素中,以带病的种子、苗木和其他繁殖材料的调运最重要,如调运携带病原物的种子、苗木、农产品及植物性包装材料时,可造成病害的远距离传播,引起病区扩大和新病区的形成,因此人为因素传播病害的危害性最大。植物检疫的作用就是限制这种人为的传播,避免将危害严重的病害带到无病的地区。

(三) 病原物的初侵染和再侵染

病原物越冬或越夏后,在新的生长季节里引起寄主植物首次发病的过程称为初侵染。在同一生长季节内,受到初侵染的植株上所产生的病原物通过传播又侵染健康植株,引起寄主植物再次发病的过程称为再侵染。有些病害只有初侵染,没有再侵染,如黑粉病;有些病害不仅有初侵染,还有多次再侵染,如霜霉病。

有无再侵染是制订防治策略和方法的重要依据。对于只有初侵染的病害,应设法减少或

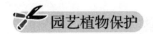

消除初侵染来源，以获得较好的防治效果。对再侵染频繁的病害不仅要控制初侵染，还必须采取措施防止再侵染，才能遏制病害的发展和流行。

任务六　园艺植物病害的预测预报和调查统计

一、预测预报园艺植物病害的流行

在一个较短的时期内、较大的地域范围内，植物病原物大量传播，在植物群体中大面积严重发病，并造成巨大的产量和质量损失，这种现象称为植物病害的流行。病害的流行主要是研究植物群体发病及其在一定时间和空间内数量上的变化规律，所以对它的研究往往是在定性的基础上进行定量分析。

（一）预测植物侵染性病害的流行

1. 预测病害流行因素　植物病害的流行受到寄主植物群体、病原物群体、环境条件和人类活动诸方面多种因素的影响，这些因素的相互作用决定了病害流行的强度和广度。在诸多流行因素中最重要的有以下 3 个方面。

（1）大量致病性强的病原物。病原物的致病性强、数量多并能有效传播是病害流行的主要原因。有些病原物能够大量繁殖和有效传播，短期内能积累巨大菌量。病原物的抗逆性强，越冬或越夏存活率高，初侵染菌源数量较多，这些都是重要的流行因素。许多病原物群体内部有明显的致病性分化现象，具有强致病性的小种或菌株、毒株占据优势就会导致病害大流行。在种植寄主植物抗病品种时，病原物群体中具有匹配致病性（毒性）的类型将逐渐占据优势，使品种抗病性丧失，导致病害重新流行。对于生物介体传播的病害，传毒介体数量也是重要的流行因素，如病毒病与蚜虫等介体的发生数量有关。

（2）大面积感病寄主植物集中栽培。存在大面积感病寄主植物是病害流行的基本前提。品种布局不合理，大面积种植感病寄主植物或品种，会导致病害的流行。农业规模经营和保护地栽培的发展，往往在特定的地区大面积种植单一农作物甚至单一品种，从而有利于病害的传播和病原物增殖，常导致病害大流行。

（3）有利病害大量发生的环境条件。环境条件主要包括气象条件、土壤条件、耕作栽培条件等。气象因素能够影响病害在广大地区的流行，其中以温度、水分（包括湿度、降水量、雨日、雾和露）和光照最为重要。土壤因素包括土壤的理化性质、土壤肥力和土壤微生物等，往往只影响病害在局部地区的流行。只有长时间持续存在适宜的环境条件，且出现在病原物繁殖和侵染的关键时期，病害才能流行。

病害的流行主要是上述几方面因素综合作用的结果。但由于各种病害发病规律不同，每种病害都有各自的流行主导因素。对一种病害，在一定的时间和地点，当其他因素已基本具备并相对稳定，而某一个因素最缺乏或波动变化最大时，并对病害的流行起决定作用，这个因素称为当时当地病害流行的主导因素。"主导"是相对的概念，同一种病害处在不同的时间和地点，其流行主导因素可能全然不同，并且有时是可以变化的。

2. 预测病害流行类型　植物病害的流行是一个发生、发展和衰退的过程。这个过程是由病原物对寄主的侵染活动和病害在空间、时间中的动态变化表现出来的。病害可简单地划分为单年流行病害和积年流行病害。

(1) 单年流行病害。单年流行病害又称多循环病害，指在植物的一个生长季节中，只要条件适宜，病原物能够连续繁殖多代，并发生多次再侵染，在一个生长季节内就能完成病原物数量的积累过程，病害数量增幅大，最后造成严重流行危害的病害，如马铃薯晚疫病。这类病害绝大多数是局部侵染的，寄主的感病时期长，病原物的增殖率高，病害潜育期短，一般只有几天至十几天，一年中可有多次再侵染，多为气传和雨水传病害，传播距离较远，一般为害植物地上部。

(2) 积年流行病害。积年流行病害又称单循环病害，指在植物一个生长季中病原物只发生一次侵染，即病害循环中只有初侵染而没有再侵染，或者虽有再侵染，但次数很少，在病害流行上作用很小，需要经过连续几年时间才能完成病原物数量积累（菌量积累）的过程，导致流行成灾的病害，如枯萎病类。此类病害多为种传或土传的全株性或系统性病害，其自然传播距离较近，传播效能较小。在一个生长季中，病原物量增长幅度不大，在发生的开始几年里，病原物数量小，发病率不高，往往不能引起重视。但由于病原物休眠体对不良环境抵抗力强，能够逐年积累，如果对病害不加以控制，能够逐年稳定地增长，若干年后将导致较大的流行。

单循环病害与多循环病害的流行特点不同，防治的策略也不同。单年流行病害往往是防治的重点，积年流行病害是防治的难点。防治单循环病害，消除初始菌源很重要，除选用抗病品种外，田园卫生、土壤消毒、种子清毒、拔除病株等措施都有良好的防治效果。即使当年发病很少，也应采取措施抑制菌量的逐年积累。防治多循环病害主要应种植抗病品种，采用药剂防治和农业防治措施，降低病害的增长率。

（二）预测预报园艺植物病害

植物病害的预测预报指根据植物病害流行的规律来推测病害能否流行和流行程度如何，为确定防治有利时机提供依据。依据病害的流行规律，利用经验的或系统模拟的方法估计一定时限之后病害的流行状况，称为预测。由权威机构发布预测结果，称为预报。有时对两者并不做严格的区分，通称病害预测预报。按预测内容和预报量的不同可分为流行程度预测、发生期预测和损失预测。

1. 流行程度预测 流行程度预测是最常见的预测种类。预测结果可用具体的发病数量（发病率、严重度、病性指数等）作定量的表达，也可用流行级别作定性的表达。流行级别多分为大流行、中度流行、轻度流行和不流行，具体分级标准根据发病数量或损失率确定，因病害而异。

2. 发生期预测 发生期预测是估计病害可能发生的时期。根据测报时间长短可分长期预测、中期预测和短期预测。长期预测是指预测一个生长季节或一个季度以上，有的是一年或多年，以至几年的作物病情变化。预测结果指出病害发生的大致趋势，需要以后用中、短期预测加以订正。一般适用于土传、种传病害和只有初侵染的病害。中期预测是对一个生长季节内的病情变化进行预测，中期预测的时限一般为一个月至一个季度，多根据当时的发病数量或者菌量数据，作物生育期的变化以及实测的或预测的天气要素做出预测，准确性比长期预测高，预测结果主要用于做出防治决策和做好防治准备。短期预测是对十几天或几十天的病情变化进行预测，一般时限在1周之内。主要根据天气要素和菌源情况做出预测，预测结果用以确定防治适期。

3. 损失预测 损失预测也称损失估计，主要根据病害流行程度预测减产量，有时还将品种、栽培、气象条件等因素用作预测因子。在病害综合防治中，常应用到经济损害水平和经济阈值等概念。经济损害水平是指造成经济损失的最低发病数量。经济阈值是指应该采取防治措施时的发病数量或最低种群密度，此时防治可防止发病数量超过经济损害水平，防治费用不高于因病害减轻所获得的收益。损失预测结果可用以确定发病数量是否已经接近或达到经济阈值。

二、调查统计园艺植物病害

（一）一般调查

当一个地区有关植物病害发生情况的资料很少时，应先做一般调查。调查的内容广泛且具有代表性，但不要求精确。一般在植物病害发生的盛期调查1~2次，对植物病害的分布和发生程度进行初步了解。在做一般调查时要对各种植物病害的发生盛期有一定的了解，如猝倒病等应在植物的苗期进行调查，黄瓜枯萎病、霜霉病则在结瓜期后才陆续出现，错过便很难调查到。调查内容表可参考表2-12。

表2-12 植物病害发生调查表

调查人：　　　　　　　　　　　　　调查地点：　　　　年　月　日

病害名称	植物名称和生育期	发病地块									
		1	2	3	4	5	6	7	8	9	10

注：表中的1，2，……10等数字在实际调查时可改换为具体地块名称，重要病害的发生程度可粗略写明轻、中、重，对不常见的病害可简单地写有、无等字样。

（二）重点调查

在对一个地区的植物病害发生情况进行大致了解之后，对某些发生较为普遍或严重的病虫害可做进一步调查。这次调查较前一次的次数要多，内容要详细和深入，如分布、发病率、损失程度、环境影响、防治方法和防治效果等。对发病率、损失程度的计算要求比较准确。在对病虫害的发生、分布、防治情况进行重点调查后，有时还要针对其中的某一问题进行调查研究，调查研究一定要深入，以进一步提高对病害的认识。

（三）植物病害的统计方法

在对植物病害发生情况进行调查统计时，经常用发病率、病情指数等来表示植物病害的发生程度和严重度。

1. 发病率　发病率是发病植株或植物器官（叶、根、茎、果实、种子等）占调查植株总数或器官总数的百分率，用以表示发病的普遍程度，不考虑每株（秆、叶、花、果等）的受害轻重，计数时同等对待。

$$发病率 = \frac{发病株（秆、叶、花、果）数}{调查总株（秆、叶、花、果）数} \times 100\%$$

如大白菜病毒病，调查200株，发病株为15株。得：

$$发病率 = \frac{15}{200} \times 100\% = 7.5\%$$

2. 病情指数　植物病害发生的轻重对植物的影响是不同的，如叶片上发生少数几个病斑与发生很多病斑以致引起枯死的，就会有很大差别。因此，仅用发病率来表示并不能完全反映植物受害的实际情况，病情指数是全面考虑发病率与严重度两者的综合指标。将植物的发病程度按受害轻重分成不同等级，然后分级计数，能更准确地表示出植物的受害程度。病情指数的计算公式如下：

$$病情指数 = \frac{\sum[各级病叶（株）数 \times 发病级别]}{调查总叶（株）数 \times 分析标准最高级别} \times 100$$

现以黄瓜霜霉病为例，说明病情指数的计算方法。调查黄瓜霜霉病的病情指数，其分级标准见表2-13。

表2-13　黄瓜霜霉病严重度标准

严重度分级	病情程度（严重率）
0级	无病斑
1级	病斑面积占整个叶面积的5%以下
3级	病斑面积占整个叶面积的6%~10%
5级	病斑面积占整个叶面积的11%~25%
6级	病斑面积占整个叶面积的26%~50%
9级	病斑面积占整个叶面积的50%以上

如调查黄瓜霜霉病叶片200片，其中0级35片，1级65片，3级50片，5级40片，6级10片。得：

$$病情指数 = \frac{35 \times 0 + 65 \times 1 + 50 \times 3 + 40 \times 5 + 10 \times 6}{200 \times 9} \times 100 = 26.4$$

病情指数越大，病情越重；病情指数越小，病情越轻。发病最重时病情指数为100；没有发病时病情指数为0。

？复习思考

1. 何谓植物病害？引发植物病害的原因有哪些？
2. 什么是病害三角？病原有哪些？感病植物、病原、环境条件在植物病害发生发展过程中各起什么作用？
3. 什么是症状？为什么说症状是诊断病害的重要依据，但不是唯一依据？为什么一些植物病毒病害靠症状表现很难做出正确的诊断？
4. 什么是病症和病状？植物发病后外部表现有哪些特点？花叶和斑驳，叶枯和叶斑，湿腐和软腐的主要区别是什么？
5. 真菌分为哪几个亚门？分类的主要依据是什么？各亚门有何特征？代表属所致病害有哪些？
6. 半知菌的含义是什么？半知菌包含哪些类别的真菌？
7. 什么是真菌生活史？真菌有性孢子和无性孢子的类型有哪些？真菌无性繁殖和有性繁殖的特点和作用各是什么？

8. 侵染循环包括哪些主要环节？病原物越冬或越夏场所、传播方式有哪些？病害的侵染循环与防治有什么关系？温度、湿度对侵染性病害的接触期、侵入期、潜育期和发病期各有哪些影响？

9. 真菌、细菌、病毒、线虫和寄生性种子植物侵入寄主植物的途径各有哪些？

10. 原核生物与真核生物有哪些区别？原核生物引致的植物病害有哪些？为什么将线虫列为植物的病原物范围？植物病原线虫是怎样引起植物发生病害的？

11. 哪些园艺植物病害是由真菌引起的？哪些是由病毒引起的？哪些是由细菌引起的？试举例说明。

12. 植物发生非侵染性病害的原因有哪些？非侵染性病害与侵染性病害有何主要区别？

13. 什么是柯赫氏法则？植物病害诊断分为哪几个步骤？如何诊断真菌、细菌、病毒、线虫病害？

14. 什么是病害流行？怎样理解病害流行的基本因素和主导因素？

15. 气流传播病害和风雨传播病害在传播和分布上各有何特点？

任务实施

技能实训 2-1 识别常见园艺植物病害症状

一、实训目标

识别植物病害的主要症状类型，能够描述植物病害的症状特点，为田间诊断病害奠定基础。

二、实训材料

典型病状及病征类型示范标本。当地主要栽培植物上各种病害症状的新鲜、干制或浸渍标本，如病毒病、霜霉病、黑斑病、炭疽病、疮痂病、软腐病、猝倒病、立枯病、青枯病、枯萎病、根肿病、白粉病、锈病、灰霉病、菌核病、花叶病、菟丝子、线虫等。

三、仪器和用具

显微镜、放大镜、镊子、挑针、搪瓷盘和多媒体教学设备等。

四、操作方法

（一）病状类型观察

1. 变色 观察受害植物变色病状发生的部位及特征。

2. 坏死 观察坏死病状中斑点的形状、颜色、大小及特征。观察穿孔、叶枯、疮痂、猝倒和立枯等发生的部位及特征。

3. 腐烂 观察腐烂发生的部位及腐烂的种类（干腐、湿腐或软腐）。

4. 萎蔫 观察枯萎病、黄萎病、青枯病病状的特点。萎蔫发生在局部还是全株？病株茎秆维管束颜色与健康植株有何区别?

5. 畸形　观察病毒病、缩叶病、根癌病等病害标本，注意受害植物各器官发生变态的特征。

(二) 病征类型观察

1. 粉状物　观察粉状病征标本，注意锈粉、黑粉、白粉发生的部位及特征。
2. 霉状物　观察霉状物病征标本，注意霉状物发生的部位、颜色和厚薄。
3. 粒状物　观察粒状物病征标本，注意粒状物发生的部位及粒状物的大小、颜色、排列。
4. 菌核　观察菌核形成的部位，注意菌核的大小、形状和颜色。

五、实训成果

将观察结果填入表 2-14。

表 2-14　植物病害症状观察记录

受害植物	病害名称	为害部位	病状描述	病症描述

技能实训 2-2　识别园艺植物病原真菌形态与类群（鞭毛菌亚门、接合菌亚门、子囊菌亚门）

一、实训目标

识别鞭毛菌亚门、接合菌亚门、子囊菌亚门真菌菌丝体的构造、无性孢子和有性孢子的形态特征。掌握植物病害玻片标本的一般制作方法。

二、实训材料

茄绵疫病、马铃薯晚疫病、黄瓜霜霉病、白菜霜霉病、油菜白锈病、瓜类白粉病、豆类白粉病、丁香白粉病、甘薯黑斑病、油菜菌核病等新鲜材料或标本，病原菌玻片标本、挂图、光盘及多媒体课件等。

三、仪器和用具

显微镜、放大镜、挑针、刀片、载玻片、盖玻片、搪瓷盘、滤纸、蒸馏水及多媒体教学设备等。

四、操作方法

(一) 鞭毛菌亚门、接合菌亚门真菌菌丝体识别及玻片标本制作方法

取擦净的载玻片，中央滴 1 小滴蒸馏水，再用挑针挑取少许茄绵疫病、黄瓜霜霉病或白

菜霜霉病新鲜标本的白色绵毛状菌丝放入水滴中，然后自水滴一侧加盖擦净的盖玻片。加盖时可用挑针支持盖片自一侧慢慢放下（注意不要加盖过快，以防形成大量气泡，或将欲观察的病原物冲溅至盖玻片外）。识别菌丝时注意菌丝的分支状况，有无隔膜，菌丝和孢囊梗有无区别。

1. 孢囊孢子识别　识别时注意孢囊梗着生的情况，孢子囊的形态，孢子囊破裂后散出的孢囊孢子，注意卵孢子的形状、大小和颜色。

2. 孢子囊识别
(1) 取茄绵疫病、马铃薯晚疫病新鲜标本，用挑针挑取病部的白色菌体制片，识别孢囊梗和孢子囊的形态特征。
(2) 取霜霉病病叶新鲜标本，用挑针挑取病部霜霉制片识别，注意孢囊梗的分支情况、孢子囊的形状和特征。

3. 卵孢子识别　取油菜白锈病龙头状老熟花轴，自病组织中挑取黄色粉末制片，在显微镜下识别卵孢子的形状、颜色和特征。

4. 接合孢子识别　镜检根霉菌接合孢子封片，识别接合孢子的形态特征。

(二) 子囊菌菌丝体及无性孢子识别

取白粉病新鲜病叶标本，挑取叶面白色粉霉状物制片识别，注意菌丝的形态和有无隔膜，分生孢子梗和分生孢子的形态以及分生孢子的着生情况。

1. 闭囊壳识别　根据当地条件，选取两种形成闭囊壳的白粉病，分别挑取病部黑色小颗粒制片，识别时注意闭囊壳的形状、颜色以及表面附属丝的特征。然后用挑针轻压闭囊壳上方的盖玻片，挤出闭囊壳中的子囊，注意识别闭囊壳内子囊的形态和数目，子囊内子囊孢子的形态。

2. 子囊壳识别　观察示范玻片，识别子囊壳的形状、颜色和子囊着生情况。

3. 子囊盘识别　观察示范玻片，识别子囊盘的形状、颜色和子囊着生情况。

五、实训成果

(1) 绘制霜霉病菌形态特征图。
(2) 绘图比较假霜霉属、霜霉属、盘梗霜霉属的孢囊梗。
(3) 绘制白粉病菌的分生孢子梗和分生孢子图。
(4) 观察两种白粉病菌的闭囊壳，绘图说明其特征。

技能实训 2-3　识别园艺植物病原真菌形态与类群（担子菌亚门、半知菌亚门）

一、实训目标

识别黑粉菌的冬孢子和锈菌的冬孢子、夏孢子的形态特征，了解高等担子菌担子果的形态特征。识别半知菌亚门主要病原菌的无性繁殖体。识别各种类型繁殖体的结构和形态特征。

二、实训材料

禾谷类黑粉病、豆类锈病、葱锈病、蔬菜灰霉病、豆类叶斑病、马铃薯早疫病、葱紫斑病、辣椒炭疽病、芹菜斑枯病、茄褐纹病等病害新鲜材料或标本,病原菌玻片标本、挂图、光盘及多媒体课件等。

三、仪器和用具

显微镜、体视显微镜、培养皿、挑针、蒸馏水、滴瓶、载玻片、盖玻片和多媒体教学设备等。

四、操作方法

(一)黑粉菌识别

取小麦散黑穗病、玉米黑粉病、高粱丝黑穗病标本,用挑针挑取病部黑粉制片,识别冬孢子的形状、大小和颜色。

(二)锈菌识别

1. 夏孢子识别 通过示范玻片或任取两种锈病夏孢子堆标本,用挑针挑取锈粉制片,识别夏孢子的形状、颜色和表面特征。

2. 冬孢子识别 通过示范玻片或任选两种带有冬孢子堆的锈菌材料,刮取冬孢子制片,识别锈菌冬孢子的形状、颜色、柄的长短。

(三)蘑菇担子果识别

通过示范玻片或任取一种蘑菇的担子果玻片标本,识别其菌柄和菌盖的形态特征。

(四)丝孢目真菌识别

取蔬菜灰霉病、豆类叶斑病、马铃薯早疫病、葱紫斑病标本,识别其症状的特点,注意病部的霉状物病征,霉状物在病部着生的情况。最后挑取少量霉状物制片,识别分生孢子梗和分生孢子的形态、大小、颜色和有无分隔。

(五)黑盘孢目真菌识别

通过示范玻片或取辣椒炭疽病标本,徒手切片制片后在显微镜下识别。注意分生孢子梗的排列情况,有无深色刚毛,分生孢子的形状、颜色等。

(六)球壳孢目真菌识别

取芹菜斑枯病或茄褐纹病标本,徒手切片制片后在显微镜下识别。注意分生孢子器的形状、颜色等。

五、实训成果

(1)绘制黑粉菌冬孢子的形态特征图。
(2)绘制锈菌冬孢子和夏孢子的形态特征图。
(3)绘图说明所观察的丝孢目、黑盘孢目、球壳孢目真菌繁殖体的形态特征。
(4)说明丝孢目、黑盘孢目、球壳孢目病菌所致病害的病征各有何特点。

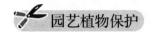

技能实训 2-4　识别植物病原细菌、线虫及寄生性种子植物形态

一、实训目标

识别植物病原细菌、线虫及寄生性种子植物的形态特征。学会细菌染色方法，为鉴别植物病害奠定基础。

二、实训材料

白菜软腐病、马铃薯环腐病、番茄青枯病、菜豆叶烧病标本或病菌的培养菌落，小麦线虫病、大豆根结线虫病、菟丝子、列当等病害新鲜材料或标本，挂图、光盘及多媒体课件等。

三、仪器与用具

显微镜、载玻片、盖玻片、解剖刀、挑针、蒸馏水、滴瓶、酒精灯、滤纸、香柏油、二甲苯、碱性品红、95%酒精、结晶紫及多媒体教学设备等。

四、操作方法

（一）细菌性病害症状及病原细菌识别

1. **细菌性病害症状识别**　取白菜软腐病、马铃薯环腐病、番茄青枯病、菜豆叶烧病等标本观察，注意其症状特点和病部有无溢出的菌脓。

2. **检查病组织**　取新鲜细菌病害标本的病组织，选初发病的部位，切取一小块病健交界处的病组织放在载玻片上的水滴中，加盖玻片在低倍显微镜下检查，观察有无大量的细菌从组织中流出。

3. **革兰氏染色**　革兰氏染色反应是细菌分类和鉴定的重要方法。

（1）涂片。先取一小滴蒸馏水，滴加于清洁的载玻片上，从培养 24~48h 的菌落上挑取少量细菌放入载玻片上的水滴中，用挑针搅匀摊开，涂成一薄层。

（2）干燥和固定。在空气中干燥后通过火焰上方 2~3 次，固定。

（3）用结晶紫染色 1min，水洗（染色后，用洗瓶自染色处的上方轻轻冲去多余的染液，注意不要冲掉涂抹的细菌层），吸干（用滤纸吸去水分）。

（4）在碘液中浸 1min，水洗，吸干。

（5）用 95%酒精褪色，时间约 30s，水洗，吸干。

（6）用复染剂（如碱性品红）染色 10s，水洗，吸干。

（7）镜检。低倍镜对光后，将染好载玻片的观察部位滴少许香柏油放在显微镜载物台上，换用油镜并将油镜头慢慢放下，同时由侧面识别，使油镜头浸入油滴中，然后观察，并用微动螺旋慢慢调节至识别物象清晰。镜检完后，用擦镜纸沾二甲苯轻擦镜头，除去香柏油。注意勿使二甲苯渗入镜头内部，防止损坏镜头。

阳性反应的细菌染成紫色，阴性反应的细菌染成红色。

(二) 线虫识别

取小麦线虫病虫瘿用水浸泡至发软时切开，挑取其中内容物微量制片，在低倍镜下观察线虫的形态。也可识别大豆根结线虫，大豆根结线虫的雌虫寄生于大豆细根外部，呈黄白色小粒状，可刮取镜检。

(三) 绘制菟丝子或列当图

绘制菟丝子或列当图片以表述其形态特征，比较其与一般种子植物的主要区别。

五、实训成果

(1) 细菌革兰氏染色情况检查并现场打分。
(2) 绘制所识别的细菌和线虫的图。

六、成绩评定标准

成绩根据实验态度、操作过程、实验报告等方面综合评定（表 2-15）。评定等级分为优秀（90~100 分）、良好（80~89 分）、及格（60~79 分）、不及格（小于 60 分）。

表 2-15 技能实训综合评定

评定项目（所占分值）	评定内容和环节	评定标准	备注
实验态度（10 分）	积极、认真	主动、仔细地观察实验内容	
操作过程（50 分）	细菌染色的操作及观察；线虫特征观察；寄生性种子植物特征观察	①正确、规范操作显微镜。②能熟练进行细菌的革兰氏染色	
实验报告（40 分）	实验报告质量	①目的明确，按时完成报告。②绘图认真，并正确标明各部分名称。③细菌染色合格	

技能实训 2-5 采集、制作和保存植物病害标本

一、能力目标

正确选取、采集、记录和整理具有典型症状的植物病害材料，制作和保存干燥、浸渍的植物病害标本。并通过标本的采集和鉴定，熟悉当地常见园艺植物病害种类、症状特点及发生危害情况。

二、材料与用具

标本夹、标本纸、采集箱、剪枝剪、小锯、放大镜、镊子、塑料袋、记载本、标签等。

三、操作方法

(一) 病害标本采集用具

1. **标本夹** 用以夹压各种含水分不多的枝叶病害标本，多为木制的栅状板。

2. 标本纸　应选用吸水力强的纸张，可较快吸除枝叶标本内的水分。

3. 采集箱　采集较大或易损坏的组织如果实、木质根茎，或在田间来不及压制的标本时用。

4. 其他采集用具　剪枝剪、小刀、小锯、放大镜、纸袋、塑料袋、记载本、标签等。

（二）采集方法

1. 采集具有典型症状的病害标本　尽可能采集到不同时期、不同部位的症状，如梨黑星病标本应有分别带霉层和疮痂斑的叶片、畸形的幼果、龟裂的大果等。另外，同一标本上的症状应是同一种病害的，当多种病害混合发生时，更应注意仔细选择。可以通过数码相机真实记录和准确反映病害的症状特点。

2. 采集有病征的病害标本　有病征的病害标本可以用于病原物的鉴定。真菌性病害的标本如白粉病，因其子实体分有性和无性两个阶段，应尽量在不同的适当时期分别采集。许多真菌的有性子实体常在地面的病残体上产生，采集时要注意观察。

3. 采集应避免病原物混杂　容易混淆污染的标本（如黑粉病和锈病）要分别用纸夹（包）好，以免鉴定时发生差错。因发病而败坏的果实，可用纸分别包好后放在标本箱中以免损坏和沾污。

4. 随采集随压制　对于容易干燥卷缩的标本，如禾本科植物病害，更应做到随采随压，或用湿布包好，防止变形；其他不易损坏的标本如木质化枝条、枝干等，可以暂时放在标本箱中，带回室内进行压制和整理。

5. 随采集随记载　所有病害标本都应有记录，没有记录的标本会使鉴定和制作工作难度加大。标本记录内容应包括寄主名称、编号、采集地点、生态环境、采集日期、采集人姓名、病害危害情况等。标本应挂有标签，同一份标本在记录簿和标签上的编号必须相符，以便查对；标本必须有寄主名称，这是鉴定病害的前提，如果寄主不明，鉴定时困难就很大。对于不熟悉的寄主，最好能采到花、芽和果实。

（三）标本的制作与保存

1. 干燥标本的制作与保存

（1）标本压制。含水量少的标本，如禾本科、豆科植物的病叶、茎标本，应随采随压，以保持标本的原形；含水量多的标本，如甘蓝、大白菜、番茄等植物的叶片标本，应自然散失一些水分后，再进行压制；有些标本制作时可适当加工，如标本的茎、枝条过粗或叶片过多，应先将枝条劈去一半或去掉一部分叶片再压，以防标本因受压不匀或叶片重叠过多而变形。有些需全株采集的植物标本，一般是将标本折成适当形状后压制。压制标本时应附有临时标签。

（2）标本干燥。为了避免病叶类标本变形，并使植物组织上的水分易被标本纸吸收，一般每层标本放一层（3~4张）标本纸，每个标本夹的总厚度以 10cm 为宜。标本夹好后，要用绳将标本夹扎紧，放到干燥通风处，使其尽快干燥，避免发霉变质。同时要注意勤换标本纸，一般是前 3~4d 每天换纸 2 次，以后每 2~3d 换 1 次，直到标本完全干燥为止。在第一次换纸时，由于标本经过初步干燥，已变软而容易铺展，可以对标本进行整理。

不准备做分离用的标本也可在烘箱或微波炉中迅速烘干。标本干燥越快，就越能保存原有色泽。干燥后的标本移动时应十分小心，以防破碎；对于果穗、枝干等粗大标本，在通风处自然干燥即可，注意不要使其受挤压而变形。

（3）标本保存。标本经选择整理和登记后，应连同采集记载一并放入道林纸袋、牛皮纸袋或玻面标本盒中，贴好标签，然后按寄主种类或病原类别分类存放。

①玻面标本盒保存。玻面标本盒的规格不一，通常一个标本室内的标本盒都统一规格。在标本盒底铺一层重磅道林纸，将标本和标签用乳白胶粘于道林纸上。在标本盒的侧面还应注明病害的种类和编号，以便存放和查找。盒装标本一般按寄主种类进行排列较为适宜。

②蜡叶标本纸袋保存。用重磅道林纸折成纸袋，纸袋的规格可根据标本的大小决定。将标本和采集记载装在纸袋中，并把鉴定标签贴在纸袋的右上角。纸袋的折叠方式和鉴定标签的格式如图2-63所示。标本室和标本柜要保持干燥以防生霉，同时还要注意清洁以防虫蛀。可用樟脑放于标本袋和盒中，并定期更换。

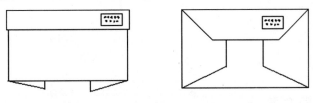

图2-63 植物病害标本纸袋折叠方法

2. 浸渍标本的制作与保存　园艺植物病害的许多果实病害和为了保持原有色泽和症状特征的茎、叶部病害可制成浸渍标本进行保存。果实因其种类和成熟度不同，颜色差别很大。应根据果实的颜色，选择浸渍液的种类。如绿色标本可用醋酸铜浸渍液，黄色或橘红色标本可用亚硫酸浸渍液，红色标本用瓦查浸渍液保存。制成的标本应存放于标本瓶中，并贴好标签。因为浸渍液所用的药品多数具有挥发性或者容易氧化，标本瓶的瓶口应密封。

另外，园艺植物病害的病原物可以制成玻片标本永久保存。

四、实训成果

（1）根据当年病害发生情况，每人采集制作10种病害的蜡叶标本，每种标本的数量在5件以上，并详细写明采集记载。

（2）采集标本时，为什么要采集病征完整的标本？

五、成绩评定标准

成绩根据实验态度、操作过程、实验报告等方面综合评定（表2-16）。评定等级分为优秀（90～100分）、良好（80～89分）、及格（60～79分）、不及格（小于60分）。

表2-16　植物病害标本采集、制作和保存的综合评定

评定项目（所占分值）	评定内容和环节	评定标准	备注
实训态度（10分）	积极、认真	主动、仔细地进行和完成实训内容	
操作过程（50分）	实训工具的准备；标本的采集过程；标本的制作过程	①能正确选择和采集植物病害标本。②能确切地完成病害标本采集、制作和保存的各个步骤	
实训报告（40分）	实训报告质量	①目的明确，按时完成报告。②实训报告表述正确，标本符合规定要求	

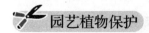

技能实训 2-6 植物病原物的分离、接种与培养

一、能力目标

了解培养基的配制原理,掌握培养基的制备方法;了解分离与纯化微生物的基本原理及方法;掌握组织分离、稀释分离的基本操作技术;掌握在平板、斜面培养基上培养病原菌及观察其培养性状的方法。

二、实训场所

植物病理实训室。

三、材料与用具准备

病害材料(柑橘炭疽病、黄瓜灰霉病、番茄灰霉病、黄瓜细菌性角斑病、白菜软腐病等)、马铃薯、葡萄糖、牛肉膏、蛋白胨、琼脂、1mol/L NaOH、1mol/L HCl、高压蒸汽灭菌锅、pH 试纸、试管、铝锅、搅拌棒、可调式电炉、三角瓶、烧杯、漏斗、量筒、培养皿、纱布、棉花、天平、超净工作台、培养箱、吸管、吸水纸、三角玻璃棒、剪刀、解剖刀、镊子、接种针、接种环、70%酒精、0.1%氯化汞、酒精灯、火柴、记号笔、橡皮筋套等。

四、内容及方法步骤

(一) 玻璃器皿的灭菌和消毒

1. 玻璃器皿的洗涤和包装

(1) 玻璃器皿在使用前必须洗涤干净。培养皿、试管等可用洗衣粉加去污粉洗刷并用自来水冲净。洗刷干净的玻璃器皿自然晾干后或放入烘箱中烘干备用。

(2) 包装。

①试管和三角瓶等的包装。用棉塞或泡沫塑料塞将试管管口和锥形瓶瓶口部塞住,然后在棉塞与管口和瓶口的外面用两层报纸与细线(或用铝箔)包扎好待灭菌。

②培养皿的包装。培养皿由一底一盖组成一套,用牛皮纸或报纸将每套培养皿包好待灭菌。

2. 干热灭菌 干热灭菌是利用高温使微生物细胞内的蛋白质凝固变性的灭菌方法。干热灭菌有火焰烧灼灭菌和热空气灭菌两种方法。火焰烧灼灭菌适用于接种环、接种针和金属用具如镊子等,无菌操作时将试管口和瓶口在火焰上作短暂烧灼灭菌。热空气灭菌是在烘箱内利用高温干燥空气(160~170℃)进行灭菌(时间 1~2h)。此法适用于玻璃器皿如试管、培养皿等的灭菌。通常所说的干热灭菌就是指热空气灭菌。

烘箱干热灭菌操作步骤如下。

(1) 装入待灭菌物品。预先将各种器皿用纸包好后放入烘箱中。

提示:物品不要摆得太挤,以免妨碍空气流通。

(2) 升温。关好电烘箱门，打开电源开关，旋动恒温调节器至所需温度刻度（160～170℃），此时烘箱红灯亮，表明烘箱已开始加热。当温度上升至所设定温度后，则烘箱绿灯亮，表示已停止加温。

提示：温度不能超过170℃，否则包器皿的纸会烧焦，甚至引起燃烧。

(3) 恒温。当温度升到所需温度后，维持此温度2h。

(4) 降温。切断电源，自然降温。

提示：刚切断电源时烘箱内温度仍然为160℃左右，切勿立即自行打开箱门以免骤然降温导致玻璃器皿炸裂产生危险。

(5) 取出灭菌物品。待电烘箱内温度降到50℃左右，才能打开箱门，取出灭菌物品。

提示：灭菌好的器皿应保存好，切勿弄破包装纸，否则会染菌。

3. 湿热灭菌　湿热灭菌就是将物品放在密闭的高压蒸汽灭菌锅内，在0.1MPa、121℃条件下保持15～30min进行灭菌。时间的长短可根据灭菌物品种类和数量的不同而有所变化，以达到彻底灭菌的目的。这种灭菌适用于培养基、工作服、橡皮物品等，也可用于玻璃器皿的灭菌。

高压锅湿热灭菌操作步骤如下。

(1) 加水。将内层锅取出，向外层锅内加入适量的水，使水面与三角搁架相平。

(2) 装入待灭菌物品。放回内层锅，并装入待灭菌物品。

提示：注意不要装得太挤，以免妨碍蒸汽流通而影响灭菌效果。

(3) 加盖。以对称方式旋紧相对的两个螺栓，使螺栓松紧一致，勿使漏气。

(4) 加热。水沸腾后排除锅内的冷空气，待冷空气完全排尽后，关上排气阀，让锅内的温度随蒸汽压力增加而逐渐上升。当锅内压力升到所需压力时，调节电炉控温旋钮，维持压力至所需时间。

(5) 取出灭菌物品。到达灭菌所需时间到后切断电源，让灭菌锅内温度自然下降，当压力表的压力降至"0"后，打开排气阀，旋松螺栓，打开盖子取出灭菌物品。

提示：将取出的灭菌培养基放入25℃温箱培养48h，经检查若无杂菌生长，即可待用。

（二）培养基的制作

1. 马铃薯葡萄糖琼脂（PDA）培养基（真菌基础培养基）的制作　马铃薯葡萄糖培养基配方：马铃薯（去皮）200g、葡萄糖20g、琼脂15～20g、蒸馏水1 000mL，自然pH。

(1) 称量。称量去皮马铃薯200g、葡萄糖20g、琼脂15～20g。

提示：琼脂加入的量取决于琼脂的质量，质量好的15g即可，质量差的应适当增加。另外，在夏天气温较高时，适当增加用量。

(2) 将马铃薯切成小块，放入锅中，加水1 000mL，煮沸30min。用纱布滤去残渣。

(3) 将马铃薯滤液放回锅中，加入琼脂，加热熔化。

提示：在琼脂熔化的过程中，需要用玻璃棒不断搅拌，并控制火力不要使培养基溢出或烧焦。

(4) 加入葡萄糖。葡萄糖溶解后，加入适量的水以补充加热过程中损失的水分，定容至1 000mL。

提示：通常在制作培养基的锅内用红蓝铅笔标记出不同体积的刻度，如1 000mL、2 000mL等，在定容时直接将水加至已标记的刻度即可。

(5) 分装。根据不同实验目的,将配制的培养基分装于试管内或三角瓶内。分装试管,其量为管高的 1/5,灭菌后制成斜面。分装三角瓶的容量以不超过三角瓶容积的一半为宜。

(6) 加塞。在管口或瓶口塞上棉塞。棉塞要用未脱脂的经弹松的棉花,棉塞可过滤空气,防止杂菌侵入并可减缓培养基水分的蒸发,在植物病理学研究工作中普遍使用。

正确的棉塞形状、松紧与管口或瓶口完全适合,过紧时妨碍空气流通,操作不便;过松则达不到滤菌的目的,且棉塞过小往往容易掉进试管内。正确的棉塞头较大,约有 1/3 在试管外,2/3 在试管内。分装过程中注意不要使培养基沾染在管(瓶)口上,以免浸湿棉塞引起污染。

(7) 包扎。加塞后,将试管用线绳捆好,再在棉塞外包一层牛皮纸,防止灭菌时冷凝水润湿棉塞,其外再用一道线绳扎好。用记号笔注明培养基名称、配制日期、组别、制作人等。

(8) 灭菌。将上述培养基在 0.1MPa、121℃的条件下高压蒸汽灭菌 20min。

(9) 搁置斜面。将灭菌的试管培养基竖置冷至 50℃左右(以防斜面上冷凝水太多),将试管口端搁在玻璃棒或其他合适高度的器具上,搁置的斜面长度以不超过试管总长的一半为宜。

(10) 无菌检查。培养基经灭菌后,必须放在 37℃温箱培养 24h,无菌生长者方可使用。

2. 牛肉膏蛋白胨琼脂(BEPA)培养基(细菌基础培养基)的制作 牛肉膏蛋白胨培养基的配方:牛肉膏 3g、蛋白胨 10g、NaCl 5g、琼脂 15~20g、水 1 000mL,pH 7.4~7.6。

(1) 称量和溶解。药品实际用量计算后,按培养基配方逐一称取牛肉膏、蛋白胨依次放入烧杯中。牛肉膏可放在小烧杯或表面皿中称量,用热水溶解后倒入大烧杯;也可放在称量纸上称量,随后放入热水中,牛肉膏便与称量纸分离,立即取出纸片。蛋白胨极易吸潮,故称量时要迅速。

(2) 加热溶解。在烧杯中加入少于所需要的水量,然后放在石棉网上,小火加热,并用玻璃棒搅拌,待药品完全溶解后再补充水分至所需量。若配制固体培养基,则将称好的琼脂放入已溶解的药品中,再加热溶解,此过程中需不断搅拌,以防琼脂糊底或溢出,最后补充所失的水分。

(3) 调 pH。若 pH 偏酸,可滴加 1mol/L NaOH,边加边搅拌,并随时用 pH 试纸检测,直至达到所需 pH 范围。若偏碱,则用 1mol/L HCl 进行调节。应注意 pH 不要调过,以免回调而影响培养基内各离子的浓度。

(4) 过滤。液化培养基可用滤纸过滤,固体培养基可用 4 层纱布趁热过滤,去除杂质便于观察。供一般使用的培养基,可省略过滤步骤。

(5) 分装。按实验要求,将配制的培养基分装入试管或三角瓶内。分装时可用三角漏斗,以免培养基沾在管口或瓶口上造成污染。

分装量:固体培养基约为试管高度的 1/5,灭菌后制成斜面,分装入三角瓶内以不超过其容积的一半为宜;半固体培养基以试管高度的 1/3 为宜,灭菌后垂直待凝。

(6) 加塞。培养基分装完毕后,在试管口或三角烧瓶口上塞上棉塞(或泡沫塑料塞或试管帽等),以阻止外界微生物进入培养基内造成污染,并保证有良好的通气性能。

(7) 包扎。加塞后,将全部试管用麻绳或橡皮筋捆好,再在棉塞外包一层牛皮纸(有条件的实验室，可用市售的铝箔代替牛皮纸，省去用绳扎，而且效果好），以防止灭菌时冷凝水润湿棉塞，其外再用一道麻绳或橡皮筋扎好，用记号笔注明培养基名称、组别、配制日期。

(8) 灭菌。将上述培养基在 0.1MPa、121℃的条件下高压蒸汽灭菌 20min。

(9) 搁置斜面。将灭菌的试管培养基冷至 50℃左右（以防斜面上冷凝水太多），将试管口端搁在玻璃棒或其他合适高度的器具上，搁置的斜面长度以不超过试管总长的一半为宜。

(10) 无菌检查。将灭菌培养后的培养基放入 37℃的恒温箱中培养 24~48h，以检查灭菌是否彻底。

(三) 病原菌的分离、培养和纯化

1. 病原真菌的分离（组织分离法）

(1) 取一个灭菌培养皿，置于湿纱布上，在皿盖上用玻璃铅笔注明分离日期、材料和分离人的姓名。

提示：工作前将所需的物品都放在超净工作台内；操作前用肥皂洗手，操作时还需用 70%酒精擦拭双手；无菌操作时，呼吸要轻，不要说话。

(2) 用无菌操作法向培养皿中加入 1~2 滴 25%乳酸（可减少细菌污染），然后将融化而冷至 60℃左右的 PDA 培养基倒入培养皿中，每皿倒 10~15mL，轻轻摇动使之成平面。凝固后即成平板培养基。

(3) 取真菌叶斑病的新鲜病叶（或其他分离材料），选择典型的单个病斑。用剪刀或解剖刀从病斑边缘（病健交界处）切取小块（每边长 3~4mm）病组织数块。

提示：选择新患病的组织作为分离材料，可以减少腐生菌混入的机会。腐生菌一般在发病很久而已经枯死或腐败的部分滋生，因此，一般斑点病害应在临近健康组织的部分分离。

(4) 将病组织放入 70%酒精中浸 3~5s 后，按无菌操作法将病组织移入 0.1%氯化汞液中分别表面消毒 0.5min、1min、2min、3min、5min，若植物组织柔嫩，则表面消毒时间宜短；反之则可长些。然后放入灭菌水中连续漂洗 3 次，除去残留的消毒剂。

提示：先用 70%的酒精浸 2~3s 是为了消除寄主表面的气泡，减少表面张力，处理的时间较短。氯化汞溶液消毒的时间因材料而异，30s 至 30min 不等，一般情况下需时间 3~5min。

(5) 用无菌操作法将病组织移至平板培养基上，每皿内放 4~6 块。

提示：在将病组织小块移放到平板表面之前，应将其在无菌吸水纸上吸去多余的水，以大大减少病组织附近出现细菌污染。

(6) 将培养皿倒置放入 25℃左右恒温箱内培养。一般 3~4d 后观察待分离菌生长结果。

(7) 若病组织小块上均长出较为一致的菌落，则多半为要分离的病原菌。在无菌条件下，用接种针自菌落边缘挑取小块移入斜面培养基，在 25℃左右恒温箱内培养，数日后观察菌落生长情况，若无杂菌生长即得该分离病菌纯菌种，便可置于冰箱中保存。

提示：除根据菌落的一致性初步确定长出的菌落是否为目标菌外，还要在显微镜下检查，进一步确定。如果是对未知病原菌的组织分离，则要将长出的菌落分别转出，通过进一步的接种实验明确哪一种为其病原菌。

在组织分离工作中，如果植物材料体积较大且较软（如患灰霉病的番茄果实），在分离过程中可直接挖取内部患病组织移入平板培养基上，完成分离工作。

2. 病原细菌的分离（稀释分离法）

（1）3个取灭菌培养皿，平放在湿纱布上，编号，并注明日期、分离材料及分离人姓名。

（2）用灭菌吸管吸取灭菌水，在每一皿中分别注入0.5~1.0mL。

（3）用移植环蘸1滴孢子悬浮液，与第1个培养皿中的灭菌水混合，再从第1个培养皿移3环到第2个培养皿中，混合后再移3环到第3个培养皿中。

（4）将熔化并冷却到45~50℃的培养基分别倒在3个培养皿中（为防止细菌污染，向每个培养皿中事先加入1~2滴25%乳酸），摇匀，凝固，要使培养基与稀释的菌液充分混匀。

提示：倒平板时的培养基温度一定要掌握好，过热易将病原菌烫死而使分离失败，过冷则倒入培养皿中后难以形成平板，不利于分离。

（5）将培养皿翻转后置恒温箱（25℃）中培养，数日后观察菌落生长情况。

（6）挑菌。将培养后长出较为整齐一致的单个菌落分别挑取，接种到斜面培养基上，置于25℃左右条件下培养。待菌长出后，检查菌是否单纯，若有其他菌混杂，就要再一次进行分离纯化，直到获得纯培养为止。

（四）真菌、细菌培养性状

1. 真菌培养性状观察　取已分离、纯化的某种真菌菌种，按前述稀释分离法的步骤进行，待某培养皿中形成单个菌落后观察。记载以下内容：菌落颜色、菌丛密集及繁茂程度、是否有色素分泌出来而渗透到培养基中、菌落生长速度快慢等。同时要记载培养基种类（成分及pH）和培养温度、光照条件。

2. 细菌培养性状观察

（1）仿照上述真菌菌落形成步骤，观察记载以下内容：菌落颜色、菌落边缘形状、菌落表面是光亮还是粗糙或有皱折、菌落隆起情况、是否有色素分泌到培养基中、菌落生长速度快慢、是否有特殊气味形成等。同时要记载培养基种类（成分及pH）和培养温度、光照条件。

（2）用接种铒（环）蘸细菌菌种后，通过无菌操作在牛肉膏蛋白胨等斜面培养基表面从下向上划一条直线，过2~3d长出的细菌群体称为菌苔，可仿照观察记载细菌菌落的记载内容，记载菌苔颜色、边缘形状、表面是光亮还是粗糙有皱折、隆起情况、是否有色素分泌到培养基中、是否有特殊气味生成、生长速度快慢等。同时，也要记载培养基种类（成分及pH）和培养温度、光照条件。

（3）用接种铒（环）蘸取细菌菌种后，通过无菌操作，将其接种在某种液体培养基中，数日后观察记载培养基中是否变混浊，是否有色素、气体、沉淀生成，培养液表面是否生成菌膜等。同时，也要记载培养基种类（成分及pH）和培养温度、光照条件。

五、实训成果

（1）培养基配制完成后，为什么必须立即灭菌？已灭菌的培养基如何进行灭菌检查？

（2）高压蒸汽灭菌中为什么要排净冷空气？为什么在灭菌后不能骤然快速降压，而应在放尽锅内的蒸汽后才能打开锅盖？

(3) 选 1~2 种病害材料进行组织分离培养,根据所获结果总结操作中的体会。
(4) 上交分离的病原真菌、细菌菌种。

六、成绩评定标准

成绩根据实验态度、操作过程、实验报告等方面综合评定(表 2 - 17)。评定等级分为优秀(90~100 分)、良好(80~89 分)、及格(60~79 分)、不及格(小于 60 分)。

表 2 - 17 植物病原物分离、接种与培养综合评定

评定项目(所占分值)	评定内容和环节	评定标准	备注
实训态度(10 分)	积极、认真	主动、仔细地进行和完成实训内容	
操作过程(50 分)	灭菌与消毒; 培养基的制作; 病原物的分离; 病原物的培养	①能正确进行消毒和灭菌的操作。 ②能熟练地完成培养基的制作。 ③能熟练地进行病原物的分离和培养各个步骤	
实训报告(40 分)	实训报告质量	①目的明确,按时完成报告。 ②实训报告表述正确,内容翔实。 ③所交材料达到规定要求。	

项目三

园艺植物病虫害综合防治技术

知识目标

- 了解园艺植物病虫害综合治理的含义、原则。
- 理解园艺植物病虫害综合治理方法的含义、内容。
- 掌握园艺植物病虫害综合治理方法的各项技术措施。

能力目标

- 能根据当地园艺植物病虫发生特点合理制订综合治理方案。
- 能根据某地区病虫的发生情况，因地制宜协调采取各种防治技术措施，对病虫害实施综合治理。

任务一　制订园艺植物病虫害综合治理方案

一、提出综合治理概念

在自然生态系统中任何一个可以生存下来的物种对生态系统都有积极的作用。各种生物形成了相互制约、相互依存、相对稳定的关系。在人类出现之后，一些与人类竞争资源或危及人类健康的生物逐渐引起了人们的注意，并以人类的经济利益为标准，将这些生物贴上了"有害生物"的标签。

病虫一旦阻碍植物生长，造成经济损失，就成为病虫害。为此人们一直在寻找理想的防治方法。20世纪以来，生物防治引起人们极大的兴趣，发现和采取了很多技术措施，但是生物防治的不稳定性及效果的缓慢性让人们不停地寻找其他方法。20世纪40年代，人工合成有机杀虫剂、杀菌剂等有机农药的出现，使化学防治成为防治病虫害的主要手段。化学防治方法具有使用方便、价格便宜、效果显著等优点；但是经过长期大量使用后，产生的副作用越来越明显，不仅污染环境，而且使病虫害产生抗药性以及大量杀伤有益生物。人们终于从历史的教训中认识到依赖单一方法解决病虫害的防治问题是不完善的。为了最大限度地减少有害生物防治对环境产生的不利影响，逐步提出了"有害生物综合治理（Integrated Pest Management，简称IPM）"的防治策略，成为控制植物有害生物的一种管理方法。

人类为了追求产量过分依赖化学农药，严重污染了环境，导致有害生物抗性急剧增长，引起病虫害再猖獗，次要有害生物上升，使有害生物防治趋于困难和复杂。IPM 是建立在成本效益分析基础上的一种选择和使用有害生物控制技术的决策支持系统，目标是长期预防与控制有害生物，同时最大限度减少对人类健康、环境和非靶标生物的不利影响。IPM 是在充分考虑到所有可行的有害生物防治措施和生产者、社会和环境利益，综合评价各种防治技术、栽培技术、气象、其他有害生物和被保护植物之间的相互作用和影响后，协调选用控制有害生物的技术和方法。

二、综合治理的含义

植物病虫害的防治方法很多，每种方法各有其优点和局限性，依靠某一种措施往往不能达到防治目的。1975 年全国植保工作会议确定"预防为主，综合防治"的植物保护工作方针，指出"以防作为贯彻植保方针的指导思想，在综合防治中，要以农业防治为基础，因地、因时制宜，合理运用化学防治、生物防治、物理防治等措施，达到经济、安全、有效地控制病虫为害的目的。"

1967 年联合国粮农组织（FAO）在罗马召开的"有害生物综合防治（IPC）"会议上提出：综合防治是对有害生物的一种管理系统，依据有害生物的种群动态及与环境的关系，尽可能协调运用一切适当的技术和方法，使有害生物种群控制在经济损害允许水平之下。1972 年美国环境质量委员会（CEQ）提出了有害生物综合治理：综合治理是运用各种综合技术，防治对农作物有潜在危险的各种害虫，首先要最大限度地借助自然控制力量，兼用各种能够控制种群数量的综合方法如农业防治法、利用病原微生物、培育抗性农作物、害虫不育法、使用性诱剂、大量繁殖和释放寄生性天敌等，必要时使用杀虫剂。

1986 年 11 月中国植物保护学会和中国农业科学院植物保护研究所在四川成都联合召开了第二次农作物病虫害综合防治学术讨论会，对有害生物提出综合防治的含义是：综合防治是对有害生物进行科学管理的一种体系，它属于农田最优化生产管理体系中的一个子系统。它是从农业生态系的整体出发，根据有害生物和环境之间的相互关系，充分发挥自然控制因素的作用，因地制宜协调应用必要的措施，将有害生物控制在经济损害允许水平以下，以获得最佳的经济、生态和社会效益。即以生态全局为出发点，以预防为主，强调利用自然界对病虫的控制因素，达到控制病虫发生的目的；合理运用各种防治方法，相互协调，取长补短，在综合各种因素的基础上，确定最佳防治方案，利用化学防治方法时，应尽量避免杀伤天敌和污染环境。综合治理不是彻底干净消灭病虫害，而是把病虫害控制在经济损害允许水平以下。综合治理并不降低防治要求，而是把防治措施提高到安全、经济、简便、有效的水平上。

三、制订综合治理方案所遵循的原则

综合防治定义与国际上常用的"有害生物综合治理（Integrated Pest Management，IPM）""植物病虫害管理（Plant Disease Management，PDM）"的内涵一致。

开展病虫害综合防治或综合治理首先应规定治理的范围，在研究病虫害流行规律和危害损失基础上提出主治和兼治的病虫害对象，确定治理策略和经济阈值，发展病虫害监测技术、预测办法和防治决策模型，研究并应用关键防治技术。为了不断改进和完善综合防治方案，不断提高治理水平，还要有适用的经济效益、生态效益和社会效益的评估指标体系和评价办法。

1. 从农业生态学观念出发 植物、病原（害虫）、天敌三者之间相互依存，相互制约。它们同在一个生态环境中，又是生态系统的组成部分，它们的发生和消长又与其共同所处的生态环境的状态密切相关。综合治理就是在作物播种、育苗、移栽和管理的过程中，有针对性地调节生态系统中某些组成部分，创造一个有利于植物及病害天敌生存，不利于病虫发生发展的环境条件，从而预防或减少病虫的发生与危害。

2. 从安全的观念出发 生态系统的各组成部分关系密切，要针对不同的防治对象，又考虑对整个生态系统的影响，协调选用一种或几种有效的防治措施。如栽培管理、天敌的保护和利用、物理防治、药剂防治等措施。对不同的病虫害，采用不同对策。各项措施协调运用，取长补短，又要注意实施的时间和方法，以达到最好的效果。同时将对农业生态系的不利影响降到最低限度。

3. 从保护环境、促进生态平衡，有利于自然控制病虫害的观念出发 植物病虫害的综合治理要从病虫害、植物、天敌、环境之间的自然关系出发，科学地选择及合理地使用农药，特别要选择高效、无毒或低毒、污染轻、有选择性的农药，防止对人畜造成毒害，减少对环境的污染，保护和利用天敌，不断增强自然控制力。

4. 从提高经济效益的观念出发 从经济效益角度出发防治病虫的目的是为了控制病虫的危害，使其危害程度降低到不足以造成经济损失。因而经济损害允许水平（经济阈值）是综合治理的一个重要概念。人们必须研究病虫的数量发展到何种程度，才采取防治措施，以阻止病虫达到造成经济损失的程度，这就是防治指标。如果病虫危害程度低于防治指标，可不防治，否则，必须掌握有利时机，及时防治。需要指出的是，在以城镇街道、公园绿地、厂矿及企事业单位的园林绿化为主体时，则不完全适合上述经济观点。

IPM对"有害生物"下了一个新的定义，认为只有达到经济损害允许水平的生物才是有害生物。经济损害允许水平是防治有害生物的依据，但在实际防治中所使用的指标不是经济损害允许水平，而是经济阈值。经济阈值（又称防治指标）指的是为防止有害生物达到经济损害允许水平应进行防治的病情指数或害虫种群密度。影响经济损害允许水平和经济阈值的因素有：作物的产量水平、补偿能力、有害生物的种群数量、防治费用、产品价格、防治效果、作物的耐害能力、作物发育期、天敌因素、天气因素。

任务二　实施园艺植物病虫害综合治理方案

知识目标

- 了解植物检疫的概念、重要性及相关法律法规。
- 掌握植物检疫的方法及农业防治措施的基本知识、原理、方法。
- 掌握物理防治技术和生物防治技术的方法和技术要点。

能力目标

* 能在实际工作中开展植物检疫工作；能在生产上利用园艺技术防治措施开展病虫害的防治。
* 能利用生物防治、物理防治措施等进行园艺植物病虫害的控制和防治。

一、植物检疫

（一）植物检疫的概念

植物检疫又称"法规防治"，是国家或地区设立专门机构，依据国家制定的植物检疫法律法规，运用一定的仪器设备和技术，应用科学的方法，对调运的植物和植物产品的病菌、害虫、杂草等有害生物进行检疫检验和处理，禁止或限制危险性病、虫、杂草等人为地传入或传出，并防止进一步扩散所采取的植物保护措施。其目的是利用立法和行政措施防止或延缓有害生物的人为传播。植物检疫是防止有害生物传播蔓延的一项根本性措施。植物检疫是由国家政府主管部门或其授权的地区专门检疫机构依法强制执行的政府行为。植物检疫的基本属性是强制性和预防性。

（二）植物检疫遵循的基本原则

检疫法规是国家权力机关在其职权范围内制定的有关动植物检疫的各种规范性文件的总称。植物检疫法规是为了防止或限制植物危险性病、虫、杂草及其他有害生物等人为地由国外传入或传出和在国内传播蔓延，并防止进一步扩散所采取的植物保护措施。

（三）植物检疫的必要性

在自然情况下，病、虫、杂草等的分布虽然可以通过气流等自然动力和自身活动扩散，不断扩大其分布范围，但这种能力是有限的。再加上高山、海洋、沙漠等天然障碍的阻隔，因此病、虫、杂草的分布有一定的地域局限性。但是，它们一旦借助人为因素的传播，就可以附着在种实、苗木、接穗、插条及其他植物产品上跨越这些天然屏障，由一个地区传到另一个地区或由一个国家传播到另一个国家。当这些病菌、害虫及杂草离开了原产地，到达一个新的地区后，原来制约病虫害发生发展的一些环境因素被打破，条件适宜时，就会迅速扩展蔓延，猖獗成灾。如最近几年传入我国的美洲斑潜蝇、蔗扁蛾、薇甘菊带来了严重灾难。为了防止危险性病、虫、杂草的传播，各国政府都制定了检疫法令，设立了检疫机构，进行植物病虫害及杂草的检疫。

（四）植物检疫的主要任务

禁止危险性病、虫及杂草随着植物及其产品由国外输入或由国内输出；将国内局部地区已经发生的危险性病、虫及杂草封锁在一定的范围内，防止其传入未发生地区，并采取措施进行消灭；当危险性病、虫及杂草传入新地区时，采取紧急措施，就地消灭。

（1）做好植物及植物产品的进出口或国内地区间调运的检疫检验工作。

（2）查清检疫对象的主要分布及危害情况和适生条件，并根据实际情况划定疫区和保护区。

（3）建立无病虫的种子、苗木基地，供应无病虫种苗。

随着对外贸易的发展，检疫工作的任务愈加繁重。因此，必须严格执行检疫法规，高度重视植物检疫工作，切实做到"既不引祸入境，也不染灾于人"，以促进对外贸易，维护国际信誉。

(五) 植物检疫措施

植物检疫分为对外植物检疫（国际检疫）和对内植物检疫（国内检疫）。

1. 对外植物检疫（国际检疫） 即出入境植物检疫，主要措施由中华人民共和国海关总署设在对外港口、国际机场及国际交通要道的出入境检验检疫机构实施，对进出口的植物及其产品进行检疫处理。防止国外新的、国内不发生或只在局部地区发生的检疫性病虫、杂草由人为途径传入；禁止植物病原物、害虫、土壤及植物疫情流行国家、地区的有关植物、植物产品入境；经检疫发现的含有检疫性病虫草的植物及植物产品做除害、退回或销毁处理，其中处理合格的准予入境；输入植物需进行隔离检疫的在出入境检验检疫机构指定的场所检疫；对规定要进行检疫的出入境物品实施检疫；对进出境的植物及其产品的生产、加工、贮藏过程实行检疫监督。同时也防止国内某些危险性病虫及杂草传出国境。

（1）禁止进境。严格禁止可传带危险性极大的有害生物的活植物、种子、无性繁殖材料和植物产品进境。

（2）限制进境。要求出具检疫证书，说明进境植物和植物产品不带有规定的有害生物。此外，还常限制进境时间、地点，进境植物种类及数量等。

（3）调运检疫。对于在国家间和国内不同地区间调运的应进行检疫的植物及植物产品等，在指定的地点和场所由检疫人员进行检疫检验和处理。凡检疫合格的签发检疫证书，准予调运，不合格的必须进行除害处理或退货。

（4）产地检疫。种子、无性繁殖材料在其原产地，农产品在其产地或加工地实施检疫和处理。这是国际和国内检疫中最重要和最有效的一项措施。

（5）国外引种检疫。引进种子、苗木或其他繁殖材料，事先需经审批同意，引进后除进行常规检疫外，还必须在特定的隔离苗圃中试种。

（6）旅客携带物、邮寄检疫。国际旅客进境时携带的植物和植物产品需按规定进行检疫。

（7）紧急防治。对新侵入和定殖的病原物与其他有害生物，必须利用一切有效的防治手段，尽快扑灭。我国国内植物检疫规定已发生检疫对象的局部地区可由行政部门按法定程序定为疫区，采取封锁、扑灭措施。还可将未发生检疫对象的地区依法划定为保护区，采取严格保护措施，防止检疫对象传入。

2. 对内植物检疫（国内检疫） 对内植物检疫是由县级以上农林业行政主管部门所属的植物检疫机构实施。国内植物检疫的主要措施是国内各级检疫机关，会同交通运输、邮电、供销及其他有关部门根据检疫条例，对所调运的植物及其产品进行检验和处理，以防止仅在国内局部地区发生的危险性病、虫、杂草的传播蔓延。其中农业植物检疫名单由中华人民共和国农业农村部制定，省（直辖市、自治区）农业农村厅制定本省补充名单，并报中华人民共和国农业农村部备案；疫区、保护区的划定由省（直辖市、自治区）农业农村厅提出，省（直辖市、自治区）政府批准，并报中华人民共和国农业农村部备案；对调运的种子等植物繁殖材料和已列入检疫名单的植物、植物产品，在运出发生疫情的县级行政区之前必须经过检疫；对无植物检疫对象的种苗繁育基地实施产地检疫；从国外引进的可能潜伏有危险性病虫的种子等繁殖材料必须进行隔离试种。

对内检疫是对外检疫的基础，对外检疫是对内检疫的保障，两者紧密配合，互相促进，达到保护植物生产目的。

（六）植物检疫对象的确定

植物检疫对象是国家法律、法规、规章中规定不得传播的病、虫、杂草。《植物检疫条例》第四条明确规定"凡局部地区发生的危险性大、能随植物及其产品传播的病、虫、杂草，应定为植物检疫对象。"实施植物检疫的基本原则是在检疫法规规定的范围内，通过禁止和限制植物、植物产品或其他传播载体的输入（或输出），以达到防止传入（或传出）有害生物，保护农业生产和环境的目的。我国国内植物检疫提出一套检疫性有害生物名单，实行针对性检疫。

1. 确定植物检疫对象的原则　病虫害及杂草的种类很多，不可能对所有的病、虫、杂草进行检疫，而是根据调查研究的结果，确定检疫对象名单。根据国际植物保护公约（1979年）的定义，检疫性有害生物是指一个受威胁国家目前尚未分布，或虽然有分布但分布不广，对该国具有经济重要性的有害生物。

根据这个定义，确定植物检疫对象的一般原则如下：一是在国内或本地区尚未发现，或只在局部地区发生的病虫等有害生物；二是危险性大，一旦传入可能造成农林业重大损失，且传入后难以防治的病虫等有害生物；三是能借助人为活动远距离传播的有害生物。植物检疫对象是根据国家和地区对保护农业生产的实际需要和病、虫、杂草发生特点而确定的。应检疫的名单并不是固定不变的，可根据实际情况的变化及时修订或补充。

中华人民共和国农业农村部与国家林业和草原局先后发布了全国农业和林业植物检疫检验性有害生物名单。我国之前颁布的入境植物检疫危险性有害生物中与农作物有关的有水稻细菌性条斑病、小麦矮腥黑穗病、玉米细菌性枯萎病、玉米霜霉病、马铃薯癌肿病、大豆疫病、棉花黄萎病、烟草环斑病毒病、烟草霜霉病、水稻茎线虫病、毒麦、菟丝子和假高粱等；其中与园艺植物有关的有松突圆蚧、日本松干蚧、苹果绵蚜、黄斑星天牛、苹果蠹蛾、刺槐种子小蜂、松针红斑病、松针褐斑病、杨树花叶病毒病、柑橘溃疡病、菊花叶枯线虫病、香石竹枯萎病、香石竹斑驳病毒病、菊花白锈病等。

2. 种苗检疫的特殊重要性　植物病原物和其他有害生物除自然传播途径外，还可随人类的生产和贸易活动而传播，称为人为传播。人为传播的主要载体是被有害生物侵染或污染的种子、苗木、农产品包装材料和运输工具等。种苗本来就是病原物的自然传播载体，有完善的传播机制，人为传播又延长了传播距离，扩大了传播范围。带病种子苗木传入新区后可直接进入田间，有利于病原物传染下一代植物，迅速扩大蔓延。因此，在植物病原物和其他有害生物中，只有那些有可能通过人为传播途径侵入未发生地区的种类才具有检疫意义。

3. 检疫性有害生物　在植物病原物和其他有害生物中，只有那些有可能通过人为传播途径侵入未发生地区的种类才具有检疫意义。在国内尚未发生或仅局部地区发生，传入概率较高，适生性较强，对农业生产和环境有严重威胁，一旦传入可能造成重大危害的有害生物，在检疫法规中规定为检疫性有害生物。检疫性有害生物是检疫的主要目标。

（七）植物检疫检验的方法

植物检疫检验的方法很多，其中随种子、苗木及植物产品运输传播的病、虫、杂草如有明显的症状和容易辨认的形态特征的，可用直接检验法；对在作物种子或其他粮食中混有菌核、菌瘿、虫体、虫瘿、杂草种子的，多采用过筛检验法；种子、苗木及植物产品无明显病虫为害状的，多采用解剖检验法。此外，常用的检疫检验方法还有种子发芽检验、隔离试种检验、分离培养检验、相对密度检验、漏斗分离检验、洗涤检验、荧光反应检验、染色检验、噬菌体检验、血清检验、生物化学反应检验、电镜检验、DNA 探针检验等。

（八）疫情处理

疫情处理所采用的措施依情况而定。一般在产地隔离场圃发现有检疫性病虫，常由官方划定疫区，实施隔离和根除扑灭等控制措施。关卡检验发现检疫性病虫时，则通常采用退回或销毁货物、除害处理和异地转运等检疫措施。除害处理是植物检疫处理常用的方法，主要有机械处理、温热处理、微波或射线处理等物理方法和药物熏蒸、浸泡或喷洒处理等化学方法。所采用的处理措施必须能彻底消灭危险性病虫和完全阻止危险性病虫的传播和扩展，且安全可靠、不造成中毒事故、无残留、不污染环境等。

> **资料卡片**
>
> 由于植物检疫不严及其他原因导致我国外来物种不断增加，这些外来物种的入侵给我国的国民经济造成了巨大的损失。2006年农业部门估计，外来物种入侵每年造成的损失达 574 个亿。如美洲斑潜蝇最早于1993年在海南发现，到1998年已在全国 21 个省份发生，危害面积达 130 万 hm^2 以上，它寄生 22 个科的 110 种植物，尤其是瓜果类蔬菜受害严重，包括黄瓜、甜瓜、西瓜、西葫芦、丝瓜、番茄、辣椒、茄子、豇豆、菜豆、豌豆和扁豆等。目前，我国每年防治美洲斑潜蝇的成本高达 4 亿元。

二、农业防治

农业防治

农业防治又称园艺技术防治，或称环境管理、栽培防治，是在全面分析园艺植物、有害生物与环境因素三者相互关系的基础上，运用各种农业调控措施，通过改进栽培技术措施，改善生态环境，压低有害生物的数量，提高植物抗性，创造有利于作物生长发育而不利于有害生物发生的农田生态环境，使环境条件不利于病虫害的发生，而有利于园艺植物的生长发育，提高植物抗性，降低有害生物的数量，直接或间接地控制或抑制有害生物发生与为害的方法。这种方法不需要额外投资，而且又有预防作用，可长期控制病虫害，因而是最经济、最基本的防治方法。

农业防治措施大都是田间管理的基本措施，可与常规栽培管理结合进行，不需要特殊设施。但是，农业防治方法往往有地域局限性，防治效果有局限性，单独使用时见效较慢、效果较差。当有害生物大发生时，还必须采用其他防治措施。

（一）选用抗病虫的园艺植物品种

理想的园艺植物品种应具有良好的园艺性状，又对病虫害、不良环境条件有综合抗性。具有抗（耐）病（虫）性的品种在有害生物的综合治理中发挥了重要作用。如抗黑斑病的月季品种有月亮花、日晖。培育抗病、抗虫品种的方法有系统选育、杂交育种、辐射育种、化学诱变、单倍体育种和转基因育种等。

（二）选用无病虫种苗及繁殖材料

生产和使用无病虫害种子、种苗以及其他繁殖材料，执行无病种子繁育制度，在无病或轻病地区建立种子生产基地和各级种子田生产无病虫害种子、种苗以及其他繁殖材料。并采取严格的防病和检验措施，可以有效地防止病虫害传播和降低病虫源基数。如马铃薯种薯生产基地应设置在气温较低的高海拔或高纬度地区，生长期注意治蚜防病毒病，及时拔除病株、杂株和劣株。

播种前要进行选种，用机械筛选、风选或用盐水、泥水漂选等方法汰除种子间混杂的菌核、菌瘿、虫瘿、植物病残体、病秕粒和虫卵。对种子表面和内部带菌的要进行种子处理，如温汤浸种或选用杀菌剂处理。热力治疗和茎尖培养已用于生产无病毒种薯和果树无病毒苗木。马铃薯茎尖生长点部位不带有病毒，可在无菌条件下切取茎尖 0.2～0.4mm 进行组织培养，得到无病毒试管苗，再扦插扩繁，收获无病毒微型薯用于生产。

（三）加强栽培管理

1. 合理布局，建立合理的种植耕作制度　单一的种植模式为病虫害提供了稳定的生态环境，容易导致病虫害猖獗。合理的种植制度有多方面的防病作用，它既能调节农田生态环境，改善土壤肥力和物理性质，从而有利于作物生长发育和有益微生物繁衍，又能减少病原物数量，中断病害循环。各地作物种类和自然条件不同，种植形式和耕作方式也非常复杂，诸如轮作、间作、套种、土地休闲和少耕免耕等具体措施对病害的影响也不一致。各地根据当地具体条件，兼顾丰产和防病的需要，建立合理的种植制度。

2. 轮作　轮作是农业防治中历史最长也是最成功的方法。合理轮作有利于园艺植物生长，提高抗病虫害能力；又能使某些有害生物失去寄主食物，恶化某些病虫害的生存环境，使其种群数量大幅度下降，达到减轻病虫危害的目的。轮作也是防治土传病害和减少土壤中越冬虫源的关键措施，如马铃薯环腐病、番茄线虫病、地老虎、金龟甲、蝼蛄等。与非寄主植物轮作在一定时期内可以使病虫处于"饥饿"状态而削弱致病力或减少病虫害的基数。轮作方式及年限因病虫害种类而异。对一些地下害虫实行 1～2 年水旱轮作，土传病害的轮作年限应再长一些，可取得较好的防治效果。合理的间套种能明显抑制某些病虫害的发生和危害，如魔芋与玉米间作会导致魔芋软腐病发病率降低。轮作只对寄主范围较窄的病虫害有效，不同的病虫害轮作年限不同，主要取决于病虫害在土壤中的存活期限。

3. 中耕和深耕深翻土壤　适时中耕和园艺植物收获后及时深耕不仅可以改变土壤的理化性状，有利于作物的生长发育，提高抗性，还可以恶化在土壤中越冬的病原菌和害虫的生存环境，达到减少初侵染源和害虫虫源的目的。深耕可将病虫暴露于表土或深埋于土壤中，机械损伤害虫，达到防治病虫害的目的。及时耕翻土壤可以销毁田间农作物残留物、自生苗和杂草，破坏害虫的隐藏场所。深耕可以把病菌和害虫埋到深层土壤中，抑制病菌萌发、侵入，促进病菌和害虫死亡。耕翻土壤有利于根系生长发育，提高植物的抗病能力，减轻病害特别是根部病害的发生。

4. 适当调整播期　在不影响作物生长的前提下，将作物的敏感生长期与病虫的侵染为害盛期错开，可减轻病虫害的发生。如秋播的十字花科蔬菜，若播种期提早则病毒病发生重，主要是由于遇高温干旱和受蚜虫传毒影响。播种期、播种深度和种植密度不适宜都可能诱发病害。

5. 改变种植方式 可以减轻病虫害的发生。如改平畦栽培为高垄栽培可减轻白菜软腐病的发生。若栽植过密，则植株生长细弱，抗病力弱，且通风透光差，田间小气候湿度大，可促进一些喜高湿病虫害的发生。

采收和贮藏也是病害防治中必须注意的环节。如果品采收的时间、采收和贮藏过程中造成伤口的多少以及贮藏期的温湿度条件等，都会直接影响贮藏期病虫害的发生和危害程度。

6. 清洁田园 清洁田园能减少病虫基数，减轻下一季园艺植物病虫害的发生。田园卫生措施包括清除收获后遗留田间的病株残体，生长期拔除病株与铲除发病中心，施用净肥以及清洗消毒农机具、工具、架材、农膜、仓库等。这些措施都可以显著减少病原物接种体数量。园艺植物收获后彻底清除田间病株残体，集中深埋或烧毁，能有效地减少越冬或越夏菌源数量，这一措施对于多年生作物尤为重要。

拔除田间病株，摘除病叶和消灭发病中心，能阻止或延缓病害流行。多种植物病毒及其传毒昆虫介体在野生寄主上越冬或越夏，铲除田间杂草可减少毒源，及时除草可以消灭某些病虫的中间寄主。有些锈菌的转主寄主在病害循环中起重要作用，也应当清除。中耕除草既可疏松土壤、增温保墒，又可清除杂草，恶化病虫的滋生条件，还能直接消灭部分病虫。

7. 覆盖技术 通过地膜覆盖可以达到提高地温、保持土壤水分、促进作物生长发育和提高作物抗病虫害的目的。地膜覆盖栽培可以控制某些地下害虫和土传病害。将高脂膜加水稀释后喷到植物体表，形成一层很薄的膜层，膜层允许氧和二氧化碳通过，真菌不能在植物组织内扩展，从而控制了病害。高脂膜稀释后还可喷洒在土壤表面，抑制土壤中的病原物，减少发病的概率。

8. 合理密植 合理密植有利于园艺植物生长发育。密度过大，造成田间郁蔽，通风透光不良，作物徒长，抗性降低，有利于病虫害发生。密度过大易使田间湿度增大，有利于病害发生。如番茄种植密度过大易使田间湿度增大，有利于灰霉病等病害的发生。

（四）加强田间管理，合理肥水

田间管理可以改善园艺植物生长发育条件，又能有效控制病虫害的发生。合理施肥和追肥有利于作物生长，提高作物抗病虫能力。如果氮肥施用过多，作物徒长，有利于病虫害发生。灌水量过大和灌水方式不当，不仅使田间湿度增大，有利于病害发生，而且流水还能传播病害。

改进栽培技术、合理调节环境因素、改善立地条件、调整播期、优化水肥管理等都是重要的农业防治措施。合理调节温度、湿度、光照和气体组成等要素，创造不适于病原菌侵染和发病的生态条件，对于温室、塑料棚、日光温室、苗床等保护地病害防治和贮藏期病害防治有重要意义。水肥管理与病害消长关系密切，必须提倡合理施肥和灌水。灌水不当，田间湿度过高，往往是多种病害发生的重要诱因。灌溉是农业生产中一项很重要的措施，直接影响害虫生长的小气候，能抑制或杀死害虫。冬灌能够破坏多种地下越冬害虫的生存环境，减少虫口密度。水分不足或过多也会影响植物的正常生长发育，降低植物的抗病性。

合理施肥对植物生长发育及其抗病虫能力的高低都有较大影响。一般多施有机肥可以改良土壤微生物的生存环境，促进根系发育，提高植株的抗病性。施用有机肥时，必须充分腐熟，否则会加重多种地下害虫对蔬菜幼苗的危害。

1. 有机肥与无机肥配施　有机肥如猪粪、鸡粪,可改善土壤的理化性状,使土壤疏松,透气性良好。无机肥如各种化肥,其优点是见效快,但长期使用对土壤的物理性状会产生不良影响,故两者以兼施为宜。

2. 大量元素与微量元素配施　大量元素要配合施用,避免偏施氮肥,造成植物徒长、抗性降低。微量元素施用时也应均衡,如在植物生长期缺少某些微量元素,可造成花、叶等器官的畸形、变色,降低观赏价值。施肥时强调大量元素与微量元素的配合施用。

3. 施用充分腐熟的有机肥　未腐熟的有机肥中往往带有大量的虫卵,容易引起地下害虫的暴发为害。

4. 合理浇水　浇水方法、浇水量及浇水时间等都会影响病虫害的发生。喷灌和"滋"水等方式往往会加重叶部病害的发生,最好采用沟灌、滴灌。浇水要适量,水分过大往往引起植物根部缺氧窒息,轻者植物生长不良,重则引起根部腐烂,尤其是肉质根等器官。浇水时间最好在晴天的上午,以便及时降低叶片表面的湿度。灌水量过大和灌水方式不当,不仅使田间湿度增大,有利于病害发生,而且流水能传播病害。

(五) 充分利用植物抗虫性

植物抗虫现象是普遍存在的。利用品种抗虫性选育抗虫品种是害虫防治的一个重要方面。植物抗虫性机制类型分为3类。

1. 不选择性　害虫的寄主选择性(或寄主对害虫的排趋性)表现在只以某些种或品种作为栖居、产卵及取食的场所。这种寄主选择性常受到植物的生物化学、形态解剖性状或由于植物生长特性所形成的小生态条件等方面的影响。

2. 抗生性　在具有抗生性的植物上,害虫虽能选择取食,但对其生长发育速度和状况、存活率、寿命、繁殖率均会产生不良影响。

3. 耐害性　有些植物种或品种虽然也遭受害虫的寄生取食,害虫也能生长发育,但这些种或品种的植物具有很强的增殖或补偿能力,因此可以忍受虫害而不影响或不显著影响产量。

农业防治最大的优点是不需要过多的额外投入,且易与其他栽培措施相配套。此外,推广有效的农业防治措施,可在大范围内减轻有害生物的发生程度,甚至可以持续控制某些有害生物的大发生。

农业防治的局限性:农业防治必须服从丰产要求,不能单独从有害生物防治的角度去考虑问题;农业防治措施往往在控制一些病虫害的同时引发另外一些病虫害,因此,实施时必须针对当地主要病虫害综合考虑,权衡利弊,因地制宜;农业防治具有较强的地域性和季节性,且多为预防性措施,在病虫害已经大发生时,防治效果不佳。

三、生物防治

生物防治是利用有益生物或其代谢产物控制有害生物种群数量的方法。生物防治不仅可以改变生物种群的组成成分,而且可以直接消灭病虫害,对人畜、植物也比较安全,不伤害天敌,不污染环境,不会引起害虫的再猖獗和产生抗性,对一些病虫害有长期的控制作用。有益微生物还能诱导或增强植物的抗病性,通过改变植物与病原物的相互关系,抑制病害发生。但是,生物防治也存在着一些局限性,见效有时较慢,人工繁殖技术较复杂,受自然条件限制较大。不能完全代替其他防治

生物防治

方法，必须与其他防治方法有机地结合在一起。生物防治主要用于防治土传病害，也用于防治叶部病害和收获后病害。由于生物防治效果不够稳定，适用范围较狭窄，生防菌地理适应性较低，生防制剂的生产、运输、贮藏又要求较严格的条件，其防治效益低于化学防治，现在还主要用作辅助防治措施。

（一）利用天敌昆虫防治害虫

利用天敌昆虫来防治害虫称为以虫治虫。园艺植物生态系统中存在着多种天敌昆虫和害虫，它们之间通过取食和被取食的关系构成杂的食物链和食物网。天敌昆虫按其取食特点可分为捕食性天敌和寄生性天敌两大类。寄生性天敌昆虫总是在生长发育的某一个时期或终生附着在害虫的体内或体外，并摄取害虫的营养来维持生长，从而杀死或致残某些害虫，使害虫种群数量下降。捕食性天敌则通过取食直接杀死害虫。

1. 捕食性天敌昆虫的利用 常见的捕食性天敌昆虫有蜻蜓、螳螂、猎蝽、草蛉、虎甲、步甲、瓢甲、胡蜂、食虫虻、食蚜蝇等。这些昆虫在其生长发育过程中捕食量很大。利用瓢甲可以有效地控制蚜虫；一只草蛉一天可捕食几十甚至上百只蚜虫，一头食蚜蝇一天可捕食近百只蚜虫。利用草蛉取食蚜虫、蓟马、棉铃虫卵、玉米螟卵、白粉虱等都有明显的防治效果。

2. 寄生性天敌昆虫的利用 常见的寄生性天敌昆虫主要是寄生蜂和寄生蝇类，它们寄生在害虫各虫态体内或体表，以害虫的体液或内部器官为食，使害虫死亡。在自然界中每种害虫都有数种甚至上百种寄生性天敌昆虫，如玉米螟的寄生蜂有80多种。

3. 天敌昆虫的利用途径 利用天敌昆虫来防治园艺植物害虫主要有以下3种途径。

（1）保护和利用本地天敌昆虫。充分利用本地天敌昆虫抑制有害生物是害虫生物防治的基本措施。自然界中天敌昆虫资源丰富，在各类作物种植区均存在大量的自然天敌。保护天敌昆虫一般采用提供适宜的替代食物寄主、栖息和越冬场所等措施，结合农业措施创造有利于天敌昆虫的环境条件，避免农药的大量杀伤等，一般不需要增加费用和花费很多人工，方法简单且易于被种植者接受，在生产上已大规模地推广和应用。

害虫的自然天敌昆虫种类虽然很多，但由于实际控制作用受各种自然因素和人为因素的影响，天敌昆虫不能很好地发挥控制害虫的作用。为了充分发挥自然天敌对害虫的控制作用，必须有效保护天敌昆虫，使其种群数量不断增加。良好的耕作栽培制度是保护利用天敌的基础，保护天敌安全越冬，合理、安全使用农药等措施，都能有效地保护天敌昆虫，使其种群数量不断增加。如北方地区实行棉麦套作，小麦成熟时麦蚜数量减少，而棉花正值苗期，棉蚜数量逐渐增加，为麦蚜的天敌提供了食物。麦蚜的天敌大量迁入棉田取食棉蚜，有效地控制了棉蚜种群数量。

（2）天敌昆虫的大量繁殖和释放。通过室内人工大量饲育天敌昆虫，按照防治需要，在适宜的时间释放到田间消灭害虫，见效快。如利用赤眼蜂防治稻纵卷叶螟取得了很好的效果。

（3）引进天敌昆虫。从国外或外地引进天敌昆虫防治本地害虫是生物防治中常用的方法。我国曾引进澳洲瓢虫防治柑橘吹绵蚧并取得成功。

引进天敌昆虫要考虑天敌昆虫对害虫的控制能力，引入后在新环境中的生态适应和定殖能力，防止天敌引进带入其他有害生物或引进的天敌在新环境中演变成有害生物。从国外或国内其他地区引进天敌时，都需要人工繁殖，扩大天敌种群数量，以增加其定殖的可能性。

对于本地天敌，虽然种类多，但在自然环境中有时数量较少，特别是在害虫数量迅速上升时，天敌总是尾随其后，很难控制危害。采用人工大量繁殖，在害虫大发生前释放，就可以解决这种尾随效应，达到利用天敌有效控制害虫的目的。

（4）合理施用农药。合理施用农药的主要目的是避免化学药剂对天敌昆虫的杀伤作用。具体办法可采取选用对天敌影响较小的药剂，尽量少用毒性强、残效长、杀虫范围广的广谱性农药，改进施药方法等。选择对害虫最为有效而对天敌最为安全的时期施药。选择适当的药剂浓度，使之不能杀伤天敌而对害虫则足以致死。

> **资料卡片**
>
> 天敌能否大量繁殖取决于下列几个方面：首先，要有合适的、稳定的寄主来源或者能够提供天敌昆虫的人工或半人工的饲料食物，并且成本较低，容易管理；第二，天敌昆虫及其寄主都能在短期内大量繁殖，满足释放的需要；第三，在连续的大量繁殖过程中，天敌昆虫的生物学特性（寻找寄主的能力、对环境的抗逆性、遗传特性等）不会有重大的改变。

（二）利用微生物及其代谢产物防治病虫害

利用病原微生物或加工成生物农药防治病虫害，对人畜、园艺植物和其他动物安全，无残毒，不污染环境。微生物农药制剂使用方便，并能与化学农药混合使用。

1. 利用微生物防治害虫 即利用害虫的病原微生物来防治害虫。可引起昆虫致病的病原微生物主要有细菌、真菌、病毒、立克次氏体、线虫等。目前生产上应用较多的是病原细菌、病原真菌和病原病毒三类。

（1）真菌。已知的昆虫病原真菌有 530 多种，用于防治害虫的病原真菌种类很多，在防治害虫中经常使用的有白僵菌和绿僵菌等。被真菌侵染致死的害虫，虫体僵硬，体上有白色、绿色等颜色的霉状物。目前在利用真菌防治地老虎、斜纹夜蛾等害虫方面已取得了显著成效。在饲养桑蚕的地区不宜使用真菌防治害虫。

（2）细菌。在已知的昆虫病原细菌中，作为微生物杀虫剂在生产中使用的主要有苏云金芽孢杆菌和乳状芽孢杆菌。被昆虫病原细菌侵染致死的害虫，虫体软化，有臭味。苏云金芽孢杆菌主要用于防治鳞翅目害虫，乳状芽孢杆菌用于防治金龟甲幼虫。

（3）病毒。已发现的昆虫病原病毒主要是核多角体病毒（NPV）、质型颗粒体病毒（CPV）和颗粒体病毒（GV）。被昆虫病原病毒侵染死亡的害虫往往以腹足或臀足黏附在植株上，体躯呈"一"字形或 V 形下垂，虫体变软，组织液化，胸部膨大，体壁破裂后流出白色或褐色的黏液，无臭味。我国利用病毒防治棉铃虫、菜青虫、黄地老虎、桑毛虫、斜纹夜蛾、松毛虫等都取得了显著效果。但是，昆虫病毒只能在寄主活体上培养，不能用人工培养基培养。一般在从田间捕捉的活虫或室内大量饲养的活虫上接种病毒，当害虫发生时，喷洒经过粉碎的感病害虫稀释液。也可将带病毒昆虫释放于害虫的自然种群中传播病毒。

（4）其他微生物。微孢子由国外研究较多，已知与昆虫有关的有 100 多种，可寄生于鳞翅目、鞘翅目等 12 个目的昆虫上，近年来已在防治蝗虫中开展了应用试验。能使昆虫致病的立克次氏体主要是微立克次氏体属的一些种，寄生于双翅目、鞘翅目和鳞翅目的一些昆虫上。昆虫病原线虫是有效天敌类群之一，现已发现有3 000种以上的昆虫有线虫寄生，可导致发育不良和生殖力减退以致滞育和死亡。其中最主要的是索线虫类、球线虫类和新线虫类。

2. 微生物及其代谢产物防治病害 植物病害的生物防治有两类基本措施：一是大量引进外源颉颃菌；二是调节环境条件，使已有的有益微生物群体增长并表现颉颃活性。通过微生物的作用减少病原物的数量，促进作物生长发育，可以达到减轻病害、提高农作物产量和质量的目的。

（1）抗生作用的利用。一种微生物产生的代谢产物抑制或杀死另一种微生物的现象，称为抗生作用。具有抗生作用的微生物称为抗生菌。抗生菌主要来源于放线菌、真菌和细菌。利用颉颃微生物防治植物病害的例子很多，如利用春雷霉素防治黄瓜的炭疽病、细菌性角斑病等。有些抗菌物质已可以人工提取并作为农用抗菌素定型生产，我国研制的井冈霉素是吸水放线菌井冈变种产生的葡糖苷类化合物，已广泛用于防治稻、麦纹枯病。

（2）竞争作用的利用。一种微生物的存在和发展限制了另一种微生物的存在和发展，即有些微生物生长繁殖很快，与病原物争夺空间、营养、水分及氧气，从而限制了病原物的繁殖和侵染，这种现象称为竞争作用。

（3）交互保护作用的利用。在寄主植物上接种亲缘相近而致病力较弱的菌株，诱发植物的抗病性，从而保护寄主植物不受致病力强的病原物侵害的现象，称为交互保护作用。交互保护作用最初是在研究植物病毒病害时发现的用病毒弱致病力株系（生产上称为弱毒疫苗）保护植物免受同种病毒强致病力株系侵染的现象。目前利用弱毒疫苗防治植物病毒病害在生产上已有应用，主要用于植物病毒病的防治。我国通过亚硝酸诱变得到了烟草花叶病毒弱毒突变株系N11和N14，黄瓜花叶病毒弱毒株系S-52，将弱毒株系用加压喷雾法接种辣椒和番茄幼苗已用于病毒病害的田间防治。

（4）利用真菌防治植物病原真菌病害。如木霉菌可以寄生在立枯丝核菌、腐霉菌、小菌核菌和核盘菌等多种植物病原真菌上。利用木霉菌可防治黄瓜猝倒病、甜瓜枯萎病等病害。

（三）利用昆虫激素防治害虫

昆虫分泌的具有活性的且能调节和控制昆虫各种生理功能的物质称为激素。由内分泌器官分泌到体内的激素称为内激素，由外激素腺体分泌到体外的激素称为外激素。

1. 外激素的应用 已经发现的外激素有性外激素、集结外激素、追踪外激素及告警外激素，其中性外激素广泛用于害虫测报和害虫防治，如小菜蛾性诱剂、斜纹夜蛾性诱剂等。

2. 内激素的应用 昆虫的内激素主要有保幼激素、蜕皮激素及脑激素。利用保幼激素可改变害虫体内激素的含量，破坏害虫正常的生理功能，造成畸形、死亡，如利用保幼激素防治蚜虫等。

（四）生物农药的应用

生物农药是指利用生物活体或生物代谢过程中产生的具有生物活性的物质或从生物体中提取的物质作为防治有害生物的农药。生物农药作用方式特殊，防治对象专一，且对人类和环境的潜在危害比化学农药小，因此被广泛地应用于有害生物防治。

1. 生物杀菌剂 包括真菌杀菌剂和抗生素杀菌剂等。如木霉菌、多抗霉素、武夷霉素、链霉素及新植霉素等。

2. 生物杀虫（螨）剂　包括植物制剂、真菌制剂、细菌制剂、病毒制剂、抗生素制剂和微孢子虫制剂。植物杀虫剂种类较多，如除虫菊素、鱼藤酮、楝素、印楝素和苦参碱等。真菌杀虫剂有白僵菌和绿僵菌等。细菌杀虫剂主要有苏云金芽孢杆菌和杀螟杆菌。还有病毒制剂核型多角体病毒、抗生素杀虫（螨）剂阿维菌素、微孢子虫和生物杀螨剂浏阳霉素与华光霉素等。

3. 生化农药　指经人工模拟合成或从自然界的生物源中分离或派生出来的化合物，如昆虫信息素、昆虫生长调节剂等。我国已有近30种性信息素用于害虫的诱捕、交配干扰或迷向防治。灭幼脲Ⅰ、Ⅱ、Ⅲ号等昆虫生长调节剂对多种园艺植物害虫具有很好的防效，可以导致幼虫不能正常蜕皮，造成畸形或死亡。

（五）利用其他有益生物防治作物病虫害

在自然界中，除可利用天敌昆虫和病原微生物防治害虫外，还有很多有益动物能有效地控制害虫。如蜘蛛是肉食性动物，主要捕食昆虫，农田常见的有草间小黑蛛、八斑球腹蛛、拟水狼蛛、三突花蟹蛛等，主要捕食各种飞虱、叶蝉、螨类、蚜虫、蝗蝻、蝶蛾类卵和幼虫等；很多捕食性螨类是植食性螨类的重要天敌，如植绥螨种类多、分布广，可捕食果树、棉花、茶叶、蔬菜等作物上的多种害螨；两栖类动物中的青蛙、蟾蜍等捕食多种农作物害虫，如直翅目、同翅目、半翅目、鞘翅目、鳞翅目等害虫；大多数鸟类捕食害虫，如家燕能捕食蚊、蝇、蝶、蛾等害虫；有些线虫可寄生地下害虫和钻蛀性害虫，如斯氏线虫和格氏线虫用于防治玉米螟、地老虎、蛴螬、桑天牛等害虫。此外，多种禽类也是害虫的天敌，如稻田养鸭治虫等。

生物防治主要优点：从保护生态环境和可持续发展的角度讲，生物防治是最好的害虫防治方法之一。第一，生物防治安全可靠，不污染环境，一般对人畜安全；第二，活体生物防治对有害生物可以达到长期控制的目的，而且病虫害不易产生抗药性问题；第三，生物防治的自然资源丰富，易于开发。不足之处是见效慢，难以对付爆发性、毁灭性的病虫害。对加工、贮藏、运输等条件要求高。

四、物理防治

利用各种物理因素（如光、温度、热能、放射能等）以及人工和器械防治有害生物的方法，称为物理防治。物理防治的措施简单实用，容易操作，见效快，防治效果好，不产生环境污染，可作为有害生物预防和防治的辅助措施，也可作为有害生物在发生时或其他方法难以解决时的一种应急措施。

物理防治

（一）温度处理

各种有害生物对环境温度都有一定的要求，在超过其适宜温度范围的条件下，均会导致失活或死亡。根据这一特性，可利用高温或低温来控制和杀死有害生物，如豌豆、蚕豆用沸水浸种、日光晒种可杀死豌豆象和蚕豆象而不影响发芽率和品质。北方利用储粮害虫抗冻能力较差的特性，可在冬季打开仓库门窗通风防治储粮害虫等。感染病毒病的植株在较高温度下处理较长的时间可获得无病毒的繁殖材料。

1. 温汤浸种　利用一定温度的热水杀死病原物，如将瓜类、茄果类种子用55～60℃温水浸种15～30min可以预防炭疽病。用热水处理种子和无性繁殖材料可杀死在种子表面和种子内部潜伏的病原物。利用植物材料与病原物耐热性的差异，选择适宜的水温和处理时间可以杀死病原物而不损害植物。

2. 干热处理 主要用于蔬菜种子，对多种种传病毒、细菌和真菌都有防治效果。不同植物的种子耐热性有差异，处理不当会降低萌发率。豆科作物种子耐热性差，不宜干热处理。含水量高的种子受害也较重，应先进行预热干燥。干热法还用于处理原粮、面粉、干花、草制品和土壤等。黄瓜种子经70℃干热处理2~3d可使绿斑驳花叶病毒（CGMMV）失活。番茄种子经75℃处理6d或80℃处理5d可杀死种传黄萎病菌。

3. 热蒸汽 热蒸汽也用于处理种子、苗木，其杀菌有效温度与种子受害温度的差距较干热灭菌和热水浸种大，对种子发芽的不良影响较小。热蒸汽还用于温室和苗床的土壤处理。通常用80~95℃蒸汽处理土壤30~60min可杀死绝大部分病原菌，但少数耐高温微生物和细菌、芽孢仍可继续存活。

（二）光波的利用

可以利用害虫的趋光性设置黑光灯、频振杀虫灯、高压电网灭虫灯或用激光的光束杀死多种害虫。蚜虫忌避银灰色和白色膜，用银灰反光膜或白色尼龙纱覆盖苗床可减少传毒介体蚜虫数量，减轻病毒病害。夏季高温期铺设黑色地膜能吸收日光能，使土壤升温，从而杀死土壤中多种病原菌。

（三）近代物理技术的应用

微波辐射技术是借助微波加热快和加热均匀的特点来处理某些农产品和植物种子的病虫。辐射法是利用电波、γ射线、X射线、红外线、紫外线、超声波等电磁辐射技术处理种子、土壤，可杀死害虫和病原微生物等。如直接用83.1C/kg的^{60}Co γ射线照射仓库害虫，可使害虫立即死亡，即使用16.6C/kg剂量，仍有杀虫效力；部分未被杀死的害虫，虽可正常生活和产卵，但生殖力受到损害，所产的卵粒不能孵化。

（四）捕杀法

根据害虫生活习性，利用人工或简单的器械捕捉或直接消灭害虫的方法称为捕杀法。如人工扒土捕杀地老虎幼虫，用振落法防治叶甲、金龟甲，人工摘除卵块等。

（五）阻隔法

人为设置各种障碍，切断各种病虫侵染途径的方法，称为阻隔法。如粮面压盖、纱网阻隔、土壤覆膜或盖草等方法，能有效地阻止害虫产卵、为害，也可防止病害的传播蔓延。甚至可因覆盖增加了土壤温湿度，从而加速病残体腐烂，减少病害初侵染来源而防病。

（六）汰选法

汰选法是指利用害虫体形、体质量的大小或被害种子与正常种子大小及相对密度的差异进行器械或液相分离，剔出带病虫种子的方法。常用的有风选、筛选、盐水选种等方法。如剔除大豆菟丝子种子，一般采用筛选法；剔除小麦线虫病的虫瘿、油菜菌核病的菌核，常用盐水选种法。

（七）诱集或诱杀法

主要是利用害虫的某种趋性或其他特性如潜藏、产卵、越冬等对环境条件的要求，采取适当的方法诱集或诱杀。利用害虫的趋化性进行食饵诱杀，如利用糖、醋、酒混合液防治夜蛾类害虫。利用害虫的栖息或群集习性进行潜所诱杀，如利用草把诱蛾的方法诱杀黏虫。利用害虫的趋色习性进行黄板诱杀，如利用粘虫板防治蚜虫、斑潜蝇等。

（八）外科手术

对于多年生的果树和林木，外科手术是治疗枝干病害的必要手段。例如，治疗苹果树腐烂病可直接用快刀将病组织刮干净并在刮净后涂药；当病斑绕树干一周时，还可采用桥接的办法将树救活。刮除枝干轮纹病斑可减轻果实轮纹病的发生。

五、化学防治

化学防治是利用各种化学药剂防治病虫害的方法。化学防治的优点是高效、速效、使用方便、经济效益高，杀虫、杀菌谱广，防治效果好，使用方法简便，不受地域、季节限制，便于大面积机械化防治等。当病虫害大发生时，化学防治是最有效的方法。当前化学防治是防治植物病虫害的关键措施，在面临病害大发生的紧急时刻，甚至是唯一有效的措施。缺点是容易引起人畜中毒，污染环境，使用不当对植物产生药害，农药残留，杀伤天敌等有益生物，并引起次要害虫再猖獗。如果长期使用同一种农药，可导致某些害虫、病原物产生抗药性，出现 3R 问题，即 resistance（抗药性）、resurgence（再猖獗）、residue（残留）。昆虫激素及其类似化合物以及性诱剂等都归入化学防治范畴内。

化学防治

农药是指用于预防、防治或者控制危害农业、林业的病虫草害和其他有害生物，以及有目的地调节植物、昆虫生长的化学合成物，或者来源于生物、其他天然物质的一种物质或者几种物质的混合物及其制剂，是在植物病虫害防治中广泛使用的各类药物的总称。农药对有害生物的防治效果称为药效，对人畜的毒害作用称为毒性。在施用农药后相当长的时间内，农副产品和环境中的残留药物对人畜的毒害作用称为残留毒性或残毒。为了达到化学防治病虫害的目的，要求研制和使用高效、低毒、低残留的杀虫剂、杀菌剂、杀螨剂和杀线虫剂。利用化学农药防治病虫害，应根据防治对象的发生规律及对天敌昆虫和环境的影响选择适当的药剂。只有准确计算用药量，严格掌握配药浓度；选择适宜的药械，采用正确的方法施药；考虑与其他防治方法配合等问题，才能达到经济、安全、有效的防治目标。

（一）农药的分类

农药的分类具体如表 3-1 所示。

表 3-1　农药的分类

防治对象	分类根据	类别
杀虫剂	作用方式	触杀剂、胃毒剂、内吸剂、熏蒸剂、引诱剂、驱避剂、拒食剂、不育剂、几丁质抑制剂及昆虫激素（保幼激素、蜕皮激素、信息素）
	来源及化学组成	有机合成杀虫剂（有机磷、氨基甲酸酯、拟除虫菊酯等）
		天然产物杀虫剂（鱼藤酮、除虫菊素、烟碱、沙蚕毒素）
		矿物油杀虫剂
		微生物杀虫剂（细菌毒素、真菌毒素、抗生素）
杀螨剂	化学组成	有机氯、有机磷、有机锡、氨基甲酸酯、偶氮及肼类、甲脒类、杂环类等
杀线虫剂	化学组成	卤代烃、氨基甲酸酯、有机磷、杂环类

(续)

防治对象	分类根据	类别	
杀菌剂	作用方式	内吸剂、非内吸剂	
	防治原理	保护剂、铲除剂、治疗剂	
	防治方法	土壤消毒剂、种子处理剂、喷洒剂	
	来源及化学组成	合成杀菌剂	无机杀菌剂（硫制剂、铜制剂）
			有机杀菌剂（有机硫、有机磷、二硫代氨基甲酸酯类、取代苯类、酰胺类、取代醌类、硫氰酸类、取代甲醇类、杂环类）
		细菌杀菌剂（抗生素）	
		天然杀菌剂及植物保卫素	

（二）农药的加工剂型

常用农药剂型性状的观察和农药质量的简易鉴别

未经加工的农药一般称为原药，呈固体状态的为原粉，呈液体状态的为原液。原药中含有的具杀菌、杀虫等作用的活性成分称为有效成分。为了使原药能附着在虫体和植物体上，充分发挥药效，农药加工时一般在原药中加入一些能改进药剂性能和性状的物质，根据其主要作用，常被称为填充剂、辅助剂（溶剂、湿展剂、乳化剂等）。农药原药与辅助剂混合调配，加工制成具有一定形态、组分和规格，适合各种用途的商品农药为制剂，制剂的形态称为农药剂型。通常农药制剂包括有效成分含量、农药名称和剂型名称三部分。如70%代森锰锌可湿性粉剂，即指明农药名称为代森锰锌，剂型为可湿性粉剂，有效成分含量为70%。常用的剂型如表3-2所示。

表3-2 常用农药剂型特点及使用方法

剂型种类	成分	使用方法	优点	缺点
粉剂	原药＋惰性填料	喷粉、拌种、拌土	施用方便，药效好，不受水源限制	污染环境，用量大，残效期短
可湿性粉剂	原药＋惰性填料＋辅助剂	喷雾	成本较低，储运较安全，黏附力较强，残效期较长	分散性差，浓度高时易产生药害
乳油	原药＋有机溶剂＋乳化剂	喷雾	药效高，施用方便，性质相对稳定，药效好	成本较高，使用不当易造成药害和人畜中毒
颗粒剂	原药＋辅助剂＋载体（沙子、煤渣等）	施心叶、撒施、点施	对非靶标生物影响小，药害轻，残效期长。药效好，施用方便，不受水源限制，对人畜安全	运输成本较高
水剂	原药＋水	喷雾、浇灌、浸泡	药效好，对环境污染小	不耐贮藏，附着性差，易水解失效
缓释剂	农药贮存在加工品中（废塑料、有机化合物等）	施心叶、撒施、点施	残效期延长，能减轻污染和毒性	—
超低容量喷雾剂（油剂）	原药＋辅助剂	喷雾	用量少，省工，效果好。用时不加水，可在缺水地区用	风大时不能使用

(续)

剂型种类	成分	使用方法	优点	缺点
胶悬剂或悬浮剂	原药＋分散剂＋润湿剂＋载体（硅胶）＋消泡剂＋水	喷雾、低容量喷雾和浸种	粒径小，渗透力强，污染小，成本低。兼有可湿性粉剂和乳油的优点	—
可溶性粉剂	原药＋水溶性填料＋吸收剂	喷雾	便于包装、运输和贮藏；施用方便，药效好	—
微胶囊剂	原药包入高分子微囊中	喷雾	残效期长，对人畜毒性低	—
种衣剂	原药＋成膜剂	浸种、拌种	用量少，残效期长。不污染环境，不伤害天敌昆虫，对人畜安全	若药剂选配不当或加工质量差会造成药害
烟剂	原药＋燃料＋氧化剂＋消燃剂	熏蒸	施用方便，节省劳力，可扩散到其他防治方法不能达到的地方	—

（三）农药的使用方法

1. 喷雾法 即利用手动、机动和电动喷雾机具将药液分散成细小的雾点，喷布到植物或防治对象上的一种最常用的施药方法。喷雾器械将药液雾化后均匀喷在植物和有害生物表面，按用液量不同分为常量喷雾（雾点直径 $100\sim200\mu m$）、低容量喷雾（雾滴直径 $50\sim100\mu m$）和超低容量喷雾（雾滴直径 $15\sim75\mu m$）。农药的湿润展布性能，雾滴的大小，植物、害虫体表的结构，以及喷雾技术、气候条件都会影响防治效果。农田多用常量和低容量喷雾，常量喷雾所用药液浓度较低，用液量较多；低容量喷雾所用药液浓度较高，用量较少（为常量喷雾的 $1/20\sim1/10$），工效高，但雾滴易受风力吹送飘移。

2. 喷粉法 利用喷粉器械喷撒粉剂农药的方法称为喷粉法。喷粉法是施用药剂最简单的方法。该法工效高，不受水源限制，尤其适用于干旱缺水地区，适用于大面积防治。缺点是用药量大，散布不均匀，黏附性差，易被风吹或雨水冲刷，易污染环境。

3. 种子处理 种子处理可以防治种传病虫害，并保护种苗免受土壤中病原物侵染，用内吸剂处理种子还可防治地上部病虫害。常用方法有拌种法、浸种法、闷种法和种衣剂。播种前将药粉或药液与种子均匀混合的方法称为拌种，拌种主要用于防治地下害虫和由种子传播的病虫害。拌种必须混合均匀，以免影响种子发芽。浸种法是用药液浸泡种子，把种子、种苗在一定浓度的药剂中浸放一定时间，以消除其中的病虫害，或使其吸收一定量的有效药剂，在出苗前后达到防病治虫的目的，称为浸种或浸苗。闷种法是用少量药液喷拌种子后堆闷一段时间再播种。种衣剂称为种子包衣，作用时可缓慢释放，有效期延长。

4. 土壤处理 播种前将药剂施于土壤中，主要防治植物根部或地下病虫害。土表处理是用喷雾、喷粉、撒毒土等方法将药剂全面施于土壤表面，再翻耙到土壤中。深层施药是施药后再深翻或用器械直接将药剂施于较深土层。撒施法是将颗粒剂或毒土直接撒布在植株根部周围。毒土是将药剂与具有一定湿度的细土按一定比例混匀制成的。泼浇法是将药剂加水

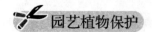

稀释后泼浇于植株基部。

5. 熏蒸法 即利用熏蒸药剂的有毒挥发性气体在密闭或半密闭设施中通过熏蒸作用杀死害虫或病原菌的方法。有的熏蒸剂还可用于土壤熏蒸，即用土壤注射器或土壤消毒机将液态熏蒸剂注入土壤内，在土壤中呈气体扩散。土壤熏蒸后须按规定等待一段时间，待药剂充分散发后才能播种，否则易产生药害。

6. 烟雾法 指利用烟剂或雾剂防治病虫害的方法。烟剂是农药的固体微粒分散在空气中起作用，雾剂是农药的小液滴分散在空气中起作用。施药时用物理加热法或化学加热法引燃烟雾剂。烟雾法施药扩散能力强，只在密闭的温室、塑料大棚和隐蔽的森林中应用。

7. 毒饵 将药剂拌入害虫喜食的饵料中称为毒饵，利用农药的胃毒作用防治害虫，常用于防治地下害虫。毒饵的饵料可选用秕谷、麦麸、米糠等害虫喜食的食物。

此外，还有灌根、涂抹、蘸果、蘸根、树体注射、仓库及器具消毒等方法。

（四）农药的交替使用与混合使用

长期连续使用同一种农药防治某种害虫或病害是导致有害生物产生抗药性的主要原因，它会降低农药防治效果，增加防治难度。例如，很多害虫对拟除虫菊酯类杀虫剂及一些病原菌对内吸性杀菌剂的部分品种容易产生抗药性。如果增加用药量、浓度和次数，害虫或病原菌的抗药性进一步增大。因此，合理交替、轮换使用农药可以切断生物种群中抗药性种群的形成过程。

同一类制剂中的杀虫剂品种也可以互相换用，但需要选取那些化学作用差异比较大的品种在短期内换用，如果长期采用也会引起害虫产生交互抗性。在杀菌剂中，一般内吸性杀菌剂比较容易引起抗药性（如苯并咪唑类、抗生素类等），保护性杀菌剂不容易引起抗药性。因此，除了在不同化学结构和作用机制的内吸剂间轮换使用外，内吸剂和保护剂也是较好的轮换组合。

科学合理地混用农药有利于充分发挥现有农药制剂的作用，要贯彻"经济、安全、有效"的原则，尽可能选用安全、高效、低毒的农药。合理混用农药，做到一次施药兼治多种病虫，可以减少用药次数，扩大防治范围，降低防治费用，提高防治效果，如灭多威与拟除虫菊酯类混用、有机磷制剂与拟除虫菊酯混用、甲霜灵与代森锰锌混用等。把握病虫害的发生发展规律，抓住有利时机用药，既可节约用药，又能提高防治效果，而且不易发生药害。

（五）农药的药害

药害是指因农药使用不当对农作物产生的损害。根据药害产生的快慢，分为慢性药害和急性药害。慢性药害指在喷药后缓慢出现的药害现象，如植株生长发育受到抑制、生长缓慢、植株矮小、开花结果延迟、落花落果增多、产量低、品质差等。急性药害指在喷药后几小时或几天内出现药害的现象。如叶、茎、果上产生药斑，叶片焦枯、畸形、变色，根系发育不良或形成"黑根""鸡爪根"，种子不能发芽或幼苗畸形、落叶、落花、落果等，甚至全株枯死。要避免药害发生，必须根据防治对象和作物特点，正确选用农药，按规定用量、浓度和时间使用。

（六）农药对人畜的毒性

农药可通过皮肤、呼吸道或口腔进入人体，引起急性中毒或慢性中毒。急性毒性是指一次服用或吸入药剂后，很快出现中毒症状。如误食剧毒有机磷农药的急性中毒症状，开始表现为恶心、头疼，继而出汗、流涎、呕吐、腹泻、瞳孔缩小、呼吸困难，最后昏迷甚至死亡。慢性毒性是指长期接触或长期摄入小剂量某些农药后，逐渐出现中毒症状。

农药的毒性常用半数致死量（LD_{50}）来表示。LD_{50}是使试验动物死亡一半所需的剂量，一般用mg/kg为计量单位，这个数值越大，表示农药的毒性越小。农药的毒性一般分为特剧毒（$LD_{50} < 1mg/kg$）、剧毒（LD_{50}为1～50mg/kg）、毒（LD_{50}为51～500mg/kg）、微毒（LD_{50}为501～5 000mg/kg）和基本无毒（$LD_{50} > 5 000mg/kg$）。

（七）农药的稀释与计算

1. 药剂浓度表示法 目前生产上常用的表示法有倍数法、百分浓度（%）和百万分浓度（10^{-6}）（摩尔浓度）。

（1）倍数法。倍数法是指药液（药粉）中稀释剂（水或填料）的用量为原药剂用量的多少倍或是药剂稀释多少倍的表示法，此法在生产上最常用。

用于稀释100倍（含100）以下时用内比法，即稀释时要扣除原药剂所占的1份。如稀释10倍液，即用原药剂1份加水9份。用于稀释100以上时用外比法，计算稀释量时不扣除原药剂所占的1份。如稀释1 000倍液，即可用原药剂1份加水1 000份。

（2）百分浓度（%）。百分浓度（%）是指100份药剂中含有多少份药剂的有效成分。百分浓度又分为质量百分浓度和容量百分浓度。固体与固体之间或固体与液体之间常用质量百分浓度，液体与液体之间常用容量百分浓度。

（3）百万分浓度（10^{-6}）。百万分浓度（10^{-6}）是指100万份药剂中含有多少份药剂的有效成分。

$$百分浓度 = 百万分浓度 \times 10\ 000$$

2. 农药的稀释计算

（1）按有效成分计算。

$$原药剂的浓度 \times 原药剂的量 = 稀释剂的浓度 \times 稀释剂的用量$$

例1 用40%福美胂可湿性粉剂10kg配成2%稀释液，需加水多少？

$$10 \times (40\% - 2\%) \div 2\% = 190\ (kg)$$

例2 用100mL 80%敌敌畏乳油稀释成0.05%浓度，需加水多少？

$$100 \times 80\% \div 0.05\% = 1.6 \times 10^5\ (mL)$$

根据上述例1、例2两题得知，稀释100倍以下的计算公式为：

$$稀释剂用量 = \frac{原药剂量 \times (原药剂浓度 - 稀释药剂浓度)}{稀释药剂浓度}$$

稀释100倍以上的计算公式为：

$$稀释剂用量 = \frac{原药剂量 \times 稀释药剂浓度}{稀释药剂浓度}$$

（2）按稀释倍数计算。

$$稀释倍数 = 稀释剂用量 / 原药剂用量$$

例3 用40%乐果乳油10mL加水稀释成50倍药液，求稀释液用量。

$$10 \times 50 - 10 = 490\ (mL)$$

例4 用80%敌敌畏乳油10ml加水稀释成1 500倍药液，求稀释液用量。

$$10 \times 1\,500 = 1.5 \times 10^3 \text{ (mL)}$$

根据上述例3、例4两题得知：

稀释药剂用量＝原药剂量×稀释倍数－原药剂量（稀释100倍以下）

稀释药剂用量＝原药剂量×稀释倍数（稀释100倍以上）

石硫合剂的熬制及鉴定

3. 石硫合剂的稀释计算 石硫合剂是用生石灰、硫黄和水熬制成的红褐色透明液体，有臭鸡蛋气味，呈强碱性，有效成分为多硫化钙，溶于水，易被空气中的氧气和二氧化碳分解，游离出硫和少量硫化氢。因此，必须贮存在密闭容器中，或在液面上加一层油，以防止氧化。石硫合剂的理论配比是生石灰、硫黄、水按照1∶2∶10的比例，在实际熬制过程中，为了补充蒸发掉的水分，可按1∶2∶15的比例一次将水加足。

石硫合剂是一种良好的杀菌剂，也可杀虫杀螨，一般只用作喷雾，休眠季节可用3～5波美度，植物生长期可用0.1～0.3波美度。石硫合剂现已工厂化生产，常见剂型有29%水剂、20%膏剂、30%或40%固体及45%结晶。生产上使用石硫合剂时需要加水稀释，加水稀释倍数可根据下列公式计算，也可查表获得。

例1 石硫合剂原液浓度为28波美度，使用时浓度为3波美度，请问需加多少倍的水？

$$\text{根据加水倍数} = \frac{\text{原液浓度} - \text{目的浓度}}{\text{目的浓度}} = \frac{28-3}{3} = 8.3 \text{ 倍}$$

也可以根据加水稀释倍数计算目的浓度。

例2 已知石硫合剂原液浓度为32波美度，使用时需加水稀释20倍，请问配制后目的浓度为多少波美度？

$$\text{目的浓度} = \frac{\text{原液浓度}}{1 + \text{加水倍数}}$$

$$\text{目的浓度} = \frac{32 \text{ 波美度}}{1 + 20} = 1.5 \text{ 波美度}$$

（八）常用农药简介

1. 杀虫剂 杀虫剂可以通过胃毒作用、触杀、内吸和熏蒸作用等方式进入害虫体内，导致害虫死亡。

胃毒作用是将杀虫剂喷洒在农作物上或拌在种子、饵料中，害虫取食时，杀虫剂和食物一起进入消化道，产生毒杀作用。触杀作用是将杀虫剂喷洒到植物表面、昆虫体上或栖息场所，害虫接触杀虫剂后，从体壁进入虫体，引起害虫中毒死亡。内吸作用指一些杀虫剂能被植物吸收，从而杀死取食植物汁液的害虫。熏蒸作用指容易挥发形成气体的药剂，通过昆虫气门进入体内，最后导致害虫中毒死亡（表3-3）。

2. 杀菌剂 按对病虫害的防治作用可分为保护性杀菌剂、内吸性杀菌剂和铲除性杀菌剂。保护性杀菌剂必须在病原物接触寄主或侵入寄主之前施用，因为这类药剂对病原物的杀灭和抑制作用仅局限于寄主体表；内吸性杀菌剂能够通过植物组织吸收并在体内输导，使整株植物带药而起杀菌作用；铲除性杀菌剂的内吸性差，不能在植物体内输导，但渗透性能好、杀菌作用强，可以将已侵入寄主不深的病原物或寄主表面的病原物杀死（表3-4）。

表 3－3 园艺植物常用杀虫剂的种类及性能

药剂类型	药剂名称	常见剂型	作用原理	防治对象	使用方法	性质	
有机磷杀虫剂	敌百虫	90%晶体、2.5%粉剂	胃毒作用强，兼触杀作用	咀嚼式口器的害虫	喷雾、灌根、喷粉	高效、低毒、低残留、广谱，弱碱条件下可转变为敌敌畏	
	敌敌畏	80%乳油、50%乳油	触杀、胃毒和熏蒸作用	多种园艺植物害虫	喷雾、熏蒸	广谱，击倒力强，碱性和高温条件下分解快，不能与碱性农药和肥料混用	
	乐果	40%乳油	触杀、内吸作用，兼有胃毒作用	多种园艺植物害虫	喷雾、涂抹	高效、低毒、低残留、广谱，在碱性溶液中迅速水解，不稳定，贮藏时可缓慢分解	
	辛硫磷	50%乳油	触杀和胃毒作用	地下害虫、鳞翅目幼虫	喷雾、拌种、颗粒剂	高效、低毒，残留危险性小，遇碱、光易分解	
有机磷杀虫剂	毒死蜱	48%乳油	触杀、胃毒和熏蒸作用	鳞翅目、蚜虫、害螨、潜叶蝇和地下害虫	喷雾	高效、中等毒性，在土壤中残留期长	
氨基甲酸酯类杀虫剂	抗蚜威	50%可湿性粉剂	触杀、熏蒸和内吸作用	多种蚜虫	喷雾	高效、速效、中等毒性、低残留，选择性杀蚜剂	
	硫双威	65%可湿性粉剂、36.5%胶悬剂	内吸、触杀和胃毒作用	棉铃虫、烟青虫、斜纹夜蛾等	喷雾	经口毒性高，经皮毒性低，高效、广谱、持久、安全	
沙蚕毒素类杀虫剂	杀虫双	25%水剂、3%颗粒剂	较强的胃毒和触杀作用，一定的熏蒸和内吸作用	多种园艺植物害虫	喷雾、毒土、泼浇	广谱、安全、低残留，根部吸收力强	
拟除虫菊酯类杀虫剂	溴氰菊酯	2.5%乳油	强烈的触杀作用	多种园艺植物害虫	喷雾	中等毒性	光稳定性好，在酸性液中稳定，在碱性液中易分解，高效、低毒，连用产生抗药性
	功夫菊酯	2.5%、5%乳油	胃毒和触杀作用	鳞翅目害虫；蚜虫和叶螨等	喷雾	活性高，杀虫谱广，残效期长	
特异性昆虫生长调节剂	灭幼脲	25%悬浮剂	胃毒和触杀作用	桃小食心虫、柑橘全爪螨、小菜蛾等	喷雾	低毒，遇碱和较强的酸易分解，常温下较稳定，对人畜和天敌昆虫安全	
	除虫脲	20%悬浮剂	胃毒和触杀作用	鳞翅目幼虫、柑橘木虱等	喷雾	对光、热稳定，遇碱易分解，低毒	
	噻嗪酮	25%可湿性粉剂	胃毒和触杀作用	叶蝉、介壳虫和温室粉虱等	喷雾	药效高、残效期长、残留量低，对天敌昆虫较安全	
其他杀虫剂	吡虫啉	10%、25%可湿性粉剂	内吸、触杀和胃毒作用	蚜虫、飞虱和叶蝉	喷雾	速效、残效期长，对天敌昆虫安全	
	氟虫腈（锐劲特）	5%悬浮剂、0.3%颗粒剂	以胃毒作用为主，兼有触杀、内吸作用	半翅目、鳞翅目、缨翅目和鞘翅目害虫	喷雾、拌种、撒施	中等毒性、杀虫谱广、残效期长	

(续)

药剂类型	药剂名称	常见剂型	作用原理	防治对象	使用方法	性质
微生物杀虫剂	阿维菌素	0.3%、0.9%、1.8%乳油	触杀和胃毒作用,微弱的熏蒸作用	双翅目、鞘翅目、同翅目、鳞翅目害虫和螨类	喷雾	高效、广谱
	苏云金芽孢杆菌(Bt)	1 010 活芽孢/g 可湿性粉剂	胃毒作用	鳞翅目、双翅目、鞘翅目和直翅目害虫	喷雾	—

表3-4 园艺植物常用杀菌剂的种类及特点

药剂类型	药剂名称	常见剂型	作用原理	防治对象	使用方法	特点
无机杀菌剂	波尔多液	1:0.5:100,1:1:100,1:2:100	保护作用	多种园艺植物病害,如霜霉病、疫病、炭疽病等	喷雾	杀菌力强,防治范围广,附着力强,残效期可达15～20d
	石硫合剂	一般24～32波美度(°Be)	杀菌作用	多种园艺植物白粉病、锈病、螨类、介壳虫等	喷雾	不能与忌碱性农药、铜制剂混用或连用
有机硫杀菌剂	代森锌	60%、80%可湿性粉剂	保护作用	果树与蔬菜的霜霉病、炭疽病等	喷雾	吸湿性强,遇碱或含铜药剂易分解,对人畜低毒
	代森锰锌	60%可湿性粉剂、25%悬浮剂		梨黑星病、轮纹病和炭疽病、白菜黑斑病等	喷雾	遇酸遇碱分解,高温时遇潮湿也易分解
	福美双	50%可湿性粉剂		葡萄炭疽病、梨黑星病、瓜类霜霉病	喷雾	遇酸易分解,不能与含铜药剂混用
有机磷杀菌剂	乙膦铝	40%可湿性粉剂	保护和治疗作用	霜霉菌和疫霉菌引起的病害	喷雾	溶于水,遇酸遇碱分解,双向传导
取代苯类杀菌剂	甲霜灵	25%可湿性粉剂	保护和治疗作用	霜霉菌、腐霉菌、疫霉菌引起的病害	喷雾	特效、强内吸性杀菌剂,可双向传导,极易引起抗药性
	百菌清	65%可湿性粉剂、40%悬浮剂	保护作用	苹果轮纹病、葡萄霜霉病、十字花科蔬菜霜霉病等	喷雾	附着性好,耐雨水冲刷,不耐强碱
	甲基硫菌灵	60%可湿性粉剂、36%悬浮剂	治疗作用	园艺植物炭疽病、灰霉病、白粉病、梨轮纹病、茄子绵疫病等	喷雾	对光、酸较稳定,遇碱性物质易分解失效,极易引起抗药性
杂环类杀菌剂	多菌灵	25%、50%可湿性粉剂	治疗作用	子囊菌亚门和半知菌亚门真菌引起的病害	喷雾	遇酸遇碱易分解
	三唑酮	15%、25%可湿性粉剂	治疗作用	各种植物的白粉病和锈病、葡萄白腐病	喷雾	对酸、碱都较稳定
	烯唑醇	5%、12.5%可湿性粉剂	保护和治疗作用	苹果和梨的黑星病、白粉病、菜豆锈病	喷雾	对光、热和潮湿稳定,遇碱分解失效

(续)

药剂类型	药剂名称	常见剂型	作用原理	防治对象	使用方法	特点
抗生素	硫酸链霉素	62%可溶性粉剂、15%可湿性粉剂	治疗作用	各种细菌引起的病害	喷雾	对人畜低毒
	农用抗生素	2%、4%水剂	保护和治疗作用	各种园艺植物白粉病和炭疽病	喷雾	易溶于水,对酸稳定,对碱不稳定

非内吸性杀菌剂波尔多液是用硫酸铜、生石灰和水配成的天蓝色胶状悬液,呈碱性,有效成分是碱式硫酸铜,几乎不溶于水,应现配现用,不能贮存。波尔多液有多种配比,使用时可根据植物对铜或石灰的忍受力及防治对象选择配制。

波尔多液的质量与配制方法有关。最好的方法是在一容器中用80%的水溶解硫酸铜,在另一容器中用20%的水将生石灰调成浓石灰乳,然后将稀硫酸铜溶液慢慢倒入浓石灰乳中,并边倒边搅即可。另一种方法是取两个容器,分别用一半的水配成硫酸铜液和石灰水,然后同时倒入第三个容器中,边倒边搅。配制的容器最好选用陶瓷或木桶,不要用金属容器。

波尔多液是一种良好的保护剂,它具广谱性,但对白粉病和锈病效果差。在使用时直接喷雾,一般药效为15d左右,所以应在发病前喷施。对易受铜素药害的植物,如桃、李、梅、鸭梨、苹果等,可用石灰倍量式波尔多液,以减轻铜离子产生的药害。对于易受石灰药害的植物,可用石灰半量式波尔多液。如葡萄上可用1∶0.5∶(160~200)的配比。在植物上使用波尔多液后一般要间隔20d才能使用石硫合剂,喷施石硫合剂后一般也要间隔10d才能喷施波尔多液,以防发生药害。另外,波尔多液不宜在桃、李、杏、梅上使用,以免发生铜药害。

3. 杀螨剂和杀线虫剂 杀螨剂是用来防治植食性螨类的药剂,杀线虫剂是用于防治植物寄生性线虫的化学药剂。根据药剂的选择性与使用方法分为土壤处理剂、叶面喷洒处理剂和种子处理剂(表3-5)。

表3-5 园艺植物常用杀螨剂和杀线虫剂的种类及其性能

药剂名称	常见剂型	作用原理	防治对象	使用方法	性质
噻唑酮	5%乳油、5%可湿性粉剂	杀卵和幼、若螨,对成螨无效	主要用于防治叶螨,对锈螨、瘿螨效果较差	喷雾	残效期长,药效可保持50d左右
三唑锡	8%乳油、20%悬浮剂、25%可湿性粉剂	触杀作用	多种园艺植物害螨	喷雾	广谱,可杀若螨、成螨和夏卵,对冬卵无效
四螨嗪	10%可湿性粉剂、20%和50%悬浮剂	触杀作用	主要防治全爪螨、叶螨、瘿螨,对跗线螨也有一定效果	喷雾	对螨卵有较好的效果,对幼螨、若螨有一定的活性,作用速率慢

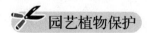

(续)

药剂名称	常见剂型	作用原理	防治对象	使用方法	性质
螨卵酯	20%可湿性粉剂	触杀作用	朱砂叶螨、果树红蜘蛛和柑橘锈壁虱等	喷雾	对螨卵和幼螨触杀作用强，对成螨效果很差
威百亩	30%、33%、35%液剂	熏蒸作用	主要防治线虫，同时也具有杀真菌、杂草和害虫的效果	土壤处理	遇酸和金属盐易分解

案例分析

十字花科蔬菜害虫综合防治措施的优化组合

首先，应根据蔬菜生产的目标和地方特点确定害虫综合防治的总体策略。如果是在以生产粮食和蔬菜为主的城郊型农业的粮、菜生产基地进行十字花科蔬菜的生产，则针对十字花科蔬菜的两种主要害虫小菜蛾和黄曲条跳甲的发生和为害特点，采用"稻—菜轮作"的栽培制度，可以有效地降低害虫的种群基数，减轻害虫综合防治的压力，提高商品蔬菜的品质等级。如果是在规模化的正规出口蔬菜生产基地进行十字花科蔬菜的生产，则必须对菜地的水、肥、土、气及其生态环境进行综合整治，使之符合绿色食品蔬菜生产的环境条件要求。其中，对十字花科蔬菜害虫控制具有重要意义的是结合菜地的四旁（路边、屋旁、沟边、渠埝）环境绿化工程，在菜地种植多样化的绿化植物，为蔬菜害虫的天敌提供蜜源植物和栖息场所。

同时，在菜地的生产布局中，运用反季节栽培、设施种植等宏观调控措施，在时间和空间上营造十字花科蔬菜的避害条件；在品种布局和栽培方式上，利用茄科蔬菜（茄子、辣椒、番茄等）、石蒜科蔬菜（大蒜、韭菜、香葱等）对害虫的驱避作用，将十字花科蔬菜与之轮作、间作、套种，可以有效减轻害虫的为害。在菜地中央插种一定数量的甜玉米植株，可以诱集玉米螟和棉铃虫等成虫产卵，寄生小菜蛾卵的赤眼蜂（如拟澳洲赤眼蜂、玉米螟赤眼蜂等）可以在玉米螟卵和小菜蛾卵上循环寄生繁殖，形成对这两种害虫的自然控制。总之，在蔬菜生产的菜场农田群落背景上创造一种助益控害的生态基础条件，对害虫的综合防治是十分有利的。

其次，在对害虫实施有效的预测预报的基础上，针对十字花科蔬菜的主要害虫，优化组合对其的无公害防治措施，形成对害虫进行生态控制的措施系统，实施有效的无公害防治。

上述系统是一个全生物防治系统，其防治效果可以使商品蔬菜的等级达到AA级绿色食品水平。当不具备全生物防治条件时，斯氏线虫可以用辛硫磷代替，并采用土壤用药的方法，提高其对黄曲条跳甲幼虫的控制效果，保护田间自然天敌。印楝素可由杀虫双、鱼藤氰等低毒农药所代替。但采用这样的防治方法，商品菜的等级只能达到无公害水平。

从环境经济学角度分析，十字花科害虫防治产生的效益是多方面的，它包括直接的经济效益和间接的社会效益、环境效益三方面。单纯使用化学杀虫剂防治害虫所产生的除经济效益外,两项间接效益都是负性的,而采用综合防治(生态控制)的则均为正效益。即:

化学防治:总效益＝经济效益－社会效益－环境效益
生态控制:总效益＝经济效益＋社会效益＋环境效益

?复习思考

一、简答题

1. 什么是有害生物综合治理(IPM)？进行有害生物综合治理时应遵循哪些原则？有害生物综合治理的目标和基本原理分别是什么？

2. 有害生物是怎样产生的,其本质是什么？没有充分理由把一种生物贴上"有害生物"的标签而进行药杀时,会出现哪些后果？

3. 解释经济损害允许水平和经济阈值。为什么说存在有害生物不一定造成经济损失？农业害虫防治为什么不追求"一扫光"？为什么说在农业生产实际中,要允许害虫种群数量对作物造成经济损害允许水平以下的为害？

4. 什么是植物检疫？植物检疫的任务有哪些？满足哪些条件才能被确定为植物检疫对象？

5. 什么是农业防治？理论基础是什么？主要措施有哪些？其在病虫害综合治理中占何种地位？如何利用农业措施来防治园艺植物病虫害？

6. 什么是物理防治？诱杀防治法主要包括哪些内容？

7. 什么是生物防治？生物防治法有哪些优点和局限性？利用天敌控制害虫的主要途径有哪些？

8. 为什么把生物防治作为害虫防治的首选方法之一？天敌昆虫保护利用的一般方法有哪些？简述生物杀虫(螨)剂的类别和常用种类。

9. 什么是化学防治？简述化学防治的优、缺点。说明化学防治在害虫综合治理中的地位。施用农药不当会产生哪些不良副作用？根据农药的作用对象、来源、化学成分和作用方式各分为哪些类型？

10. 农药有哪些常用剂型？说明其特点和使用方法。如何合理使用农药？如何避免植物药害的产生？

二、是非判断题

1. 病虫害综合治理并不一定要做到有虫必治、有病必治。(　　)
2. 植物检疫是一种强制性防治措施,适用于所有园艺植物病虫害。(　　)
3. 波尔多液是一种保护剂,一般在病害发生前使用。(　　)
4. 石硫合剂是一种杀菌剂,因此只能用于病害的防治。(　　)
5. 对某种病虫害有特效的农药,我们应该反复使用,以有效控制该种病虫害的发生。(　　)

任务实施

技能实训 3-1 识别和简易鉴别常用农药的性状

一、能力目标

了解农药常见剂型的特性和简易鉴别方法,识别常用农药的物理、化学性质。

二、实训材料

当地常用的杀虫剂、杀螨剂和杀菌剂,如敌敌畏、敌百虫、乐果、辛硫磷、杀螟硫磷、乙酰甲胺磷、杀虫双、甲萘威、溴氰菊酯、氯菊酯、代森锌、代森铵、福美双、胂·锌·福美双、百菌清、粉锈宁、三乙膦酸铝等。

三、仪器和用具

酒精灯、牛角勺、试管、烧杯、量筒、玻璃棒、吸管、洗衣粉、显微镜等。

四、操作方法

(一)常用农药性状识别

识别所给农药的颜色、气味(注意不要把鼻子对准瓶口吸气,可用手轻轻在瓶口扇动)和在水中的反应(乳油遇水呈乳白色;水剂加水不变色,透明)。

(二)农药剂型的简易测定

1. 粉剂和可湿性粉剂的鉴别　取少量药粉轻轻地撒在水面上,粉粒长期漂浮在水面的为粉剂;在1min内粉粒吸湿下沉入水,搅动时可产生大量泡沫的为可湿性粉剂。另取5g可湿性粉剂倒入盛有200mL水的量筒内,轻轻搅动,30min后观察药液的悬浮情况。沉淀越少,药粉质量越好。如有3/4的粉粒沉淀,表示悬浮性不良。在上述悬浮液中加入0.2~0.5g洗衣粉,充分搅拌,观察其悬浮性是否改善。

2. 乳油质量检查　将乳油2~3滴滴入盛有清水的试管中,轻轻振荡,观察油水融合是否良好,稀释液是否成为半透明的或乳白色的、均匀的液体,有无油层漂浮或沉积。不出现油层的表明乳化性能良好。另取乳油稀释液1滴,在显微镜下观察油滴在水中的大小和分布情况,如果油滴大小一致,直径在10μm以下,在水中分布均匀,表明乳化性良好。

五、实训成果

(1) 将所给农药的物理、化学性质及使用特点列于表3-6中。

表 3-6　主要农药的物理、化学性质及使用特点

药剂名称	剂型	有效成分含量	毒性	作用特点	主要防治对象	使用方法	安全间隔期

(2) 观察 1~2 种可湿性粉剂和乳油的悬浮性和乳化性，并记载其结果。

技能实训 3-2　配制波尔多液及其质量鉴定

一、能力目标

掌握波尔多液的配制和质量检查方法。

二、实训材料

硫酸铜、生石灰、熟石灰等。

三、仪器和用具

烧杯、量筒、试管、试管架、盛水容器、台秤、天平、玻璃棒、研钵、小刀（或铁钉）、石蕊试纸等。

四、操作方法

（一）波尔多液的配制

分小组按以下方法配制（1∶1∶100）等量式波尔多液。注意原料的选择，硫酸铜为蓝色半透明结晶体，生石灰应为新鲜、洁白、质轻的块状体，最好用软水。

波尔多液的配制及质量鉴定

1. 两液同时注入法（方法1）　用 1/2 水溶解硫酸铜，1/2 水溶化生石灰，然后将两液同时倒入第三个容器中，边倒边搅拌即成。

2. 稀硫酸铜液注入浓石灰水法（方法2）　用 4/5 水溶解硫酸铜，1/5 水溶化生石灰，然后将稀硫酸铜液倒入浓石灰水中，边倒边搅拌即成。

3. 浓石灰水注入稀硫酸铜液法（方法3）　原料准备同方法2，但将浓石灰水倒入稀硫酸铜液中，搅拌方法同前。

4. 两液混合后稀释法（方法4）　各用 1/5 水溶化硫酸铜和生石灰，两液混合后，再加 3/5 水稀释，搅拌方法同前。

5. 用熟石灰代替生石灰　按方法2配制（方法5）。

配制注意事项：原料称量要准确；硫酸铜和生石灰要研细；生石灰应先滴加少量水使其崩解化开；两液混合时速度、搅拌要一致；配制时两液温度要相同。

（二）波尔多液的质量鉴定

1. 物态观察　比较观察不同方法配制的波尔多液，其颜色质地是否相同，质量好的波

尔多液应为天蓝色胶态悬浊液。

2. 酸碱性测定　以微碱性反应为好，即药液使红色石蕊试纸慢慢变为蓝色。

3. 小刀镀铜试验　用磨亮的小刀（或铁钉）插入药液片刻，观察亮面有无镀铜现象。以不产生镀铜现象为好。

4. 滤液吹气试验　将波尔多液过滤后的少许滤液滴在载玻片上，对波面轻吹约1min，液面产生薄膜为好，或取滤液10～20mL置三角瓶中，插入玻璃管吹气，滤液变混浊为好。

5. 将用不同方法配好的波尔多液分别装入100mL量筒中，静置1h，按时记载沉淀情况，沉淀越慢越好，将上述鉴定结果记入表3-7。

表3-7　5种方法配制的波尔多液的质量鉴定

配制方法	悬浮率/%			物态现象	石蕊试纸反应	小刀反应	吹气反应
	15min	30min	60min				
1							
2							
3							
4							
5							

悬浮率公式如下：

$$悬浮率 = \frac{悬浮液柱的容积}{混合液柱的容积} \times 100\%$$

五、实训成果

比较不同方法制成的波尔多液质量的优劣。

技能实训3-3　制订园艺植物病虫综合治理方案

一、实训目标

通过训练和制订园艺植物病虫害综合治理方案，进一步了解病虫害综合治理的基本内容，掌握当地主要园艺植物病虫害综合治理的方法，能结合实际撰写出技术水平较高的方案，并能实施或指导实施。通过实施治理方案进一步熟悉当地的各种防治措施及当地园艺植物病虫害的发生发展规律、自然条件和生产条件。

二、实训材料

当地气象资料、栽培品种介绍、栽培技术措施方案和病虫害种类及分布情况等资料。

三、操作方法

（一）资料整理

（1）调查当地园艺病虫害发生种类及危害情况。

(2) 调查或查阅文献得出病虫害侵入途径。

(3) 调查当地园艺植物的种植情况，包括园艺植物配置、园艺植物种类、同一植物不同品种等。

(4) 调查当地园艺植物的感病情况。

(5) 调查当地栽培技术对病虫害发生消长变化的影响。

(6) 调查了解近几年病虫害预测预报的资料。

(7) 调查了解当地对病虫害的防治情况。

（二）确定防治对象

根据调查资料确定防治对象。当前综合治理类型大体上有3种：一是以一种病虫为对象；二是以一种植物整个生育期的所有病虫为对象；三是以某一区域为对象。

（三）制订防治标准

由于各地情况不同，对园艺植物和综合治理要求不同，则防治标准也不同。如对圃地等园艺植物的病虫害防治偏重于经济效益兼顾生态效益等；而处于城市、街道、公园等的园艺植物，以生态效益及绿化观赏效益为目的，其病虫害的防治不可单纯为了经济效益而忽略了病虫的防治。

（四）制订防治计划

1. **制订防治方法** 贯彻以"预防为主，综合防治"的植保方针，根据病虫活动规律、侵入特点、植物栽培管理技术以及植物各发育阶段的病虫发生情况和防治标准等，采取植物检疫、农业防治等措施预防病虫害的发生，在病虫严重时采取化学防治等措施。要根据病虫害轻重缓急情况进行考虑，明确关键时期的主攻对象，系统并有侧重地安排防治措施。初步构成一个因地制宜的防治系统。

2. **制订防治时间** 根据病虫害预测预报，针对植物主要受害的敏感期及防治指标，掌握有利时机，及时进行防治。

3. **建立机构，组织力量** 对病虫害防治工作，特别是大型的灭虫、治病活动应建立机构。说明需要的劳动力数量和来源，便于组织力量。

4. **准备防治物资** 事先准备好防治器械、药剂品种等，以免影响防治工作。

5. **技术培训，按计划实施防治措施** 对参加防治人员进行防治技术培训，确保每种防治措施的正确应用，保证防治效果。

6. **做出预算** 拟定经费使用方案。

（五）园艺植物综合治理方案的基本内容

1. **标题** ×××综合治理方案。

2. **单位** 略。

3. **前言** 根据方案类型概述本地区园艺植物病虫害的基本情况。

4. **正文**

(1) 基本生产条件。气候条件分析、土壤肥力、施肥、灌溉等基本生产条件。

(2) 主要栽培技术措施。园艺植物品种特性、肥料使用计划、灌溉量及次数、田间管理技术措施等。

(3) 发生的主要病虫害种类及天敌控制情况分析。

(4) 综合治理措施。根据当地园艺植物主要病虫害的发生特点统筹考虑，确定各种防治

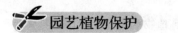

方法。

正文要以综合防治措施为重点，按照综合治理方案的原则和要求具体撰写。

四、实训成果

结合当地情况对某一种虫害或病害做出综合治理方案。

五、成绩评定标准

成绩根据实验态度、操作过程、实验报告等方面综合评定。评定等级分为优秀（90~100分）、良好（80~89分）、及格（60~79分）、不及格（小于60分）（表3-8）。

表3-8 成绩评定标准参考

评定项目（所占分值）	评定内容和环节	评定标准	备注
实训态度（10分）	积极、认真	主动、仔细地进行和完成实训内容	
操作过程（50分）	资料的查看；资料的整理；现场的调查	①能通过资料的查阅进行情况的汇总和分析。②能根据某种病虫害合理协调各种防治措施	
实训报告（40分）	实训报告质量	①目的明确，按时完成报告。②表述正确，内容翔实	

项目四

园艺植物害虫和螨类防治技术

任务一 园艺植物地下害虫防治技术

知识目标

- 识别常见园艺植物地下害虫的为害状及形态特征。
- 掌握常见园艺植物地下害虫的生物学特性、发生规律及发生条件。

能力目标

- 能够识别园艺植物地下害虫的种类及为害状。
- 能够对园艺植物主要地下害虫设计综合防治方案并实施。

地下害虫亦称土栖害虫、根部害虫,是一类重要的园艺植物害虫,严重发生时能造成重大的经济损失。地下害虫通过取食大田、蔬菜、果树、林木、观赏植物等的地下部分和地上近地面的嫩茎,造成缺苗断垄。地下害虫潜伏为害,不易发现,为害期较长,增加了防治的困难,成为农、林、牧生产上的严重障碍。我国地下害虫共 70 余种,隶属 8 目 20 科,主要种类有蝼蛄、蛴螬、金针虫、小地老虎及根蛆等。

一、蛴螬类

蛴螬是金龟甲幼虫的统称,种类很多,常见种类有大黑鳃金龟、暗黑鳃金龟、铜绿丽金龟、黑绒鳃金龟等,在我国普遍发生,长江、黄河流域特别是北方诸省份危害严重,常使玉米、高粱、小麦、花生、大豆等作物严重受害。成虫主要啃食各种植物叶片,形成孔洞、缺刻或秃枝。蛴螬类食性杂,幼虫可为害豆科、禾本科、薯类、蔬菜和野生植物等多种植物的根茎及球茎,达 31 科 78 种之多。植物被金龟子成虫、幼虫为害后,不仅产量和品质受到影响,严重时常造成毁灭性的灾害。

铜绿金龟甲（幼虫为蛴螬）

(一) 形态特征

蛴螬类中常见的铜绿丽金龟和黑绒鳃金龟的形态特征如表 4-1 和图 4-1 所示。

表 4-1 铜绿丽金龟和黑绒鳃金龟的形态区别

形态		铜绿丽金龟	黑绒鳃金龟
成虫	体长 体色 前胸背板 其他	15～18mm 铜绿色，有光泽 有闪光绿色，密布刻点，两侧边缘有黄边 臀板三角形，上有1个三角形黑斑	6～8mm 黑褐色或黑色，体表具丝绒状光泽 密布细小刻点 鞘翅上各有9条浅纵沟纹
卵	颜色 形状	白色 初产为长椭圆形，后逐渐膨大至近球形	乳白色 椭圆形
幼虫	体长 头部 臀节 其他	30mm 左右 前顶毛每侧各为 8 根 臀节腹面具刺毛列，每列多由 13～14 根长锥刺组成，钩状毛分布在刺毛列周围 肛门孔横列状	14～16mm 前顶毛和额中毛每侧各 1 根 臀节腹面刺毛列由 20～23 根锥状刺组成弧形横带，横带中央处中断
蛹	体长 体色 其他	约 18mm 土黄色 椭圆形，略扁，末端圆平	8mm 黄褐色 复眼朱红色

图 4-1 大黑鳃金龟、铜绿丽金龟的形态特征及蛴螬为害状
A. 大黑鳃金龟　B. 铜绿丽金龟　C. 蛴螬为害状
1. 成虫　2. 幼虫
（费显伟，2015. 园艺植物病虫害防治）

（二）发生规律

1. 铜绿丽金龟　1年发生1代，以3龄幼虫在土中越冬，翌年5月开始化蛹，成虫的出现在南方略早于北方，一般在6月上旬和7月中下旬至8月上旬为高峰期，至8月下旬终止。成虫高峰期开始见卵，幼虫8月出现，11月进入越冬。成虫羽化出土与5—6月降水量有密切关系，若5—6月雨量充沛，出土较早，盛发期提前。成虫有假死性，昼伏夜出，白天隐伏于灌木丛、草皮中或表土内，黄昏出土活动，闷热无雨的夜晚活动最盛，趋光性极强。

成虫食性杂，食量大，被害叶呈孔洞、缺刻状。成虫一生交尾多次，平均寿命为30d。卵散产，多产于5～6cm深的土壤中。每雌虫平均产卵40粒，卵期10d。幼虫主要为害林、果木根系。1～2龄幼虫多出现在7—8月，食量较小，9月后大部分变为3龄，食量大，为害，越冬后翌年春季幼虫继续为害到5月，形成春、秋两季为害高峰。幼虫一般在清晨和黄昏由深处爬到表层，咬食苗木近地面的基部、主根和侧根。幼虫老熟后在土壤深处做土室化蛹，老熟幼虫于5月下旬至6月上旬进入蛹期，化蛹前先做一土室。预蛹期13d，蛹期9d。羽化前蛹的前胸背板和翅芽、足先变为绿色。

2. 黑绒鳃金龟 1年发生1代。一般以成虫在土中越冬。翌年4月中旬出土活动，4月末至6月上旬为成虫盛发期，有雨后集中出土的习性，6月末虫量减少。成虫活动适温为20～25℃。成虫有夜出性，飞翔力强，傍晚多围绕树冠飞翔。5月中旬为交尾盛期。雌虫产卵于10～20cm深的土中，卵散产或十余粒集于一处，一般每雌产卵数十粒，卵期5～10d。幼虫以腐殖质及少量嫩根为食。幼虫共3龄，老熟幼虫在20～30cm深的土层中化蛹。羽化盛期在8月中下旬。当年羽化成虫大部分不出土即蛰伏越冬。

3. 东北大黑绒鳃金龟 一般2年完成1代，分别以成虫和幼虫越冬。越冬成虫始见期为4月下旬至5月，盛发期为5月中下旬，终见期为9月上中旬。越冬幼虫翌年5月上旬开始为害作物幼苗地下部分，为害盛期为5月下旬至6月上旬，6月下旬开始化蛹，化蛹高峰期为8月中旬前后，末期为9月下旬。8月上旬开始羽化，羽化高峰期为8月下旬至9月初，末期为10月上中旬。羽化的成虫当年不出土，一直在化蛹土室内匿伏越冬，直至翌年4月下旬才开始出土活动。成虫昼伏夜出，趋光性弱，有假死习性。

4. 暗黑鳃金龟 江苏、安徽、河南、山东、河北地区1年发生1代，多以3龄老熟幼虫越冬，少数以成虫越冬。成虫食性杂，有群集性、假死性、趋光性，昼伏夜出。

（三）预测预报

1. 调查越冬种类、数量 调查时间可分早春和晚秋两季进行，但一般北方诸省份宜在晚秋调查，即在秋收后尚未秋翻前开展调查比较适宜，早春调查可在土地解冻后至播种前进行。

调查方法：调查时选择有代表性的耕地与非耕地，分别按不同地势、土质、茬口、水浇地、旱地等进行调查。采用Z形取样法取10个点，每点为0.25m^2，挖土深度30～50cm。

2. 防治指标 以1头金龟幼虫作为标准头计算，防治指标分级：轻发生，平均每平方米有蛴螬1头以下，作物受害多在2%～3%，可不防治或采取点片防治；中发生，平均每平方米有蛴螬1～3头，作物受害率多在6%～7%，应进行点片或全面防治；重发生，平均每平方米有蛴螬3～5头，作物受害率多在10%～15%，应列入重点防治地块；特重发生，平均每平方米有蛴螬5头以上，作物受害率常在20%以上，应采取紧急或双重的防治措施。

（四）防治方法

贯彻"预防为主，综合防治"的植保方针，因地制宜地开展综合防治。

1. 农业防治 结合农田基本建设，改变蛴螬的为害条件。翻耕整地，压低越冬虫量。

2. 防治成虫

（1）金龟子一般都有假死性，可振落捕杀。

（2）对为害花的金龟子，于果树吐蕾和开花前喷40%乐果乳油1 000倍液或75%辛硫磷乳油、50%马拉硫磷乳油1 500倍液。

3. 防治成虫

（1）苗木生长期发现幼虫为害，可用25%辛硫磷乳油、25%乙酰甲胺磷乳油、25%异丙磷乳油、90%敌百虫原药等1 000倍液灌根。

（2）土壤含水量过大或被水久淹，蛴螬数量会下降。可于11月前后冬灌，或于5月上中旬生长期间适时浇灌大水，均可减轻危害。

（3）加强苗圃管理，中耕锄草，破坏蛴螬适生环境和借助器械将其杀死。

4. 生物防治 我国从 1974 年开始，开展了乳状菌防治蛴螬的研究工作，并从国内外筛选了本地的乳状菌，为今后大面积试验、推广应用乳状菌防治蛴螬做好了准备。

金龟子的天敌很多，如各种益鸟、刺猬、青蛙、蟾蜍、步甲等，都能捕食成虫、幼虫，应予保护和利用。

二、蝼蛄类

蝼蛄属直翅目蝼蛄科，为典型的地下害虫。其前足粗壮，开掘式，胫节阔，有 4 个发达的齿，用于掘土和切碎植物的根。危害较重的是东方（非洲）蝼蛄及华北蝼蛄。东方蝼蛄是世界性害虫，在亚洲、非洲、欧洲普遍发生，在我国各地均有分布，尤以南方受害较重。华北蝼蛄在国内北方各省份受害较重，如江苏（苏北）、河南、河北、山东、山西、陕西、内蒙古、新疆以及辽宁和吉林的西部。

蝼蛄的成虫和若虫均在土中咬食刚播下的种子，也咬食幼根和嫩茎，把茎秆咬断或咬成乱麻状，使幼苗萎蔫而死，造成作物缺苗断垄。蝼蛄在表土层活动时，由于来往穿行，形成纵横隧道，使幼苗和土壤分离，导致幼苗因失水干枯而死。

（一）形态特征

蝼蛄类中常见的华北蝼蛄和东方蝼蛄的形态特征如表 4-2 和图 4-2 所示。

表 4-2 华北蝼蛄和东方蝼蛄的形态区别

	形态	华北蝼蛄	东方蝼蛄
成虫	体长 体色 前胸背板 前足 后足	身体粗大，体长 40~50mm 淡黄褐到黄褐色 中央有 1 个不明显的凹陷 腿节内侧外缘弯曲，缺刻明显 腿节下缘弯曲，胫节背侧内缘有刺 1 个或消失	体小，体长 30~35mm 淡黄褐到黑褐色 中央有 1 个明显的凹陷 腿节内侧外缘较直，缺刻不明显 腿节下缘平直，胫节背侧内缘有刺 3~4 个
若虫	体色 前后足	黄褐色 5 龄以上同成虫	灰褐色 2 龄以上同成虫
卵	形状	椭圆形	长椭圆形

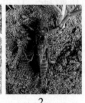
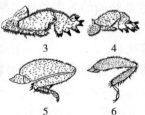

图 4-2 华北蝼蛄与东方蝼蛄的形态特征及为害状
1. 东方蝼蛄 2. 华北蝼蛄 3、5. 华北蝼蛄前后足 4、6. 东方蝼蛄前后足
7. 蝼蛄的为害状 8. 蝼蛄活动时形成的隧道
（费显伟，2015. 园艺植物病虫害防治）

（二）发生规律

1. 东方蝼蛄 我国南方（长江以南地区）1年发生1代，北方1~2年发生1代，成虫、若虫均可越冬。翌年3月开始活动，越冬若虫于5—6月羽化为成虫，7月交尾产卵，卵经2~3周孵化为若虫。若虫共5龄，4个月后羽化为成虫，一般在10月下旬入土越冬。有些发育较晚的若虫即以若虫在土中越冬。

2. 华北蝼蛄 约3年完成1个世代。以成虫、若虫在60cm以下的土壤深层越冬。翌年3—4月气温达8℃以上时开始活动，常可看到地面有拱起的虚土弯曲隧道。5—6月气温在12℃以上时进入为害期；6—7月气温再升高，便潜至土下15~20cm处做土室产卵，1室产卵50~80粒。卵经2周左右孵出若虫，8—9月天气凉爽，又升迁到表土活动为害，形成1年中第2次为害高峰，10—11月若虫达9龄时越冬。越冬若虫于翌年3—4月开始活动，至秋季12~13龄时再越冬。第3年秋季羽化为成虫，即以成虫越冬。

多数蝼蛄均是昼伏夜出，晚9—11时为活动取食高峰。初孵若虫有群集性、怕光、怕风、怕水。成虫有趋光性、趋化性、趋粪性、喜湿性。蝼蛄对香、甜等物质特别嗜好，对煮至半熟的谷子、种子和炒香的豆饼、麦麸等很喜好。对马粪等未腐烂有机质也具有趋性。俗话说"蝼蛄跑湿不跑干"，说明蝼蛄喜欢在潮湿的土中生活。东方蝼蛄多在沿河、池埂、沟渠附近产卵。产卵后窝口用杂草或虚土堵塞。华北蝼蛄多在轻盐碱地内的缺苗断垄、无植被覆盖的高燥向阳、地埂畦堰附近或路边、渠边和松软油渍状土壤里产卵。

（三）蝼蛄发生与环境的关系

1. 虫口密度与土壤类型 盐碱地虫口密度大，壤土地次之，黏土地最小。水浇地的虫口密度大于旱地。

2. 发生为害与前茬作物的关系 蝼蛄的食性很杂，但是蔬菜、甘蓝等作物茬口虫口密度大，高粱次之，谷子最少。

3. 活动规律与温度的关系 春、秋两季，当旬平均气温和20cm处土温均达16~20℃时，蝼蛄为害猖獗。因此一年中可形成两个为害高峰，即春季为害高峰和秋季为害高峰。夏季气温达28℃以上时，它们则潜入较深层土中，一旦气温降低，它们再又上升至耕作层活动。这样可把蝼蛄的活动规律大体分为越冬休眠期、春季苏醒期、出窝迁移期、为害猖獗期、越夏繁殖产卵期和秋季越冬前暴食为害期6个时期。

（四）防治方法

改造环境是防治蝼蛄的根本方法，如改良盐碱地，并把人工歼灭与药剂防治结合起来。

1. 农业防治 同蛴螬的农业防治方法。

2. 化学防治

（1）药剂拌种。用60%（或65%）辛硫磷乳油、25%辛硫磷微胶囊缓释剂或40%甲基异柳磷乳油拌种。

（2）毒饵诱杀。发生期可用毒饵诱杀，用40%乐果乳油与90%敌百虫原药用热水化开，0.5kg加水5kg，拌饵料50kg。饵料要煮至半熟或炒香，以增强引诱力，傍晚将毒饵均匀撒在苗床上。

3. 其他防治措施

（1）灯光诱杀。蝼蛄羽化期间可用灯光诱杀，晴朗无风闷热天诱集量最多。

（2）天敌防治。红脚隼、戴胜、喜鹊、黑枕黄鹂和红尾伯劳等食虫鸟类是蝼蛄的天敌，可在苗圃周围栽防风林，招引益鸟栖息、繁殖食虫。

三、地老虎类

地老虎属鳞翅目夜蛾科，目前国内已知有10余种，主要有小地老虎、大地老虎和黄地老虎。小地老虎分布普遍，全国各地均有分布，以长江流域与东南沿海各省份发生为多，北方分布在地势低洼、地下水位较高的地区。大地老虎分布比较普遍，常与小地老虎混合发生，仅在长江沿岸部分地区发生较多，局部地区造成为害。黄地老虎主要分布在淮河以北，华北、西北、华中等地区，主要为害区为甘肃、青海、新疆、内蒙古及东北北部地区。

地老虎是多食性害虫，食性很杂，幼虫为害寄主的幼苗，从地面截断植株或咬食未出土幼苗，也能咬食作物生长点，严重影响植株的正常生长。各地均以第1代幼虫为害春播作物的幼苗，造成缺苗断垄，甚至毁种重播。有些地区，秋播后还为害秋苗。

（一）形态特征

地老虎中常见的小地老虎和大地老虎的形态特征如表4-3和图4-3所示。

表4-3 小地老虎和大地老虎的形态区别

形态		小地老虎	大地老虎
成虫	体长	16～24mm	20～30mm
	前翅	前翅内、外横线明显；肾状纹、环形纹和楔形纹显著；肾状纹外侧有1条三角形剑状纹与亚缘线上的2条剑状纹尖端相对	前翅黄褐色横线不明显，有肾状纹和环状纹，无楔形纹
	后翅	边缘黑褐色，缘毛灰白色	外缘有很宽的黑褐色边，缘毛淡色
	触角	雌蛾触角为丝状，雄蛾触角双节齿状或羽毛状	雄虫触角双栉齿状分支逐渐短小，几达末端
卵	大小	长0.5mm	直径0.50～0.55mm
	形状	馒头形	半圆球形
幼虫	体长	36～50mm	41～60mm
	体色	黄褐色至黑褐色	黑褐色
	臀板	黄褐色，具2条深褐色纵带	几乎全部为深褐色
蛹	体长	18～24mm	约20mm
	体色	红褐色或暗褐色，有光泽	赤褐色，有光泽
	末端	末端臀棘有短刺1对	末端有刺2个

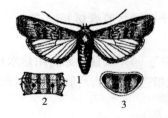
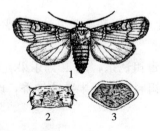

图4-3 小地老虎（左）与大地老虎（右）的形态特征及为害状
1.成虫 2.幼虫第4腹节背面 3.幼虫臀板 4.为害状

（二）发生规律（以小地老虎为例）

小地老虎在全国各地1年发生2~6代。辽宁、甘肃、山西等地1年发生2~3代；山东、河北、陕西等地1年发生3~4代；江苏、四川等地1年发生4~5代。小地老虎的越冬虫态至今尚未完全了解清楚，一般认为以蛹或老熟幼虫越冬。小地老虎发生期依地区及年度不同而异。一年中常以第1代幼虫在春季发生数量最多，造成危害最重。

成虫羽化多在15—22时。成虫昼伏夜出，白天栖息在阴暗处或潜伏在土缝中、枯叶下、杂草间或其他隐蔽处，晚间出来活动、取食、交配产卵，以晚上6—10时为盛。成虫活动与温度关系极大，春季傍晚气温达8℃时即有活动，在适温范围内，气温越高，活动的数量越多，有风雨的晚上活动减少。成虫对黑光灯有强烈趋性，对糖、醋、酒等带有酸甜味的汁液特别嗜好，故可设置糖醋酒液诱杀。成虫补充营养后3~4d交配产卵。卵多散产或成堆产于杂草或土块上，每雌虫平均产卵800~1 000粒。

幼虫为6龄，1~2龄幼虫群集于幼苗顶心嫩叶处昼夜取食，或在地面、杂草或寄主幼嫩部位取食，危害性不大。3龄后幼虫分散为害，进入为害盛期。白天潜伏于杂草或幼苗根部附近的表土，夜出咬断苗茎，尤以黎明前露水未干时更烈，把咬断的幼苗嫩茎拖入土穴内供食。当苗木木质化后，则改食嫩芽和叶片，也可把茎干端部咬断，如遇食料不足则迁移扩散为害。老熟后在土表5~6cm深处做土室化蛹。老熟幼虫有假死习性，受惊缩成环形。3龄后有自残性。

小地老虎喜温暖及潮湿的条件，温度18~26℃、相对湿度60%左右、土壤含水量20%左右对其生长发育及活动有利。对小地老虎发生的影响主要是土壤湿度，以土壤含水量15%~20%最为适宜，故在长江流域因雨量充沛，常年土壤湿度大而发生严重。高温对小地老虎生长与繁殖极其不利。高温使蛹重减轻，成虫羽化不健全，产卵量显著下降。年降水量小于250mm的地区，种群数量极低。地势高、地下水位低、土壤板结及碱性大的地方发生轻；重黏土或沙土对地老虎不利；水旱轮作地区发生较轻，旱作地区较重。前茬绿肥或套作绿肥田的棉苗、玉米苗的虫口密度大，受害重；圃地周围杂草多对其发生有利。

小地老虎的天敌有中华广肩步行虫、甘蓝夜蛾拟瘦姬蜂、夜蛾瘦姬蜂、螟蛉绒茧蜂、夜蛾土蓝寄蝇、伞裙追寄蝇、黏虫缺须寄蝇、饰额短须寄蝇、蚂蚁、蚜狮、螨、鸟类及若干细菌、真菌等。

（三）防治方法

1. 清洁田园 早春在植物幼苗期或幼虫1~2龄时结合松土及时清除田内外、苗床及圃地杂草，并将其沤肥或烧毁，可减少大量卵和幼虫，减少虫源。

2. 诱杀成幼虫 在播种前或幼苗出土前用幼嫩多汁的新鲜杂草60份与2.5%敌百虫粉剂1份配制成毒饵，于傍晚撒布地面，诱杀3龄以上幼虫。成虫可用黑光灯诱杀；也可在春季羽化盛期用糖醋酒液诱杀，糖醋酒液配制比为糖6份、醋3份、白酒1份、水10份加90%敌百虫晶体1份。

3. 捕捉幼虫 每天早晨到田间扒开新被害植株的周围或畦边田埂阳坡表土，挖出并杀死高龄幼虫。

4. 药剂防治 在低龄幼虫发生为害高峰期及时用药防治，傍晚是药剂防治的适期。在第1次防治后，每隔6d左右防治1次，连续防治2~3次。可选喷80%敌敌畏乳剂1 200~

1 500倍液、90%敌百虫晶体500~1 000倍液或50%辛硫磷乳油1 000倍液等。此外，也可用这些药剂进行处理土壤。

四、金针虫类

我国常见的金针虫有沟金针虫、细胸金针虫、褐纹金针虫。沟金针虫主要分布区南达长江流域沿岸，北至东北地区南部、内蒙古，西至陕西。甘肃、青海等省份以旱作区域中有机质较为缺乏而土质较为疏松的粉沙壤土和粉沙黏壤土地带发生较重。细胸金针虫分布也很广，南达淮河流域，北至东北地区的北部，西北地区也有危害，但以水浇地、较湿的低洼过水地、黄河沿岸的淤地、有机质较多的黏土地带危害较重。褐纹金针虫在华北地区常与细胸金针虫混合发生，其分布特性相似，以水浇地发生较多，如山西汾河沿岸的灌溉地区等。

金针虫的食性很杂，其成虫（叩头虫）在地上部分活动的时间不长，只能吃一些禾谷类和豆类等作物的嫩叶，并无严重的危害。而幼虫长期生活于土壤中，主要为害玉米、谷子、甘薯、甜菜及各种蔬菜、花卉和林木幼苗等。

（一）形态特征（图4-4）

1. 沟金针 虫末龄幼虫体长20~30mm，金黄色，体形宽而略扁平，背面中央有1条细纵沟。末端分为尖锐而向上弯曲的二叉，每叉之内侧各有1小齿。细胸金针虫成虫体长8~9mm，宽约2.5mm，暗褐色密被灰色短毛。鞘翅上有9条纵列刻点。卵圆形，长0.5~1.0mm，乳白色。

2. 细胸金针虫 末龄幼虫体长23mm，体较细长。末节的末端不分叉，呈圆锥形，近基部的背面两侧各有1个褐色圆斑，背面有4条褐色纵纹。

3. 褐纹金针虫 末龄幼虫体长约25mm，宽约1.7mm，茶褐色并有光泽。从第2胸节到第8腹节的各节前缘两侧均有新月形斑纹。末节尖端有3个小齿状突起，末节前缘也有1对半月形斑纹，靠前部有4条纵纹，后半部有褐纹，并密布粗大而较深的点刻。

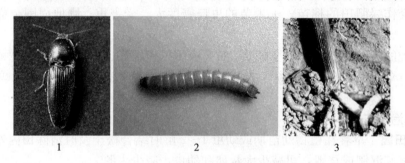

图4-4 金针虫的形态特征及为害状
1. 成虫 2. 幼虫 3. 为害状
（费显伟，2015. 园艺植物病虫害防治）

（二）发生规律

金针虫类的生活史很长，常需2~5年才能完成1代。陕西关中地区多2年1代，甘肃、内蒙古及东北等地多3年1代（沟金针虫）。金针虫以成虫和各龄幼虫在土中（地下）越冬，越冬深度因地区和虫态不同而异，多在20~85cm。在整个生活史中，以幼虫期最长。在华北地区，越冬成虫于3月上旬开始活动，4月上旬为活动盛期。

成虫昼伏夜出，白天躲在田间或田边杂草中和土块下，夜间取食、交配和产卵等，卵散产于土壤中。雄虫善飞，飞行力较强。雌虫无趋光性，无后翅，不能飞行，行动迟缓，只能爬行。成虫有假死性和趋光性，成虫对禾本科杂草及作物枯枝落叶腐烂发酵气味有趋性。对有机肥等有一定趋性。

金针虫多分布于终年湿润的灌溉区，干旱情况下灌水往往导致危害加重，但当土壤含水量超过20%时，则可抑制其危害。沙壤土虫口密度最高，壤土次之，黏土和沙土最少，新开垦的荒地发生重。土壤温度能影响金针虫在土中的垂直移动和为害时期。一般10cm处土温达6℃，幼虫和成虫开始活动。金针虫适宜的土壤含水量为16%~18%。在干旱平原，若春季雨水较多，土壤墒情较好，危害加重。精耕细作一般发生较轻，间、套、复种地块发生重。耕作时对金针虫有直接的机械损伤，而且也能将土中的蛹、休眠幼虫或成虫翻至上表，从而使其遭受不良气候影响和天敌侵袭发生死亡。

（三）金针虫的预测预报

春季播种前或秋季收获后至结冻前，选择有代表性地块，分别按不同土质、地势、茬口、水浇地、旱地进行调查，采用平行线或棋盘式取样法，每样点1m^2，挖土深度30~60cm，3~5点/hm^2。当虫口密度大于3头/m^{2}时，应确定为防治田块。

（四）防治方法

（1）清洁田间，增施腐熟的有机肥料。

（2）对以细胸金针虫为害为主的地区，在成虫大量产卵前利用春锄杂草堆于田间，诱杀成虫。

（3）药剂防治参照蛴螬、蝼蛄等地下害虫的防治方法。利用20%丁硫克百威乳油1 500倍液灌根对金针虫有特效，同时可兼治其他地下害虫。

五、地蛆（种蝇）

（一）形态特征

成虫体长4~6mm，幼虫黄白色，蛹椭圆形，红褐色（图4-5）。

1　　　　　　　　　　2　　　　　　　　　　3

图4-5　种蝇的形态特征及为害状

1.成虫　2.蛹　3.为害状

（二）发生规律

1年发生2~6代，北方以蛹在土中越冬，南方长江流域冬季可见各虫态。25℃以上条件下完成1代需19d，春季均温17℃需时42d，秋季均温12~13℃则需51.6d。喜白天活动，幼虫多在表土下或幼茎内活动。

成虫多喜在有伤口、具腐烂鳞茎的植株上产卵。卵产于植株上枯萎叶片的基部叶鞘内、枯株茎上、蒜茎基部以及在土缝中。生长健壮的植株不吸引成虫产卵。干旱地发生重，湿润田发生轻。

（三）防治方法

1. 农业防治

（1）施用充分腐熟的有机肥，防止成虫产卵。

（2）成虫产卵高峰及地蛆孵化盛期及时进行防治。预测成虫产卵高峰期通常采用诱测成虫法，成虫诱测剂配方：糖1份、醋1份、水2.5份，加少量辛硫磷拌匀。诱蝇器用大碗，先放少量锯末，然后倒入诱剂加盖，每天在成蝇活动时开盖，及时检查诱杀数量并注意添补诱杀剂，当诱器内数量突增或雌雄比近1∶1时，即为成虫盛期，应立即防治。

（3）幼苗期遇干旱天气应及时浇水，使土壤含水量在30%以上，既能有效抑制虫口密度，又能满足幼苗正常生长对水分的需求。

2. 物理防治　在各代成蝇盛发期，每667m^{2}挂黄色诱杀板20块或粘蝇板30张，每10~15d换1次，具有很好的杀虫效果。

3. 药剂防治

（1）药剂处理土壤。用每667m^{2}用50%辛硫磷乳油200~250g，加10倍水喷于25~30kg细土上拌匀成毒土，顺垄条施，随后浅锄或以同样用量的毒土撒于种沟或地面，随即耕翻，或混入厩肥中施用，或结合灌水施入。还可以每667m^{2}用2%甲基异柳磷粉剂2~3kg拌细土25~30kg制成毒土或用3%甲基异柳磷颗粒剂、5%辛硫磷颗粒剂、5%地亚农颗粒剂2.5~3.0kg处理土壤，都能收到良好效果。

（2）药剂处理种子。当前用于拌种用的药剂主要有50%辛硫磷、20%异柳磷，其使用比例一般为药剂∶水∶种子为1∶（30~40）∶（400~500）。也可用25%辛硫磷胶囊剂等有机磷药剂或用杀虫种衣剂拌种。

（3）毒谷。每667m^{2}用25%~50%辛硫磷胶囊剂150~200g拌谷子等饵料5kg左右，或用50%辛硫磷乳油50~100g拌饵料3~4kg，撒于种沟中，兼治蝼蛄、金针虫等地下害虫。

（4）成虫发生期可交替喷洒2.5%溴氰菊酯、20%菊·马乳油3 000倍液、20%氟·杀、10%溴·马乳油2 000倍液、20%蛆虫净乳油2 000倍液等，每隔7d喷1次，连续喷2~3次。当地蛆已钻入幼苗根部时，可用50%辛硫磷或25%喹硫磷乳油1 200倍液、20%甲基异柳磷乳油2 000倍液等药剂灌根，每隔7~10d灌1次，共灌2~3次。

任务二　园艺植物食叶性害虫防治技术

知识目标

- 了解当前园艺生产上主要食叶性害虫的种类，熟悉其生物学特性。
- 掌握当前园艺生产上主要食叶性害虫的发生特点、发生规律及其防治方法。

能力目标

- 能识别为害园艺植物的常见食叶性害虫。

项目四　园艺植物害虫和螨类防治技术

◆ 能应用综合防治原理对园艺植物主要食叶性害虫实施防治。

园艺植物食叶性害虫是指以咀嚼式口器取食为害园艺植物叶片的一类害虫。它们可取食植物的叶、嫩枝、嫩梢等部位形成孔洞、缺刻，甚至全部吃完。食叶害虫的主要种类有鳞翅目的袋蛾类、刺蛾类、灯蛾类、卷蛾类、斑蛾类、尺蛾类、枯叶蛾类、舟蛾类、螟蛾类、夜蛾类、天蛾类、毒蛾类和蝶类，膜翅目的叶蜂类，鞘翅目的金龟甲、叶甲类及直翅目的蝗虫类等。

一、刺蛾类

刺蛾俗称洋辣子、刺毛虫，属鳞翅目刺蛾科，国内已知90余种。幼虫蛞蝓形，体上常具有瘤和枝刺，且具有毒的刺和刚毛，胸足小，腹足退化呈吸盘状。蛹外常有坚硬的茧。刺蛾类为园艺植物主要杂食性食叶害虫之一，重要的有黄刺蛾、褐边绿刺蛾、丽绿刺蛾、桑褐刺蛾、扁刺蛾等。

（一）形态特征

几种常见刺蛾的形态特征如表4-4和图4-6、图4-7所示。

表4-4　几种刺蛾的形态特征比较

虫态	黄刺蛾	褐边绿刺蛾	丽绿刺蛾	桑褐刺蛾
成虫	橙黄色，前翅内半部黄色，外半部黄褐色，有2条暗褐色斜线，在翅尖汇合于一点，呈倒V形	头部和胸部背面粉绿色。前翅绿色，基部有1个褐色大斑，外缘有1条灰黄色宽带	前翅绿色，前缘基部有一深褐色尖刀形斑纹，外缘有褐色带。胸部、腹部及足黄褐色，前足基部有1簇绿色毛	土褐色至灰褐色，前翅有2条深褐色弧形线，线内各有1条浅色带
卵	扁椭圆形，淡黄色，表面有龟甲状刻纹	扁椭圆形，浅黄绿色	椭圆形，扁平，米黄色，鱼鳞状排列	扁椭圆形，黄色，半透明
幼虫	老熟后体长18～25mm，头部黄褐色，胸部黄绿色，体背有1个哑铃形褐色大斑，各节背侧有1对枝刺	老熟后体长25～28mm，头红褐色，体翠绿色，背线黄绿至浅蓝色。背面有2排黄色枝刺。腹末有4个黑绒状刺突	老熟后体长15～30mm，体翠绿色，中胸及第8腹节有1对蓝斑，后胸及第1、第7腹节有蓝斑4个，以后胸及第1、第7、第8腹节枝刺为长	老熟后体长23～35mm，黄绿色。背线蓝绿色，每节各有4个黑点，亚背线枝刺有红、黄色两种类型
蛹	黄褐色，椭圆形	卵圆形，棕褐色	卵圆形，深褐色	椭圆形，褐色
茧	灰白色，坚硬，茧壳上有黑褐色纵条纹，形似雀蛋	圆筒形，黄褐色，坚硬，两端钝平，表面有棕色毛	扁椭圆形，棕黄色，上覆灰白色的丝状物	灰褐色，卵圆形，较脆薄

黄刺蛾幼虫

褐边绿刺蛾幼虫

图 4-6 黄刺蛾和扁刺蛾的形态特征
A. 黄刺蛾 B. 扁刺蛾
1、6. 成虫 2、5. 幼虫 3. 茧 4. 为害状

图 4-7 丽绿刺蛾和褐边绿刺蛾的形态特征
A. 丽绿刺蛾 B. 褐边绿刺蛾
1、3. 幼虫 2、4. 成虫

（二）发生规律

1. 黄刺蛾 分布很广，全国各省份几乎均有发生。食性很杂，为害苹果、柿、核桃、枣、枫杨等 90 多种植物。初龄幼虫只食叶肉，4 龄后蚕食整叶，常将叶片食尽。

黄刺蛾幼虫取食叶片

树枝上的黄刺蛾虫茧

1 年发生 1～2 代，华北地区 1 年发生 1 代，华东、华南地区 1 年发生 2 代。以老熟幼虫在树干、枝杈等处结茧越冬。翌年 5 月中旬化蛹，下旬开始羽化，第 1 代幼虫 6 月上旬开始出现，6 月下旬老熟幼虫开始在树干、树枝上吐丝缠绕，随即分泌黏液造茧化蛹。8 月上旬羽化。第 2 代幼虫的为害盛期是 8 月下旬至 9 月中旬，其为害一般年份较第 1 代轻。9 月下旬开始陆续在树干上结茧。

成虫羽化多在傍晚，羽化时破茧壳顶端小圆盖而出。白天潜伏于叶背，夜间活动产卵，有较强的趋光性。卵产于叶背，散产或少量聚在一起，每雌产卵 50～60

粒，卵期5~6d。成虫寿命4~6d。初孵幼虫先取食卵壳，后在叶背啃食叶肉，使叶片成筛网状，4龄后蚕食整叶。幼虫共6龄，历期22~33d。

黄刺蛾的天敌有上海青蜂和刺蛾广肩小蜂等，其幼虫及蛹被寄生率较高。

2. 褐边绿刺蛾 长江以南1年发生2~3代，苏州地区1年发生2代，以老熟幼虫在树下及附近浅土层中结茧越冬。翌年4—5月化蛹，5月中旬至6月成虫开始羽化产卵，6月上中旬为第1代幼虫为害期。6月中旬后第1代幼虫结茧化蛹，8月中旬后第2代幼虫开始为害，9月下旬后老熟幼虫入土结茧越冬。各代幼虫发生期分别为6—7月、8—9月。初孵幼虫有群集性，4龄后分散为害。第1代幼虫部分在叶背结茧化蛹，有的在浅土层中结茧化蛹。成虫夜间活动，有较强的趋光性。卵多产于叶背，十几粒到几十粒呈鱼鳞状排列。卵期5~6d，初孵幼虫不取食，2龄后取食蜕下的皮及叶肉，3龄前群集活动，以后分散。幼虫期20~30d，蛹期5~6d。

3. 扁刺蛾 扁刺蛾分布在东北、华北、华东、中南以及四川、云南、陕西等地区，为害枣、苹果、梨、桃等80多种植物。

成虫体长16mm，头胸翅灰褐色，前翅从前缘到后缘有1条褐色线，线内有浅色宽带。卵扁长，椭圆形，初产时淡黄绿色，孵化前呈灰褐色。老熟幼虫翠绿色，体较扁平，背有白色线。体侧各有1列红点。茧结于树木周围的浅土层中，黑褐色。

扁刺蛾幼虫

华南、华东地区每年发生2代，以老熟幼虫在树干基部周围的土中结茧越冬。翌年4月中旬化蛹，5月中旬成虫开始羽化产卵。幼虫发生期分别在5月下旬至7月中旬、8月至翌年4月。初孵幼虫不取食，2龄幼虫开始取食卵壳和叶肉，3龄后啃食叶片形成孔洞。5龄幼虫食量大，危害严重。

4. 桑褐刺蛾 主要分布于我国长江以南各省份，为害枣、桃、柿、苹果、樱桃等60多种植物。幼虫取食叶肉，仅残留表皮和叶脉。

桑褐刺蛾幼虫

长江下游地区1年发生2~3代，以老熟幼虫在树干周围的疏松表土层或草地丛间、树叶堆和砾石缝中结茧越冬。翌年5月下旬开始羽化产卵，6月上旬为羽化产卵盛期。3代区成虫分别在5月下旬、7月下旬、9月上旬出现，成虫夜间活动，有趋光性。卵多成块产在叶背，每雌产卵300多粒，幼虫孵化后在叶背群集并取食叶肉，半月后分散为害，取食叶片。老熟后入土结茧化蛹。第1代、第2代幼虫为害期为6月中旬至7月中旬，第3代为8月下旬至9月下旬。10月下旬在土中结茧越冬。

（三）防治方法

1. 清除虫茧 刺蛾以茧越冬历时很长，根据不同刺蛾在树上或土中越冬结茧的习性与部位不同，冬季结合抚育、修剪、松土清除部分越冬虫茧，在土层中的茧可采用挖土除茧，减少越冬基数。也可结合保护天敌，将虫茧堆集于纱网中，让寄生蜂羽化飞出寄生。

2. 灯光诱杀 刺蛾成虫大都有较强的趋光性，成虫羽化期间可安置黑光灯诱杀成虫。

3. 人工摘除虫叶 初孵幼虫有群集性，被害叶片呈透明枯斑，容易识别，在幼虫为害高峰期，可人工摘除虫叶，清除幼虫。

4. 生物防治 选用苏云金芽孢杆菌在潮湿条件下喷雾。除茧时注意保护寄生蜂类天敌。大发生时，把罹病虫尸收集、研碎，用水稀释后喷洒，可收到较好的防治效果，喷洒青虫菌制剂也有较好防效。此外，应注意保护上海青蜂、刺蛾广肩小蜂、赤眼蜂、姬蜂等天敌。

5. 药剂防治 在2~3龄低龄幼虫高峰期，可选用25%灭幼脲悬浮剂1 000倍液，也可用 90%敌百虫晶体 800～1 000 倍液、80%敌敌畏乳剂 1 200～1 500 倍液等进行防治。此外，选用拟除虫菊酯类杀虫剂与前两种药剂混用或单独使用均有很好的效果。

二、蓑蛾类

桃树上的袋蛾

蓑蛾又名袋蛾、避债虫等，属鳞翅目袋蛾科，全世界已知 800 多种，我国各地均有分布，但以南方种类较多，危害较严重。常见种类有大袋蛾、茶袋蛾、白囊袋蛾、桉袋蛾、蜡彩袋蛾、丝脉袋蛾、黛袋蛾等。大袋蛾分布于华东、华南及华北部分地区，寄主有 600 余种，以阔叶树木为主，也能取食针叶树及草本植物；茶袋蛾又名茶蓑蛾，分布及取食范围与大袋蛾相似；桉袋蛾分布范围与前两种袋蛾相似，主要寄主植物有桉、栗、柿、白玉兰等。

袋蛾类幼虫能负袋而行。取食时虫体前部伸出袋外，取食树叶、嫩枝及幼果，大发生时，几天能将全树叶片食尽，残存秃枝光干，严重影响植物开花结实，使枝条枯死或整株死亡。袋蛾是园艺植物主要杂食性食叶害虫之一。

（一）形态识别

蓑蛾中常见的大袋蛾和茶袋蛾的形态特征如表 4-5 和图 4-8 所示。

表 4-5　大袋蛾和茶袋蛾形态特征的比较

形态			大袋蛾	茶袋蛾
成虫	雄虫	体长 体色 前翅 胸部 其他	15～20mm 黑褐色 近前缘有 4～5 块半透明斑 背面有 5 条黄色纵纹 体具黑褐色长毛	体长 11～15mm 茶褐色 外缘有 2 个长方形透明斑 背面有白色纵纹 2 条 体具白色长毛
	雌虫	体长 体色 其他	22～30mm 乳白色 肥胖、胸部背中央有 1 条褐色隆脊，无翅，后胸腹面及第 7 腹节后缘密生黄褐色绒毛环，腹内卵粒清晰可见	15～20mm 米黄色 粗壮无翅，腹部大，在第 4～7 腹节周围有黄色绒毛
卵		形状 大小 颜色	椭圆形 长 0.8mm，宽 0.5mm 黄色	椭圆形 长约 0.8mm 豆黄色
幼虫	雌性	体长 头部 胸部 腹部	老龄幼虫体长 25～40mm 头部深棕色，头顶有环状斑 胸部背板骨化程度高，亚背线、气门上线附近具大型赤褐色斑 背面黑褐色，各节表面有皱纹，腹足趾钩呈缺环	老熟幼虫体长 20～26mm 头黄褐色，具黑褐色斑纹 胸部各节背面有 4 个褐色长形斑，前后相连成 4 条褐色纵带，正中的 2 条明显 肉黄色，各腹节背面均有 4 个黑色小突起，列成"八"字形
	雄性		3 龄起，雌雄明显异型，雄性老龄幼虫体长 18～25mm，头黄褐色，中央有一"八"字形纹，胸部背侧有 2 条褐色斑纹	雌雄无明显异型，特征如雌性幼虫

(续)

	形态	大袋蛾	茶袋蛾
蛹	雌蛹	头胸的附属器均消失,枣红色	长约20mm,纺锤形,黄褐色。腹部第3节后缘,第4、第5节前后缘,第6~8节前缘各有1列细齿
	雄蛹	赤褐色,第3~8腹节背板前缘各具2横列的刺突,腹末有1对臀棘,小而弯曲	长约15mm,腹部背面第4~7节前后缘,第8、第9节前缘各具细齿1列
护囊	形状颜色	纺锤形 灰褐色	纺锤形 枯枝色
	质地	丝质坚实,护囊上常附有较大的一至数片枯碎叶片或少数排列不整齐的枝梗	丝质,幼时囊外贴以叶屑、枝皮碎片,稍大则有许多断截的小枝梗缀于囊外,平行纵列
	其他	雄虫护囊长约52mm,雌虫护囊长约62mm,袋囊随虫龄而增大,老龄幼虫袋囊长40~70mm	成长幼虫护囊长25~30mm

图4-8 大袋蛾的形态特征及为害状
1.雄成虫 2.雌成虫 3.产卵状 4.幼虫 5.蛹 6.护囊 7.为害状

(二)发生规律

1. 大袋蛾 长江流域1年发生1代,以老熟幼虫在护囊内越冬。越冬幼虫于翌年4月上中旬开始化蛹,5月底至7月上旬为羽化高峰期。雌虫羽化后留在护囊内,释放信息激素招引雄蛾前来交配。雄蛾飞至囊上将腹部伸入护囊进行交尾,雌成虫产卵于护囊内的蛹壳内。雌成虫产卵量极大,每雌可产卵2 000~3 000粒,平均可达2 600粒左右,产卵后雌体干缩死亡。

5月下旬至7月下旬为幼虫孵化期。卵多在白天孵化,孵化后初孵幼虫在囊内取食卵壳,经3~5d即从护囊排泄口蜂拥爬出,在枝叶上爬行或吐丝下垂,随风扩散,咬取枝叶表皮或少量枝梗并吐丝缠身,做成囊袋,幼虫匿于囊内,取食迁移时均负囊活动。此时,如遇中至大雨,小幼虫易受雨水冲刷而大批死亡。幼虫具有明显的趋光性,故多聚集于树枝梢头为害,因此树的顶部及外层受害较重。幼虫共5龄,1~2龄幼虫咬食叶肉,3龄后蚕食叶片,仅留叶脉,幼虫在护囊封口前危害最严重。7—9月幼虫老熟,至10月陆续向枝端爬行,将袋囊用丝束紧紧缠绕于小枝上。大袋蛾在干旱年份发生严重,7—8月若遇高温干旱常会严重发生。反之，若此阶段雨日多，降水量大则不易成灾。因为湿度大时影响幼虫孵化，并会引发病害流行，造成幼虫大量死亡。大袋蛾幼虫有较强的耐饥能力，不取食可存活3周左右。

2. 茶袋蛾　浙江、江苏一带1年发生1代，安徽、湖南一带1年发生2代，少数1代。以3、4龄幼虫在护囊内悬挂在枝条上越冬。翌年4月下旬取食活动，5月中下旬羽化为成虫。6—8月为幼虫为害期，10—11月幼虫开始越冬。雌、雄成虫交尾后，雌虫产卵于护囊内蛹壳中。初孵幼虫从囊口爬出后随风飘散，随即吐丝黏附各种碎屑营造护囊（图4-9）。

图4-9　茶袋蛾的形态特征及为害状
1. 幼虫　2. 护囊　3. 为害状

初孵幼虫先啃食叶肉，留表皮呈星点状透明斑痕。稍大蚕食叶片成孔洞、缺刻或仅留叶柄。虫口多时可将叶片食光，还能啃食枝皮、果皮。护囊随虫体长大而增大，4龄后被咬食，与长短不一的小枝并列于囊外。幼虫取食或爬行时，护囊挂在腹末随其行动。多在清晨、傍晚或阴天取食。

（三）防治方法

1. 摘除越冬虫囊　冬季树木落叶后，尤其在植株不高的绿化苗圃、花圃、茶园、果园等处摘除护囊，还可结合修剪人工摘除虫囊。摘除护囊时要注意保护囊内天敌。

2. 黑光灯诱杀　结合防治其他害虫用黑光灯诱杀雄成虫。

3. 生物防治　保护和利用天敌，包括鸟类、寄生蜂、寄生蝇及病毒等。幼虫阶段有多种寄生蜂，少用杀虫谱广的化学农药而改用苏云金芽孢杆菌等生物类农药或青虫菌液（含1亿活孢子/mL）喷雾。此外，清除护囊时可用手捏碎，既灭除了成、幼虫，又保护了天敌。

4. 化学防治　幼虫大量发生初期，掌握在幼虫3龄前及时喷药，可用50%杀螟硫磷、50%马拉硫磷乳油1 000~1 500倍液，或胃毒性强的90%敌百虫晶体1 000~1 500倍液喷雾；也可因地制宜选择其他杀虫剂，如选用80%敌敌畏乳油1 500倍液、50%乙酰甲胺磷乳油1 500倍液及拟除虫菊酯类农药如2.5%溴氰菊酯乳油5 000~10 000倍液等药剂喷雾。大树可在树干基部从3个不同方向打孔，孔深入木质部2~9cm，注入75%辛硫磷乳油5~8mL等。

三、夜蛾类

夜蛾类害虫属鳞翅目夜蛾科。其种类很多，国内记载1 200余种，为害园艺植物的有近百种。夜蛾食性杂，大部分种类以幼虫取食植物叶片，少数种类蛀食嫩芽、茎秆或为害植物根部，还可为害花蕾及花等。

斜纹夜蛾的识别与防治

（一）形态识别

夜蛾类中常见的斜纹夜蛾与银纹夜蛾的形态特征如表4-6和图4-10、图4-11所示。

表4-6 斜纹夜蛾与银纹夜蛾的形态区别

虫态	斜纹夜蛾	银纹夜蛾
成虫	前翅灰褐色，前翅基部有白线数条，内、外横线间从前缘伸向后缘有3条灰白色斜纹	前翅灰褐色，有S形白纹，向外还有1个近三角形的银纹。后翅暗褐色，有金属光泽
卵	半球形，卵块上覆有雌成虫的黄白色绒毛	馒头形，淡黄绿色，有纵向的格子形斑
幼虫	老熟时多数为黑褐色，也有呈土黄、褐绿至黑褐色的，背线及亚背线橘黄色，中胸至第9腹节在亚背线上各有1对半月形或三角形黑斑	老熟幼虫体黄绿色，头小，胴部逐渐变粗。背线、亚背线白色，气门线黑色。第1、第2对腹足退化，行走如尺蠖
蛹	圆筒形，赤褐色。第4~7节腹背近前缘密布圆形刻点。臀棘短，并有1对强大而弯曲的刺	纺锤形，第1~5节腹背前缘灰黑色，腹部末端延伸为方形臀棘，上生钩状刺6根。茧黄白色

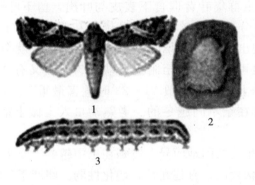

图4-10 斜纹夜蛾的形态特征
1.成虫 2.卵 3.幼虫 4.蛹

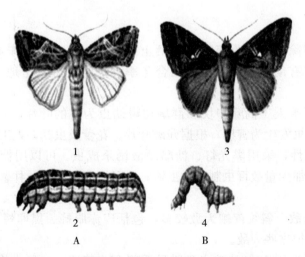

图4-11 斜纹夜蛾与银纹夜蛾的成、幼虫对比
A.斜纹夜蛾 B.银纹夜蛾
1、3.成虫 2、4.幼虫

（二）发生规律

1. 斜纹夜蛾 斜纹夜蛾又名莲纹夜蛾、斜纹夜盗蛾，属鳞翅目夜蛾科。斜纹夜蛾是一类杂食性和暴食性害虫，为害的寄主相当广泛，除十字花科蔬菜外，还可为害其他类蔬菜及粮食、经济作物、草坪等近300多种植物。幼虫咬食叶片、花蕾、花及果实。初龄幼虫啃食叶片下表皮及叶肉，仅留上表皮呈透明斑；4龄以后进入暴食期，咬食叶片，仅留主脉，并排泄粪便造成污染，使商品性降低。

斜纹夜蛾1年发生4~8代，南北不一，世代重叠。长江流域1年发生5~6代，世代重叠现象严重。长江流域多在6—10月大发生，7—8月为盛发期。成虫昼伏夜出，飞翔力较强，白天常隐藏在植株茂密处、草丛及土壤缝隙内，傍晚出来活动，交尾产卵，以20—22时活动最盛。具有较强的趋光性和趋化性。成虫取食花蜜补充营养，对糖、酒、醋等发酵物有很强的趋性，成虫寿命为7~15d，产卵历期5~7d，卵期为3~6d。卵多产于枝叶茂密浓绿的叶片背面的叶脉分叉处，植株中部着卵量较多，堆产，卵块常覆有鳞毛而易被发现。每头雌虫产卵3~5块，每块150~350粒。幼虫共6龄，少数7龄或8龄。幼虫多在晚上孵化，初孵幼虫群集叶背取食下表皮与叶肉，留下叶脉与上表皮。2龄末期吐丝下垂，3龄以后则开始分散，老龄幼虫有昼伏性和假死性，4龄后进入暴食期，白天多潜伏在土缝处，傍晚爬出取食，至黎明又隐蔽起来。遇惊就会落地蜷缩作假死状。当食料不足或不当时，幼虫可成群迁移至附近田块为害，故又有"行军虫"的俗称。遇阴雨天时，白天有时在植株上活动，一般21—23时危害最重。大部分地区以蛹、少数地区以幼虫在土中越冬，也有在杂草间越冬的。老熟幼虫入土做土室化蛹，蛹期为8~17d。

2. 银纹夜蛾 银纹夜蛾1年发生代数因地而异。以蛹在土中越冬。翌年5—6月成虫羽化，6—9月为幼虫为害期。成虫昼伏夜出，有趋光性，趋化性弱。卵产于叶背，多为单产。初孵幼虫多在叶背啃食叶肉，仅留上表皮，3龄后取食嫩叶成孔洞。老熟幼虫多在叶背吐丝做粉白色茧化蛹。长江流域一带幼虫为害期分别在6月、8月上旬和9月上旬。幼虫老熟后入土化蛹越冬。

（三）防治方法

1. 农业防治 清除杂草，收获后翻耕晒土或灌水，结合田间作业随手摘除卵块和群集为害的初孵幼虫，有助于减少虫源。结合冬季养护管理翻耕土地，杀死土中越冬蛹或幼虫。

2. 人工防治 夏季人工摘除卵块和群集初孵幼虫为害的叶片，并将其及时集中处理，可压低虫口密度。害虫发生为害期，根据残破叶片、花蕾及虫粪，人工捕杀幼虫和虫茧。利用成虫趋光性和趋化性，采用黑光灯、糖醋酒液诱杀成虫。可以用糖2份、酒1份、水2份、醋2份，调匀后加少量敌百虫制成诱虫液；也可以用胡萝卜、甘薯、豆饼发酵液加少量红糖和敌百虫等。

3. 保护和利用天敌 斜纹夜蛾天敌较多，包括广赤眼蜂、黑卵蜂、螟蛉绒茧蜂、家蚕追寄蝇等，要注意保护这些天敌。

4. 药剂防治 可选用10%呋喃虫酰肼悬浮剂800倍液、10%虫螨腈悬浮剂800倍液、2.2%甲氨基阿维菌素苯甲酸盐（甲维盐）乳油1 000倍液、1.1%烟碱·百部碱·印楝素乳油1 000倍液，使用时应在卵孵化盛期或低龄幼虫期及时喷雾防治，喷匀喷透，每隔

5～6d用药1次，连续喷3～5次。生产上一般与甜菜夜蛾兼治。用药时间最好选在傍晚。

四、毒蛾类

(一) 舞毒蛾

舞毒蛾分布于东北、华北、华中、西北，别名秋千毛虫、苹果毒蛾、柿毛虫，属鳞翅目毒蛾科，主要为害苹果、柿、梨、桃、杏、樱桃、板栗、桑等植物。舞毒蛾主要以幼虫主要为害叶片，严重时可将全树叶片吃光。

1. 形态识别 （图4-12） 雌雄异型。雌蛾体较大，黄白色，雌虫体长约25mm，前翅灰白色，每2条脉纹间有1个黑褐色斑点。雄蛾体瘦小，腹末尖，体棕黑色，体长约20mm，前翅茶褐色，有4～5条波状横带，外缘呈深色带状，中室中央有一黑点。前翅翅面上具雌蛾同样斑纹。卵球形、有光泽，直径0.8～1.3mm。初产为杏黄色，数百粒至上千粒产在一起成卵块，其上覆盖有很厚的黄褐色绒毛。幼虫老熟时体长50～70mm，头黄褐色有"八"字形黑色纹。蛹暗褐色或黑色，胸背及腹部有不明显的毛瘤，着生稀而短的红褐色毛丛。无茧，仅有几根丝缚其蛹体与基物相连。

图4-12 舞毒蛾的形态特征及为害状
1. 成虫 2. 幼虫 3. 为害状

2. 发生规律 1年发生1代，以发育完全的幼虫在卵内越冬。翌年4月下旬至5月上旬孵化，6月中旬开始幼虫老熟，6月下旬至7月上旬化蛹，7月中下旬为羽化盛期。初孵幼虫体轻毛长，有吃卵壳习性，树上不残留卵块痕迹，初期群集树干，以后爬到树冠上取食。如卵不产在寄主树种上，孵出的幼虫吐丝悬垂，靠风吹扩散。2龄后日间藏在落叶及树上枯枝内或树皮缝内，夜间出来为害。雌虫不大活动，常停留在树干上；雄蛾活跃，善飞翔，日间常在林内成群飞舞，故称舞毒蛾。卵产于树干上或主枝枝干的阴面、树洞中、石块下、屋檐下等处，每雌蛾1生产卵400～1 200粒。卵成块，每雌产卵1～2块，每块数百粒，上厚覆雌虫腹末的黄褐色绒毛。成虫有趋光性。

3. 防治方法

(1) 人工防治。1—3月寻找越冬卵块销毁；幼虫群集尚未分散时，及时人工捕杀。

(2) 药剂防治。在树干上涂刷毒环，毒杀上、下树的幼虫；幼虫在3龄前，可用敌百虫、敌敌畏、辛硫磷或拟除虫菊酯类等杀虫剂喷雾。

此外，舞毒蛾核多角体病毒和性信息素的应用均已取得一定进展，可加以利用。

(二) 豆毒蛾

豆毒蛾属鳞翅目毒蛾科，别名豆毒蛾、肾毒蛾，分布区域北起黑龙江、内蒙古，南至台湾、广东、广西、云南，主要为害柿、茶、荷花、月季、紫藤等。

1. 形态特征（图4-13）　成虫翅展雄虫为34～40mm，雌虫为45～50mm。触角黄褐色，栉齿褐色，雌蛾比雄蛾色暗。幼虫体长40mm左右，头部黑褐色、有光泽、上具褐色次生刚毛，体黑褐色。

图4-13　豆毒蛾的形态特征
1. 成虫　2. 幼虫

2. 发生规律　在长江流域1年发生3代，以幼虫越冬。4月开始为害，5月老熟幼虫以体毛和丝作茧化蛹，6月第1代成虫出现，卵产于叶上，幼龄幼虫集中为害，仅食叶肉，以后分散为害。

3. 防治方法　灯光诱杀成虫；必要时喷洒90%敌百虫晶体800倍液或80%敌敌畏乳油1 000倍液，每亩*喷兑好的药液75L；提倡喷洒每克含100亿孢子的杀螟杆菌粉剂700～800倍液。

五、枯叶蛾类（以黄褐天幕毛虫为例）

枯叶蛾属鳞翅目枯叶蛾科，因静止时形似枯叶而得名。枯叶蛾分布广，已知1 300种以上，以幼虫为害植物，低龄时大多具群集习性，稍大后分散并蚕食叶片。

现以黄褐天幕毛虫为例进行介绍。

1. 分布与为害　黄褐天幕毛虫别名天幕枯叶蛾、带枯叶蛾、梅毛虫、黄褐天幕毛，属鳞翅目枯叶蛾科，分布于东北、华北、陕西、四川、甘肃、湖北、江西、湖南、江苏、安徽、山东、河南等地，为害海棠、玫瑰、梨、苹果、沙果、桃、李、杏、樱桃等植物。幼虫常在刚孵化时群集于一枝，吐丝结成网幕，食害嫩芽、叶片，随生长渐下移至粗枝上结网巢，白天群栖巢上，夜出取食，5龄后期分散为害，严重时将全树叶片吃光。目前，黄褐天幕毛虫仅发生在管理粗放的梨园。

2. 形态识别（图4-14）

（1）成虫。雌、雄虫差异很大。雌虫体长18～20mm，翅展29～39mm，全体黄褐色，触角锯齿状，前翅中央有1条赤褐色宽斜带，两边各有1条米黄色细线；雄虫体长约17mm，翅展24～32mm，全体黄褐色，触角双栉齿状。

（2）卵。椭圆形，灰白色，高约1.3mm，顶部中间凹下，每200～300粒紧密黏结在一

---

* 亩为非法定计量单位，1hm^2＝15亩，1亩≈667m^2。

图 4-14 黄褐天幕毛虫的形态特征及幼虫为害状
1. 成虫 2. 幼虫 3. 卵 4. 为害状

起,环绕在小枝上,如"顶针"状。

(3) 幼虫。低龄幼虫身体和头部均为黑色,4 龄以后头部呈蓝黑色。老熟幼虫体长 50～60mm,体两侧有鲜艳的蓝灰色、橙黄色或黑色相间的条纹。

(4) 蛹。初为黄褐色,后变黑褐色,体长 17～20mm,蛹体有金黄色短毛,化蛹于黄白色丝质茧中。

3. 发生规律 1 年发生 1 代,以完成胚胎发育的幼虫在卵壳内越冬。翌年春树木萌芽后,幼虫孵出开始为害。幼龄幼虫群集在卵块附近的小枝上食害嫩叶,以后向树杈移动,转移到小枝分叉处吐丝结网,夜间出来取食,白天群集潜伏于网巢内,呈天幕状,因而得名。幼虫蜕皮在丝网上,经 4 次蜕皮,近老熟时开始分散活动,白天往往群聚于树干下部或树桠处静伏,晚上爬到树冠上取食,易暴食成灾。幼虫于 5 月底老熟,在叶背或果树附近的杂草上、树皮缝隙、墙角、屋檐下吐丝结茧化蛹。蛹期 12 天左右,成虫发生盛期在 6 月中旬,羽化后即可交尾产卵,卵多产于被害树当年生小枝梢端。每雌蛾产 1 块卵,少数 2 块,产卵 200～400 粒。幼虫常感染一种核多角体病毒,感病的幼虫常倒挂于枝条上死亡。天幕毛虫抱寄蝇寄生率很高,对该虫大发生起到一定的抑制作用。

4. 防治方法

(1) 人工防治。在树木冬剪时,注意剪掉小枝上的卵块,集中烧毁。在幼虫未孵化前,可人工采摘卵块。春季幼虫在树上结的网幕显而易见,在幼虫分散以前及时捕杀丝幕内幼虫。

(2) 物理防治。成虫有趋光性,可放置黑光灯或高压汞灯防治;稍大幼虫有上下树躲避于暗处的习性,可设法诱杀;分散后的幼虫,可振树捕杀。

(3) 生物防治。结合冬季修剪彻底剪除枝梢上越冬的卵块。为保护卵寄生蜂,将卵块放入天敌保护器中,使卵寄生蜂羽化飞回果园。另外,要保护它的天敌,其天敌有天幕毛虫抱寄蝇、脊腿匙鬃瘤姬蜂、舞毒蛾黑卵蜂、稻苞虫黑瘤姬蜂及核型多角体病毒等。

(4) 药剂防治。幼虫大发生时,喷药防治。常用药剂有 80%敌敌畏乳油 1 500 倍液、50%辛硫磷乳油 1 000 倍液、20%菊·马乳油 2 000 倍液、2.5%溴氰菊酯乳油 3 000 倍液等。

六、菜粉蝶

菜粉蝶幼虫称菜青虫，属鳞翅目粉蝶科，为寡食性害虫，主要为害十字花科蔬菜叶片，尤其偏食含芥子油糖苷、叶表光滑无毛的甘蓝、花椰菜、白菜、青菜、油菜等。菜粉蝶仅以幼虫为害，初孵幼虫啃食叶片，残留表皮；3龄以后将叶片咬成孔洞和缺刻，仅剩叶脉和叶柄；苗期受害严重时整株死亡，成株受害影响植株生长和包心；幼虫排出粪便污染叶面和菜心，引起腐烂；被害的伤口易诱发软腐病，降低蔬菜产量和质量。

（一）形态识别（图4-15）

菜粉蝶的识别与防治

1. 成虫 体长12～20mm，翅展45～55mm。雄体乳白色，雌蝶略深，淡黄白色。雌虫前翅正面近翅基部灰黑色，约占翅面1/2，顶角有1个三角形黑斑，翅中下方有2个黑色圆斑，后翅正面前缘离翅基2/3处有一黑斑；雄虫前翅正面灰黑色部分较小，翅中下方的2个黑斑仅前面1个较明显。

2. 卵 子弹形，初产时淡黄色，后变橙黄色，单粒产于叶面或叶背，在田间易识别。

3. 幼虫 共5龄，老熟幼虫体长28～35mm，青绿色，体背密布细小毛瘤，背中线黄色，两侧气门黄色。

4. 蛹 长18～21mm，纺锤形，两端尖细，中部膨大而有棱角状突起。常有一丝吊连在化蛹场所的物体上。

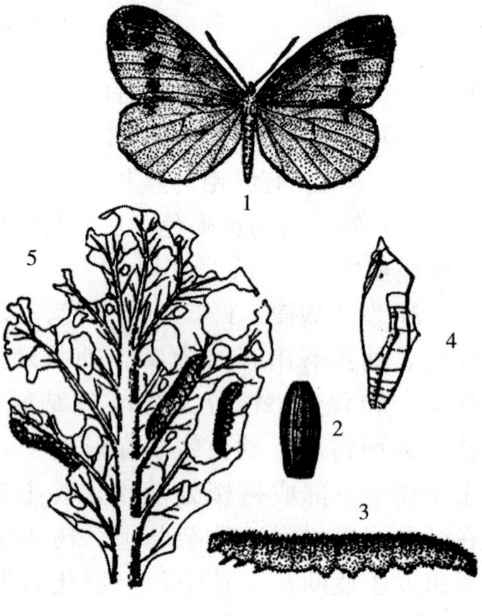

图4-15 菜粉蝶的形态特征及为害状
1. 成虫 2. 卵 3. 幼虫 4. 蛹 5. 为害状

（二）发生规律

在我国1年发生3～9代，南京、上海1年发生7～8代，江南地区1年发生8～9代，由北向南世代逐渐增多。各地均以蛹越冬，有滞育性。越冬场所多在秋菜田附近的房屋墙壁、篱笆、风障、树干上，也有的在砖石、土缝、杂草或残株落叶间，一般在干燥背阴面。越冬蛹在江南各地的羽化时间为翌年2—4月。由于越冬场所不同，羽化期可长达1个月之久，造成世代重叠，防治困难。菜粉蝶虫口数量随春季天气变暖而逐渐上升，春夏之交达到最高峰。到盛夏或雨季，由于高温多湿、天敌增加等因素，虫量迅速下降，到秋季又略有回升，所以有春、秋两个明显为害期。

成虫夜间栖息在生长茂密的植物上，白天露水干后活动，以晴朗无风的中午最活跃，常在蜜源植物和产卵寄主之间来回飞翔，卵前期4d。卵多散产在叶片上，每一雌虫一般可产卵10～100粒，最多可达500多粒，卵期3～8d。初孵幼虫先吃卵壳再食叶肉，幼虫共5龄，发育起点温度为6℃，当温度高达32℃左右或低于9℃，且相对湿度在68%以下时，幼虫大量死亡。1～3龄幼虫食量不大，4～5龄进入暴食期，食量占幼虫期总食量的80%以上。老熟幼虫多在叶片上化蛹，化蛹时以腹部末端黏在附着物上，并吐丝系缚身体。蛹的发育起点温度为 6℃。菜青虫发育最适温度为 20～25℃，相对湿度 76% 左右最适于幼虫发育，即每周降水量为 7.5～12.5mm。

菜粉蝶的天敌很多，有广赤眼蜂、微红绒茧蜂、凤蝶金小蜂，寄生率都很高。

（三）防治方法

1. 农业防治 避免十字花科蔬菜连作，与非十字花科蔬菜轮作，夏季不种过渡寄主；收获后及时清洁田园，集中处理残株落叶，深翻菜地，减少虫源。

2. 生物防治 一是保护利用天敌，少用广谱和残效期长的农药，放宽防治指标，避免杀伤天敌；二是人工释放天敌，如广赤眼蜂；三是推广应用以苏云金芽孢杆菌为主的生物农药。

3. 药剂防治 在幼虫低龄（3 龄以前）发生盛期用药，并应注意各种药剂交替使用，以延缓其产生抗药性。可应用植物性杀虫剂 2.5% 鱼藤酮乳油 600 倍液及昆虫生长调节剂 5% 氟啶脲乳油 1500 倍液、5% 氟虫脲乳油 1 500 倍液喷雾防治。

七、小菜蛾

小菜蛾的识别与防治

小菜蛾又名菜蛾、两头尖，属鳞翅目菜蛾科，主要以幼虫为害叶片。初龄幼虫可钻入叶肉内为害，稍大即啃食叶表面及叶肉，残留一层表皮，形成不整齐的透明斑。3～4 龄幼虫可将叶片吃成孔洞和缺刻，严重时将叶片吃成网状。

（一）形态识别（图 4-16）

1. 成虫 灰褐色小蛾，体长 5～6mm，翅展 12～15mm，翅狭长，前翅后缘呈黄白色三度曲折的波纹，两翅合拢时呈 3 个连接的菱形斑。前翅缘毛长，后翅银灰色，缘毛也很长。

2. 卵 扁平，椭圆形，大小约 0.5mm×0.3mm，黄绿色，多为单粒产，大多产在叶背靠叶脉凹处。

3. 幼虫 老熟幼虫体长约 10mm，黄绿色，体节明显，两头尖细，整个虫体呈纺锤形，前胸背板上的淡褐色无毛斑纹排列成两个 U 形纹，臀足向后伸长超过腹部末端。

4. 蛹 长 5～8mm，黄绿色至灰褐色，茧薄如网。

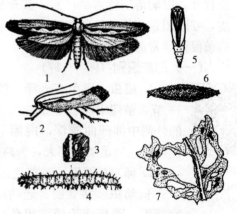

图 4-16 小菜蛾的形态特征及为害状
1. 成虫翅展态 2. 成虫休息态 3. 卵
4. 幼虫 5. 蛹 6. 茧 7. 为害状

（二）发生规律

我国由北向南 1 年发生 2～22 代，江苏、上海 1 年发生 10～12 代，世代重叠现象严重。长江以南可终年繁殖，无越冬、越夏现象；北方以蛹在向阳的残株落叶或杂草间越冬，成虫昼伏夜出，白天仅受惊扰时在株间作短距离飞行。成虫产卵期可达 6d 左右，平均每头雌蛾可产卵 100～200 粒，卵散产或数粒在一起，多产于叶背脉间凹陷处，卵期 3～11d。初孵幼虫潜入叶肉取食；2 龄后主要取食下表皮和叶肉，留下上表皮呈"开天窗"；3 龄后可将叶片吃成孔洞，严重时仅留叶脉。幼虫很活跃，遇惊扰即扭动、倒退或吐丝下垂。幼虫共 4 龄，老熟幼虫在叶脉附近结薄茧化蛹，蛹期约 9d。菜蛾一般年份有两个发生为害严重阶段，即 3—6 月（春季）和 8—11 月（秋季），且秋季重于春季。

小菜蛾的发育适温为20～30℃，相对湿度在60%以下。温度高于30℃或低于8℃，且相对湿度高于90%时，发生轻。十字花科蔬菜种植面积大，复种指数高，发生重。

（三）防治方法

1. 农业防治 合理布局，避免小范围内十字花科蔬菜周年连作，以免虫源周而复始；对苗田加强管理，及时防治，避免将虫源带入本田；蔬菜收获后要及时处理残株落叶或立即翻耕，减少虫源。

2. 物理防治 小菜蛾有趋光性，在成虫发生期，每10亩设置一盏黑光灯，可诱杀大量小菜蛾，减少虫源。

3. 生物防治 应用青虫菌、苏云金芽孢杆菌为主的生物农药防治。

4. 化学防治 卵孵化盛期或2龄幼虫期及时喷雾防治，叶的两面均要喷透，每5～6d喷1次，连续喷3～5次。生产上一般与菜粉蝶兼治。可选用1.8%阿维菌素乳油2 000～3 000倍液、5%氟啶脲乳油1 500～2 000倍液、20%除虫脲悬浮剂2 000倍液等药剂喷雾防治。

八、黄曲条跳甲

黄曲条跳甲又名黄条跳蚤等，幼虫俗称白蛆，属鞘翅目叶甲科，主要为害甘蓝、花椰菜、白菜、菜薹、萝卜、芜菁、油菜等十字花科蔬菜，也为害茄果类、瓜类、豆类蔬菜。成虫食叶，以幼苗期危害最严重，甚至整株死亡，造成缺苗断垄。幼虫只为害菜根，蛀食根皮，咬断须根，使叶片萎蔫枯死，严重时造成减产失收。此外，成、幼虫造成的伤口有利于病菌侵入，常造成软腐病流行。

（一）形态识别（图4-17）

黄曲条跳甲的识别与保存

1. 成虫 黑色有光泽，体长约2.5mm。触角11节，鞘翅中间有1条弯曲的黄色纵条纹，条纹的外侧中部凹曲颇深，内侧中部平直，两端向内侧弯曲。后足腿节膨大，为跳跃足。

2. 卵 椭圆形，淡黄色，半透明。

3. 幼虫 共3龄。老熟幼虫圆筒形，头和前胸背板、臀板皆为淡黄褐色，胴部黄白色，腹部末节腹面有一乳头状突起，各节有肉瘤，瘤上长有细毛。

4. 蛹 长约2mm，椭圆形，乳白色，腹末有1对叉状突起。

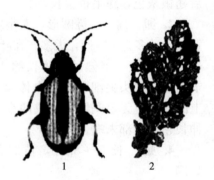

图4-17 黄曲条跳甲成虫的形态特征及为害状
1. 成虫 2. 为害状

（二）发生规律

我国由北向南1年发生2～8代，上海、南京、杭州1年发生4～6代，以成虫在地面的菜叶反面、残株落叶、杂草及土缝中越冬，世代重叠现象严重。翌年春天气温回升到10℃左右时恢复活动。成虫能飞善跳，高温时仍能飞翔，以中午时分活动最盛，具有趋光性和假死性，对黑光灯尤为敏感。卵散产于菜株周围的土隙中或细根上，平均每头雌虫产卵200粒左右。初孵幼虫在3～5cm深的表土层啃食菜株根皮，老熟幼虫在3～6cm深的土中筑土室化蛹。一年中以春、秋两季发生最为严重，而且秋季重于春季。

适宜黄曲条跳甲生长发育的温度范围为 15～35℃，最适环境温度为 21～26℃，相对湿度 80%～100%，卵孵化需要高湿（相对湿度 100%）。

（三）防治方法

1. 清洁田园 蔬菜收割后，及时清除残株落叶，铲除杂草，特别要注意清除菜根，以减少虫源。

2. 合理轮作 与非十字花科蔬菜或其他作物轮作可减轻黄条跳甲的发生和植物受害程度。

3. 土壤处理 发现菜根被害时，用 90% 敌百虫晶体 1 000 倍液灌浇根周围土壤，以减轻受害。

4. 药剂防治 幼苗出土后发现成虫应立即用 80% 敌敌畏乳油 1 000 倍液、90% 敌百虫晶体 1 000 倍液等喷雾防治。喷药时最好按从地边到中央的顺序围喷，以便聚歼。

九、瓜绢螟

瓜绢螟又称瓜野螟、瓜螟，属鳞翅目螟蛾科，主要为害葫芦科植物，如黄瓜、苦瓜、丝瓜、西瓜等，也能为害番茄、马铃薯等。幼龄幼虫在叶背啃食叶肉，被害部位呈白斑，3 龄后吐丝将叶或嫩梢缀合，匿居其中取食，致使叶片穿孔或缺刻，严重时仅留叶脉。幼虫常蛀入瓜内、花中或潜蛀瓜藤，影响产量和质量。

（一）形态识别（图 4-18）

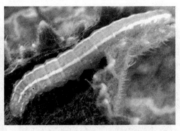

图 4-18　瓜绢螟的形态特征
1. 成虫　2. 幼虫

1. 成虫 体长约 11mm，翅展 25mm。头部及胸部黑褐色，触角灰褐色，长度接近翅长。腹部白色，但第 1、第 6 和第 8 节为黑褐色，腹部末端着生黄褐色毛丛。前、后翅白色半透明，略带金属紫光，前翅的前缘和外缘以及后翅的外缘均有黑褐色宽带。

2. 卵 扁平椭圆形，淡黄色，表面有网状纹。

3. 幼虫 共 5 龄，老熟幼虫体长 23～26mm。头部及前胸背板淡褐色，胸腹部草绿色，两条亚背线较粗、白色。气门黑色。

4. 蛹 体长约 14mm，深褐色，头部尖瘦，翅芽伸及第 6 腹节，外被薄茧。

（二）发生规律

江苏 1 年发生 5～6 代，以老熟幼虫或蛹在寄主的枯卷叶内或表土越冬。翌年 4 月底羽化，幼虫一般在 5 月开始出现，5—6 月虫口密度渐增，8—9 月盛发，世代重叠，危害严重，苏州地区以丝瓜受害最重。10 月以后虫口密度下降，11 月后即在枯卷叶内越冬。成虫夜间活动,趋光性弱。雌成虫交配后即可产卵,卵粒多产在叶片背面,散产或几粒成堆。幼虫孵出后,首先取食叶片背面的叶肉,被食害的叶片呈灰白色网状斑块。3龄后能吐丝将叶片缀合,匿居其中取食,或蛀入幼果及花中为害。老熟后在被害卷叶内结白色薄茧化蛹,或在根际表土中化蛹。适宜瓜绢螟生长发育的温度范围为18~36℃,最适环境温度为23~28℃,相对湿度在85%以上。

(三)防治方法

1. 农业防治 采收完毕及时清理瓜地,消灭藏匿于枯藤落叶中的虫蛹,以减少虫口密度或越冬基数。在幼虫发生初期,根据被害状捏杀幼虫;及时摘除卷叶,以消灭部分幼虫。

2. 药剂防治 选择在低龄幼虫高峰期用药,可选用20%氰戊菊酯乳油3 000倍液、20%氯·马乳油3 000倍液、80%敌敌畏乳油1 000倍液、20%氯虫苯甲酰胺悬乳剂750~2 000倍液等喷雾。

十、黄守瓜

黄守瓜又名守瓜、黄虫、瓜叶虫、瓜蛆等,主要为害葫芦科蔬菜,也可食害十字花科、茄科、豆科等蔬菜。成虫取食瓜苗的叶和嫩茎,常常引起死苗,也为害花及幼瓜,常以身体为半径旋转咬食一圈,然后在圈内取食,使叶片残留若干干枯环或半环形食痕或圆形孔洞(图4-19)。幼虫在土中咬食瓜根,导致瓜苗整株枯死,还可蛀入接近地表的瓜内为害。防治不及时可造成减产。

1 2

图4-19 黄守瓜成虫的形态特征及为害状
1. 成虫 2. 为害状

(一)形态识别

1. 成虫 体长约9mm,椭圆形,黄色,仅中后胸及腹部腹面为黑色。前胸背板长方形,中央有一波浪形横凹沟。

2. 卵 圆形,长约1mm,黄色,表面具六角形蜂窝状网纹。

3. 幼虫 体长约12mm,头部黄褐色,胸腹部黄白色,臀板腹面有肉质突起,上生微毛。

4. 蛹 长9mm,裸蛹,在土室中,黄白色,头顶、腹部及尾端有短粗的刺。

(二)发生规律

我国由北向南每年发生1~4代,以成虫在向阳的枯枝落叶、草丛、田埂土坡缝隙中、土块下等处群集越冬,深度5~6mm。翌年3—4月开始活动,先飞往麦田、豆田、菜田、果园等处为害,瓜苗出土后转到瓜田为害。成虫喜在温暖的晴天活动,晚上静止,翌晨露水干后取食,以中午前后活动最盛。成虫有假死性和趋黄性,喜食瓜类幼苗的叶片、嫩茎、花及幼瓜,常引起死苗。阴天不活动,降雨之后即大量产卵,产卵量大,卵散产或堆产于瓜根附近的潮湿土壤中,每雌平均产卵 140 多粒。

幼虫孵化后潜入土内为害侧根、主根、茎基部,还可蛀入主根、幼茎及近地表的幼瓜内为害。3 龄以后钻入主根或近地面的根茎内部上下蛀食或钻入贴地面的瓜果皮层、瓜肉蛀食,可转株为害,造成死株和瓜果腐烂,一般在土内活动深度为 6~10cm。老熟后即在为害部位附近土下约 10cm 深处化蛹。7 月羽化为成虫。一般成虫产卵盛期若降雨多,有利于害虫当年发生。

(三) 防治方法

1. 适时定植 在越冬成虫盛发期前,4~5 片真叶时定植瓜苗,以减少成虫为害。

2. 防止成虫产卵 成虫产卵前,露水未干时,在瓜株附近土面撒草木灰、锯木屑、谷糠等。

3. 药剂防治 苗期可喷洒 40%氰戊菊酯乳油 8 000 倍液防治成虫。瓜苗定植后至 4~5 片真叶前喷洒 20%溴氰菊酯乳油 2 000~3 000 倍液等防治幼虫。另外,幼虫为害严重时,可用烟草水(烟叶 500g,加水 15kg 浸泡 24h)灌根。

十一、茄二十八星瓢虫

茄二十八星瓢虫又名酸浆瓢虫,属鞘翅目瓢虫科,全国各地均有分布,但以南方发生量大,危害严重。茄二十八星瓢虫主要为害茄子、马铃薯、番茄及豆类、酸浆等,其成虫、幼虫均啃食叶片、嫩茎和果实,也可取食花瓣和萼片为害,被害叶仅残留上表皮,形成许多透明凹纹。

(一) 形态识别(图 4-20)

图 4-20 茄二十八星瓢虫的形态特征及为害状
1. 成虫　2、3. 为害状

茄二十八星瓢虫成虫及其为害状

茄二十八星瓢虫成虫交配

茄二十八星瓢虫幼虫

茄二十八星瓢虫成虫、幼虫、蛹及蛹壳

1. 成虫 体长约 6mm,半球形,黄褐色或红褐色。鞘翅黄褐色。两鞘翅各有 14 个黑斑,其中基部有 3 个,其后方 4 个黑斑几乎在一条直线上。两翅合缝处黑斑不相连。

2. 卵 长约 1mm,淡黄色,子弹状,卵粒排列较密。

3. 幼虫 共 4 龄。老熟幼虫体长约 6mm,初孵幼虫淡黄色,后变白色,体背有白色枝刺,枝刺基部有黑褐色环纹。

4. 蛹 椭圆形，黄白色，背面有较浅黑色斑纹。

（二）发生规律

茄二十八星瓢虫在江苏1年发生3～4代，有世代重叠现象。以成虫在土块下、树皮缝或杂草间越冬。翌年成虫出蛰后，先取食野生茄科植物，然后陆续迁至茄科蔬菜上为害，以茄子受害严重。成虫有假死性，喜栖息在叶背。卵块产于叶背，初孵幼虫群集为害，2～3龄后分散为害。

茄二十八星瓢虫生长发育的温度为16～35℃；最适环境温度25～30℃，相对湿度75%～85%。当气温降到18℃以下时，幼虫活动减弱，成虫不产卵，进入越冬期。

（三）防治方法

1. 压低越冬虫量 收获后清洁田园，及时处理收获后的茄子、马铃薯残株，清除田边地头杂草，减少越冬虫源。

2. 捕杀成虫，摘除卵块 成虫有假死性，可人工捕杀成虫，减轻为害。卵块产，成虫产卵期可结合农事操作及时摘除卵块。

3. 药剂防治 掌握在越冬成虫迁入作物地、成虫盛发期和幼虫孵化盛期及时用药防治，防治间隔期6d左右，可选用5%氟啶脲乳油1 000～2 000倍液、90%敌百虫晶体800倍液、50%辛硫磷乳油1 000倍液等喷雾防治。

十二、美洲斑潜蝇

美洲斑潜蝇的识别与防治

美洲斑潜蝇属双翅目潜蝇科，俗称蔬菜斑潜蝇、蛇形斑潜蝇等，主要为害番茄、茄子、辣椒、刀豆、豇豆、黄瓜、甜瓜、油菜、烟草等110多种植物，在蔬菜作物上发生普遍且危害重，是一种世界性害虫。我国1993年在海南首次发现后，现已扩散到广东、广西、云南、四川、山东、北京、天津等20多个省份。

（一）形态识别（图4-21）

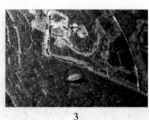

图4-21 美洲斑潜蝇的形态特征及为害状
1. 成虫 2. 蛹 3. 为害状

1. 成虫 体长1.3～2.3mm，浅灰黑色，胸背板亮黑色，体腹面黄色，雌虫体比雄虫大。

2. 卵 米色，半透明，大小（0.2～0.3）mm×（0.1～0.15）mm。

3. 幼虫 蛆状，初无色，后变为浅橙黄色至橙黄色，长3mm，后气门突呈圆锥状突起，顶端三分叉，各具一开口。

4. 蛹 椭圆形，橙黄色，腹面稍扁平，大小（1.6～2.3）mm×（0.5～0.65）mm。

（二）发生规律

成虫以产卵器刺伤叶片，吸食汁液。雌虫将卵产在部分伤孔表皮下，卵经2～5d孵化，幼虫期4～6d，末龄幼虫咬破叶表皮在叶外或土表下化蛹，蛹经6～14d羽化为成虫。每世代夏季2～4周，冬季6～8周。美洲斑潜蝇等在美国南部周年发生，无越冬现象。世代短，繁殖能力强。

成虫活泼，对黑光灯无趋性，对黄色光谱敏感，有较强的趋性，可作短距离飞翔。主要在白天活动，14时后活动减弱，晚上在叶背栖息。雌成虫在飞翔中用产卵器把植物叶片刺伤，进行取食和产卵。幼虫潜入叶片和叶柄为害，产生不规则蛇形虫道，叶绿素被破坏，影响光合作用。美洲斑潜蝇发生初期虫道呈不规则线状伸展，虫道终端常明显变宽。适宜美洲斑潜蝇生长发育的温度为15～35℃，最适环境温度为20～30℃，相对湿度为80%～85%。

（三）防治方法

美洲斑潜蝇抗药性发展迅速，具有抗性水平高的特点，应采取综合防治措施。

1. 控制疫情 严格检疫，防止该虫扩大蔓延。

2. 覆盖防虫 利用无纺布、银灰地膜覆盖防虫。

3. 合理布局，加强田间管理 在危害重的地区，要考虑蔬菜布局，把斑潜蝇嗜好的茄果类、瓜类、豆类与其不嗜好的作物进行套种或轮作；适当疏植，增加田间通透性；收获后及时清洁田园，把被斑潜蝇为害作物的残体集中深埋或烧毁。

4. 灭蝇纸诱杀成虫 成虫始盛期至盛末期，每亩置15个诱杀点，每个点放置1张诱蝇纸诱杀成虫，每3～4d更换1次。也可用斑潜蝇诱杀卡，使用时把诱杀卡揭开挂在斑潜蝇多的地方。室外使用时每15d换1次。

5. 利用天敌 释放姬小蜂、反颚茧蜂、潜蝇茧蜂等天敌，这3种寄生蜂对斑潜蝇寄生率较高。

6. 科学用药 当受害作物某叶片有幼虫5头时，在幼虫2龄前（虫道很小时），于露水干后幼虫开始到叶面活动或者熟幼虫多从虫道中钻出时喷洒25%灭蝇胺乳油1 500倍液、1.8%阿维菌素乳油3 000倍液、5%氟啶脲乳油2 000倍液、5%氟虫脲乳油2 000倍液。在成虫羽化高峰的8—12时进行防治效果较好。

十三、柑橘潜叶蛾

柑橘潜叶蛾又称鬼画符、绘图虫，属鳞翅目橘潜蛾科，在各柑橘产区均有分布，能为害所有柑橘属植物，还可在枳壳上完成个体发育。以幼虫在柑橘嫩茎、嫩叶表皮下钻蛀为害，形成银白色的弯曲隧道。受害叶片卷缩或变硬，易于脱落，使新梢生长不实，影响树势及来年开花结果。被害叶片常是害螨的越冬场所，幼虫造成的伤口利于柑橘溃疡病的侵入。老树受害较轻，幼树较重，一般春梢不受害，夏梢受害轻，秋梢受害重。

柑橘潜叶蛾为害状

（一）形态识别（图4-22）

1. 成虫 体长仅2mm，翅展5.3mm。体及前翅均银白色，前翅披针形，翅基部有2条褐色纵纹，长为翅的一半。翅中有2个黑色"丫"字形纹；翅尖缘毛形成1个黑色圆斑，内有一小白斑；后翅银白色，针叶形，缘毛极长。足银白色，后足长，各足胫节末端均有大型距1个。

2. 卵 椭圆形，长0.3～0.6mm，白色透明。

图 4-22 柑橘潜叶蛾的形态特征及为害状
1. 成虫 2. 幼虫 3. 为害状

3. 幼虫 体黄绿色，初孵时长 0.5mm。胸部第 1、第 2 节膨大，尾端尖细，足退化。成熟幼虫扁平，纺锤形，具 1 对细长的尾状物。

4. 预蛹和蛹 长筒形，胸腹部第 2、第 3 节较大，第 1、第 6、第 7、第 8、第 9、第 10 节两侧均有肉质突起。初化蛹时淡黄色，后渐变黄褐色。末节后缘每侧有明显肉质刺 1 个。

（二）发生规律

1 年发生 9~15 代，世代重叠。5—6 月幼虫开始为害，6—9 月柑橘不断抽发新梢，同时正值高温干旱，适宜其发生和繁殖，因而这段时间发生最重，为害最烈；10 月以后，发生数量下降。

（三）防治方法

1. 农业防治 摘除零星过早或过晚抽发的新梢，夏、秋梢抽发时应控制肥水，加强肥水管理，抹芽放梢，抹除过早和过晚抽发不整齐的夏、秋梢，促使新梢抽发整齐，以利施药。结合冬季清园，剪除受害枝梢及在嫩梢上越冬的幼虫和蛹，初夏早期摘除零星发生的幼虫和蛹，并予烧毁。

2. 化学防治 新梢萌发达 20%，或多数新梢嫩芽长至 0.5~2.0cm，或嫩叶受害率达 5%，开始喷药，每隔 5~6d 喷 1 次，连喷 2~3 次。药剂可选用 2.5% 溴氰菊酯乳油 3 000 倍液、10% 吡虫啉可湿性粉剂 1 500~2 500 倍液、18% 杀虫双水剂 600 倍液、98% 杀螟丹可湿性粉剂 1 500~2 000 倍液、3% 啶虫脒乳油 1 500~2 500 倍液、20% 甲氰菊酯乳油 2 500~3 000 倍液或 20% 除虫脲悬浮剂 1 500~3 000 倍液等。

十四、豆野螟

豆野螟又称豇豆荚螟、豆荚野螟，属鳞翅目螟蛾科，以幼虫为害豇豆、菜豆、扁豆、豌豆等豆科蔬菜的花蕾及豆荚为主，蛀食花蕾造成落花、落蕾。蛀食早期造成落荚，蛀食后期豆荚产生蛀孔，蛀孔内外堆积粪便，不堪食用，并引起腐烂，严重降低产量和品质。

（一）形态识别（图 4-23）

1. 成虫 体灰褐色。体长约 13mm，翅展 20~26mm。触角丝状，黄褐色。前翅暗褐色，自外缘向内有大、中、小透明斑各 1 块；后翅白色，半透明。雌虫腹部较肥大，近末端呈圆筒形；雄虫尾部有 1 丛灰黑色毛。

2. 卵 椭圆形，初产时淡黄绿色，孵化前橘红色。卵壳具 4~6 边形花纹。

图 4-23 豆野螟的形态特征及为害状
1. 成虫　2. 幼虫及为害状　3. 卵

3. 幼虫　共 5 龄，黄绿至粉红色。老熟幼虫体长 18mm 左右，中后胸背板上每节前排有毛片 4 片，各生 2 根细长的刚毛，后排有 2 个斑，无刚毛。腹部背面的毛片上都有 3 根刚毛。腹足趾钩为双序缺环式。

4. 蛹　长约 13mm，黄褐色，中胸气门前方有 1 根刚毛。腹末有 8 根臀棘，末端向内卷曲。茧丝质，很薄，白色。

（二）发生规律

豆野螟的发生代数因地域而异，苏州 1 年发生 4～5 代，以老熟幼虫在土表隐蔽处或浅土层内或豇豆支架中结茧化蛹越冬，每年 6—10 月是此幼虫的为害盛期。成虫有趋光性，昼伏夜出。成虫羽化后 1～3d 开始产卵，卵散产于嫩荚、花蕾和叶柄上。初孵幼虫钻入幼荚、花蕾、花器取食花药及幼嫩子房，被害花蕾、幼荚不久会同幼虫一起掉落。一般植株花内的虫龄较低，落地花内的虫龄大多在 3 龄以下，3 龄后的幼虫蛀入荚内为害豆粒，被害荚在雨后常致腐烂。此外，幼虫还能蛀茎和吐丝缀叶为害。

豆野螟喜高温潮湿，土壤湿度直接影响成虫羽化和出土。6—8 月多雨，常能引起大发生。光滑少毛的品种着卵量大，受害重；成虫产卵期与寄主的开花期吻合者受害重；蔓性无限花序的豆类品种开花嫩荚期长，受害重。豆野螟对温度适应范围广，在 6～31℃ 都能发育，最适温度为 28℃、相对湿度为 80%～85%。

（三）防治方法

1. 减少虫源　及时清除田间落花、落荚，并摘除被害卷叶和豆荚，将所摘落的花、荚等物集中烧毁，以减少虫源。

2. 诱杀成虫　利用成虫的趋光性在田间架设黑光灯，进行灯光诱杀。

3. 化学防治　可在豆类植株盛花期喷药，或在孵卵盛期喷施第 1 次药，隔 6d 再喷 1 次，连喷 3～4 次。一般宜在清晨豆类植物花瓣开放时喷药，重点喷洒花蕾、已开的花和嫩荚，落地的花荚也要喷药。喷施药剂可选用高含量苏云金芽孢杆菌 500 倍液等。

十五、苹果小卷叶蛾

苹果小卷叶蛾又名小黄卷叶蛾、棉褐带卷叶蛾、苹小卷叶蛾，属鳞翅目卷叶蛾科，分布很广，东北、华北、西北、华中、华东、华南、西南等地均有发生，主要为害苹果、梨、柑橘，此外还有桃、李、梅、杏、山楂等果树。幼虫食害叶片、嫩芽、花蕾，并能啃食果皮。在苹果、梨上啃食果皮尤重。越冬幼虫出蛰后，爬到花丛新梢嫩叶上吐丝为害，将幼芽食成残缺不全，造成花芽包缩不能开放。初龄幼虫常缀合两叶片藏在其中，舐食叶肉呈网状，随后边缀叶片成叶包，在卷内沿叶缘取食，稍大的幼虫能将靠近果实的叶片吐丝粘在果实上，潜在其中啃食果皮，或在与果相靠的空隙地方食害果面，使果实呈不规则小坑洼，受害果实常腐烂脱落。

（一）形态识别（图4-24）

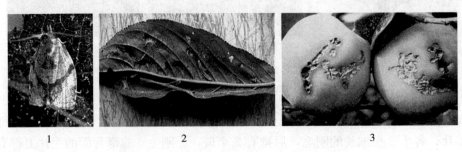

图4-24 苹果小卷叶蛾的形态特征及为害状
1. 成虫　2. 幼虫及叶片为害状　3. 果实为害状

1. 成虫　体长6～8mm，翅展15～20mm。体色个体间有变化，一般为黄褐色。前翅黄褐色，基斑、中带及端斑浓褐色，中带中央线细或中断，近后缘处膨大或分叉，似h形，基斑在翅基近后缘色浓，端斑在前缘端部向后缘斜行。雄虫体较小，前缘褶明显。

2. 卵　长约0.6mm，椭圆形，淡黄色。数十粒排列成鱼鳞状块，近孵化时黑褐色。

3. 幼虫　幼虫共5龄，老熟幼虫体长13～18mm，体细长，翠绿色。头较小，淡黄白色，单眼区上方、头壳后侧缘处有一栗壳色斑。前胸北板同体色。臀栉6～8根。

4. 蛹　体长9～11mm，黄褐色，腹部3～6节，背面有两排刺，前缘刺大，后排刺小而细密，雄虫第8节两排刺较大，雌虫小而少。腹末尖细，有8根钩状刺。

（二）发生规律

1年发生3～4代，以初龄幼虫在老树皮（翘皮）、剪锯口周缘及其梨潜皮蛾幼虫为害的爆皮等缝隙中结白色茧越冬。大树以主干及主枝上的翘皮及树皮裂缝中虫量多，幼树以枯叶与枝条粘合处及锯口周缘较多。翌年苹果花芽开绽时，越冬幼虫开始出蛰。4月下旬至5月上旬为出蛰盛期，出蛰约25d。幼虫出蛰后爬到花丛及新梢嫩枝隙缝，吐丝把几个花朵或嫩叶缀合在一起，潜伏在里面为害。稍大后吐丝将几张叶片缀合成虫苞，在其中为害，并有向新梢转移为害的习性。4月下旬是为害盛期。5月中下旬幼虫开始老熟后，在卷叶内化蛹。越冬代成虫于5月下旬至6月上中旬羽化。6—7月在叶片及果实上产卵。初龄幼虫啃食叶肉，以后转移分散，卷叶为害。并啃食果皮严重。6月底至7月第1代幼虫为害期是全年防治的关键时期。7月中旬至8月第1代成虫发生，8月上旬盛发。卵期约6d。7月底至8月下旬第2代幼虫孵化，吐丝将叶片贴在果实上，在果叶之间啃食果皮。幼虫为害约17d，于8月上旬开始化蛹。

（三）防治方法

1. 农业防治　小卷叶蛾多在翘皮裂缝等处结茧越冬，冬季或早春刮除翘皮及粘附在枝干上的枯枝叶，以消灭越冬幼虫。5—6月摘除小卷叶蛾为害的虫苞。

2. 利用天敌　在各代卵开始发生时释放赤眼蜂，助长天敌群体数，控制小卷叶蛾种群数量。

3. 诱杀成虫 始见成虫后，开始在田间挂红糖∶果酒∶醋∶水＝1∶1∶4∶16的糖醋罐。日落时挂出，日出前取回，放置在阴凉处并加盖。或将刚羽化未经交配的雌成虫于3时前剪取腹末3节，放入浸提液（三氯乙烷）中浸泡，然后捣碎，碾拌约30min，配成5头/mL的溶液，吸附在滤纸上，卷成指状挂在盛有水的盆上距水面约3cm处诱杀雄成虫。

4. 化学防治 虫量大、可能成灾的果园应注重早春防治，关键是越冬幼虫出蛰期及第1代幼虫发生期。这对保护天敌、减少以后的虫量、减少喷药次数都有重要作用。越冬幼虫出蛰期结合其他害虫一起进行防治，喷洒50%杀螟硫磷乳油1 000倍液，尤其要注意喷及枝干剪、锯口周缘及翘皮缝隙。第1代幼虫发生期比较整齐，在卵孵盛期后进行喷药，可减少幼虫发生数量，减少用药次数，有利于以后天敌种群数量的发展。

任务三　园艺植物吸汁类害虫防治技术

知识目标

- 了解园艺植物生产上主要吸汁类害虫的种类及发生特点。
- 掌握与吸汁类害虫防治有关的昆虫习性，熟悉其生物学特性及发生规律。
- 掌握吸汁类害虫的防治技术。

能力目标

- 能识别同翅目、半翅目等常见吸汁类害虫的种类。
- 能对主要吸汁类害虫实施综合防治。

吸汁类害虫是园艺植物上较大的一个类群，分为两大类：一类是昆虫纲，主要种类有同翅目的叶蝉、蚜虫、木虱、粉虱、介壳虫，半翅目的椿象、网蝽，缨翅目的蓟马等；另一类为蛛形纲蜱螨目中的螨类，如朱砂叶螨、山楂叶螨等。这类害虫除了以刺吸式口器吸取植物汁液，掠夺其营养，造成生理伤害，还传播病毒病、类菌质体病害，排泄蜜露诱发煤污病。

由于吸汁类害虫个体小，发生初期被害症状不明显，易被人们忽视；加上繁殖力强，扩散蔓延快，在防治时若未抓住有利时机采取防治措施，很难达到满意的防治效果。

一、蚜虫类

蚜虫属同翅目蚜总科。蚜虫类害虫生活史复杂，可分为干母蚜、干雌蚜、迁移蚜、侨蚜、性母蚜、性蚜等生活阶段。为害园艺植物的蚜虫种类很多，据统计已定名的有40多种，常见的种类有棉蚜、桃蚜、月季长管蚜、菊姬长管蚜、竹茎扁蚜、杭州新胸蚜、罗汉松新叶蚜等。蚜虫通常在寄主的叶和茎上吸汁为害，使叶和嫩芽卷曲、皱缩、褪色，而且分泌蜜露导致煤污病，有的种类能形成虫瘿。

柑橘煤污病

（一）棉蚜

棉蚜又名瓜蚜、蜜虫，属同翅目蚜科。棉蚜是世界性害虫，在全国各地均有分布，寄主植物近300种，主要为害黄瓜、南瓜、西葫芦、西瓜等葫芦科蔬菜，也为害豆类、茄子、菠菜、葱、洋葱、甜菜等蔬菜及棉花、花卉等。棉蚜以成虫和若虫

月季上的蚜虫

群集在寄主的嫩梢、花蕾、花朵和叶背吸取汁液，使叶片皱缩，影响开花，同时诱发煤污病。瓜苗嫩叶和生长点被害后，叶片卷缩，瓜苗生长缓慢萎蔫，甚至枯死。老叶受害，提前枯落，结瓜期缩短，造成减产（图4-25）。

图4-25 棉蚜为害状

红叶石楠上的蚜虫

1. 形态识别

（1）干母。体长1.6mm，宽约1.1mm。无翅，褐色。触角5节，约为体长的一半。

（2）无翅胎生雌蚜。体长1.5～1.8mm，宽0.65～0.85mm。夏季为黄绿色，春、秋季为墨绿色至蓝褐色。复眼黑色，触角6节，仅第5节端部有一感觉圈。体背有斑纹，腹管、尾片均为灰黑至黑色。全体被有蜡粉。腹管圆筒形，基部较宽，具瓦纹。尾片黑褐色圆锥形，近端部1/3处收缩，有曲毛6～7根。

红叶李上的蚜虫

（3）有翅胎生雌蚜。体长1.2～1.9mm，宽0.45～0.68mm。体黄色、浅绿色或深绿色。前胸背板黑色，夏季虫体腹部多为淡黄绿色。春、秋季多为蓝黑色，背面两侧有3～4对黑斑。腹部圆筒形，黑色，表面具瓦纹，腹部两侧有3～4对黑色斑纹。触角6节，感觉圈着生在第3、第5、第6节上，第3节上有成排的感觉圈5～8个。腹管黑色，圆筒形，上有覆瓦状纹。尾片黑色，形状与无翅胎生雌蚜相同。

（4）卵。椭圆形，长0.49～0.69mm。初产时黄绿色，后变为深褐色或漆黑色，有光泽。

（5）若蚜。无翅若蚜共4龄。末龄若蚜体长1.63mm，宽0.89mm。夏季体黄色或黄绿色，春、秋季蓝灰色。复眼红色，无尾片。有翅若蚜4龄，3龄若蚜出现翅芽，翅芽后半部灰黄色。虫体被蜡粉，体两侧有短小的褐色翅芽。

2. 发生规律 棉蚜每年发生代数因地区及气候条件不同而有差异，华北地区1年发生10～20代，长江流域1年发生20～30代，以卵在杂草、木槿、花椒、石榴、木芙蓉、扶桑、鼠李的枝条芽腋间和夏枯草的基部越冬。由于棉蚜无滞育现象，因此，只要具有棉蚜生长繁殖的条件，无论南方还是北方都可周年发生。翌年3—4月，当气温稳定到6℃以上时，越冬卵开始孵化为干母，全无翅，全为孤雌蚜。干母胎生下的第1代为干雌，少数有翅。越冬卵孵化一般多与越冬寄主叶芽的萌芽相吻合。当气温达12℃时，干母在越冬寄主上进行孤雌胎生，繁殖3～4代，4—5月产生有翅胎生雌迁移蚜，从冬寄主迁飞到菊花、扶桑、茉莉、瓜叶菊等植物上或瓜田、棉花等夏寄主上繁殖为害，在夏寄主上可连续孤雌胎生20多代，其中多数世代无翅。秋末冬初气温下降，日照缩短，不适于棉蚜生活时，发生性母世代，产生有翅蚜，逐渐有规律地从夏寄主飞回到越冬寄主木槿上，孤雌胎生出能产卵的有性无翅雌蚜，与从他处飞来的有翅雄蚜交配后产卵，以卵越冬。

棉蚜活动繁殖的温度范围为6℃～27℃，16℃～22℃最适于繁殖。内陆地区超过25℃，南方地区超过27℃，空气相对湿度75%以上，不利于棉蚜繁殖。棉蚜繁殖速度与气温关系密切，夏季每4～5d发生1代，春秋季每10余天发生1代，冬季棚室内蔬菜上每6～7d发生1代。每头雌蚜可产若蚜60～70只，且世代重叠严重，所以棉蚜发展迅速。

棉蚜具有较强的迁飞和扩散能力。扩散主要靠有翅蚜迁飞、无翅蚜的爬行及借助于风力或人力的携带。棉蚜对葫芦科瓜类的为害时间主要在春末夏初，秋季一般轻于春季。春末夏初正是大田瓜类的苗期，受害最烈。干旱气候有利于棉蚜发生，夏季在温度和湿度适宜时，也能大量发生。一般离棉蚜越冬场所和越冬寄主植物近的田地和温室、大棚受害重，窝风地也重。有翅蚜对黄色有趋性，对银灰色有负趋性。有翅蚜迁飞还能传播病毒。棉蚜的天敌很多，在捕食性天敌中，蜘蛛占有绝对优势，占天敌总数的75%以上。此外，捕食性天敌有各种瓢虫（如七星瓢虫、异色瓢虫、龟纹瓢虫等）、大草蛉、丽草蛉、食蚜蝇等；寄生性天敌有蚜茧蜂、蚜霉菌等。

3. 防治方法

（1）生物防治。选用高效、低毒的农药，避免杀伤天敌。有条件的地方可人工助迁或释放瓢虫（以七星瓢虫和异色瓢虫为好）和草蛉来消灭蚜虫。

（2）物理防治。育苗时小拱棚上覆盖银灰色薄膜，定植后大棚四周挂银灰膜条，棚室的放风口设置纱网，减少蚜虫迁入。用30cm×60cm的木板或纸板漆成黄色，外涂机油，均匀插于棚室内，可诱杀有翅蚜，减轻为害。

天敌瓢虫卵、幼虫

（3）药剂防治。可采用烟雾法，用22%敌敌畏烟剂0.5kg/亩，或灭蚜宁0.4kg/亩，分放4～5堆，用暗火点燃，闭棚熏烟3～4h。也可采用喷雾法，用10%吡虫啉可湿性粉剂1 000倍液、50%抗蚜威乳油1 000倍液、2.5%氯氟氰菊酯乳油3 000倍液、20%氰戊菊酯乳油3 000倍液、2.5%联苯菊酯乳油3 000倍液、5%鱼藤精乳油500倍液等药剂喷雾。喷洒时应注意使喷嘴对准叶背，将药液尽可能喷到棉蚜体上。为避免棉蚜产生抗药性，应轮换使用不同类型的农药。

天敌瓢虫捕食蚜虫

（二）桃蚜

桃蚜又名桃赤蚜、烟蚜、菜蚜，属同翅目蚜科，分布于全国各地，主要为害桃、李、海棠、郁金香等植物。成蚜、若蚜在嫩梢和叶背以刺吸式口器吸取汁液，使被害叶向背面做不规则的卷曲，最后干枯脱落。同时蚜虫可传播病毒，分泌的蜜露可致煤污病，使叶片枯黄脱落，嫩梢枯萎。

天敌草蛉卵

1. 形态识别（图4-26）

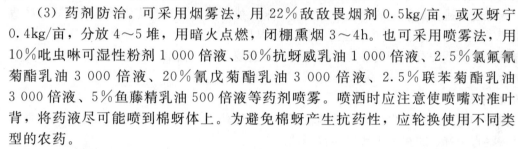

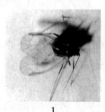 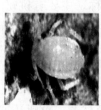  

1　　　　　　　2　　　　　　　3　　　　　　　4

图4-26　有翅、无翅桃蚜的形态特征及为害状

1. 有翅蚜　2. 无翅蚜　3、4. 为害状

（1）有翅胎生雌蚜。体长约2mm。头胸部黑色，额瘤显著内倾。复眼赤褐色。触角黑色，6节，第3节有9～16个感觉孔，第5节端部和第6节基部各有1个感觉孔。腹部赤褐、黄绿或褐色，两侧常有1列小黑斑。腹管长，中部略膨大，端部黑色，尾片黑色，中部略收

缩，有3对弯曲的侧毛。

（2）无翅胎生雌蚜。体长约1.6mm。体赤褐色或黄绿色，高温时多为黄绿色，低温时多为赤褐色。复眼赤褐色。触角6节，第5、第6节各有1个感觉孔。其余特征与有翅雌蚜相似。

（3）若虫。近似无翅孤雌胎生雌蚜，淡绿或淡红色，体较小。

（4）卵。长椭圆形，长径约0.6mm。初产时黑绿色，渐变黑色，有光泽。

2. 发生规律 东北1年发生10余代，长江中下游1年发生20余代，我国南部达30余代。主要在桃枝梢、芽腋及缝隙和小枝杈等处产卵越冬，或以成虫、若虫、卵在油菜、蚕豆的心叶及叶背越冬。翌年2—3月桃树萌发时，越冬卵开始孵化，先群集在嫩芽上为害，开花展叶后转向为害花及叶。另有部分成虫可从冬寄主上迁移到桃树上为害，并进行孤雌胎生繁殖，以春末夏初时繁殖、为害最盛，到5—6月产生有翅蚜，迁飞到夏寄主烟草、马铃薯及十字花科蔬菜、禾本科植物上繁殖为害，所以5月后桃蚜在桃树上的数量逐渐减少，到10—11月产生有翅母蚜迁飞回到桃树产生雌雄性蚜，交尾后产卵越冬。这种生活周期类型称乔迁式生活周期型。冬季在蔬菜上越冬的桃蚜是春季蔬菜上的主要蚜源，称为留守式生活周期型。温湿度对桃赤蚜数量的变动有重要的影响。桃赤蚜的发育起点温度为4.3℃，最适温度为16℃左右，在此温度条件下繁殖最快。气温超过28℃时不利于蚜虫生长繁殖，一般暖冬、春季降水量适中有利于其发生。桃蚜的天敌有蚜茧蜂、瓢虫、食蚜蝇、草蛉、小花蝽和蚜霉菌等。

3. 防治方法

（1）保护利用天敌。蚜虫的天敌种类较多，在施用药剂时，避免使用对天敌杀伤力强的药剂。对一些寄生蜂、瓢虫等天敌可培育释放。

（2）药物防治。主要抓住3个关键时期：一是春季桃芽萌动后开花前，在越冬卵已大部分孵化时进行第1次喷药；二是落花后在蚜虫大量繁殖前进行第2次防治，防止蚜虫迁飞扩散；三是10月当蚜虫迁回桃树产卵时再用一次药进行防治。可用药剂有10%吡虫啉可湿性粉剂1 500倍液、3%啶虫脒乳油1 500倍液或20%氰戊菊酯乳油1 500倍液等。冬季可喷施3波美度的石硫合剂杀灭越冬虫卵。

菜蚜的识别与防治

（三）菜蚜

菜蚜是为害十字花科蔬菜多种蚜虫的总称，主要有桃蚜、萝卜蚜和甘蓝蚜3种，属同翅目蚜科。桃蚜为多食性害虫，分布广、寄主多，喜偏食叶面光滑、蜡质多的甘蓝类蔬菜。萝卜蚜和甘蓝蚜为寡食性害虫，前者喜偏食叶面多毛而蜡质少的白菜类、芥菜类和萝卜等蔬菜，常与桃蚜混合发生；后者则如桃蚜一样，喜偏食叶面光滑、蜡质多的甘蓝类蔬菜。菜蚜以成若虫群集寄主叶片、花梗、种荚等上面吸汁为害，并分泌蜜露诱发煤污病，使叶片黄化、卷缩甚至枯萎。菜蚜还能传播多种病毒病，其传播病毒造成的危害常大于蚜害本身。

1. 形态识别（图4-27） 桃蚜、萝卜蚜、甘蓝蚜的形态特征如表4-7和图4-27所示。

2. 发生规律

（1）桃蚜。内容详见"（二）桃蚜"相关内容。

表4-7 桃蚜、萝卜蚜和甘蓝蚜的形态特征区别

虫态	项目	桃蚜	萝卜蚜	甘蓝蚜
有翅胎生雌蚜	体长	约2mm	约1.6mm	约2mm
	体色	头胸部黑色,腹部赤褐色、黄绿色或褐色	头胸部黑色,腹部黄绿至暗绿,被有稀少的白色蜡粉	头胸部黑色,腹部浅黄绿色,全身被有白色蜡粉
	触角第3节感觉圈	9~16个,排成一列	16~26个,排列不规则	36~50个,排列不规则
	额瘤	明显,向内侧倾斜	不明显	无
	腹管	细长,绿色,圆筒形,中后部稍膨大,末端缢缩,黑色	较短,暗绿色,圆筒形,近末端收缩成瓶颈状	腹管短于尾片,中部稍膨大,末端收缩成花瓶状,浅黑色
	尾片	圆锥形,两侧各有3根毛	圆锥形,两侧各有2~3根长毛	宽短,圆锥形,两侧各有2根毛
无翅胎生雌蚜	体长	约2mm	约1.8mm	约2.5mm
	体色	绿色、黄绿色、黄色、赤褐色,并带有光泽	黄绿色,被有一薄层白色蜡粉	暗绿色,被有稀少的白色蜡粉
	触角第三节感觉圈	无	无	同有翅胎生雌蚜
	额瘤	同有翅胎生雌蚜	不明显	无
	腹管和尾片	同有翅胎生雌蚜	同有翅胎生雌蚜	同有翅胎生雌蚜

  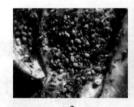 

1　　　　　　　　　2　　　　　　　　　3　　　　　　　　　4

图4-27 菜蚜的形态特征及为害状
1. 无翅蚜　2. 有翅蚜　3、4. 为害状

(2) 萝卜蚜。在长江流域1年发生30代左右,世代重叠现象严重。在长江流域及其以南地区或北方温室中,终年营孤雌胎生繁殖,无明显越冬现象。在北方地区,晚秋产生雌雄蚜交配产卵,以卵在秋白菜上越冬,也可以以成蚜、若蚜在菜窖内越冬或温室内继续繁殖。翌年3—4月孵化,在越冬寄主上繁殖几代后,产生有翅蚜在蔬菜田为害。终年生活在同一种或近缘的寄主植物上,属留守式蚜虫。萝卜蚜的发育适温较桃蚜稍广,在较低温情况下萝卜蚜发育快。对有毛的十字花科蔬菜有选择性。

(3) 甘蓝蚜。甘蓝蚜是新疆的优势种,在陕西、宁夏及东北等地也有发生。在北方地区,甘蓝蚜1年可发生10余代,终年在十字花科蔬菜上为害,属留守式蚜虫。翌年3—4月孵化,在越冬寄主上繁殖几代后,产生有翅蚜在蔬菜田为害,世代重叠现象严重。在温暖地区终年营孤雌胎生繁殖,无明显越冬现象。晚秋产生雌雄蚜交配产卵,以卵在秋白菜上

越冬。

菜蚜对黄色有强趋性,绿色次之,对银灰色有负趋性。一般温暖干旱条件适宜菜蚜发生,温度高于30℃或低于6℃,相对湿度高于80%或低于50%时,可抑制蚜虫的繁殖和发育。暴雨和大风均可减轻蚜虫的危害。天敌对蚜虫的繁殖和危害有一定的抑制作用。

3. 防治方法

(1) 保护和利用天敌。

(2) 加强田间栽培管理。菜田合理布局;因地制宜与高秆作物进行间套作;加强肥水管理促菜株早生快发,增强抗蚜力。

(3) 用银膜避蚜和黄板诱蚜,可降低蚜虫密度。

(4) 药剂防治。当田间蚜虫发生在点片阶段时,及时用药防治。可交替喷洒50%抗蚜威可湿性粉剂2 000倍液、60%吡虫啉水分散剂15 000倍稀释液和20%吡虫啉可溶性粉剂6 000~8 000倍液等。

(四) 苹果绵蚜

苹果绵蚜又名苹果绵虫、白毛虫等,属同翅目绵蚜科,分布于我国山东、江苏、辽宁、云南、西藏等地,主要为害苹果,也可为害海棠、花红、沙果、山荆子及山楂。

苹果绵蚜以无翅胎生雌成虫及若虫群集在苹果新梢叶腋短果枝的叶丛、树皮缝隙、剪锯伤口、病虫伤口、果实梗洼、萼洼以及地下枝部或露出地面的根际和萌蘖根部为害。苹果绵蚜吸食树液,被害部位最后会凹陷形成皱褶,变黑坏死,形成大小深浅不同的伤口,成为绵蚜的越冬场所。叶柄被害后变成黑褐色并提前脱落;果实被害后发育不良,品质变劣;根部受害后不生须根,变黑腐烂,失去吸收能力,影响产量及树体寿命,并可招致其他病虫害的侵染。

1. 形态识别 (图4-29)

图4-28 苹果绵蚜的形态特征及为害状
1. 成虫　2、3. 为害状

(1) 若蚜。1龄若虫体长0.65mm,体略呈圆筒形,扁平,黄褐色至赤褐色。触角5节,口喙细长,露出末端。腹部末端稍宽,体上绵状物较少。2龄若虫体长0.8mm,体略呈楔形,赤褐色。腹部宽,头较小。触角5节,第3节近顶端有不明显的分隔,口喙长达腹部的3/4~4/5。3龄若虫体长1mm,呈圆锥形,赤褐色,触角第3节有明显分隔。4龄若虫长1.45mm,赤褐色,体形与成虫相似。触角第3节在分隔的两边稍向内凹陷,4龄时黑色翅芽才显见。

(2) 无翅胎生雌虫。体长1.8~2.2mm,椭圆形,腹部胀大,暗赤褐色。复眼红黑色,有同色的眼瘤。口吻长达后胸足基节窝,末端黑色,其余赤褐色,生有若干短毛。触角6

节，长度约为体长的1/4，第3节最长，其长度超过第2节的3倍，稍短或等于末端3节之和，末端3节的各节长度约相等，第6节基部有一小圆形初生感觉孔。腹部体侧有侧瘤，着生短毛，腹背有4条纵列的泌蜡孔，在苹果树上分泌白色蜡质丝状物，严重为害时，白色蜡质如绵状物。腹管退化成环状，仅留痕迹，呈半圆形裂口，稍隆起，位于第5及第6腹节的泌蜡孔中间，尾片黑色、圆锥形。

(3) 有翅胎生雌虫。体长1.6~2.0mm，翅展约6mm，体暗褐色，较瘦。头胸黑褐色。复眼暗红色，有归瘤。单眼3个，颜色较深。口吻长达后胸足基节，黑色。触角6节，黑色，短于头、胸部之和，第1、第2节两节粗短，大小相似，第3节最长，长于末3节之和，一般有24~28个环状感觉器，第4节有3~4个，第5节1~5个，第6节基部有2个，鞭状部较基部短小。胸部黑色。翅透明，翅脉和翅痣黑色，前翅中脉有1个分支，基部距径脉区较远；后翅中脉和肘脉分离。腹部的白色绵状物较无翅胎生雌虫少。腹管退化为黑色环状物。

(4) 有性雌蚜。体长约1mm，淡黄褐色。触角5节，口器退化。头部、触角及足均为淡黄绿色，腹部赤褐色。

(5) 有性雄蚜。体长约0.6mm，宽约0.25mm。体淡黄绿色。触角5节，末端透明。无喙。腹部各节中央隆起，有明显的沟痕。

(6) 卵。长约0.5mm，宽约0.2mm，椭圆形。初产时为橙黄色，后渐变为褐色。一端略大，精孔突出，表面光滑，外被白粉。

2. 发生规律 苹果绵蚜1年发生17~18代，主要以1~2龄若蚜在树干伤疤、裂缝和近地表根部越冬。翌年4月底至5月初越冬若虫变成无翅胎生雌成虫，以孤雌胎生方式产生若虫进行繁殖，为害当年生枝条，主要集中在嫩梢基部、叶腋或嫩芽处；5月底至6月，虫量大增，是扩散迁移盛期；6月中旬蔓延至嫩梢顶为害，当年生枝梢被害最为严重；6月下旬至7月中旬为全年繁殖盛期，7月中下旬至8月中旬虫口形成全年第2次为害高峰；11月下旬后，若虫藏于隐秘处越冬。

3. 防治方法

(1) 加强苗木、果品检疫，以防其扩散。

(2) 保护利用天敌。苹果绵蚜的天敌有中华草蛉、七星瓢虫、异色瓢虫、苹果绵蚜小蜂等。

(3) 果树冬眠期，刮除翘皮和被害枝条，喷施48%毒死蜱乳油1 500倍液或99%绿颖矿物油乳油150倍液消毒。

(4) 5月若虫大量发生时，可用10%吡虫啉可湿性粉剂1 500倍液或3%啶虫脒乳油1 500倍液喷施。

(5) 根部苹果绵蚜的防治可在根部为害期在地下撒施25%辛硫磷胶囊剂1.5kg/亩，撒药后浅锄即可。

(五) 梨蚜

梨蚜又名梨卷叶蚜、梨二叉蚜，属同翅目蚜科，分布在北京、吉林、辽宁、河北、山东、河南、江苏、四川等地。其寄主有梨、白梨、棠梨、杜梨。当春天梨树萌芽时，集中在绿色部分为害，嫩芽开放后，钻入芽间及花蕾缝隙中为害，展叶后群集于叶面刺吸汁液，受害叶片两侧边缘向正面纵卷。蚜虫的分泌物易引发煤污病，造成叶片脱落。

1. 形态识别（图4-29）

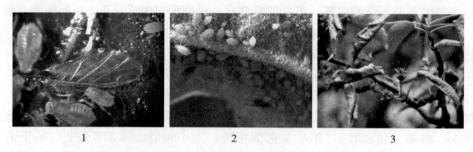

图4-29 梨二叉蚜的形态特征及为害状
1. 有翅成蚜　2. 无翅胎生雌蚜　3. 为害状

(1) 有翅成蚜。体长约1.5mm，翅展5mm左右。头胸淡黑色，复眼红褐色，触角及足的腿节、胫节及跗节黑色。额瘤微突。触角6节，第3节有20~24个感觉孔，第4节有5~8个，第5节有4个。前翅中脉分叉为二叉状，故名梨二叉蚜。腹部黄褐色。腹管长大，末端收缩，呈圆筒形。尾片有3对侧毛。

(2) 无翅胎生雌蚜。体长约2mm，暗绿色或黄绿色，常被有白粉。复眼红褐色，口器黑色。触角6节，端部黑色，第5节末端有一感觉孔。足的腿节、胫节端部及跗节黑褐色。体背中央有1条墨绿色纵纹。腹管黑色，尾片圆锥形，有4~6根弯曲的侧毛。

(3) 卵。长约0.6mm，椭圆形，墨绿色至漆黑色，有光泽。

(4) 若虫。体形与无翅胎生雌蚜相似，但体小，绿色，后期有翅芽伸出。

2. 发生规律　1年发生20代左右，以卵在梨树的芽腋、叶痕或小枝裂缝里越冬，翌年2—3月梨芽膨大露绿叶时开始孵化。幼蚜群集在芽的绿色部分为害，花芽现蕾花序分离时钻入花序中为害，展叶后转移到叶面为害和繁殖，受害叶片向正面纵卷呈筒状。新梢停止生长后为害减轻，花谢后半月开始发生有翅蚜，迁移到其他寄主如狗尾草上为害。10月又飞回梨树，在梨树上繁殖几代后产卵越冬。其主要天敌有梨蚜茧蜂、蚜茧蜂、细腹食蚜蝇、捕食性瓢虫、草蛉等。

3. 防治方法

(1) 冬季防治。结合冬季修剪，剪除虫卵枝，发生为害期摘除卷叶集中烧毁。

(2) 早春防治。早春梨树萌芽前喷布99%绿颖矿物油乳油100倍液。

(3) 药剂防治。梨芽萌芽至发芽展叶期是药剂防治的关键时期，要及时喷药。常用药剂有10%吡虫啉可湿性粉剂1 500倍液、48%毒死蜱乳油1 500倍液等。

二、介壳虫类

介壳虫是同翅目蚧总科昆虫的俗称。该类害虫主要以若虫和雌成虫刺吸植物的汁液为害，另外其分泌的大量蜜露还会诱发煤污病影响寄主的光合作用，少数种类能传播植物病毒而导致病害的扩散。园艺植物上的介壳虫种类很多，约600余种，危害较重的有红蜡蚧、白蜡蚧、日本龟蜡蚧、角蜡蚧、草履蚧、矢尖盾蚧、吹绵蚧、紫薇绒蚧、白轮盾蚧等。

（一）草履蚧

草履蚧又名日本履绵蚧、草鞋蚧，属同翅目珠蚧科，分布在江苏、上海、浙江、江西、广东、广西、湖南、陕西、河南、山东等地，为害桃、梨、苹果、杏、樱桃等。若虫和雌成虫刺吸嫩枝芽、枝干和根的汁液，削弱树势，影响产量和品质，重者使其枯死。

1. 形态识别（图4-30）

（1）成虫。雌成虫无翅，扁平椭圆形，背面略突，有褶皱，状似草鞋；体长6～10mm，宽4～6mm。背面暗褐色，背缘及腹面黄褐色，腹部背面有横皱褶，似草鞋状。体表被一层霜状蜡粉，触角8节，丝状，足3对，腹气门6对。雄成虫紫红色，体长5～6mm，翅展9～11mm，翅1对，淡黑色。触角10节，黑色，丝状，第3～10节每节有2个缢缩，非缢缩处生一圈刚毛，形如念珠。前翅半透明紫黑色，前缘脉深红色，其余脉白色；后翅退化为平衡棒。腹末有尾瘤2对，呈树根状突起。

图4-30 草履蚧的形态特征
1. 若虫 2. 雌成虫 3. 雄成虫

（2）卵。椭圆形，长1.0～1.2mm，初产淡黄色，后渐至赤褐色，产于白色棉絮状卵囊内，每囊有卵数十至百余粒。

（3）若虫。外形与雌成虫相似，但体较小，色较深。触角棕灰色，节数因虫龄而不同，1龄5节，2龄6节，3龄6节。

（4）雄蛹。圆筒形，褐色，长4～6mm，外被白色绵状物。翅芽1对达第2腹节，可见触角。

（5）茧。白色，絮状，蜡质。

2. 发生规律 1年发生1代，以卵囊在寄主植物根部周围的缝隙中、砖石下、草丛中、土中越夏或越冬，极少数以初龄若虫越冬。翌年1月中下旬至2月初越冬卵开始孵化，也有当年年底孵化的。孵化后，初孵若虫暂栖于卵囊内，随着温度上升、天气晴好，寄主萌动时开始出土上树为害。初孵若虫能御低温，在立春前大寒期间的雪堆下也能孵化，但不活泼，活动迟钝，多在避风隐蔽处群居，先集中于根部和地下茎群集吸食汁液。稍大后爬至嫩枝、幼叶等处取食，孵化期达1个月左右。2月中旬至3月中旬为出土盛期。若虫多在中午前后沿树干爬到嫩枝的顶芽叶腋和芽腋间，待初展新叶时，每顶芽集中数头，固定后刺吸为害。虫体稍大喜在直径5cm左右的枝上为害，并以阴面为多。

3月下旬至4月上旬第1次蜕皮，虫体增大，开始分泌蜡粉，逐渐扩散为害。雄虫于4月下旬进行第2次蜕皮后陆续转移到树皮裂缝、树干基部、杂草落叶中、土块下等处分泌白色蜡质薄茧化蛹，蛹期10d左右。5月上中旬羽化为成虫。羽化期较整齐。雄虫飞翔力不强，略有趋光性。羽化即觅雌成虫交尾，交尾后雄成虫即死去，寿命2～3d。雌若虫第3次蜕皮后变为成虫，自树干顶部陆续向下移动，交配后雌成虫则继续吸汁为害，6月上中旬沿树干下爬到根部周围的土层中隐蔽处产卵。每雌可产卵40～60粒，卵产于白色绵状卵囊中，越夏或过冬。囊内最多有卵300余粒，平均百余粒。产卵多在中午前后为盛，阴雨天或气温低时则潜伏在皮缝中不动。雌虫产卵后即干缩死去。一般6月以后树上虫量减少。主要为害期在3—5月。大发生时，草履蚧成、若虫密度较高，往往群体迁移，在附近建筑物墙壁上到处爬行。有时有日出后上树为害、午后下树潜入土中的习性。有些个体不上树而在地表下根、茎部为害。

3. 防治方法

（1）集中处理虫卵。雌成虫下树产卵时，在树干基部挖坑，内放杂草诱集产卵，集中处理。

（2）阻止初龄若虫上树。采用树干涂胶或废机油，将树干老翘皮刮除10cm宽一周，上涂胶或废机油，每隔10～15d涂1次，共涂2～3次。及时清除环下的若虫，树干光滑者可直接涂。

（3）保护利用自然天敌。草履蚧的天敌有红环瓢虫、暗红瓢虫等，应加以保护利用。

（4）药剂防治。药剂防治以若虫分散转移期施药最佳，此时虫体无蜡粉和介壳，抗药力最弱。可用40%乐果乳油500～1 000倍液、80%敌敌畏乳油800倍液、30%苯溴磷乳油400～600倍液等喷雾。也可用矿物油乳剂，含油量夏、秋季为0.5%，冬季为3%～5%；或用松脂合剂，夏、秋季用18～20倍液，冬季用8～10倍液喷雾。将化学农药和矿物油乳剂混用效果更好，对已分泌蜡粉或蜡壳者也有效果。松脂合剂配比为烧碱∶松香∶水＝2∶3∶10。

（二）红蜡蚧

红蜡蚧又名红龟蜡蚧，属同翅目蜡蚧科，分布于华南、西南、华中、华东、华北及北方的温室，为害柑橘、柿、苹果、樱花、樱桃、山茶花、栀子花等多种植物。成虫和若虫密集寄生在植物枝干上和叶片上吮吸汁液为害。雌虫多在植物枝干上和叶柄上为害，雄虫多在叶柄和叶片上为害，并能诱发煤污病，致使植株长势衰退，树冠萎缩，全株发黑，危害严重则造成植物整株枯死。

图4-31 红蜡蚧形态特征及为害状

1. 形态识别（图4-31）

（1）成虫。雌成虫椭圆形，背面覆盖有较厚暗红色至紫红色的蜡壳，蜡壳半球形，顶端稍凹陷呈脐状，有4条白色蜡带从腹面卷向背面。虫体紫红色，触角6节，第3节最长。雄成虫体暗红色，前翅1对，白色半透明，触角10节，淡黄色。

（2）卵。椭圆形，两端稍细，淡红至淡红褐色，有光泽。

（3）若虫。初孵时扁平椭圆形，淡紫红色，长约0.4mm，腹端有2根长毛。后期壳为淡红色，周缘呈芒状。

（4）蛹。雄蛹淡黄色，长1mm。茧长约1.5mm，椭圆形，暗紫红色。

山茶花上的红蜡蚧成虫、若虫

2. 发生规律

1年发生1代，以受精雌成虫在植物枝干上越冬。虫卵孵化盛期在6月中旬，初孵若虫多在晴天中午爬离母体，如遇阴雨天会在母体介壳爬行0.5h左右后陆续固着在枝叶上为害。

栀子花上的红蜡蚧成虫、若虫

3. 防治方法

（1）人工防治。发生初期，及时剔除虫体或剪除多虫枝叶，集中销毁。

（2）农业防治。及时合理修剪，改善通风、光照条件，将减轻危害。

（3）药剂防治。同在初孵若虫期进行化学防治，可用40%杀扑磷乳油2 000～3 000倍液、20%氰戊菊酯乳油2 000倍液或机油乳剂30～80倍液喷施。

(4) 检疫防治。加强苗木引入及输出时的检疫工作。

(5) 生物防治。红蜡蚧的寄生性天敌较多，常见的有红蜡蚧扁角跳小蜂、蜡蚧扁角短尾跳小蜂、赖食软蚧蚜小蜂等，应注意保护和利用天敌昆虫。

(三) 桃白蚧

桃白蚧又名桑白蚧、梅白蚧，属同翅目盾蚧科，分布在东北、华北、华东、华南地区及陕西、甘肃、四川、云南等省份，为害桃、梅、苹果、梨、李、杏、葡萄、芙蓉、山茶、樱花等植物。以若虫和雌成虫群集于枝干上固定吸食寄主汁液，偶有在果实和叶片上为害，严重时密集重叠，呈现一处灰白色蜡质物。枝干被害部表面凹凸不平、发育不良、树势衰弱而影响花芽形成，导致枝条枯萎甚至整株死亡（图4-32）。

图4-32 桃白蚧为害状

1. 形态识别

(1) 雌虫介壳。长2.0~2.5mm。扁圆形或近圆形，有螺旋纹，略隆起，灰白至灰褐色，壳点黄褐色，位于介壳中央偏旁。

(2) 雌成虫。体长1mm左右。宽扁，卵圆形，橙黄或橘红色。触角退化成瘤状，上有1根粗刚毛。腹部分节明显。臀板宽，臀叶3对，中臀叶最大近三角形，第2、第3对臀叶皆分为两瓣，第2臀叶内瓣明显，外瓣较小，第3臀叶退化很短。肛门位于臀板中央，围绕生殖孔有5群盘状围阴腺孔，上中群16~20个，上侧群26~48个，下侧群25~53个。

(3) 雄虫介壳。长1mm。细长，白色。背面有3条纵脊，壳橙黄色，位于介壳前端。

(4) 雄成虫。虫体长0.65~0.70mm，翅展1.32mm。橙色或橘红色。触角10节，长度与体相等，上生很多长毛。胸部发达。前翅卵形披细毛，后翅为平衡棒。足3对，细长多毛。腹部长，末端尖削，具一性刺交配器。

(5) 卵。长径0.25~0.30mm，短径0.10~0.12mm。椭圆形，初产为淡粉红色，渐变淡黄褐色，孵化前为橘红色。

(6) 若虫。初孵若虫体长0.3mm左右。淡黄褐色，扁卵圆形。触角5节。足发达能爬行。腹末具尾毛2根。两眼间有2个腺孔，分泌绵毛状物遮盖身体。蜕皮后眼、触角、足、尾毛均退化或消失，分泌介壳，第1次蜕的皮盖于介壳上，偏一方，称壳点。

2. 发生规律 每年发生代数因地而异。在我国北方各省份1年发生2代，浙江、四川3代，南方4~5代。2~3代区均以雌虫在枝干上越冬。2代区：翌年4月底至5月初为产卵盛期，5月中旬为第1代卵孵化盛期，6—8月为第2代孵化盛期。3代区：各代若虫发生期分别在5—6月和8—9月。

越冬雌成虫以口针插入树皮下，固定一处不动，早春树液流动后开始吸食汁液，体内卵粒逐渐形成，产卵于介壳内。越冬代平均产卵 120 余粒，最多可产卵 500 粒，最少 54 粒。雌虫产完卵后，即干缩死亡。第 1 代平均产卵 50 粒，孵化较整齐（1 周左右时间孵化率可达 90%）。

初孵若虫先在母壳下停留数小时后爬出扩散，固着取食，成群的若虫固定在母虫附近枝条上为害，一般以 2～3 年生枝条受害最重。经 6d 左右，分泌物呈白色绵毛状蜡质覆盖于体上，以后逐渐加厚，不久便脱皮形成壳点，所以若虫孵化盛期是用药防治的关键期。雌若虫虫期 3 龄，蜕第 3 次皮后，发育为成虫。雄若虫虫期 2 龄，蜕皮后变为前蛹，前蛹再化为蛹，蛹期约 1 周，然后羽化为成虫。雄成虫寿命极短，仅 1d 左右，羽化后便寻找雌虫交尾，交尾后即死亡。

雄虫介壳为白色，长筒形，在枝干上成群密集成片，第 1 代羽化期较集中。桃白蚧为两性繁殖，未交配的雌虫卵巢发育不正常。有蜕去介壳裸露虫体的现象。越冬死亡率通常在 10%～35%。

3. 防治方法

（1）人工防治。用钢丝刷刷除虫体，剪除无用被害枝。

（2）保护和利用天敌。桃白蚧的天敌种类较多，主要有桑白蚧蚜小蜂、双带花角蚜小蜂、草蛉、二星瓢虫、红点唇瓢虫、日本方头甲等，这些天敌对桃白蚧的捕食能力都很强，要保护和利用天敌来防治桃白蚧。

（3）药剂防治。在桃树休眠期，春季发芽前喷布 99% 绿颖矿物油乳油 100 倍液或 3 波美度的石硫合剂。在生长期，要掌握好第 1、第 2 代卵孵化盛期及雄虫羽化盛期，可用 25% 噻嗪酮可湿性粉剂 1 000 倍液加 2.5% 溴氰菊酯乳油 1 500 倍液，或 99% 绿颖矿物油乳油 100 倍液加 4.5% 高效氯氰菊酯乳油 1 500 倍液进行喷施。第 1 次喷药后间隔 6～10d 再喷 1 次。

（四）柑橘蚧类

为害柑橘的蚧类主要有红蜡蚧、矢尖蚧、褐圆蚧、柑橘粉蚧，分别属同翅目的蜡蚧科、盾蚧科、盾蚧科和粉蚧科。介壳虫多聚集于枝梢上吸取汁液，叶片及果梗上也有寄生。柑橘受害后，抽梢量减少，枯枝增多，并能诱发煤污病，妨碍光合作用，影响果实品质，产量减少，以致树势衰弱、枝干枯死。

1. 形态识别 红蜡蚧、矢尖蚧、褐圆蚧的形态特征如表 4-8 所示。

表 4-8 为害柑橘主要介壳虫的识别要点

识别要点	红蜡蚧	矢尖蚧	褐圆蚧
体长/mm	2～3	2.5	1
介壳形状	椭圆形	箭头形	圆形
介壳颜色	红褐色	黄褐色或棕褐色，边缘灰白色	紫褐色，边缘淡褐色
为害部位	多群集在枝条和叶柄上	群集在叶背、果柄、枝梢和果实上	群集在叶片、枝梢和果实上

2. 发生规律

（1）红蜡蚧。内容详见"（二）红蜡蚧"的相关内容。

(2) 矢尖蚧（图4-33）。江苏地区1年发生2~3代。主要以受精的雌成虫越冬，少数以若虫越冬。行两性生殖，每年4月下旬开始产卵，初孵若虫行动活泼，经1~2h固定，翌日体上开始分泌絮状蜡质。雌若虫蜕皮3次成为成虫，雄若虫蜕皮2次，经前蛹期、蛹期后羽化为成虫。第1代若虫高峰期为5月中下旬，多在老叶上寄生为害；第2代若虫高峰期在6月中旬，大部分寄生于新叶上，一部分上果为害；第3代若虫高峰期在9月上中旬。各代1、2龄若虫的盛发期为药剂防治的关键时期。通过枝、叶、果及苗木被动地传播。

图4-33 矢尖蚧的形态特征及为害状

(3) 褐圆蚧（图4-34）。1年发生3~4代，以若虫越冬。行两性生殖，卵产在介壳下，经数小时到2~3d孵化为若虫，爬行数小时后固定，开始分泌蜡质。雌若虫多固定在叶背、果实上，经两次蜕皮后羽化为成虫；雄若虫多固定在叶面，蜕皮后经前蛹期和蛹期羽化为成虫。第1代若虫发生高峰期在5月中旬，第2代在6月中旬，第3代在9月下旬，第4代在10月下旬。

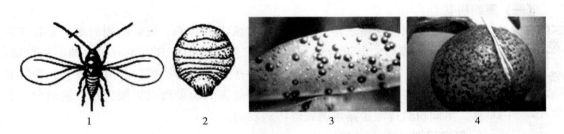

图4-34 褐圆蚧的形态特征及为害状
1. 雄成虫 2. 雌成虫 3、4. 为害状

(4) 吹绵蚧（图4-35）。发生代数因地区而异，华北地区1年发生2代，长江流域2~3代，南方各地3~4代。以若虫和雌成虫或南方地区少数带卵囊的雌虫越冬，有世代重叠。温室和大棚内可终年繁殖。翌年3—4月雌虫开始产卵，每个卵囊有卵数百粒，卵期1个月，初龄若虫活泼，多在叶背主脉两侧或新梢上为害，每次蜕皮转移1次，逐渐移至外围小枝或侧枝，在枝干分叉处背阴面群集，后营卵囊产卵，2龄后可分辨雌雄。10月后以各种虫态越冬。

柑橘吹绵蚧成虫、若虫

吹绵蚧的繁殖方式多以孤雌生殖为主。雄成虫数量很少，不易发现，雄虫常在枝干裂缝或附近松土层中、杂草中结白色薄茧化蛹，经7d左右羽化为成虫。温暖潮湿的气候有利于虫害的发生。其天敌有澳洲瓢虫、红缘瓢虫、大红瓢虫等。

3. 防治方法

（1）做好冬季清园工作。剪除病虫枝、枯枝，并彻底烧毁。

（2）加强栽培管理。增施有机质肥料，增强树势。结合修剪剪除有虫枝梢，以减少虫源。

（3）用对天敌杀伤小的农药防治。加强检查，切实掌握在若虫盛孵期和1龄若虫期喷药防治。一般在5月中旬至6月上中旬喷药2次和8—9月喷药1～2次加以防治。在矢尖蚧越冬雌成虫的秋梢叶达10％以上，初花后1个月左右，低龄若虫期施第1次药；发生严重的果园在第2代低龄幼虫期再施1次药。吹绵蚧防治适期为春花幼果期及夏、秋梢抽发期。红蜡蚧防治适期为春梢枝上幼蚧初见后20～25d施第1次药，间隔15d左右再施1次。药剂可选择以下之一或交叉选择：松碱合剂10～15倍液、95％机油乳剂50～200倍液、25％噻嗪酮可湿性粉剂1 000～1 500倍液（注意：噻嗪酮对成虫无效）。

（4）保护天敌。保护橘园内的大红瓢虫、澳洲瓢虫等吹绵蚧的天敌昆虫。

图4-35 吹绵蚧的形态特征及为害状

1. 雌虫及卵囊　2. 为害状

三、粉虱类

（一）黑刺粉虱

柑橘叶片上的黑刺粉虱

黑刺粉虱属同翅目粉虱科，别名橘刺粉虱、刺粉虱、黑蛹有刺粉虱，分布在江苏、安徽、河南等地，南至台湾、广东、广西、云南。其寄主有茶、油茶、柑橘、枇杷、苹果、梨、葡萄、柿、栗、龙眼、香蕉、橄榄等。成、若虫刺吸叶、果实和嫩枝的汁液，被害叶出现失绿黄白斑点，随危害的加重斑点扩展成片，进而全叶苍白早落。黑刺粉虱排泄蜜露可诱致煤污病发生。

1. 形态识别（图4-36）

（1）成虫。体长0.96～1.30mm，橙黄色，薄覆白粉。复眼肾形，红色。前翅紫褐色，上有6个白斑；后翅小，淡紫褐色。

（2）卵。新月形，长0.25mm，具一小柄，直立附着在叶上，初乳白后变淡黄，孵化前灰黑色。

（3）若虫。体长0.6mm，黑色，体背上具刺毛14对，体周缘泌有明显的白蜡圈。共3龄。

（4）蛹。椭圆形，初乳黄渐变黑色。蛹壳椭圆形，长0.6～1.1mm，漆黑有光泽，壳边锯齿状，周缘有较宽的白蜡边，背面显著隆起，胸部具9对长刺，腹部有10对长刺，两侧边缘长刺雌有11对，雄有10对。

2. 发生规律　1年4代以若虫于叶背越冬。越冬若

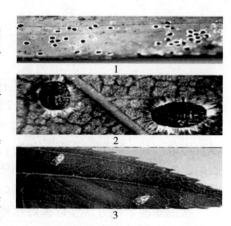

图4-36 黑刺粉虱形态特征

1. 若虫　2. 蛹　3. 成虫

虫3月化蛹，3月下旬至4月羽化。世代不整齐，从3月中旬至11月下旬田间各虫态均可见。各代若虫发生期分别为：第1代4月下旬至6月，第2代6月下旬至7月中旬，第3代8月中旬至9月上旬，第4代10月至翌年2月。成虫喜较阴暗的环境，多在树冠内部枝叶上活动，卵产于叶背。初孵若虫多在卵壳附近爬动吸食，共3龄，2、3龄固定寄生。黑刺粉虱的天敌有瓢虫、草蛉、寄生蜂、寄生菌等。

3. 防治方法

（1）加强管理，合理修剪，可减轻黑刺粉虱的发生与为害。

（2）早春发芽前结合防治介壳虫、蚜虫、红蜘蛛等害虫，喷洒含油量5%的柴油乳剂或黏土柴油乳剂，毒杀越冬若虫。

（3）生育期药剂防治1~2龄时施药效果好，可喷洒80%敌敌畏乳油、40%乐果乳油、10%联苯菊酯乳油等5 000~6 000倍液或20%甲氰菊酯乳油2 000倍液、1.8%阿维菌素乳油4 000~5 000倍液等。3龄及其以后各虫态的防治最好用含油量0.4%~0.5%的矿物油乳剂混用上述药剂，可提高杀虫效果。

（4）保护和利用天敌。黑刺粉虱的天敌有瓢虫、草蛉、寄生蜂、寄生菌等，应注意加以保护和利用。

（二）温室白粉虱

温室白粉虱又名温室粉虱，属同翅目粉虱科。20世纪70年代后期，随着温室、塑料大棚等保护地蔬菜、花卉面积的扩大，此虫的发生与分布呈扩大蔓延趋势，目前我国大部分地区都有其发生与为害，它已成为棚室栽培蔬菜、花卉的重要害虫。温室白粉虱可为害黄瓜、菜豆、番茄、甘蓝、白菜、萝卜、芹菜等各种蔬菜及花卉等200多种植物。

温室白粉虱主要以成虫和若虫群集在叶片背面吸食植物汁液，被害叶片褪绿、变黄、萎蔫，甚至全株枯死。成虫还分泌大量蜜露堆积于叶面及果实上，严重污染叶片和果实，并引起煤污病的大发生，严重影响光合作用和呼吸作用，降低作物的产量和品质。此外，该虫还能传播某些病毒病。

1. 形态识别（图4-37）

图4-37 温室白粉虱的形态特征及为害状
1. 若虫　2. 成虫　3. 为害状

（1）成虫。体长1~1.5mm，淡黄白色至白色，雌雄均有翅，翅面覆盖有白蜡粉，雌成虫停息时双翅合并成平坦状，雄虫停息时双翅稍向上翘起，在体上合并成屋脊状如蛾类，翅端半圆状遮住整个腹部，翅脉简单，沿翅外缘有1排小颗粒。

（2）卵。长0.2~0.25mm，侧面观为长椭圆形，基部有卵柄，柄长0.02mm，从叶背的气孔插入植物组织中。初产淡绿色，覆有蜡粉，以后逐渐转变为黑褐色，孵化前呈黑色。

(3) 若虫。1龄若虫体长约0.29mm，长椭圆形，2龄约0.38mm，3龄约0.52mm。淡绿色或黄绿色，半透明，在体表上被有长短不齐的丝状突起。足和触角退化。

(4) 蛹。即4龄若虫，又称伪蛹。长0.7～0.8mm，椭圆形，乳白色或淡黄色。初期扁平，逐渐加厚呈蛋糕状，中央略高。背面生有8对长短不齐的蜡质丝状突起，体侧有刺。

2. 发生规律 在温室条件下1年可发生10余代，冬季在室外不能存活，因此是以各种虫态在温室蔬菜、花卉上越冬并继续为害。冬季在温暖地区，卵可以在菊科植物上越冬。翌年春天，从越冬场所向阳畦和露地蔬菜及花卉上逐渐迁移扩散。5—6月虫口密度增长比较慢，7—8月虫口密度增长较快，8—9月为害最严重，10月下旬以后，气温下降，虫口数量逐渐减少，并开始向温室内迁移，进行为害或越冬。温室白粉虱多进行两性生殖，也可进行孤雌生殖，其后代为雄性。

温室白粉虱成虫对黄色有强烈趋性，但忌白色、银白色，不善于飞翔。成虫有趋嫩性，喜群集于植株上部嫩叶背面并在嫩叶上产卵，随着植株生长，成虫不断向上部叶片转移，因而植株上各虫态的分布就形成了一定规律，最上部嫩叶以成虫和初产的淡黄色卵为最多；稍下部的叶片多为深褐色的卵；再下部依次为初龄若虫、老龄若虫、伪蛹、新羽化成虫。成虫羽化时间集中于清晨。雌成虫交配后经1～3d产卵。每头雌虫产卵120～130粒。若虫孵化后3d内在叶背可短距离游走，当口器插入叶组织后就失去了爬行的功能，开始营固着生活。

温室白粉虱成虫活动最适温度为25～30℃，繁殖的最适温度为18～21℃，在生产温室条件下，约1个月完成1代。卵、高龄若虫和蛹对温度和农药抗逆性强，一旦植物上各虫态混合发生，防治就十分困难。冬季温室作物上的白粉虱是露地春季蔬菜上的虫源，通过温室开窗通风或菜苗向露地移植而使粉虱迁入露地。因此，白粉虱的蔓延，人为因素起着重要作用。

据调查，温室白粉虱的虫口数量，一般秋季温室、大棚内比春季温室、大棚内的多；露地蔬菜比春、秋大棚内的多；距温室近的地比远的多，危害也重。夏季的高温多雨抑制作用不明显，到秋季数量达高峰，集中为害瓜类、豆类、茄果类蔬菜和各种花卉。如果温室和露地蔬菜、花卉生产紧密衔接和相互交替，可使白粉虱周年发生。温室白粉虱对寄主有选择性，在黄瓜、番茄混栽的温室、大棚中发生量大、危害重，单一种植或栽植白粉虱不喜食的寄主则发生较轻。

3. 防治方法 对白粉虱的防治，应以农业防治为主，加强蔬菜作物的栽培管理，培育无虫苗，辅以合理使用化学农药，积极开展生物防治和物理防治。

(1) 农业防治。培育无虫苗应把苗房和生产温室分开，育苗前彻底熏杀残余虫口，清理杂草和残株，以及在通风口密封尼龙纱，控制外来虫源。合理布局，在温室、大棚附近的露地避免栽植瓜类、茄果类、菜豆类等白粉虱易寄生、发生严重的蔬菜。棚室内避免黄瓜、番茄、菜豆等混栽，防止白粉虱相互传播、加重危害和增加防治难度。虫害发生时，结合整枝打杈，摘除带虫老叶，携出棚外埋灭或烧毁。

(2) 物理防治。发生初期可在温室内设置黄板诱杀成虫。方法是利用废旧的纤维板或硬纸板，裁成1.0m×0.2m的长条，用油漆涂成橙黄色，再涂上一层黏油（可使用10号机油加少许黄油调匀），每亩设置32～34块，置于行间，可与植株高度相同。当粉虱粘满板面时，需及时重涂黏油，一般每7～10d重涂1次。黄板诱杀与释放丽蚜小蜂可协调运用。

(3) 生物防治。温室内的蔬菜、花卉上，当白粉虱成虫发生量在0.5～1.0条/株时，可释放丽蚜小蜂，每株 3~5 只，每隔 10d 左右放 1 次，共释放 3~4 次。寄生蜂可在温室内建立种群并能有效地控制白粉虱为害，寄生率可达 75% 以上，控制白粉虱的效果较好。

（4）化学防治。由于白粉虱世代重叠，在同一时间同一作物上存在各种虫态，而当前采用的药剂没有对所有虫态均适用的种类，所以在药剂防治上，必须连续几次用药，才能取得良好效果。可采取每亩温室用 22% 敌敌畏烟剂 0.5kg，于傍晚闭棚熏烟；或每亩用 80% 敌敌畏乳油 0.4~0.5kg，浇洒在锯木屑等载体上，再加几块烧红的煤球熏烟。也可以用 10% 噻嗪酮乳油、10% 吡虫啉可湿性粉剂、80% 敌敌畏乳油等 1 000 倍液或 20% 吡虫啉可溶性粉剂 4 000 倍液、2.5% 联苯菊酯乳油 3 000 倍液、2.5% 氯氟氰菊酯乳油 3 000 倍液等喷雾，每隔 5~7d 喷洒 1 次，连续用药 3~4 次，均有较好效果。

（三）烟粉虱

烟粉虱属同翅目粉虱科小粉虱属。烟粉虱是一种世界性害虫，寄主十分广泛，除为害多种蔬菜如番茄、黄瓜、豆类、十字花科蔬菜以及果树、花卉等植物外，还能寄生于多种杂草上。烟粉虱以成虫、若虫刺吸植株汁液为害，造成植株长势衰弱，产量和品质下降，甚至整株死亡，并可传播 30 种植物上的 60 多种病毒病（图 4-38）。据研究，烟粉虱有生物 A 型和 B 型之分，B 型烟粉虱危害性更大。

杜鹃叶片上的烟粉虱

图 4-38 烟粉虱的形态特征及为害状
1. 成虫　2. 为害状

1. 形态识别

（1）成虫。体淡黄白色，体长 0.85~0.91mm。翅白色，披蜡粉，无斑点，前翅脉一条不分叉，静止时左右翅合拢呈屋脊状。

（2）卵。长梨形，有小柄，与叶面垂直，大多散产于叶片背面。初产时为淡黄绿色，孵化前颜色加深，呈深褐色。

烟粉虱的识别与防治

（3）若虫。共 3 龄，淡绿至黄色。1 龄若虫有触角和足，能爬行迁移，第 1 次蜕皮后，触角及足退化，固定在植株上取食。3 龄若虫蜕皮后形成蛹，蜕下的皮硬化成蛹壳，是识别粉虱种类的重要特征。

（4）蛹。椭圆形，有时边缘凹入，呈不对称状。管状孔三角形，长大于宽。舌状器匙状，伸长至盖瓣之外。蛹壳背面是否具有刚毛与寄主的形态结构有关，在有毛的叶片上，蛹体背面具有刚毛；在光滑无毛的叶片上，蛹体背面不具有刚毛。

2. 发生规律

烟粉虱的生育期分为卵、若虫期和成虫期。在苏州地区 1 年发生 20 多代，且世代重叠。烟粉虱在不同的寄主植物上的发育时间各不相同，在 25℃ 条件下，从卵发育到成虫需要 18~30d。成虫寿命为 10~20d。成虫在适合的寄主上平均产卵 200 粒以上，多产在植株中部嫩叶上。成虫喜欢无风温暖天气,有趋黄性,气温低于12℃停止发育,14.5℃开始产卵,气温在21~33℃时随气温升高,产卵量增加,高于40℃成虫死亡。相对湿度低于60%成虫停止产卵或死去。暴风雨能抑制其大发生。

3. 防治方法 坚持以综合治理为指导思想,立足于早发现、早防治、早控制,以控制虫源基数、切断传播途径为关键措施,通过围歼或统一防治来达到良好的防治效果,控制危害。

(1) 培育无虫苗。育苗时要把苗床和生产温室分开,育苗前先彻底消毒,幼苗上有虫时在定植前清理干净,培育无虫苗。

(2) 利用天敌。释放丽蚜小蜂等天敌防治烟粉虱。

(3) 合理布局。在温室、大棚内,黄瓜、番茄、茄子、辣椒、菜豆等不要混栽,有条件的可与芹菜、韭菜、葱蒜类等套种,以防烟粉虱传播蔓延。

(4) 黄板诱杀。在烟粉虱发生初期,将黄板涂刷机油悬挂于植株中上部,可起到较好的防治效果。

(5) 化学防治。掌握见虫治虫的原则,零星发生时就用药防治,连续多次用药,防治效果较好的杀虫剂有烟碱类、阿维菌素类等。为了提高对不同虫态的防治效果,要做好农药混配。也可选用10%熏虱灵烟剂进行熏蒸,每亩用量为400~500g;或用熏杀毙500~600g,点烟后闷棚4~5h。

四、叶蝉类(以大青叶蝉为例)

大青叶蝉属同翅目叶蝉科,分布在全国各地。其食性广,为害多种植物,如苹果、桃、梨、杜鹃、李、樱花、海棠及禾本科杂草等160种寄主植物。以成虫和若虫刺吸植物汁液。受害叶片呈现小白斑点、畸形、卷缩,影响生长,甚至全叶枯死,且能传播病毒病。

1. 形态识别(图4-39)

图4-39 大青叶蝉的形态特征
1. 成虫 2. 成虫产卵

大青叶蝉成虫

(1) 成虫。雌虫体长9.4~10.0mm,雄虫体长7.2~8.3mm。青绿色,头部橙黄色,左右各具一小黑斑,单眼2个,红色,单眼间有2个多角形黑斑。前胸背板淡黄绿色,后半部深青绿色,小盾片淡黄绿色。前翅革质,绿色微带蓝色,末端灰白色,半透明;后翅烟黑色,半透明。前翅反面、后翅和腹背均黑色,腹部两侧和腹面橙黄色,足黄白至橙黄色。

(2) 卵。长卵圆形,一端较尖,长约1.6mm,乳白至黄白色。

(3) 若虫。与成虫相似，共 5 龄。体黄绿色，具翅芽。

2. 发生规律 1 年发生 3~5 代，长江以北各地以卵在果树、柳树、白杨等树木枝条表皮下和树皮缝隙中越冬。长江以南各地则多以卵在禾本科杂草及杂草茎秆内越冬。越冬卵在翌春 3 月下旬至 4 月开始发育孵化，初孵若虫常喜群聚取食，若遇惊扰便疾行横走，由叶面向叶背逃避。若虫期 30~50d，第 1 代成虫发生期为 5 月下旬至 6 月上旬。各代发生期为：第 1 代 4 月上旬至 6 月上旬，成虫 5 月下旬开始出现；第 2 代 6 月上旬至 8 月中旬，成虫 6 月开始出现；第 3 代 6 月中旬至 11 月中旬，成虫 9 月开始出现。各虫期发生不整齐，世代重叠。

成虫飞翔能力较弱，日光强烈时活动较盛，飞翔也多。成虫有趋光性，夏季颇强，晚秋不明显，可能是低温所致。夏季卵多产于禾本科植物的茎秆和叶鞘上，越冬卵多产于林木、果树幼嫩光滑的枝条和主干上，以产卵器刺破表皮成月牙形伤口，产卵 6~12 粒于其中，一般每 10 粒卵左右排成 1 个卵块，整齐排列在枝条表皮下，产卵处的植物表皮呈肾形突起。大发生时，一些苗木及幼树常因卵痕密布枝条，不耐寒风而干枯死亡。每雌可产卵 62~148 粒，非越冬卵期 9~15d，越冬卵期达 5 个月以上。10 月下旬为产卵盛期，直至秋后以卵越冬。

3. 防治方法
(1) 加强管理，清除杂草，结合修剪剪除被害枝，以减少虫源。夏季灯光诱杀第 2 代成虫，减少第 3 代的发生。
(2) 成、若虫集中在谷子等禾本科植物上时，及时喷撒 2.5%敌百虫或 2%异丙威粉剂，用药量为每 1kg/亩。必要时可喷洒 2.5%氯氟氰菊酯乳油 2 000~3 000 倍液或 10%吡虫啉可湿性粉剂 3 000~4 000 倍液。

五、网蝽类

(一) 梨网蝽

梨网蝽又名梨冠网蝽、梨军配虫，属半翅目网蝽科，分布在河北、山西、陕西、甘肃、山东、河南、江苏、浙江、广东、四川等地，为害苹果、梨、桃、李、山楂等果树叶片。成虫和若虫群集在叶片背面主脉两侧刺吸汁液。叶片被害后，正面出现灰白色斑点，严重时全叶变成苍白色，在叶片背面分泌褐色黏液，诱发煤污病，使叶片早期枯黄脱落，引起二次发叶、秋季开花，树势生长衰弱。幼树被害严重时，可造成冬季枯死。

1. 形态识别（图 4-40）
(1) 成虫。体长约 3.5mm。初羽化时乳白色，渐变黑褐色，呈扁平长方形。头部有 5 个锥状突起；触角 4 节，第 1、第 2 节短，第 3 节最长，第 4 节端部膨大。前胸前板中央有一棱状纵隆起，两侧呈扇形扩展，呈翼片状，扩展部分及前翅半透明，密布黑褐色网状花纹。两翅合拢时形成 X 形纹。胸部腹

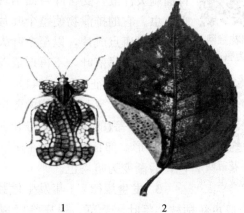

图 4-40 梨网蝽的形态特征及为害状
1. 成虫 2. 为害状
（费显伟，2015. 园艺植物病虫害防治）

面黑褐色,足黄褐色。

(2)卵。长约0.6mm。长圆筒形,一端弯曲。初产时淡绿色,半透明,渐变乳黄白色。产在叶背组织里,卵顶外露,呈瓶口状,上面常涂有褐色粪便。

(3)若虫。共有5龄。初孵若虫体长0.6mm,乳白色,渐变淡绿色,半透明,复眼红色;2龄时腹部显黑色,身体两侧有若干刺状突起;3龄后在胸侧生出翅芽,腹部两侧8对刺状突起明显;5龄时体长约2mm,翅芽约为体长的1/3。

2. 发生规律 长江中下游1年发生5代左右,南京大部分地区发生4代,小部分地区发生5代。以成虫在枝干裂缝、落叶、杂草及土壤缝隙中越冬。翌年4月中下旬苹果发芽后,国光花序伸出期成虫出蛰,开始在树冠下部叶背为害,4月下旬至5月上旬国光落花期为该虫出蛰盛期、产卵期。卵产在叶背组织中,外涂有褐色排泄物。5月中下旬第1代若虫开始孵化,群栖在叶背吸食。前期成虫数量少,危害较轻,随后逐渐加重,各代重叠发生,以6—9月危害最严重,尤其盛夏干旱时,虫口密度激增。10月中下旬成虫开始越冬。

3. 防治方法

(1)农业防治。冬季清洁果园,清除杂草、落叶,刮除老树皮,落叶后进行一次冬耕或春耕,消灭越冬成虫,可明显减少种群数量;越冬成虫出蛰时,多集中在树冠下部的部分叶片背面取食产卵,可人工摘除虫叶,效果较好。

(2)药剂防治。梨网蝽的防治应掌握在消灭越冬成虫及花后第1代若虫期喷药。生长期防治也应掌握在若虫最多而卵和成虫最少时进行喷药。成虫开始出蛰时,地面施药25%辛硫磷胶囊剂1.5kg/亩或50%辛硫磷乳油300倍液。成虫出蛰后进行第1次树冠喷药,重点喷树冠中下部,可喷50%三硫磷乳油1 500倍液或25%速灭威乳油400倍液。花谢后,当第1代卵孵化基本结束时或6—8月大发生前喷2.5%溴氰菊酯乳油1 500倍液。第1次喷药后隔10d再喷1次。

(二)杜鹃花冠网蝽

杜鹃花冠网蝽为害状

杜鹃花冠网蝽成虫

1. 分布与为害 杜鹃花冠网蝽又名杜鹃冠网蝽,属半翅目网蝽科,分布在全国各地,是杜鹃花的主要害虫。杜鹃花冠网蝽以若虫和成虫为害杜鹃叶片,群集在叶背面刺吸汁液,受害叶背面出现似被溅污的黑色黏稠物,这一特征易区别于其他刺吸害虫。它的排泄物使整个叶片背面呈锈黄色,叶片正面形成很多苍白色斑点,受害严重时斑点成片,以至全叶失绿,远看一片苍白,严重影响光合作用,使植物生长缓慢,提早落叶,不再形成花芽,大大影响观赏价值。

2. 形态特征(图4-41) 成虫体形扁平,黑褐色。前胸背板中央纵向隆起,向后延伸成叶状突起,前胸两侧向外突出成羽片状。前翅、前胸两则和背面叶状突起上均有很一致的网状纹。静止时,前翅叠起,由上向下正视整个虫体,似由多翅组成的X形。卵长椭圆形,初产时淡绿色、半透明,后变为淡黄色。若虫初孵时乳白色,后渐变为暗褐色。

3. 发生规律 1年发生代数各地不同,在长江流域1年发生4~5代。各地均以成虫在枯枝、落叶、杂草、树皮裂缝以及土、石缝隙中越冬。4月上中旬越冬成虫开始活动,集中到叶背取食和产卵。卵产在叶组织内,上面附有黄褐色胶状物,卵期半个月左右。初孵若虫多数群集在主脉两侧为害。若虫蜕皮5次,经半个月左右变为成虫。第1代成虫6月初发生,以后各代分别在7月上旬、8月初、8月底9月初发生。因成虫期长,产卵期长，世代重叠现象严重，各虫态常同时存在。一年中7—8月危害最重，9月虫口密度最大，10月下旬后陆续越冬。成虫喜在中午活动，每头雌成虫的产卵量因寄主不同而异，可由数十粒至上百粒，卵分次产，常数粒至数十粒相邻，产卵处外面都有1个中央稍为凹陷的小黑点。

图4-41 杜鹃花冠网蝽的形态特征及为害状

1. 成虫 2. 为害状

4. 防治方法

（1）冬季彻底清除花盆、盆景园内周围的落叶、杂草。

（2）对茎干较粗并较粗糙的植株涂刷白涂剂。

（3）药剂防治。在越冬成虫出蛰活动到第1代若虫开始孵化的阶段，是药剂防治的最佳时机，可用10%氯氰菊酯乳油1 000倍液、25%噻虫嗪水分散粒剂5 000倍液、2.5%高效氯氟氰菊酯乳油2 500～3 000倍液、10%吡虫啉可湿性粉剂1 500倍液喷雾，每隔10～15d喷施1次，连续喷施2～3次。

六、叶螨类（红蜘蛛）

（一）朱砂叶螨

朱砂叶螨又名棉红蜘蛛、棉叶螨、红叶螨，属蛛形纲蜱螨目叶螨科，分布在全国各地，食性杂，可为害110多种植物，是许多花卉、蔬菜等的主要害螨。花卉上主要为害香石竹、菊花、凤仙花、茉莉、月季、桂花、一串红、鸡冠花、蜀葵、木槿、木芙蓉等。蔬菜上主要为害茄科、葫芦科、豆科及百合科中的葱蒜类植物。若螨、成螨群聚于叶背吸取汁液，使叶片呈灰白色或枯黄色细斑，严重时叶片干枯脱落，并在叶上吐丝结网，影响植物生长发育。茄子、辣椒受害后，初期叶面上呈褪绿的小点，发生严重时，全田叶枯黄似火烧状，造成早期落叶和植株早衰。茄果受害，果皮变粗呈干瘪状，影响品质；植株长势衰弱，降低产量。

月季叶背的红蜘蛛

桂花叶片上的红蜘蛛

1. 形态识别（图4-42）

（1）成螨。雌成螨体长0.48～0.55mm，体宽0.32mm，椭圆形，体色常随寄主而异，多为锈红色至深红色，体背两侧各有1对黑斑，肤纹突三角形至半圆形。须肢端感器长约为宽的2倍。后半体背表皮纹呈菱形。背毛26根，其长超过横列间距。各足爪间突裂开为3对针状毛。雄成螨体长0.36mm，宽0.2mm，前端近圆形，腹末稍尖，体色较雌浅，须肢端感器长约为宽的3倍。

图 4-42 朱砂叶螨的形态特征及为害状
1. 成螨和卵 2. 为害状

(2) 卵。长 0.13mm，圆球形，初产时透明无色，后渐变为橙黄色，孵化前略红。

(3) 幼螨。卵圆形，透明，长约 0.15mm，有足 3 对，取食后体色变暗绿。

(4) 若螨。梨圆形，有足 4 对，与成螨相似，后期体色变红，出现明显块状色斑。

2. 发生规律　发生代数因地而异，每年可发生 10～20 代，由北向南逐增。以卵越冬，越冬场所随地区而不同，主要在树干皮缝、地面土缝和杂草基部等处越冬。越冬卵一般在 3 月初开始孵化，4 月初全部孵化完毕。3—4 月先在杂草或其他为害对象上取食，4 月下旬至 5 月上中旬迁入瓜田，先是点片发生，而后扩散全田。6 月中旬至 8 月中下旬是盛发期。红蜘蛛对作物叶片中的含氮量敏感，初期喜欢植株下部叶片，中后期向上蔓延转移。适宜红蜘蛛生长发育的温度在 10～36℃；最适环境温度为 24～30℃，相对湿度为 35%～55%。

以两性生殖为主，雌螨也能孤雌生殖，其后代多为雄性，世代重叠现象严重。成螨羽化后即交配，第 2 天即可产卵，每雌能产 50～110 粒，多产于叶背。先羽化的雄螨有主动帮助雌螨蜕皮的行为。幼虫和前期若虫不甚活动，后期若虫则活泼贪食，有向上爬的习性。繁殖数量过多时，常在叶端群集成团，滚落地面，被风刮走，向四周爬行扩散。喜高温干旱，暴雨对其有一定的抑制作用。

3. 防治方法

(1) 农业防治。一是铲除田边杂草，清除残株败叶，早春进行翻地，可减少虫源和早春为害对象；二是天气干旱时注意灌溉，增加菜田湿度，不利于其发育繁殖。

(2) 生物防治。田间红蜘蛛的天敌种类很多，主要有中华草蛉、食螨瓢虫和捕食螨类等，其中尤以中华草蛉种群数量较多，对红蜘蛛的捕食量较大。保护和增加天敌数量可增强其对红蜘蛛种群的控制作用。

(3) 药剂防治。在虫害始发至盛发期，每隔 7～10d 喷药 1 次，需连续数次，重点喷施中下部叶背面。可选用 15% 炔螨特乳油 1 200 倍液、15% 哒螨灵乳油 2 000 倍液、5% 噻螨酮乳油 1 500～2 500 倍液、20% 阿维菌素乳油 2 000 倍液等药剂，均可达到理想的防治效果。

(二) 山楂叶螨

山楂叶螨又名山楂红蜘蛛，属蛛形纲真螨目叶螨科，分布较广，在我国的苹果产区均有分布，除了为害山楂、苹果外，梨、桃、李、杏等果树也受其为害。山楂叶螨吸食叶片汁液，使叶片正面产生失绿斑点，叶背呈褐色，随着失绿斑点逐渐扩大连片，叶片逐渐呈苍白色，最后枯黄脱落，严重时导致大量落叶，严重影响苹果生产。

1. 形态识别（图 4-43）

图 4-43　山楂叶螨的形态特征（左）及为害状（右）

（1）成螨。雌成螨有冬型和夏型两种，夏型体长 0.5mm，起初为红色，取食以后变为暗红色；越冬型体长 0.4mm，鲜红色。雌成螨近椭圆形，体背前方稍隆起，平腹，体背生有 26 根细长刚毛，足 4 对，足为淡黄白色，比体短。雄成螨体长约 0.3mm，初为黄绿色，渐变为绿色或橙黄色，体躯后半部尖削，体背两侧各有 1 条纵向黑色斑纹。

（2）卵。卵径 0.14mm，圆球形，半透明，前期产的为橙红色，后期产的为橙黄色或黄白色，将孵化时出现 2 个红点。

（3）幼螨。体长约 0.2mm，圆形，3 对足，初为黄白色，取食后渐变卵圆形，呈淡绿色，体侧有深绿色颗粒斑。

（4）若螨。分前若螨与后若螨，有足 4 对。前若螨体长约 0.22mm，体背两侧显露墨绿色斑纹，刚毛明显可见，开始吐丝拉网；后若螨体长约 0.4mm，体形较大可以区别雌雄，雌体近似雌成螨，卵圆形，翠绿色，背部黑斑明显，雄体末端渐尖削。

2. 发生规律　山楂叶螨发生世代数因地区差异而有所不同，江苏 1 年发生 9～10 代，辽宁 6～7 代，山东 6～8 代。均以受精冬型雌成螨越冬，在江苏主要藏于枝干翘皮裂缝、废纸袋、卷叶中越冬，北方较寒冷地区在老翘皮裂缝及根颈周围的土壤缝隙里越冬。春季花芽萌动时出蛰上芽为害，花序分离期为出蛰盛期，从出蛰到出蛰盛期约需 1 周时间。开花前出蛰数量多而集中，落花期则出蛰基本结束。出蛰期的长短受当年气温变化影响，早春若时冷时暖，出蛰期延续较长；气温平稳上升，出蛰期则短而集中。出蛰盛期是全年的第 1 个防治关键期。雌虫出蛰 1 周后开始产卵，卵多产在叶片背后主脉两侧丝网上，卵期约 6d，谢花后 6～10d 为第 1 代幼虫的孵化高峰，出现第 1 代雌成虫，这是第 2 个防治关键期。花落 1 个月后为第 2 代幼虫孵化盛期，这是第 3 个防治关键期。

山楂叶螨前期一般发生数量不多，到 6 月气温开始上升时，种群迅速增长，并达到高峰，危害最严重。干旱有利于山楂叶螨的发生。6 月后山楂叶螨的发生逐渐减少，8 月后开始出现越冬型雌螨。

山楂叶螨的早春越冬雌成螨出蛰后多集中在树冠内膛枝叶上为害，多呈集团分布，然后向外围扩散，由里到外，由下向上，均匀分布，以后在树冠外围繁殖为害。群体数量少时，多群集在叶片背面主脉两侧叶丝网下为害；群体数量多时，也可爬到叶面及其果实上为害。

3. 防治方法

（1）冬季清园，刮除老翘皮，根际培土，结合修剪剪除有卵枝条，以减少越冬虫源。

（2）8—9 月进行树干捆草，诱集越冬螨，翌年初解草烧毁。

(3) 化学防治。花前喷洒 1 次 0.5 波美度的石硫合剂或 100～150 倍的矿物油、5％噻螨酮可湿性粉剂 1 500 倍液。发生盛期可选用 25％三唑锡可湿性粉剂 1 500 倍液、50％苯丁锡可湿性粉剂 1 500 倍液、15％哒螨灵乳油 1 000 倍液等杀螨剂进行喷杀。

(三) 柑橘红蜘蛛

柑橘红蜘蛛又称柑橘全爪螨、瘤皮红蜘蛛，属蛛形纲蜱螨目叶螨科。柑橘红蜘蛛在广大柑橘产区均有发生，除为害柑橘类植物外，还可为害樱桃、梨、苹果、枣等其他多种植物。成螨、若螨和幼螨为害柑橘的叶片、绿色枝梢及果实，但以叶片受害最重。被害叶面呈现许多灰白色小斑点，失去光泽，严重时全叶灰白，大量落叶，严重影响树势和产量。

1. 形态特征（图 4-44）

图 4-44 柑橘红蜘蛛的形态特征及为害状
1. 雌成螨 2. 雄成螨 3. 为害状

(1) 成螨。雌虫体长 0.2～0.4mm，椭圆形或卵圆形，暗红色或紫红色。背及背侧面生有毛瘤，其上各生 1 根白长刚毛，足 4 对。雄虫略小，鲜红色，体末端较狭，呈楔形，足也较长。

(2) 卵。近球形，稍扁，直径 0.13mm，卵顶端有一垂直的柄，柄端有 10～12 根向卵四周辐射的细丝，附着于产卵处。初产时鲜红色，接近孵化时颜色减退。

(3) 幼螨。体长 0.2mm，初孵时淡黄色或黄色，足 3 对。

(4) 若螨。似成螨，体较小。蜕皮 3 次后为成螨。

2. 发生规律 1 年发生多代，随温度的高低而有差异，世代重叠现象严重。完成 1 个世代的发育有效积温为 322.6 日度。柑橘红蜘蛛主要以卵和成螨在潜叶蛾为害的僵叶内及叶背越冬，部分在枝条裂缝内越冬，卵量多于虫量。雌成螨出现后即进行交配，交配后 1～4d 产卵，孵化多数为雌螨，行孤雌生殖，其后代全为雄螨；雌螨在春季产卵最多，秋季次之，夏季最少；卵产在叶中脉两侧最多。春季高温干旱少雨，有利于发生，当旬平均气温超过 12℃时，虫口数量开始增长，平均气温在 24℃以下，相对湿度在 60％～80％时盛发。当夏季气温超过 30℃时，虫口数量受到抑制。其为害有趋嫩性。平均每叶越冬虫口超过 1 头，当年可能是大发生；每叶在 0.5 头以下，当年可能是中等发生。

3. 防治方法 柑橘红蜘蛛的防治应实施综合治理。在加强栽培管理的基础上，注意保护和利用天敌，少施药或应用选择性农药，把害螨的为害控制在经济损害允许水平之下。

(1) 减少越冬虫源。采果之后结合冬季修剪，剪除潜叶蛾为害的僵叶，减少越冬虫源。若冬季气温高，虫口密度大，应用 0.8～1.0 波美度的石硫合剂进行清园。

(2) 挑治中心株。在 2 月底至 3 月上旬普查柑橘园，用选择性农药进行第 1 次挑治。经 15～20d 再查中心虫株，进行第 2 次挑治。若中心虫株率在 30％以上，即应普治 1 次。

(3) 合理间作。合理种植豆类和绿肥植物不仅能增加土壤肥力，还能降低橘园夏季温度，提高湿度，提供天敌宿主，维持天敌种群，起到长期控制害螨的作用。

(4) 应用选择性杀螨剂。可以使用石硫合剂200倍液、63%炔螨特乳油2 000倍液、25%三唑锡可湿性粉剂2 500倍液等。

(5) 利用天敌。有条件的地区可人工饲养钝绥螨，当红蜘蛛平均2头/叶以下，每株释放200～400头，益害比为1：50时，放后1个月即能控制危害。

（四）柑橘锈壁虱

柑橘锈壁虱又称柑橘刺叶瘿螨、锈螨、牛皮柑等，属蜱螨目瘿螨科，在国内各柑橘产区均有发生，并造成不同程度的损失，其中浙江、福建、湖北、四川等地为害最重。柑橘锈壁虱以成若螨群集叶、果和嫩枝上，刺破表皮细胞吸食汁液。叶、果被害后细胞破坏，内含芳香油溢出，经空气氧化变成黑褐色。叶上则多在叶背呈许多赤褐色小斑，逐渐扩布全叶背，直到叶面。严重时引起落叶，削弱树势，影响产量。果实受害，一般先在果面凹陷处出现赤褐色小斑，逐渐扩展至全果呈黑褐色，果皮粗糙，果面布满龟裂状纹，品质变劣（图4-45）。

图4-45 柑橘锈壁虱的形态特征及为害状
1. 成螨及为害状　2. 为害状

1. 形态特征

(1) 成螨。体微小，长0.10～0.14mm，胡萝卜形，初淡黄色，后变橙黄至锈黄色。头隐藏于前胸背板下，具颚须2对，背面环纹28个。雄成虫尚未发现。

(2) 卵。圆球形，卵径0.04mm，表面光滑，灰白色，半透明。

(3) 幼螨。体似成螨，较小，初孵灰白色，后渐变为灰色至淡黄色，环纹不明显。快蜕皮时体表呈薄膜状，前端为灰黑色，其余部分仍为淡黄色。

2. 发生规律　1年可发生18～20代，世代重叠。主要以雌成螨群集在腋芽缝隙中和病虫为害的卷叶内越冬。越冬成螨4月上中旬开始活动产卵，5月迁至春梢嫩叶，6月上果为害，虫口密度迅速增加，6—8月为害严重。多时一叶和一果有虫、卵数达几百至千余。在叶片上往往附有大量虫体和蜕皮壳，好像薄敷一层灰尘。8月以后部分虫口转移至当年生秋梢叶上为害。11月后生长缓慢，但11月温暖干旱虫口仍可上升，冬季低温可引起大量死亡。该螨性喜荫蔽，先为核心分布，后为均匀分布。且虫体小，一般可借风、昆虫、鸟类、苗木、器械传播蔓延。锈壁虱的天敌近10种，主要是多毛菌、钝绥螨、蓟马和食螨蝇等。

3. 防治方法

(1) 农业防治。加强柑橘园栽培管理，增强树势，提高树体的抵抗能力。土壤干旱时及时灌溉，同时做好果园覆盖，如种豆类植物或藿香蓟等杂草，以改善小气候，减轻危害。柑橘园、苗圃尽量远离茄科蔬菜及其他寄主植物。摘除过早或过迟抽发的不整齐嫩梢，结果树宜控制夏梢抽发。

（2）适时用药防治。在新梢长0.5cm时，或虫口密度达到每视野2~3头或橘园开始出现"灰果"和黑皮果时应立即喷药防治。叶背和果实阴暗面更应周密喷布，才能收到较好的防治效果。药剂可用石硫合剂300倍液、20%三磷锡乳油2 500倍液、25%三唑锡可湿性粉剂2 500倍液等。

（3）保护和利用天敌。减少用药次数，或选用对天敌杀伤很小的99%绿颖矿物油乳油150~200倍液进行防治。尽量少用铜制剂防治柑橘病害，保护天敌多毛菌。

任务四　园艺植物钻蛀性害虫防治技术

知识目标

- 了解园艺植物生产上主要钻蛀性害虫的种类及发生特点。
- 掌握钻蛀性害虫的生活习性，熟悉其生物学特性及发生规律。
- 掌握钻蛀性害虫的防治技术。

能力目标

- 能识别鳞翅目、鞘翅目、膜翅目等常见的钻蛀性害虫种类。
- 能应用综合防治原理对主要钻蛀性害虫实施防治。

天牛幼虫及蛀道

天牛蛀孔、蛀屑

园艺植物钻蛀性害虫主要有鞘翅目的天牛类、小蠹虫类、象甲类，鳞翅目的木蠹蛾类、透翅蛾类、夜蛾类、卷蛾类、螟蛾类，膜翅目的茎蜂类、树蜂类，等翅目的白蚁类等。多数茎干害虫为钻蛀性害虫，以幼虫钻蛀树干，致使树势衰弱或植物濒临死亡，对园艺植物的生长发育造成较大程度的危害，以至成株成片死亡，被称为"心腹之患"。

一、天牛类

天牛是果树及园艺植物重要的蛀干害虫，属鞘翅目天牛科，以幼虫钻蛀植株茎干，在韧皮部和木质部形成蛀道为害。其主要种类有星天牛、光肩星天牛、桃红颈天牛、松墨天牛等。

（一）光肩星天牛和星天牛

1. 形态识别　光肩星天牛和星天牛的形态特征如表4-9和图4-46、图4-47所示。

表4-9　光肩星天牛和星天牛的形态区别

虫态	光肩星天牛	星天牛
成虫	黑色有光泽。前胸两侧各有一较尖锐的刺状突起。鞘翅基部光滑无颗粒状突起。翅面上各有大小不同的由白色绒毛组成的斑纹20个左右	体黑色略带金属光泽。前胸背板中央有3个瘤突，两侧具尖锐粗大的侧刺突。鞘翅基部密布黑色小颗粒，翅表面有排列不规则的白毛斑20余个，排成5行

(续)

虫态	光肩星天牛	星天牛
卵	长椭圆形，两端稍弯曲，初为白色	长椭圆形，初产时乳白色，后渐变为黄褐色
幼虫	老熟幼虫体略带黄色。前胸背板后半部色较深，呈"凸"字形。前胸腹板主腹片两侧无骨化的卵形斑	淡黄白色，前胸背板前方左右各具一黄褐色飞鸟形斑纹，后方有一黄褐色"凸"字形大斑略隆起
蛹	乳白色至黄白色，前胸背板两侧各有侧刺突1个，背面中央有1条压痕，腹面呈尾足状，其下面及后面有若干黑褐色小刺	纺锤形，初为淡黄色，羽化前各部分逐渐变为黄褐色至黑色。翅芽超过腹部第3节后缘

图4-46 光肩星天牛的形态特征
1. 成虫 2. 幼虫

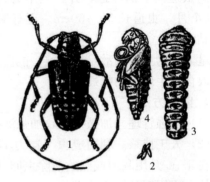

图4-47 星天牛的形态特征
1. 成虫 2. 卵 3. 幼虫 4. 蛹

2. 发生规律

(1) 光肩星天牛。江苏、浙江、山东、上海地区1年发生1代或2年发生1代。以1~3龄幼虫越冬。翌年3月下旬开始活动取食，有排泄物排出，4月底、5月初开始在隧道上部筑蛹室，经10~40d到6月中下旬化蛹，蛹期20d左右。成虫羽化后在蛹室内停留7d左右，然后咬10mm左右的羽化孔飞出。成虫白天活动，取食植物的嫩枝皮，补充营养，经2~3d交尾。产卵前成虫咬一椭圆形刻槽，然后把产卵管插入韧皮部与木质部之间产卵，每刻槽产卵1粒，产后分泌胶状物堵住产卵孔。每雌虫产卵30粒左右。

光肩星天牛成虫产卵

从树的根际开始直到直径4mm的树梢处均有刻槽分布，主要集中在树杈和萌生枝条的地方。树皮刻槽并不全部产卵，空槽无胶状物堵孔，易区别。成虫飞翔力弱，敏感性不强，容易捕捉。趋光性弱。成虫寿命较长，雌虫为40d左右，雄虫为20d左右。卵期在夏季10d左右，秋后产的卵少数滞育到第2年才能孵化。幼虫孵出后，开始取食腐坏的韧皮部，并将褐色粪便及蛀屑从产卵孔中排出。3龄末或4龄幼虫在树皮下取食3~4cm后开始蛀入木质部，从产卵孔中排出白色的木丝，起初隧道横向稍有弯曲，然后向上。在蛀入木质部后往往仍回到韧皮部与木质部之间取食，使树皮陷落，树体生长畸形。

(2) 星天牛。1年发生1代或2年发生1代，以幼虫在被害寄主木质部隧道内越冬。翌年3月越冬幼虫开始活动，至清明节前后有排泄物出现。4月上旬气温稳定在15℃以上时，开始在隧道内筑蛹室化蛹，蛹期长短各地不一，一般为20d左右。成虫白天活动。5月上旬成虫咬食寄主幼嫩枝梢树皮以补充营养，经10~15d

星天牛成虫啃食枝梢

才交尾。成虫飞翔距离可达 40~50m。6月上旬雌成虫在树干主侧枝下部或茎干基部露地侧根上产卵,6月上旬为产卵高峰,以树干基部向上 10cm 以内、距地面 3~6cm 为多。产卵前先在树皮上咬深约 2mm、长约 8mm 的 T 形或"八"字形刻槽达木质部,再在刻槽的树皮夹缝中产卵。一般每刻槽产卵 1 粒,产卵后分泌一种胶状物质封口,表面隆起且湿润有泡沫。每雌虫一生可产卵 23~32 粒,最多可达 61 粒。成虫寿命为 40~50d。幼虫孵化后,即从产卵处蛀入,向下蛀食于表皮和木质部之间,形成不规则的扁平虫道,虫道内充满虫粪。此时在悬铃木上有明显深褐色似酱油状的树液流出,1 个月后开始向木质部蛀食,蛀至木质部 2~3cm 深度就转向上蛀,上蛀高度不一,蛀道加宽,并开有通气孔,从中排出粪便。9 月下旬后,绝大部分幼虫转头向下,顺原虫道向下移动,到蛀入孔后,再开辟新虫道向下部蛀进,并在其中为害,幼虫为害至 11—12 月陆续越冬。整个幼虫期长达 10 个月,虫道长 50~60cm。还有部分虫道在表层盘旋或环状蛀食,能使几米高的树木当年枯萎死亡。

星天牛的主要天敌是蚂蚁类,能侵入虫道搬食幼虫或蛹。在浙江,其天敌有一种卵寄生蜂和取食天牛幼虫的蠼螋。

3. 防治方法

(1) 加强管理。加强检疫,加强测报,营造混交林,加强树体管理。

(2) 人工捕杀。利用成虫飞翔力不强、有假死性等特征,于成虫羽化期啃食树枝时捕杀。在 4—6 月用利刀或圆凿清除虫卵(流胶状泡沫处),除去虫道内粪粒后,插一有刺藤条刺杀幼虫或用钢丝钩杀幼虫。

(3) 树干涂白,清除虫源。在成虫羽化前用生石灰 5kg、硫黄 500g、水 20kg 调成灰浆涂树干(高 1m),可防止成虫产卵。及时剪除被害枝梢,并伐除枯死或风折树木,更新衰老树,使之无适宜的产卵场所。

(4) 药剂防治。受害株率较高、虫口密度较大时,可选用内吸性药剂喷施受害树干,如杀螟松、敌敌畏等,对成虫都有效。用粗铁丝将虫道内虫粪捅除干净后,用脱脂棉球蘸沾 80% 敌敌畏或 40% 乐果,或用新鲜半夏茎叶塞入虫孔内,然后用湿泥土封堵,也可以用溴氰菊酯等农药做成毒签插入蛀孔中,毒杀幼虫。还可进行熏蒸处理,如防治中华锯花天牛,可用 52% 磷化铝片剂进行单株熏蒸,每棵树用药 1 片,或挖坑密封熏蒸,用药 2 片/m^2,死亡率均达 100%。

(5) 生物防治。保护利用天敌,招引益鸟、释放寄生蜂等。

(二)桃红颈天牛

桃红颈天牛属鞘翅目天牛科,分布于北京、河北、河南、江苏、福建、湖北、山西、河北等地,主要为害桃、李、杏、樱桃等果树。它以幼虫蛀食树干木质部,造成树干中空、皮层脱离,常使树势衰弱,严重时造成树体死亡。

1. 形态识别(图 4-48)

(1) 成虫。体长 28~37mm,宽 8~10mm。体黑色发亮,前胸背面大部分为光亮的棕红色或完全黑色。有两种色型:一种是身体黑色发亮和前胸棕红色的红颈型,另一种是全体黑色发亮的黑颈型。据初步了解,福建、湖北有红颈和黑颈两种类型的个体,而长江以北如山西、河北等地只有红颈个体。头黑色,腹面有许多横皱,头顶部两眼间深凹。触角蓝紫色,基部两侧各有一叶状突起。前胸两侧各有 1 个刺突,背面有 4 个光滑瘤突。鞘翅表面光

图 4-48 桃红颈天牛的形态特征及为害状
1. 幼虫 2. 成虫 3. 为害状

滑，基部较前胸为宽，后端较狭。雄虫身体比雌虫小，前胸腹面密布刻点，触角超过虫体 5 节；雌虫前胸腹面有许多横皱，触角超过虫体两节。

（2）卵。卵圆形，乳白色，长 6～7mm。

（3）幼虫。老熟幼虫体长 42～52mm，乳白色，前胸较宽广。身体前半部各节略呈扁长方形，后半部稍呈圆筒形，体两侧密生黄棕色细毛。前胸背板前半部横列 4 个黄褐色斑块，背面的两个各呈横长方形，前缘中央有凹缺，后半部背面色淡，有纵皱纹；位于两侧的黄褐色斑块略呈三角形。胴部各节的背面和腹面都稍微隆起，并有横皱纹。

（4）蛹。体长 35mm 左右，初为乳白色，后渐变为黄褐色。前胸两侧各有一刺突。

2. 发生规律 桃红颈天牛 2～3 年完成 1 代。以幼龄幼虫（第 1 年）和老熟幼虫（第 2 年）越冬。5—6 月化蛹，6—8 月羽化。各地成虫出现期自南至北依次推迟。幼虫生活在树干中，蛀食木质部。成虫羽化后在树干蛀道中停留 3～5d 外出活动。雌成虫遇惊扰即行飞逃，经 2～3d 开始交尾产卵。常见成虫于午间在枝条上栖息或交尾。卵产于主干、主枝基部的树皮缝隙中。幼壮树仅主干上有裂缝，老树主干和主枝基部都有裂缝可以产卵。一般近土面 35cm 以内树干产卵最多，产卵期 5～7d。产卵后不久成虫便死去。

桃红颈天牛成虫交尾

卵经过 7～8d 孵化为幼虫，幼虫孵出后向下蛀食韧皮部，当年生长至 6～10mm，就在此皮层中越冬。翌年春天幼虫恢复活动，继续向下由皮层逐渐蛀食至木质部表层，先形成短浅的椭圆形蛀道，中部凹陷；至夏天体长 30mm 左右时，由蛀道中部蛀入木质部深处，蛀道不规则，入冬成长的幼虫即在此蛀道中越冬。第 3 年春继续蛀害，4—6 月幼虫老熟时用分泌物粘结木屑在蛀道内做室化蛹。幼虫期历时约 2 年。蛹室在蛀道的末端，成长幼虫越冬前就做好了通向外界的羽化孔，未羽化外出前，孔外树皮仍保持完好。幼虫由上而下蛀食，在树干中蛀成弯曲无规则的孔道。蛀道可到达主干地面下 6～9cm。幼虫一生钻蛀隧道全长 50～60cm。在树干的蛀孔外及地面上常大量堆积有排出的红褐色粪屑。受害严重的树干中空，树势衰弱，以致枯死。

3. 防治方法 根据其生活习性及为害特点，可采取以下方法进行防治。

（1）捕捉成虫。桃红颈天牛蛹羽化后，在 6—7 月成虫活动期间，可利用从中午到下午 3 时前成虫有静息枝条的习性，组织人员在果园进行捕捉，可取得较好的防治效果。

（2）涂白树干。利用桃红颈天牛惧怕白色的习性，在成虫发生前对桃树主干与主枝进行涂白，使成虫不敢停留在主干与主枝上产卵。涂白剂可用生石灰、硫黄、水按 10∶1∶40 的比例进行配制，也可用当年的石硫合剂的沉淀物涂刷枝干。

（3）刺杀幼虫。9月前孵化出的桃红颈天牛幼虫即在树皮下蛀食，这时可在主干与主枝上寻找细小的红褐色虫粪，一旦发现虫粪，即用锋利的小刀划开树皮将幼虫杀死。也可在翌年春季检查枝干，一旦发现枝干有红褐色锯末状虫粪，即用锋利的小刀将在木质部中的幼虫挖出杀死。

（4）药剂防治。在幼虫为害期，可利用敌敌畏1份、煤油20份配制成药液涂抹在有虫粪的树干部位；用杀灭天牛幼虫的专用磷化铝毒签插入虫孔；将百部根切成段塞入虫孔，并将孔封严熏杀幼虫。

（三）葡萄虎天牛

葡萄虎天牛属鞘翅目天牛科，分布在东北、华北、华中等地，以幼虫为害葡萄枝蔓。初孵幼虫多在芽的附近食入皮下，被害部充塞虫粪，皮部变色呈黑色或褐色，皮下常腐烂。10月逐渐蛀入髓部越冬，粪便多不排出蛀道，所以外表难以发现。翌春萌芽时开始活动，首先在越冬部位环形为害，然后多向枝条方向蛀食，被害部易折断，枝蔓常枯萎。

1. 形态特征（图4-49）

图4-49 葡萄虎天牛的形态特征及为害状
1. 成虫 2. 幼虫及为害状

（1）成虫。体长10mm左右，体黑色。头部密布刻点，额部从唇基向上分出3条隆起，前胸赤褐色。鞘翅基部有X形黄白色纹，鞘翅近末端有一黄色横带。腹面有3条黄色纹。足黑色，前足最短，后足最长。

（2）卵。长约1mm，椭圆形，乳白色。

（3）幼虫。老熟幼虫体长15mm左右，头胸部褐色。前胸背面黑色，后缘有"山"字形细沟纹。头小，无足。第2~9节腹面有圆形状突起。

（4）蛹。体长约10mm，体淡黄白色，复眼淡赤褐色。

2. 发生规律 1年发生1代，以初龄幼虫在枝蔓内越冬。翌春4月开始为害，先在越冬部位环形蛀食，然后向枝梢蛀食，新发梢易造成枯萎。6月老熟幼虫在被害蔓内化蛹，蛹期10d左右。8月成虫大量羽化，成虫的寿命6~10d。卵多产在芽鳞缝隙里，也可产在芽和叶柄间，或芽附近的枝条上，一般多选择在6~10mm粗的枝蔓上产卵，卵期6d左右。幼虫孵化后，先在芽附近的皮下为害，被害部略隆起，表皮变黑，11月在被害部越冬。

3. 防治方法

（1）人工捕杀。春季枝蔓抽发期，发现新梢凋萎时剪除下部被害枝蔓，或早春发芽时在芽附近表皮变黑处挖除幼虫。结合冬季修剪，剪除有虫枝蔓并及时烧毁。

（2）药剂防治。成虫发生期喷50%敌敌畏乳油1 500倍液或10%高效氯氰菊酯乳油2 000倍液，每10d喷1次，共喷2～3次。

二、木蠹蛾类（以咖啡木蠹蛾为例）

木蠹蛾类属鳞翅目木蠹蛾科，以幼虫蛀害树干和枝梢，是果树及园艺植物的重要害虫，常见的种类有芳香木蠹蛾东方亚种、黄胸木蠹蛾、咖啡木蠹蛾等。下面以咖啡木蠹蛾为例说明。

咖啡木蠹蛾又名咖啡豹蠹蛾，分布于广东、海南、福建、四川、江西、浙江、江苏、河南等地。幼虫钻蛀茶、咖啡、核桃、柑橘、枇杷、苹果、梨、荔枝、龙眼等多种植物枝干的木质部，使枝条枯死，严重削弱树势，影响幼树生长及成龄树的果品产量和质量。

1. 形态识别（图4-50）

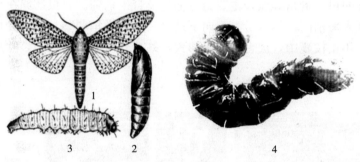

图4-50 咖啡木蠹蛾的形态特征
1. 成虫　2. 蛹　3、4. 幼虫

（1）成虫。体长18～26mm，翅展30～50mm。体粗壮，密被灰白色鳞毛，胸部背面有6个青蓝色斑点。雌虫触角为丝状，雄虫触角基半部为羽毛状，端半部为丝状。胸部具白色长绒毛，中胸背板两侧有3对由青蓝色鳞片组成的圆斑。翅灰白色，翅脉间密布大小不等的青蓝色短斜斑点，外线有8个近圆形的青蓝色斑。腹部被白色短毛，第3～7节背面及侧面有5个青蓝色斑，第8腹节背面几乎全为青蓝色鳞片覆盖。

（2）卵。长椭圆形，淡黄色。

（3）幼虫。老熟幼虫体长17～35mm，暗紫红色，头橘红色，前胸背板黑褐色，近后缘中央有1列向后呈梳状的锯齿状小刺。臀板黑色。

（4）蛹。被蛹，长16～27mm，黄褐色，头部有1个突起。

2. 发生规律　1年发生2代，以老熟幼虫在被害枝条蛀道内越冬。每年3—4月越冬幼虫化蛹，4—5月成虫羽化，5月底至6月上旬林间可见初孵化幼虫。老熟幼虫在化蛹前，除吐丝缀合木屑将虫道堵塞外，还筑成一斜向的羽化孔道，在筑成蛹室之后蜕皮化蛹。羽化前，蛹体常向羽化孔口蠕动，顶破蛹室丝网及羽化孔盖后，露一半于羽化孔外。成虫白天静伏不动，黄昏后开始活动。卵单粒或数粒聚产在寄主枝干伤口或裂皮缝隙中，初孵幼虫先群集后（经2～3d）扩散为害，多自枝梢上方的腋芽蛀入，蛀入处的上方随即枯萎，经5～7d又转移为害较粗的枝条，枝条很快枯死。幼虫蛀入时先在皮下钻蛀成横向同心圆形的坑道，然后沿木质部向上蛀食，每隔5～10cm向外咬一排粪孔，状如洞箫。被害枝梢上部常干枯，易于辨认。老熟幼虫在蛀道中筑蛹室化蛹。8—9月，第2代成虫羽化飞出，成虫具趋光性。

3. 防治方法

（1）成虫羽化期间设置灯光、性激素诱捕器诱杀。

（2）剪除被害枝条。

（3）用钢丝从下部的排粪孔穿进，向上钩杀。

（4）用"海绵吸附法"往蛀道最上方的排粪孔施放2 000~4 000条昆虫病原线虫，不仅高效、无污染，而且有利于蛀道的愈合；或用1亿~8亿孢子/g白僵菌黏膏涂排粪孔。

（5）成虫羽化盛期、卵盛孵期和幼虫转移为害的盛期，用80%敌敌畏乳剂1 000倍液、40%水胺硫磷乳油500倍液、2.5%溴氰菊酯（10%氯氰菊酯）乳剂1 500倍液等喷雾。

三、透翅蛾类（以葡萄透翅蛾为例）

葡萄透翅蛾又名葡萄透羽蛾，属鳞翅目透翅蛾科，分布于江苏、浙江、安徽、山东、河南、河北、吉林、四川、贵州等地，主要为害葡萄及野生葡萄。成虫产卵在嫩梢上。幼虫孵出后从叶柄基部蛀入嫩梢内，然后沿髓部向下蛀食。受害嫩梢凋萎，附近叶片发黄。成长幼虫可蛀入较粗的二年生枝蔓中，被害处肿胀膨大，蛀孔外常有虫粪堆积，叶片变黄，枝蔓易折断，果实脱落。

1. 形态识别（图4-51）

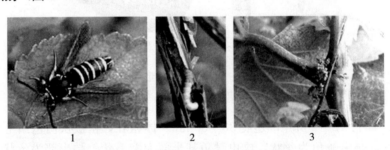

图4-51 葡萄透翅蛾的形态特征及为害状
1. 成虫 2. 幼虫 3. 为害状

（1）成虫。体长约20mm，翅展30~36mm。体蓝黑色，颜面白色，尖顶、下唇须第3节、颈部及后胸两侧黄色，触角紫黑色。前翅膜质，紫红褐色，翅脉紫黑色，翅面有黄褐色鳞毛；后翅透明。腹部有3条黄色横带，第4节上的横带最宽，第6节次之，第5节最细。雄虫腹部末端两侧有毛丛束。

（2）卵。长约1.1mm，红褐色，扁平，中央略凹。

（3）幼虫。老熟幼虫体长约38mm，圆筒形。老熟时带有紫红色，头部赤褐色，口器黑褐色。前胸背板有倒"八"字形纹。胸呈淡黑色，爪黑色。

（4）蛹。体长约18mm，红褐色，纺锤形。腹部第2~6节背面各有刺2列，第7~8节有1列刺，末节腹面有1列刺。

2. 发生规律 1年发生1代，以幼虫在葡萄蔓被害部越冬。翌春越冬幼虫咬一羽化孔后筑室化蛹，化蛹期各地不一，在南京其化蛹期在3月下旬至4月。4月下旬至5月为成虫羽化期。幼虫孵化期主要集中在5月中旬至6月上旬。

成虫多在白天上午羽化，具趋光性，性比约1:1，羽化后立即交尾，产卵前期1~

2d，雌虫的寿命为4~16d，雄虫5d左右。卵单粒，多产在新梢6~12节间的腋芽处，也有产在叶柄及叶脉处的。每头雌虫产卵50粒左右，产卵期约9d。幼虫孵出后，从新梢叶柄基部蛀入，沿髓部向下蛀食，多在6—8月转梢为害，一般可转移1~2次。长势弱、枝蔓细、节间短的植株转梢次数较多，转移多在夜间进行，转入粗蔓后向上蛀食，幼虫为害部常有虫粪从蛀孔处排出。老熟幼虫进入越冬前，啃取木屑堵塞虫道，入冬后在离蛀道底部2.5cm处咬一圆形羽化孔并堵塞孔口，做室吐丝结茧化蛹，葡萄发芽时始见蛹，开花时始见蛾。

3. 防治方法

（1）人工防治。结合修剪，剪除有虫枝蔓，于6—7月结合田间管理摘除被害嫩梢。晴天中午被害的嫩梢易出现凋萎状，极易寻找，捕杀幼虫效果较好。

（2）药剂防治。在为害严重的果园于始见成虫1周后第1次施药。药剂可选择50%杀螟硫磷乳油1 000倍液进行喷施。在枝蔓中为害的幼虫可用棉花蘸敌敌畏塞入排粪孔中，然后用黄泥封闭。

四、螟蛾类（以桃蛀螟为例）

桃蛀螟又名桃钻心虫、属鳞翅目螟蛾科，在国内分布普遍，长江流域桃果被害严重，为害桃、李、葡萄、石榴、板栗、梨、苹果、山楂、无花果及玉米、向日葵、高粱、棉花等植物。初孵幼虫先在果梗、果蒂基部吐丝蛀食果皮，后从果梗基部钻入果内沿果核蛀食果肉。同时不断排出褐色粪便，堆在虫孔外，有丝连接，并有黄褐色透明胶汁，前期为害幼果，使果实不能发育，变色脱落或成僵果，被害果常并发褐腐病。

1. 形态识别（图4-52）

1   2   3

图4-52 桃蛀螟的形态特征及为害状
1. 成虫 2. 幼虫 3. 为害状

（1）成虫。体长9~14mm，翅展20~26mm。体橙黄色，翅面及胸腹部、背面有许多小黑斑。前翅有26~28个黑斑，后翅有16个左右黑斑。腹部背面第1、第3、第4、第5、第6节上各有3个黑点，排成一横列，第6节中部有一黑点。雄虫翅缰1支，腹部末端较粗，有黑色丛毛；雌虫翅缰2支，腹末较尖细呈圆锥形，黄色，无黑色丛毛。

桃蛀螟的识别与防治

（2）卵。长0.6mm，宽0.3mm，椭圆形。初产时乳白色，后变米黄色至暗红色。放大镜下可见卵壳表面粗糙有网状纹。

（3）幼虫。体长22~26mm，体背淡红色，各节两侧各有粗大的灰褐色斑4个，雄虫腹部第5节背面有一灰褐色斑（性腺）。1龄幼虫体长1~3mm，头淡褐色，前胸背板褐色。

2龄幼虫体长3~5mm，头褐色，前胸背板黑褐色。3龄幼虫体长5~8mm，胸背微紫红色，腹面黄白色。4龄幼虫体长8~14mm，头黄褐色，前胸背板琥珀黄色，腹部暗红色，腹面多为淡灰绿色，中后胸及腹部1~8节各有毛片8个，前排6个，后排2个。趾钩缺环式，2~3序，无臀栉。

(4) 蛹。体长10~14mm，纺锤形，初化时淡黄绿色，后变深褐色。翅芽达第5腹节，第6腹节的前后缘上各有小齿1列。末端有卷曲的刺6根，羽化前1d背面出现黑斑。

2. 发生规律 我国各地发生代数不一，在北方为1年2代，黄河至淮河间、陕西、山东约为3代，河南及江苏为4代，江西、湖北5代。江苏越冬代成虫在5月上旬至6月上旬发生，6月盛发。第1代成虫在6月中旬至8月上旬发生，完成第1代约48d；第2代成虫在6月底至8月下旬发生，完成第2代需39d；第3代成虫8月下旬开始发生，完成第3代需33d。9月下旬幼虫开始越冬。翌年4月中旬开始化蛹。江苏第1代发蛾期长，以后各代均重叠发生。6—10月，各虫态在田间均能找到。

成虫多在夜间羽化，白天停息在桃叶背面和叶丛中或停在向日葵花盘背面，傍晚开始活动，取食花蜜及成熟果实的汁液补充营养。对一般灯光趋性弱，但对黑光灯趋性强。

成虫羽化后1d交尾，3~5d开始产卵，每头雌虫产卵5~29粒。卵散产，喜产在枝叶茂密的桃果上，在两个或两个以上桃子互相紧靠的地方产卵较多。在一个果实上，以胴部产卵最多，果肩次之，缝合线最少。成虫产卵对果实的成熟度有一定的选择性，晚熟桃比早熟桃着卵多，受害重。

卵多在清晨孵化，第1代幼虫主要为害桃果及洋葱，第2代幼虫大部分为害桃果，第3代主要为害玉米，第4代为害向日葵及秋玉米。幼虫5个龄期，老熟幼虫结白色茧化蛹，化蛹部位各代不同。为害桃的第1、第2代幼虫一般在结果母枝及果和果相靠近的地方或果实内化蛹。在向日葵上，多数在花下子房上化蛹。为害玉米的在受害雄蕊、叶梢、茎叶、雌穗轴中化蛹。10月以老熟幼虫越冬。华北地区在果树翘皮缝隙、田边堆果场、向日葵、玉米、高粱穗等处越冬。

3. 防治方法

(1) 人工防治。清除越冬寄主中的越冬幼虫，特别注意向日葵花盘、晚玉米的穗轴和蓖麻被害种子里的老熟幼虫，彻底烧毁，减少虫源。

(2) 种植引诱植物。在桃园周围种植引诱植物，并及时除虫。

(3) 套袋。5月中旬开始套袋，5月25日前完成，套袋前结合防治其他害虫喷药1次，可有效地防止桃蛀螟为害。

(4) 药剂防治。未套袋果园因桃生长期不同，受桃蛀螟为害的时间也不同，药剂防治时间和次数也不同。药剂可选用50%杀螟硫磷乳油1 000倍液、2.5%溴氰菊酯乳油1 500倍液、5%氟啶脲乳油1 000倍液等喷施。

五、夜蛾类（以棉铃虫和烟青虫为例）

棉铃虫俗称蛀虫，烟青虫又称烟夜蛾。两种害虫是近缘种，均属鳞翅目夜蛾科钻蛀性害虫。棉铃虫可为害棉花、玉米、芝麻、番茄、茄子等200多种植物，蔬菜中番茄受害最重；烟青虫可为害烟草、玉米、辣椒和南瓜等多种植物，蔬菜中辣椒受害最重。

1. 形态识别 棉铃虫（图4-53）和烟青虫的形态区别如表4-10所示。

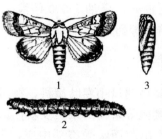

图 4-53 棉铃虫的形态特征及为害状
1. 成虫 2. 幼虫 3. 蛹 4. 为害状

表 4-10 棉铃虫和烟青虫的形态区别

虫态	棉铃虫	烟青虫
成虫	前翅的环形纹、肾形纹、横线不清晰，亚缘线锯齿状较均匀，外线较斜	前翅的环形纹、肾形纹、横线清晰，亚缘线锯齿状参差不齐，外线较直
卵	孔不明显，纵棱二叉或三叉式，直达卵底部，卵中部有纵棱 26~29 根	卵孔明显，纵棱双序式，长短相间，不达卵底部，卵中部有纵棱 23~26 根
幼虫	气门上线分为不连续的 3~4 条，上有连续的白色斑点，体表小刺长而尖，腹面小刺明显，前胸气门前两根侧毛的连线与前胸气门下端相切	气门上线不分为几条，上有分散的白色斑点，体表小刺短而钝，腹面小刺不明显，前胸气门前两根侧毛的连线与前胸气门下端不相切
蛹	腹部末端刺基的基部分开，腹部第 5~6 节背面与腹面有 6~8 排稀而大的半圆形刻点	腹部末端刺基的基部相连，腹部第 5~6 节背面与腹面有 6~8 排密而小的半圆形刻点

2. 发生规律 棉铃虫和烟青虫在长江流域 1 年发生 4~5 代，由北向南逐渐增多。以蛹在土中越冬，有世代重叠现象。成虫有趋光性和趋化性，对黑光灯和半枯萎的杨、柳树枝把趋性较强。卵散产。前期卵多产在为害对象植物中上部叶片背面的叶脉处，后期多产在萼片和花瓣上。

幼虫有假死性和转移为害习性，老熟后入土化蛹。两虫均能为害蕾、花和果，也可咬食嫩茎、嫩叶，造成落花落果或茎叶缺损。为害时多在近果柄处咬成孔洞，钻入果内蛀食果肉，并引起腐烂，导致严重减产。烟青虫主要为害辣椒，发生时期较棉铃虫稍晚。

适宜棉铃虫和烟青虫生长发育的温度为 15~36℃，最适温度环境为 25~28℃；相对湿度 65%~90%，属喜温湿型害虫。在两成虫发生盛期蜜源植物丰富，成虫补充养分多，则产卵量大，危害重。温湿度及田间小气候影响棉铃虫和烟青虫的发生。凡为害对象生长茂密，且田块温湿度适宜、地势低洼、水肥条件较好，往往发生严重。

3. 防治方法

(1) 农业防治。冬季深耕土地，破坏土中蛹室，杀灭越冬蛹，减少越冬虫源。结合农事操作人工捕捉幼虫，结合番茄整枝打杈消灭部分卵。

(2) 诱杀成虫。用杨树枝把或黑光灯诱杀成虫。

(3) 生物防治。人工释放赤眼蜂、草蛉进行防治，或用苏云金芽孢杆菌乳剂 200~250 倍液喷雾防治。

(4) 药剂防治。卵孵化盛期至幼虫低龄盛期，在幼虫尚未蛀入果实内时，及时喷药防治。可选用5%氟虫脲乳油1 500倍液、48%毒死蜱乳油1 000倍液、1.8%阿维菌素乳油2 000~3 000倍液、25%辛氰菊酯乳油1 000倍液等药剂。

六、小卷叶蛾科（以梨小食心虫为例）

梨小食心虫又称东方蛀蛾，简称梨小，属鳞翅目小卷叶蛾科，在国内分布广泛，以幼虫为害梨、苹果、桃、李、杏、山楂、枇杷、樱桃等果树的果实及新抽嫩梢。幼虫孵化后，从梢端第2~3片叶的基部蛀入梢中，蛀孔处流出胶液，受害部中空，先端凋萎下垂而干枯。幼虫可转移为害4~5个新梢，当新梢停止抽发并木栓化后转害果实，蛀入果实后直达果心，常喜食种子。入果孔小，有时可见少量虫粪。梨果被害处常易感染病菌引起腐烂变黑（俗称"黑膏药"）。8—9月梨果采收时，若果上带有虫卵，装入果筐后，幼虫蛀入果实内食害，则引起病菌繁殖，果实腐烂，常造成很大损失。

梨小食心虫的识别与防治

1. 形态识别（图4-54）

（1）成虫。体长4.6~6.0 mm，翅展10~16 mm。全体灰黑色至灰褐色，前翅前缘有8~10组白色短纹，近外缘有6~10个黑绒状斑，翅外缘顶角下有1个小的圆形灰白色斑点，翅面镶有白色小鳞片；后翅灰褐色。两前翅合拢时，外缘构成的角较大，呈钝角。雄蛾腹末尖形，雌蛾末端腹面有圆形产卵孔，四周有毛。后翅前缘基部的翅缰雄虫1根，雌虫3~4根。

（2）卵。长0.6 mm左右。扁椭圆形，中央稍隆起，周缘扁平。初产时淡黄白色或白色，半透明，渐变淡黄色至淡红色，孵化前黑褐色。放大镜下可见卵壳上有辐射状细刻纹。

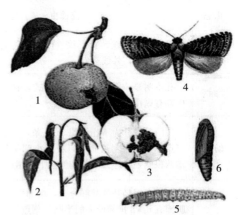

图4-54 梨小食心虫的形态特征及为害状
1.果被害状 2.梢被害状 3.被害果剖面
4.成虫 5.幼虫 6.蛹
（曹若彬，1996.果树病理学）

（3）幼虫。体长10~14 mm。初龄头及前胸背板黑褐色，体乳白色；3龄后的幼虫头褐色，口器黑色，上唇内每边有2根短刺。前胸背板淡黄褐色，体背桃红色，腹部橙黄色。臀板浅褐色，臀栉4~6根，黑褐色。毛片淡褐色，前胸侧毛3根，斜列在三角形毛片上。腹足趾钩单序环式，有趾钩30~45根，尾足有趾钩20~25根。

（4）蛹。长约6 mm。纺锤形，黄褐色。复眼黑色。第3~6腹节背面各有2排小刺排列整齐，第8~10节各有1排较大的刺。腹末有8根钩状刺。茧白色，呈松软的丝质袋状。

2. 发生规律 江苏一般1年发生4~5代。幼虫在树干翘皮裂缝、草根、果筐、树干基部表土中结茧越冬。梨小食心虫的发生与为害，除地区差异外，还与果树种类的布局关系较大。一般来说，桃、梨、苹果混栽的果园，梨小食心虫的发生与为害普遍严重。越冬幼虫在3月中下旬化蛹，蛹期约3周。在4—5月当5 d平均温度达10℃时成虫开始羽化，出现越冬代成虫。发生高峰后10 d左右，常还有一小高峰。第1代卵的盛期在5月中旬，卵期5~11 d，幼虫为害旺树梢，弱树蛀果多，一般转枝为害3枝左右。5月下旬至6月上旬为第1代成虫羽化高峰。第2代卵的盛期在6月上中旬，多产在桃梢上，尤其是旺树冠中上部的旺梢较多，卵期4~6 d。幼虫先蛀梢再蛀果。第2代成虫的羽化高峰在6月中旬至6月上旬。第3代卵的盛期在6月上旬，卵期约5d，仍主要为害桃，部分为害梨。第3代成虫的羽化高峰在6月中下旬至8月中旬。第4代卵的盛期在8月上旬，多产在梨果上，少数在梨果附近的子处下，卵期约4d。第5代卵的盛期在8月下旬至9月初，卵期4~6d，幼虫主要为害果实。最后一代幼虫多数不能在园地老熟，而随果被带走，在果内为害至老熟再脱出果外越冬。8月中旬就有部分第4代幼虫滞育越冬，一般从8月底开始入蛰，至10月底入蛰结束。

成虫产卵对品种和树势有明显的选择性。在桃树上，凡嫩梢多、长势好的产卵量大，危害严重。卵在桃梢上的新梢中部的3~5片叶的背面最多。幼虫从嫩梢第2~3片叶子的基部蛀入，3d后被害梢逐渐枯萎。

3. 防治方法

（1）人工防治。在冬春季清洁果园及树体，刮除枝干上的老翘皮。在1~2代幼虫为害桃梢时，尤其是第1代幼虫，组织人力于中午在桃园巡查虫梢，彻底剪除萎蔫梢，对减轻后期为害效果显著。6月以前人工摘除虫梢、虫果，6月开始施药保护果实，冬季消灭越冬幼虫。

（2）诱杀成虫。可利用糖醋酒液或用坏的病虫伤果发酵后进行诱杀，诱杀液中需加无气味的药剂，诱杀液挂在迎风面。用黑光灯诱杀，每50亩安装40W黑光灯1盏。在末代幼虫脱果前，在树干上离地面30cm高处绑缚草把，诱集越冬幼虫，早春将草把解下烧掉或将草中的幼虫保存起来，留作春季测报用。

（3）合理规划果园。梨小食心虫寄主复杂，并有转移寄主的习性，在建立新果园时，尽可能避免桃、梨连片种植，品种搭配也要适当集中。

（4）药剂防治。在桃、梨、苹果连片栽种的果园，4—6月着重桃园防治，6—8月着重梨园防治。4—6月1~2代羽化盛期喷50%马拉硫磷乳油1 500倍液或50%杀螟丹水剂800倍液。6月3~4代卵始盛期卵果率达1%左右时，喷50%敌敌畏乳油加2.5%溴氰菊酯1 500倍液或20%杀灭菊酯乳油2 000倍液，经10~15d再喷1次；采收前1周根据虫情，可再喷1次。

七、实蝇类（以柑橘实蝇为例）

柑橘实蝇为国内外重要的检疫对象，以成虫产卵于柑橘幼果中，幼虫孵化后取食果肉和种子，在果实中发育成长，使被害果未熟先黄，内部腐烂，造成严重经济损失。国内的柑橘实蝇主要有柑橘大实蝇、蜜柑大实蝇、柑橘小实蝇，均属双翅目实蝇科。其中，柑橘小实蝇寄主植物可达250余种，主要分布在广东、广西、福建、四川、台湾等地区。

1. 形态识别 3种实蝇特征比较如表4-11和图4-55所示。

表4-11 柑橘大实蝇、蜜柑大实蝇和柑橘小实蝇特征比较

项目	柑橘大实蝇	蜜柑大实蝇	柑橘小实蝇
成虫	体形较大，长12~13mm，黄褐色。胸背无小盾片前鬃，无前翅上鬃，肩板鬃仅具侧对，中对缺或极细微，不呈黑色。腹背较瘦长，背面中央黑色纵纹直贯第5节。产卵器长大，基部呈瓶状，基节与腹部约等长，其后方狭小部分长于第5腹节	体形较大，长10~12mm，黄褐色，甚似大实蝇。胸背无小盾片前鬃，但具前翅上鬃2对，肩板鬃常2对，中对较粗、发达、黑色。腹部较瘦长，背面纵纹如大实蝇。产卵器基节长度仅为腹长的一半，其后方狭小部分短于第5腹节	体形小，长6~8mm，深黑色，胸背具小盾，前鬃1对。腹较粗短、背面中央黑色纵纹，仅限于第3~5节上。产卵器较短小，基节不呈瓶状

（续）

项目	柑橘大实蝇	蜜柑大实蝇	柑橘小实蝇
幼虫	体肥大。前气门甚宽大扇形，外缘中部凹入，两侧端下弯，具指突 30 多个。后气门肾脏形，上有 3 个长椭圆气门裂口，其外侧有 4 丛排列成放射状的细毛群	体肥大，甚似大实蝇。前气门宽阔呈"丁"字形，外缘较平直，微曲，有指突 33～35 个。后气门也呈肾脏形，3 个裂口也为长椭圆形，其周围有细毛群 5 丛	体较细小，末节有瘤。前气门较窄，略呈环柱形，前缘有指突 10～13 个，排列成形。后气门新月形，具 3 个长形裂口，其外侧有 4 丛细毛群
分布	我国四川、贵州、云南、湖北、湖南、广西、陕西。国外未发现	日本、越南及我国台湾、广西、四川、贵州	印度、巴基斯坦、斯里兰卡、缅甸、泰国、印度尼西亚、马来西亚及我国台湾、广东、广西、四川等
寄主	仅限柑橘类	柑橘类	柑橘、杧果、枇杷、柿、枣、杏、李、桃、苹果等

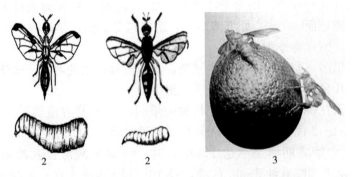

图 4-55 蜜柑大实蝇与柑橘小实蝇的形态特征
1. 成虫（左为蜜柑大实蝇，右为柑橘小实蝇） 2. 幼虫（左为蜜柑大实蝇，右为柑橘小实蝇） 3. 成虫产卵
（曹若彬，1996. 果树病理学）

2. 发生规律 柑橘小实蝇在不同的为害地区，其生活史也不相同。一般每年发生 3～5 代，而且无严格的越冬过程，各代生活史相互交错，世代不整齐，各种虫态并存。在广东 6—8 月发生较多，主要为害杨桃，江浙一带成虫高峰期在 9—10 月，主要为害柑橘、枣等果树。

成虫集中在午前羽化，以上午 8 时左右出土最多。成虫羽化后需经历一段时间方能交尾产卵。被产卵的果实有针头大小的产卵孔，产卵孔排出汁液，凝成胶状，形成乳状突起。每孔卵粒 5～10 不等。幼虫孵化即在果内为害，幼虫期随季节不同而长短不一，一般夏季需 6～9d，春、秋季需 10～12d。幼虫蜕皮 2 次。幼虫老熟后即脱果入土化蛹。入土深度一般在 3cm 左右，沙质松土中较深，黏土较浅。蛹期在夏季为 8～9d，春、秋季 10～14d，冬季 15～20d，有的地方蛹期长达 64d。以幼虫随被害果远距离传播。

3. 防治方法

（1）加强检疫措施。在了解产地虫情的基础上，对果品苗木的调运要加强检验，严禁从疫区内调运带虫的果实、种子和带土苗木运进无此虫的柑橘产区，防止蔓延为害。

（2）摘橘杀蛆。9—11 月巡视果园，摘除未熟先黄、黄中带红的被害果和捡除落地果，挖坑深埋，一般坑深 2.0～2.3m，用土压紧，或用沸水煮 5～10min 杀蛆。

（3）药剂防治。于成卵前期在橘园喷施敌百虫或甲氰菊酯与红糖混合液诱杀成虫，每棵树只喷 1/3 的树冠即可，每 4~5d 喷 1 次，连续喷 3~4 次。遇暴雨须重喷，喷后 2~3h 成虫便大量死亡。

（4）冬耕灭蛹。此法也可消灭部分幼虫和蛹，但难收到彻底防治效果，可作为辅助措施之一。

园艺植物的其他害虫的简介如表 4-12 所示。

表 4-12 园艺植物其他害虫

害虫种类	为害特点	发生规律	防治要点
甜菜夜蛾	一种间歇性发生的暴食性害虫。幼虫 3 龄前群集叶间皱缝或凹陷处，盖以薄丝，在内咬食叶肉，后食穿叶片。3~4 龄后分散为害，白天潜伏，傍晚取食，阴雨天整天为害。为害叶片成孔缺刻，严重时，可吃光叶肉，仅留叶脉，甚至剥食茎秆皮层	长江流域 1 年发生 5~6 代，世代重叠现象严重。山东、江苏等地以蛹在土室内越冬，其他地区各虫态均可越冬。成虫对黑光灯有明显趋光性。卵多产于植株下部叶片背面。幼虫有假死性。7~8 月发生多，高温、干旱年份更多	诱杀成虫，摘除卵块及初孵幼虫。翻耕土壤消灭部分越冬蛹。3 龄前及时进行药剂喷雾，可用 10% 吡虫啉乳油 1 500 倍液、2.5% 三氟氯氰菊酯乳油 3 000 倍液、10% 联苯菊酯乳油 3 000 倍液等药剂
瓜实蝇	幼虫在瓜内蛀食。受害的瓜先局部变黄，而后全瓜腐烂变黄，造成大量落瓜，刺伤处凝结着流胶、畸形下陷，果皮硬实，瓜味苦涩，严重影响瓜的品质和产量	1 年发生 8 代，世代重叠。以成虫在杂草、果树上越冬。以 5—6 月危害重。成虫白天活动，对糖、酒、醋及芳香物质有趋性。雌虫产卵于嫩瓜内，每雌可产卵数 10 粒至 100 余粒。幼虫孵化后即在瓜内取食，将瓜蛀食成蜂窝状，以致腐烂、脱落。老熟幼虫在瓜落前或瓜落后弹跳落地，钻入表土层化蛹	用香蕉皮或菠萝皮 40 份、90% 敌百虫晶体 0.5 份、香精 1 份加水调成糊状毒饵，直接涂在瓜棚篱竹上或装入容器挂于棚下，每亩 20 点，每点放 25g，诱杀成虫。及时清理被害瓜、烂瓜。幼瓜套袋避免害虫产卵。成虫盛发期，选用 21% 灭杀毙乳油 6 000 倍液、2.5% 溴氰菊酯乳油 3 000 倍液、50%~80% 敌敌畏乳油 1 000 倍液喷雾，每隔 3~5d 喷 1 次，连喷 2~3 次
大豆毒蛾	以幼虫食害叶片，吃成缺刻、孔洞，重者全叶被吃光，严重影响毛豆生长发育，影响粒重	苏州地区 1 年发生 3 代，以幼虫越冬。第 1 代幼虫发生期在 5 月中下旬，第 2、第 3 代发生盛期是 6—9 月，10 月前后以幼虫在枯叶或田间表土层中结茧越冬。成虫具有趋光性，卵产在叶片背面。适宜大豆毒蛾生长发育的最适环境温度为 22~28℃，相对湿度 60%~80%	灯光诱杀成虫，人工摘除卵块和群集于叶片背面的初孵幼虫。在低龄期适时喷洒 90% 敌百虫晶体 800 倍液、2.5% 溴氰菊酯 2 000 倍液等药剂防治
玉米螟	以幼虫在植株幼嫩心叶、雄穗、苞叶和花丝上活动取食，最后钻入茎秆，导致茎秆易折断	江苏 1 年发生 2~4 代，有世代重叠现象。以老熟幼虫在玉米茎秆、穗蕊内，也有在杂草或土块越冬。成虫夜间活动，飞翔力强，对黑光灯有较强的趋性，喜欢在离地 50cm 以上、生长较茂盛的玉米叶背面中脉两侧产卵，每个雌蛾可产卵 500 粒左右	冬季或早春虫蛹羽化前处理寄主作物的茎秆。在各代成虫盛发期，点黑光灯诱杀成虫。掌握在玉米心叶初见、幼龄幼虫群集心叶而未蛀入茎秆之前，将药液直接丢放于喇叭口内；在幼穗抽丝期，可将药液滴于雌穗顶部。可选用菜农系列的苏云金芽孢杆菌 800~1 000 倍液、10% 高效氯氰菊酯乳油 2 000 倍液等药剂

(续)

害虫种类	为害特点	发生规律	防治要点
梨木虱	以成虫、若虫在梨树花蕾、嫩芽、叶片、叶柄及果面刺吸汁液。夏、秋季多在叶背为害，叶片被害后造成坏死斑，并能分泌甜液。被害部污染变黑，使叶片枯黄脱落	辽宁1年发生3代，河北发生4~5代。以成虫在树皮缝、树洞及翘皮落叶下越冬。耐低温。梨木虱发生轻重与湿度和天敌密切相关	冬季清洁果园，早春刮净老翘皮，消除越冬虫源；保护利用天敌。春季梨树芽膨大时，喷施99%绿颖矿物油乳油100倍液，在若虫盛发期喷1%阿维菌素乳油2 500倍液或2.5%的三氟氯氰菊酯乳油2 000倍液
梨黄粉蚜	成虫和若虫先在翘皮下、嫩皮处刺吸汁液，以后转移到果实的萼洼果面部刺吸果汁。虫量多时，可见果面堆集黄色粉状物。被害部初期出现黄色凹陷斑，渐扩大变成大黑疤或黑腐瘤	1年发生8~10代。以卵在梨树翘皮、裂缝等处越冬。黄粉蚜主要靠苗木传播。高温高湿的气候条件不利于其繁殖	冬季刮除老翘皮，清洁树体，同时可结合防病，喷洒1~3波美度的石硫合剂或5%柴油乳剂100倍液，杀灭越冬卵。果实受害初期，喷布10%吡虫可湿性粉剂2 000倍液、50%抗蚜威乳油3 000倍液或50%杀螟硫磷乳油1 000倍液
苹果全爪螨	以成螨、幼螨为害叶片和花芽。叶片被害后最初表现为失绿斑点，小斑点连片后呈淡白色至古铜色，最后干枯脱落	辽宁1年发生4~6代，北京发生5~6代，山东半岛发生6~9代。以卵在枝条表层，一年生枝芽腋间、果台枝上、枝分叉处群集过冬。越冬卵90%都集中在吐蕾期到初花期间孵化，全年6—8月危害最为严重，9—10月产卵越冬	参见本项目山楂叶螨的防治方法
金纹细蛾	以幼虫钻在叶片组织内潜食叶肉，仅留表皮。叶片被害部表皮皱缩膨起，呈泡囊状，叶向背面弯折，内堆有黑色虫粪，叶面呈现花生米大小的椭圆形网状斑块，受害严重时叶片脱落	1年发生5~6代。以蛹在被害落叶的虫斑内越冬，第2年苹果开始发芽时，越冬代成虫开始羽化，卵多散产在嫩叶背面绒毛下。幼虫孵化后，直接潜入叶片组织内为害。各代幼虫的盛发期分别为越冬代在4月底、第1代在6月上中旬，第2代在6月中旬，第3代在8月中旬，第4代在9月下旬	苹果落叶后到发芽前，清扫果园落叶，集中深埋或烧毁，消灭越冬虫源。在果树生长季节，少用或不用广谱性农药以保护天敌。第1代成虫高峰期喷洒25%灭幼脲乳油2 500~3 000倍液
苹果黄蚜	以若、成蚜刺吸新梢嫩芽及叶片汁液，受害叶片会横卷皱缩，提早脱落，影响新梢生长，树势减弱	1年发生10余代。以卵在枝条的芽侧和树皮裂缝中越冬。第2年萌芽时，越冬卵开始孵化，为害新芽嫩叶。从春季到秋季主要以孤雌生殖方式繁殖。全年以4—6月繁殖最快，危害最重。10月产生性蚜，交尾产卵越冬	冬、春季结合防治，修剪被害枝条，芽前喷洒3波美度的石硫合剂或99%绿颖矿物油乳油150倍液消灭越冬卵。越冬卵孵化时，可喷施2.5%敌杀死乳油1 500倍液。夏季发生量大时可用10%吡虫啉可湿性粉剂1 500倍液或3%啶虫脒乳油1 500倍液喷施
吸果夜蛾	成虫以针状口器吸食果实汁液，先在刺孔周围出现水浸状软腐，并逐渐扩展，果瓤腐烂、色变淡，最后刺孔周围出现近圆形褐色组织，呈干缩或软腐，有时软腐的果皮上生出大量白霜状的菌落或在刺孔边缘略现白色结晶状物，果实被害后极易脱落	1年发生多代，食性杂。早熟品种、皮薄果实受害早而重。8月上旬至11月采果前均可为害，以9—10月虫口最多。吸果夜蛾黄昏时入园为害，天明则离园	避免混栽不同成熟期的品种和多种果树，避过或减轻为害。清除柑橘1km范围内的寄主植物，也可诱集成虫在园外寄主中产卵，后用药剂喷杀幼虫。成虫发生期，柑橘园内设置40W黄色荧光灯，驱避成虫为害。在果实成熟前，可套袋防止吸果夜蛾的为害

(续)

害虫种类	为害特点	发生规律	防治要点
桑天牛	成虫啃食嫩枝皮层,呈不规则的条状伤疤。产卵时先将皮层刺破深达木质部,形成长方形伤疤,后产卵其中。幼虫孵化后在皮层与木质部之间先向上为害,后转向下蛀食,逐渐深入髓部将枝干蛀空,并隔一定距离向外蛀一孔洞排出粪便	2年发生1代。以1~2年生的幼虫在树干蛀道内越冬。成虫羽化后爬至嫩梢上,啃食嫩树皮、叶柄及叶片,进行交尾。成虫白天取食,不轻易飞动,卵产在被咬枝条的伤口内。幼虫排粪孔第1年5~9个,第2年10~14个,第3年可达14~16个	自6月上旬起,查看果园和周围寄主成虫发生情况,用木棍敲打树木,震落成虫并捕杀。在卵未孵化前检查树干,发现产卵伤口,连同树皮一起刮除,并涂抹保护剂,也可用铁丝伸入蛀道钩杀幼虫。发现树枝上有新鲜虫粪,在最后一个排粪孔处注入50%辛硫磷乳油200倍液或80%敌敌畏乳油200倍液进行防治

案例分析

温室白粉虱的综合防治

温室白粉虱俗称小白蛾子,属同翅目粉虱科,已成为目前温室栽培蔬菜上的重要害虫。据调查,温室白粉虱的寄主植物已有65科265种(或变种),成虫和若虫群集叶背,刺吸汁液。被害叶片生长受阻褪绿、变黄、萎蔫,甚至全株枯死。同时成虫分泌大量蜜露,污染叶片和果实,诱发煤污病的发生,严重影响植株的光合作用和呼吸作用,使蔬菜失去商品价值。此外,温室白粉虱还能传播病毒病。

防治措施:

(1)农业防治。清洁田园,整枝的腋芽、叶子等一定要带出田外,及时处理。清除落叶、杂草,以消灭虫源;提倡温室第一茬种植白粉虱不喜食的芹菜、蒜黄、油菜等较耐低温的作物,减少黄瓜、番茄的种植面积;培育无虫苗,温室育苗前要进行消毒,清除杂草,有条件的可安装防虫纱网,控制外来虫源;注意间作,避免黄瓜、番茄、菜豆混栽;温室、大棚附近避免种植黄瓜、茄子等白粉虱发生严重的蔬菜,提倡种植白粉虱不喜食的十字花科蔬菜。

(2)物理防治。利用黄板诱杀成虫,每亩放34块1m×0.17m涂成橙黄色的纸板或纤维板,再涂上一层黏剂(可使用10号机油加少量黄油调匀),每隔7~10d涂1次。

(3)生物防治。人工释放草蛉或丽蚜小蜂。每亩放中华草蛉卵9万粒。丽蚜小蜂与白粉虱的比例为2:1,每隔12~14d放1次,共放3~4次。

(4)药剂防治。在温室内可用烟雾法,用22%敌敌畏烟剂7.5kg/hm^2,于傍晚在保护地内密闭熏烟;也可用烟雾机把二氯苯醚菊酯或多虫畏喷成烟雾密闭在温室内,以消灭害虫。可以使用2.5%溴氰菊酯乳油2 000~3 000倍液、10%噻嗪酮乳油1 000倍液、2.5%联苯菊酯乳油3 000倍液、2.5%氯氟氰菊酯乳油5 000倍液、20%甲氰菊酯乳油2 000~3 000倍液、3.5%敌杀死乳油1 000~2 000倍液、80%敌敌畏乳油1 500倍液等喷雾防治。也可用80%敌敌畏乳油与水以1:1的比例混合后加热熏蒸。

(5)做好检疫工作。避免从发生白粉虱的地方调入种苗、栽培材料。对初发生白粉虱的温室或大棚采取措施彻底防治。

❓ 复习思考

1. 当地危害严重的地下害虫是哪几类？东北大黑鳃金龟与暗黑鳃金龟的形态特征和发生规律有何异同？怎样防治？
2. 简述园艺植物地下害虫蛴螬的发生规律。如何防治苗圃中的蛴螬？如何防治金龟子成虫？
3. 蝼蛄有哪些习性？其发生规律怎样？如何用诱集法防治蝼蛄？
4. 小地老虎成虫、幼虫各有何习性？发生规律如何？怎样防治？
5. 比较 4 种刺蛾成、幼虫的形态特征，并简述其发生规律、生活习性及综合防治措施。
6. 简述大、小袋蛾的发生规律、生活习性及综合防治措施。
7. 比较吹绵蚧、草履蚧、红蜡蚧 3 种常见介壳虫的形态特征，并简述其发生规律、发生条件、与煤污病的关系及介壳虫类综合防治措施。
8. 为什么菜粉蝶、小菜蛾春秋季危害严重？简述其发生规律及防治措施。
9. 简述桃蚜、棉蚜、萝卜蚜的发生规律、发生条件。蚜虫发生与病毒病有何关系？蚜虫类如何进行综合防治？
10. 简述朱砂叶螨的发生规律、发生条件及螨类综合防治措施。
11. 为什么美洲斑潜蝇较难防治？防治美洲斑潜蝇应采取哪些技术措施？
12. 简述杜鹃花冠网蝽、绿盲蝽的发生规律、发生条件及蝽类综合防治措施。
13. 豆野螟的发生规律如何？防治豆野螟可采取的措施有哪些？
14. 棉铃虫和烟青虫的习性有哪些？怎样防治？
15. 当地的苹果、梨蚜虫有哪些种类？如何根据不同种类蚜虫的发生特点选择不同防治措施？
16. 简述黑刺粉虱、温室白粉虱、烟粉虱的发生规律、发生条件及粉虱类综合防治措施。
17. 简述星天牛、桑天牛的发生规律及钻蛀性害虫天牛类的综合防治措施。
18. 简述桃小食心虫、梨小食心虫、梨大食心虫的发生规律、发生条件及食心虫类的防治措施。
19. 桃树上常见蚜虫有几种？怎样识别并防治？
20. 为害苹果、梨的卷叶虫有哪些种类？其发生规律如何？怎样防治？
21. 果园常见螨类有哪几种？其发生规律有何不同？怎样防治？
22. 简述柑橘全爪螨、柑橘潜叶蛾的为害特点、为害状、发生规律及防治方法。
23. 葡萄透翅蛾有何为害特点？怎样防治？
24. 调查当地蔬菜生产上发生的主要害虫种类、防治方法及防治方面存在哪些问题。
25. 结合当地桃树的主要害虫种类及发生特点，制订综合防治方案。

技能实训 4-1　识别园艺植物害虫的形态和为害状

一、实训目标

了解园艺植物害虫的种类，识别园艺植物常见害虫的形态特征和为害状，为正确识别和防治园艺植物害虫奠定基础。

二、实训材料

叶甲、叶蜂、负蝗、刺蛾、袋蛾、夜蛾、螟蛾、蝶类、棉蚜、大青叶蝉、草履蚧、红蜡蚧、朱砂叶螨、梨网蝽、绿盲蝽、星天牛、光肩星天牛、桃红颈天牛、桃蛀螟等害虫的成虫、幼虫、若虫、蛹及卵的盒装标本、浸渍标本、干制标本、新鲜标本、挂图及多媒体课件等。

三、仪器和用具

解剖镜、放大镜、镊子、挑针、载玻片、盖玻片、培养皿及多媒体教学设备等。

四、操作方法

（1）识别负蝗、叶甲、叶蜂的形态特征及为害状。
（2）比较识别不同刺蛾各虫态的形态特征和为害状。
（3）识别袋蛾的护囊形态及大小，注意比较不同种类袋蛾护囊的区别。
（4）识别夜蛾、毒蛾成、幼虫的形态特征及为害状。
（5）识别新鲜的蚜虫标本，注意其体色、蜡粉、口针、触角、尾片、腹管和翅等的形态构造。识别不同蚜虫的为害状特征。
（6）识别不同叶蝉的为害状特征、体形、大小、体色变化及口针的位置。
（7）识别不同介壳虫的为害状特征、形态特征及雌雄异型现象。
（8）识别不同螨类的为害状特征、形态特征、颜色、足的数目等。
（9）识别星天牛、桃红颈天牛、光肩星天牛等天牛类害虫的成虫和幼虫的形态特征与为害状。
（10）识别其他园艺植物害虫的成、幼虫的形态特征、为害状。

五、实训成果

（1）将园艺植物食叶害虫识别结果填入表 4-13。

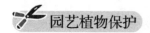

表4-13　园艺植物食叶害虫识别结果记录

害虫名称	为害虫态	为害部位及为害状	主要形态特征

(2) 绘制一种园艺植物椿象成虫的形态图。

(3) 绘制天牛类幼虫的形态图。

技能实训4-2　识别常见蔬菜害虫的形态和为害状

一、实训目标

识别蔬菜常见害虫种类，区别蔬菜常见害虫的形态特征及为害特点。

二、实训材料

菜蚜、菜粉蝶、小菜蛾、甘蓝夜蛾、斜纹夜蛾、银纹夜蛾、黄曲条跳甲虫、棉铃虫、烟青虫、马铃薯瓢虫、茄二十八星瓢虫、茄黄斑螟、朱砂叶螨、棉蚜、美洲斑潜蝇、温室白粉虱、黄守瓜、瓜绢螟、豆天蛾、豌豆潜叶蝇、豆芫菁、豆野螟、豆荚螟、豌豆象、蚕豆象、葱蝇等的浸渍标本、干制标本、挂图及多媒体课件等。

三、仪器和用具

解剖镜、放大镜、挑针、镊子、培养皿及多媒体教学设备等。

四、内容和操作方法

1. 十字花科蔬菜害虫的形态特征及为害状识别

(1) 形态识别。识别菜蚜类有翅成蚜、若蚜及无翅成蚜、若蚜的体形、大小、形态、体色、腹管、尾片的特征。识别菜粉蝶、小菜蛾、甘蓝夜蛾、黄曲条跳甲成虫的大小、颜色、翅的形状，幼虫的体形、体色、斑纹，蛹的类型等。识别十字花科蔬菜其他常见害虫各虫态的特征，注意不同害虫的形态区别。

(2) 为害状识别。识别菜蚜成蚜或若蚜群集叶背刺吸寄主汁液的为害状，注意受害植株叶片是否卷曲畸形。识别菜粉蝶幼虫为害植株状况。初孵幼虫是否在叶背啃食叶肉并留一层透明的上表皮？大龄幼虫是否将叶片咬成缺刻或将叶片全部吃光，仅剩粗大叶脉和叶柄？幼虫能否蛀入叶球为害？幼虫是否排出大量粪便污染菜心？识别小菜蛾初孵幼虫潜食叶肉情况，注意是否形成细小的隧道。甘蓝夜蛾初孵幼虫是否群集叶背卵块附近取食叶肉？较大幼虫是否将叶片吃成孔洞或将叶片全部吃光仅留叶脉？识别十字花科蔬菜常发生的其他害虫的为害特点。

2. 茄科蔬菜害虫的形态特征及为害状识别

(1) 形态识别。识别棉铃虫和烟青虫各虫态的形态特征，注意比较两种害虫成虫的体形、大小、体色、前翅特征，幼虫的体色、体形、大小、体线颜色、前胸气门前两根侧毛的连线与前胸气门下端是否相切等。识别茄二十八星瓢虫和马铃薯瓢虫的形态特征，注意比较成虫的大小、体形、体色、前胸背板斑点等，两种害虫鞘翅上二十八斑点的大小、形状、排列特点是否相同，幼虫体背的枝刺及蛹的形态是否相同。识别茄科蔬菜其他害虫的形态特征，注意不同害虫的形态区别。

(2) 为害状识别。识别棉铃虫为害的番茄果实和烟青虫为害的辣椒果实，注意虫孔的特征、果内有无虫粪等。识别茄二十八星瓢虫和马铃薯瓢虫为害叶片形成的斑纹及果皮是否龟裂。识别茄科蔬菜其他害虫的为害特点，注意不同害虫为害状的区别。

3. 葫芦科蔬菜害虫的形态特征及为害状识别

(1) 形态识别。识别棉蚜有翅胎生雌蚜、无翅胎生雌蚜及若蚜的体形、体色，翅的有无及特征，额瘤的有无，腹管的形状、颜色、长短，尾片的形状等。识别温室白粉虱成虫的大小、体形、体色、体表及翅面覆盖白色蜡粉的情况，注意若虫与成虫的区别。识别美洲斑潜蝇成虫的体形、大小、体色和体背的颜色，幼虫的体色、大小等特征。识别黄守瓜成虫的体形、大小、体色、前胸背板长和宽的比例、鞘翅特点等，幼虫的体形、大小、体色、臀板等特征。识别葫芦科蔬菜其他害虫各虫态的形态特征。

(2) 为害状识别。识别棉蚜为害的植株，被害株生长是否停滞？叶片是否皱缩、弯曲、畸形？识别温室白粉虱为害的叶片褪绿、变黄、萎蔫的情况。识别美洲斑潜蝇幼虫潜食叶肉后在叶片上形成蛇形潜道的特征。潜道中是否有虚线状交替平行排列的黑色粪便？识别黄守瓜成虫取食叶片形成的为害状，幼虫为害根部、幼茎及幼瓜的特点。识别葫芦科蔬菜其他害虫的为害特点。

4. 豆科蔬菜害虫的形态特征及为害状识别

(1) 形态识别。识别豆野螟成虫的体形、体色、大小、前后翅特征。识别幼虫的大小、颜色，中、后胸及腹部各节背面是否有黑色毛片。识别豆荚螟成虫的体色和大小。注意前翅前缘、前翅近翅基的斑纹，幼虫的大小、颜色等特征。识别其他害虫各虫态的形态特征。

(2) 为害状识别。识别豆野螟虫蛀食花蕾、嫩荚，造成花和嫩荚脱落或枯梢的为害状，识别幼虫吐丝缀合多张叶片，在卷叶内蚕食叶肉的为害状等。识别豆荚螟幼虫钻蛀豆荚、食害豆粒造成瘪荚、空荚的为害状，注意幼虫是否在豆荚上结白色薄丝茧。识别其他害虫的为害特点。

5. 其他科蔬菜害虫的形态特征及为害状识别 注意其各虫态的形态特征和为害特点。

五、实训成果

(1) 列表记载蔬菜常见害虫的典型形态特征。
(2) 绘制菜粉蝶、茄二十八星瓢虫、温室白粉虱、豆荚螟成虫的形态特征图。
(3) 绘制美洲斑潜蝇前翅图。

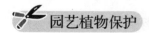

技能实训 4-3 识别常见果树害虫的形态和为害状

一、实训能力

识别果树常发生害虫的种类，识别主要害虫的形态特征及为害特点，为正确识别、鉴定和防治害虫奠定基础。

二、实训材料

桃小食心虫、梨小食心虫、苹果小卷叶蛾、褐卷叶蛾、苹果大卷叶蛾、顶梢卷叶蛾、黄斑卷叶蛾、苹果瘤蚜、苹果绵蚜、山楂叶螨、苹果小吉丁、苹果透翅蛾、桑天牛、梨大食心虫、梨象甲、梨木虱、梨二叉蚜、梨网蝽、天幕毛虫、舞毒蛾、美国白蛾、梨金缘吉丁虫、梨眼天牛、梨茎蜂、柑橘潜叶蛾、介壳虫类、粉虱、木虱、星天牛、褐天牛、柑橘红蜘蛛、锈壁虱、瘤壁虱、葡萄透翅蛾、葡萄虎蛾、葡萄天蛾、葡萄虎天牛、葡萄二点叶蝉、葡萄缺节瘿螨和葡萄短须螨等害虫的浸渍标本、干制标本、挂图及多媒体课件等。

三、仪器和用具

解剖镜、放大镜、挑针、镊子、培养皿及多媒体教学设备等。

四、内容与操作方法

1. **苹果害虫的形态和为害状识别** 识别桃小食心虫及梨小食心虫成虫大小、翅的颜色及斑纹形状，幼虫的体色、体形、趾钩、臀栉及卵的特征，区别果实为害状的特点。识别苹果小卷叶蛾、褐卷叶蛾、苹果大卷叶蛾、顶梢卷叶蛾等成虫翅的颜色及斑纹形状，幼虫体色、斑纹、臀栉的区别。识别苹果瘤蚜、苹果绵蚜、山楂叶螨等刺吸式口器害虫，注意蚜虫的为害部位、体形、颜色、有无被蜡等特征。识别苹果小吉丁、苹果透翅蛾、桑天牛等枝干害虫成虫和幼虫的主要特征、为害部位及特点。识别其他苹果害虫的为害特点和形态特征。

2. **梨树害虫的形态和为害状识别** 识别梨大食心虫及梨象甲成、幼虫的形态特征，区别不同害虫对梨果实的为害状。识别梨木虱、梨二叉蚜、梨网蝽的形态大小、体形和触角的特点和为害状。识别天幕毛虫、舞毒蛾成虫翅的质地、颜色，幼虫的体形及为害状。识别其他梨树害虫的为害特点和形态特征。

3. **柑橘害虫的形态和为害状识别** 识别吹绵蚧、红蜡蚧、龟蜡蚧、褐圆蚧、矢尖蚧、黑点蚧等的形态特征。识别柑橘潜叶蛾成虫的体形、体色、前翅的特征，幼虫形态特征和为害状。识别黑刺粉虱及柑橘木虱的形态特征和为害状。识别柑橘拟小黄卷叶蛾及褐带长卷叶蛾成虫的体形、大小、颜色和前翅特征，幼虫头部、前胸背板及前、中、后足的颜色，幼虫为害果实、叶片的症状特点。对比识别星天牛、褐天牛成虫的体色、前翅、前胸背板的特征，幼虫的体形、体色、前胸背板斑纹等特征和为害状。对比观察柑橘红蜘蛛、黄蜘蛛、锈壁虱、瘤壁虱的成螨、卵、幼螨、若螨的形态特点，注意柑橘红蜘蛛、锈壁虱对果实、叶片为害状的区别。识别其他害虫的为害特点和形态特征。

4. **葡萄害虫的形态和为害状识别** 识别葡萄透翅蛾成虫的体形、体色、前翅的特征，幼虫形态和为害状。识别葡萄天蛾成虫前翅的特征，注意幼虫的体色、体上线纹和锥状尾角。识别比较葡萄短须螨和葡萄缺节瘿螨的形态特征及为害状。识别其他害虫的为害特点和形态特征。

5. **其他果树害虫的形态特征及为害状观察** 注意其各虫态的形态特征和为害特点。

五、实训成果

1. 将果树害虫的识别结果填入表 4-14。

表 4-14 果树害虫识别结果记录

害虫名称	为害虫态	为害部位及为害状	主要形态特征

2. 绘制梨网蝽成虫、锈壁虱成螨的形态图。

项目五
园艺植物病害防治技术

任务一 园艺植物苗期及根部真菌性病害防治技术

知识目标

- 熟悉并掌握园艺植物苗期及根部真菌性病害如立枯病、猝倒病、白绢病等的症状特点。
- 重点掌握园艺植物苗期及根部真菌性病害的发生规律和发生条件。

能力目标

- 能进行园艺植物苗期及根部真菌性病害田间调查。
- 能进行园艺植物苗期及根部真菌性病害的田间诊断,制订并实施综合防治技术措施。

一、猝倒病

猝倒病俗称"倒苗""小脚瘟",在我国各地普遍发生,为害各种蔬菜、花卉、苗木幼苗,严重时导致幼苗死亡。

(一)症状

幼苗出土前染病引起子叶、幼根及幼茎变褐腐烂,即为烂种或烂芽。幼苗出土后真叶未展开前发病,大多从根颈部开始,幼苗出土后真叶未展开前,初为水渍状病斑,后迅速扩展,病斑绕茎一周,在子叶仍为绿色、萎蔫前,根颈部就缢缩变细,幼苗即贴地倒伏死亡,故称猝倒病。苗床湿度大时,病部及周围床土上产生一层白色棉絮状霉。开始往往仅个别幼苗发病,条件适宜时,以这些病株为中心,迅速向四周蔓延,田间常形成一块一块的病区。

(二)病原

猝倒病有多种病原,主要是瓜果腐霉和德巴利腐霉,有报道称引起猝倒病的病原还有刺腐霉和疫霉属的一些种,均属鞭毛菌亚门腐霉属真菌,两种腐霉菌生长最适温度为26~28℃。病部所见白色棉絮状物是病菌的菌丝体,菌丝与孢子囊梗区别不明显,菌丝无色,无隔膜,直径2.3~6.1μm。条件适宜时,菌丝体几天就可以产生孢子囊。孢子囊丝状或分支,呈裂瓣状或不规则膨大,大小为(63~625)μm×(4.9~14.8)μm。孢子囊成熟时生出一排孢管，孢管顶端膨大呈近球形泡囊，泡囊内形成许多游动孢子。藏卵器为球形，雄器为袋状或宽棍状，病菌有性生殖产生圆球形、厚壁的卵孢子，卵孢子球形，平滑，直径14.0~22.0μm（图5-1）。

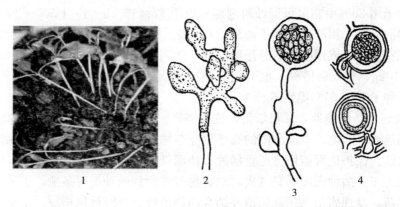

图5-1　幼苗猝倒病的症状及病原形态
1.症状　2.孢子囊　3.孢子囊萌发形成泡囊　4.卵孢子

（三）发病规律

猝倒病的初侵染来源主要是带病菌的种子、幼苗、病残体及土壤中腐生的菌丝或休眠的卵孢子。腐霉菌是土壤习居菌，腐生性较强，在土壤中长期腐生存活，为典型的土传性病害。主要以卵孢子在12~18cm表土层越冬，也可混入堆肥中越冬，能以菌丝体在土壤中的病残体或其他腐殖质上营腐生生活。卵孢子在适宜条件下萌发产生孢子囊，以游动孢子或直接长出芽管侵入寄主。在土中营腐生生活的菌丝也能产生孢子囊，以游动孢子侵染近土表植株幼苗根颈部，菌丝体能分泌果胶酶，使细胞壁和细胞崩解，组织软化。田间再侵染源主要是病苗上产生的孢子囊及游动孢子，通过灌溉水或雨水喷淋溅射传播附到贴近地面的根颈或果实上引致更严重的损失。另外，带菌的有机肥和农具、人的园艺操作均能传病，条件适宜可进行多次再侵染。病菌侵入寄主后，在皮层薄壁细胞中扩展，菌丝蔓延于细胞间或细胞内，后在病组织内形成卵孢子越冬。

（四）发病条件

高湿是幼苗发病的主要条件，湿度大病害常发生重。多雨潮湿阴冷的早春，幼苗出土慢，生长缓慢，抗性弱，极易诱发猝倒病。湿度包括床土湿度和空气湿度，孢子萌发和侵入都需要一定水分。病菌侵入寄主后，当地温在15~20℃时，病菌繁殖最快，在10~30℃都可以发病。育苗期遇低温、高湿条件利于其发病，温度高于30℃则发病受到抑制。在我国长江流域，5—6月梅雨时节有利于病菌的生长发育和传播，但不利于幼苗的生长，导致幼苗抗病力下降，病害加重。

另外，幼苗子叶养分基本用完，新根尚未长成，幼茎柔嫩，这时真叶未抽出，糖类不能迅速增加，抗病能力弱，此时最易感病。光照不足，播种过密，通风不良，幼苗徒长也易发病。浇水后积水处或薄膜滴水处最易发病。连作；苗圃地选择不当，如地势低洼、土质黏重、曾发生过猝倒病又未进行彻底消毒；整地质量差；施用未经高温腐熟的混有病原体的堆肥；播收不当等均会导致发病。遇连阴天或寒流侵袭，地温低，光合作用弱，幼苗呼吸作用增强，消耗加大，致幼茎细胞伸长，细胞壁变薄，病菌易乘机侵入。因此，该病主要在幼苗长出1～2片真叶期发生，3片真叶后发病较少。结果期阴雨连绵，果实易染病。

(五) 防治方法

1. 种子消毒 许多园艺植物病害可由种子传播，对于易感品种，播种前应进行种子消毒处理。干种子用25%甲霜灵可湿性粉剂加60%代森锰锌（9:1）1 500～2 000倍液拌种，以种子表面湿润为宜，用药量是种子质量的0.4%，浸种15～30min，浸种后清水冲洗2～3次，晾干后催芽播种；或用咯菌腈悬浮种衣剂，使用浓度为10mL药加150～200mL水，混匀后拌种5～10kg，包衣后播种。也可用50%多菌灵可湿性粉剂500倍液浸种1h，对于能耐温水处理的种子可用55℃温水浸种15min。

2. 苗期管理 精细整地，深耕细整，施用净肥。露地育苗应选择地势较高、能排能灌、不黏重、无病地或轻病地、避风向阳的高平地作苗圃，不用旧苗床土，并开深沟，以利排水和降低地下水位。保护地育苗用育苗盘播种。地温低时，在电热温床上播种。播种时浇水适量且选在晴天上午；播种密度不宜过大，对容易得猝倒病的种类可条播，子苗太密又不能分苗的应适当间苗；发现病苗则剔除病苗并结合药物治疗；及时放风排湿。苗床湿度过大，可撒一层干细土吸湿。

3. 培育壮苗 合理控制苗床的温湿度是培育壮苗的关键。播种后注意保温，中午、晴天等温度高时要注意炼苗，防止徒长。肥水要小水小肥，注意通风换气。加强秧苗长势检查，及时拔除病苗、死苗，定期用药防治。在可能条件下，应尽量避开低温时期，同时最好能够使幼苗出芽后1个月避开梅雨季节。

4. 药剂防治 在秧苗假植、分苗时用50%多菌灵可湿性粉剂100g，拌干培养土25kg撒施。发病初期先拔除病苗集中处理，然后向幼苗基部喷洒64%霜•锰锌可湿性粉剂400倍液、62.2%霜霉威水剂400倍液、15%恶霉灵水剂450倍液等。天晴时可用65%百菌清可湿性粉剂600倍液或25%百菌灵可湿性粉剂800～1 000倍液或铜胺制剂400倍液喷雾防治，每平方米苗床喷药液2～3L。也可用草木灰、石灰（8:2）混匀后撒于幼苗基部。

5. 床土消毒 床土消毒对预防猝倒病效果十分显著。每平方米苗床用25%甲霜灵可湿性粉剂9g加60%代森锰锌可湿性粉剂1g兑细土5kg拌匀，或用40%五氯硝基苯可湿性粉剂9g，加入过筛的细土4～5kg充分拌匀。施药前先把苗床底水打好，且一次浇透，先将1/3的药土撒在畦面上撒匀垫床，播种后再把其余的2/3药土覆盖在种子上面，用药量必须严格控制，否则对幼苗的生长有较强的抑制作用。也可以每平方米床土用50%多菌灵可湿性粉剂40g或65%代森锌粉剂60g拌匀后用薄膜覆盖2～3d，揭去薄膜后待药味完全挥发掉后再播种。

二、立枯病

(一) 症状

刚出土的幼苗及大苗均可发病，以大苗发病率较高，一般多发生于育苗的中后期且床温较高时。出土幼苗染病后，茎基部出现红褐色不定形或椭圆形凹陷病斑，变褐缢缩，茎叶萎垂枯死。稍大幼苗发病初期病苗茎叶白天萎蔫，夜间和清晨恢复。病斑继续向四周扩展，并逐渐凹陷，最后绕茎一周，茎基部变褐腐烂，有的木质部暴露在外，皮层开裂呈溃疡状，最后病株收缩干枯，植株死亡，但一般仍立而不倒，所以称为立枯病。潮湿条件下，在发病部位及其附近表土可见到淡褐色蛛丝状的菌丝体，不显著，后期形成粒状菌核。病部没有明显的白色棉絮状霉，可与猝倒病区别。

（二）病原

病原为立枯丝核菌，属半知菌亚门丝核菌属真菌。菌丝近直角形分支，分支基部略缢缩。老熟菌丝常集结成菌核（图 5-2）。此菌生长适温为 16～28℃，在 12℃以下或 30℃以上时受抑制。有性态称瓜亡革菌，属担子菌亚门亡革菌属真菌，自然条件下很少发生。

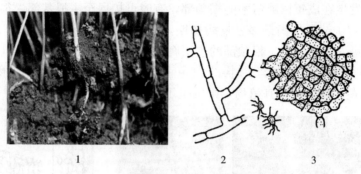

图 5-2 立枯病病原菌丝和菌核的形态
1. 症状　2. 菌丝　3. 菌核

（三）发生规律

病菌以菌丝体或菌核在土壤中或病组织病残体上越冬，腐生性较强，一般在土壤中可存活 2～3 年。翌年条件适宜时，病菌从伤口或表皮直接侵入幼茎、根部而引起发病。病菌通过雨水、流水、灌溉或农具耕作以及带菌肥料等传播蔓延。发病后，还可通过菌丝体的扩展蔓延进行再侵染。

（四）发病条件

病菌的寄生力较弱。一般管理粗放、苗床保温差、不通风换气导致幼苗长势弱易发病。育苗期早春遇到寒流，长期阴雨天气，苗床内光照不足，土壤湿度大，温度较高，幼苗徒长，生长不良，易受病菌侵染，尤其多年连作的保护地因病菌积累较多，常造成苗期发病严重。夏季遇台风暴雨，苗圃田淹水等情况都有利于发病。此外，地势低、土质黏重或施用未腐熟的有机肥都可能加重该病发生。

（五）防治方法

1. 育苗场地的选择　选择地势高、排水良好、水源方便、避风向阳的地方育苗。

2. 加强苗床管理　选用肥沃、疏松、无病新床土，若用旧床土必须进行土壤处理；肥料要腐熟并施匀；播种均匀而不过密，盖土不宜太厚；根据土壤湿度和天气情况，需洒水时，每次不宜过多，且在上午进行；床土湿度大时，撒干细土降湿；做好苗床保温工作的同时多透光，适量通风换气。

3. 土壤处理　播种前 2～3 周，将床土耙松，每平方米床面用 40%甲醛 30mL 加水 2～4kg 均匀喷洒，并用薄膜覆盖，经 4～5d 揭去薄膜，待药味充分散尽后再播种。也可以每平方米苗床用 40%拌种双可湿性粉剂 8g 与 4～5kg 细土拌匀制成药土，1/3 垫土，2/3 盖土。

4. 药剂防治　病害始见时，喷洒 65%百菌清可湿性粉剂 600 倍液、60%代森锰锌可湿性粉剂 500 倍液或 62.2%霜霉威水剂 600 倍液。喷药以在上午进行为宜，每隔 6～10d 喷 1 次，一般防治 1～2 次，并及时清除病株及邻近病土。

三、白绢病

白绢病又名茎基腐烂病，分布于热带及亚热带地区，为害的寄主很多，多达100科500种以上，以豆科及菊科最多，其次为葫芦科、石竹科、十字花科等。

(一) 症状

白绢病主要发生在成年树或苗木的根颈部，有时可扩展至主根基部，很少为害细根、支根，以距地面5~10cm处发病最多。发病初期，根颈表面形成白色菌丝，表皮出现水渍状褐色病斑。病情进一步发展时，根颈部的皮层腐烂，有酒味，并溢出褐色汁液。菌丝继续生长，直至根颈部全部覆盖着如丝绢状的白色菌丝层，后期产生大量茶褐色菜籽样菌核（图5-3）。有球茎、鳞茎的花卉植物，则发生于球茎和鳞茎上。

图5-3 白绢病症状及病原形态
1、2. 症状 3. 菌核 4. 菌核剖面

(二) 病原

无性世代为半知菌亚门罗氏小核菌属，有性世代为担子菌亚门伏革菌属白绢伏革菌。有性世代在自然界中不易产生。菌丝呈白色，分两型，大菌丝直线生长；小菌丝生长不规则。菌丝分支增加并交织后形成菌核，发育成熟的菌核多为球形、椭圆形，深褐色。

(三) 发生规律

病菌以菌核或菌丝在土壤中或病残体上越冬，多分布在1~2cm的表土层中。菌核是病害主要的初侵染菌源，自然条件下可在土壤中存活5~6年。翌年环境条件适宜时，菌核萌发产生菌丝进行侵染，从植株根颈基部的表皮或伤口侵入。病菌发育的适宜温度为25~33℃，最高温度38℃，最低温度13℃。病菌主要以菌核随雨水或灌溉水转移。远距离则通过带菌苗木传播。

(四) 发病条件

高温、高湿、土壤有机质含量高等因素都有利于病害发生。15℃以下低温，土壤紧实、偏碱性、通气性差均不利于病害发生。病菌不耐低温，轻霜即能杀死菌丝体，菌核经受短时间-20℃后死亡。另外，土壤黏重、排水不良、低洼地及多雨年份发病重，蔓延快；连作地、播种早发病重；酸性沙质土也会促进病害的发生。

(五) 防治方法

1. 杜绝病源 及时拔除病株，清除土中的病残体，集中烧毁或深埋。提倡施用日本酵素菌沤制的堆肥或充分腐熟的有机肥，以改善土壤透气条件。发病重的田块，病穴内施撒石灰，每亩施石灰100~150kg，把土壤酸碱度调到中性。有些菌核会混杂在花卉种子中，育苗时可用 10% 盐水或 20% 硫酸铵汰除菌核，再用清水冲洗后播种。选用无病种子，用种子质量 0.5% 的 50% 多菌灵可湿性粉剂拌种。

2. 合理选择栽种地 发病重的地块不要与易感染白绢病的作物如辣椒、南瓜、花生等连作。不同植物进行 3 年以上轮作。

3. 加强田间管理 适当晚播，苗期清棵蹲苗，提高抗病力。高温多雨的夏季浇水后晒田，6d 后再晒 1 次，也可在深灌后覆盖地膜晒 20~30d。

4. 药剂防治 发病初期适时用药可控制病害流行。用 15% 三唑酮可湿性粉剂或 50% 甲基立枯磷可湿性粉剂 1 份，兑细土 100~200 份，撒在病部根颈处，防治效果明显。也可以喷洒 20% 甲基立枯磷乳油 1 000 倍液进行防治，间隔 6~10d 再喷 1 次。

5. 生物防治 每亩用培养好的木霉 0.40~0.45kg 加 50kg 细土，混匀后撒覆在病株基部，能有效地控制该病发展。

四、园艺植物苗期其他病害

园艺植物苗期的其他病害主要由某些镰刀菌、瓜类炭疽病引起。镰刀菌侵害瓜苗，使秧苗茎部腐烂，特别在黄瓜苗期尤为明显，导致死苗；瓜类炭疽病侵害西瓜、甜瓜的茎基部，病斑凹陷，绕茎一周时引起秧苗猝倒，湿度大时病斑上长出粉红色霉层。

沤根是因低温、积水而引起的生理病害，一般搭秧后遇低温、阴雨天气，则秧苗地上部分生长不良，原有根系逐渐呈黄锈色腐烂，根部不发新根或不定根，根皮呈锈色腐烂，地上部叶片边缘变黄焦枯，萎蔫易拔起，导致幼苗死亡，严重时叶片干枯，似缺素症。

任务二　园艺植物叶、花、果真菌性病害防治技术

知识目标

- 熟悉并掌握园艺植物叶、花、果主要真菌病害如白粉病类、锈病类、炭疽病类、溃疡病类、腐烂病类等的症状特点。
- 重点掌握园艺植物叶、花、果主要真菌性病害的识别特征、发生规律及其防治方法。

能力目标

- 能对园艺植物叶、花、果主要真菌性病害进行田间调查。
- 能对园艺植物主要叶、花、果真菌病害进行识别诊断，制订并实施综合防治技术措施。

自然情况下，几乎每种园艺植物都会发生病害。尽管叶、花、果病害很少能引起园艺植物的死亡，但叶片的病斑、花朵早落却严重影响园艺植物的外观品质和产量，且叶部病害还常导致植物提早落叶，减少光合作用产物的积累，削弱植物的生长势。

园艺植物叶、花、果病害的类型很多，包括灰霉病、白粉病、锈病、煤污病、叶斑病等。

一、白粉病类

白粉病是园艺植物上发生极为普遍且重要的一种真菌性病害。其病症非常明显，在发病部位产生大量的分生孢子而形成一层白色粉层，故名白粉病。

（一）月季白粉病

月季白粉病是世界性病害，在月季上发生普遍。我国各地均有发生。白粉病对月季危害较重，病重引起早落叶、枯梢、花蕾畸形或完全不能开放，降低切花产量及观赏性。

月季白粉病症状

1. 症状 月季的叶片、叶柄、花蕾及嫩梢等部位均可受害。早春病芽展开的叶片上出现褪绿黄斑，逐渐扩大，后上、下两面都布满一层白色粉状物，严重时全叶披上白色粉层。嫩叶染病后，幼叶淡灰色，叶片皱缩反卷扭曲变厚，有时为紫红色，逐渐干枯死亡，上覆一层白粉，成为初侵染源。生长季节叶片受侵染，首先出现白色的小粉斑，逐渐扩大为圆形或不规则形的白粉斑，严重时白粉斑相互连接成片。叶柄及嫩梢染病时，受害部位稍膨大，向反面弯曲，节间缩短，病梢有回枯现象。叶柄及皮刺上的白粉层很厚，难剥离。花蕾染病时，表面被满白粉霉层，花姿畸形，萎缩干枯，花朵小而少，开花不正常或不能开花。

2. 病原 病原为蔷薇单囊壳菌，属子囊菌亚门核菌纲单囊壳菌属。闭囊壳为球形至梨形，附属丝菌丝状，少而短。子囊孢子大小为（20～27）$\mu m \times$（12～15）μm。无性态是粉孢霉，粉孢子串生、单胞、椭圆形、无色（图5-4）。月季上只有无性态，蔷薇等寄主植物上有闭囊壳形成。病菌生长适宜温度为18～25℃。孢子萌发最适湿度为97%～99%，水膜对孢子萌发不利。

图5-4 月季白粉病症状及病原形态
1. 症状　2. 白粉菌粉孢子　3. 电镜照片

3. 发病规律及发病条件 病菌以菌丝体在病芽、病叶或病枝上越冬。翌年春天病菌随芽萌动而开始活动，以分生孢子随风雨传播，直接侵入幼嫩部位。植物生长季节可多次产生分生孢子进行再侵染。

该病在干燥、郁闭处发生严重，温室栽培较露天栽培发生严重。夜间温度较低（15～16℃）、湿度较高（90%～99%），有利于孢子萌发及侵入；白天气温高（23～27℃）、湿度较低（40%～70%），有利于孢子的形成及释放。品种间抗病性有差异，一般小叶、无毛的蔓生多花品种较抗病；芳香族的多数品种，尤其是红色花品种易感病。施肥不当加重病害发生。露天栽培发病盛期因地区而异，病害与气温关系密切，当气温在17～25℃时为发病盛期,一年中以春季 5—6 月和秋季 9—10 月发病严重。

4. 防治方法

(1) 农业防治。加强修剪管理,早春、冬季结合修剪、整枝、整形,及时剪除病枝、病芽、病叶和病梢,初期病叶应及早摘除。栽植密度、盆花摆放密度不要过密,温室栽培要加强通风透光,合理施肥、浇灌、增施磷、钾肥,氮肥要适量,灌水最好在晴天的上午进行。

(2) 药剂防治。发病前可喷施 1∶1∶200 的波尔多液预防,发病初期可选喷 15% 三唑酮可湿性粉剂 1 000 倍液、25% 三唑酮可湿性粉剂 1 500~2 000 倍液、70% 甲基硫菌灵可湿性粉剂 1 000 倍液或 65% 百菌清可湿性粉剂 600 倍液等。在病叶率上升期每隔 6~10 d 喷 1 次,连续喷 2~3 次。喷洒农药应注意药剂的交替使用,以免白粉菌产生抗药性。另外,对温室月季白粉病的冬季防治,可将硫黄粉涂在取暖设备上任其挥发进行防治,使用硫黄粉的适宜温度是 15~30℃,最好在夜间进行,以免白天人受害。

(二) 瓜叶菊白粉病

瓜叶菊白粉病是各国温室栽培中常见的病害,我国北京、上海、天津、南京、大连、苏州、广州等地均有发生。苗期发病重,植株生长不良,矮化或畸形,发病严重时全叶干枯。

1. 症状 主要为害叶片,也侵染叶柄、花器、茎干等部位。发病初期,叶片正面出现小的白粉斑,逐渐扩大成为近圆形的白粉斑。病重时病斑连接成片,整个植株都被满白粉层,叶片上的白粉层厚实。被满白粉层的花蕾不开放或花朵小,畸形,花芽常常枯死。发病后期白色粉层变为灰白色,其上着生黑色小点粒——闭囊壳。

2. 病原 病原菌为二孢白粉菌,属子囊菌亚门白粉菌属。闭囊壳附属丝多,菌丝状。子囊卵形或短椭圆形。子囊孢子 2 个,少数 3 个,椭圆形(图 5-5)。无性态为豚草粉孢霉,分生孢子为椭圆形或圆筒形。

3. 发病规律及发病条件 病原菌以闭囊壳在病残体上越冬,成为来年初侵染源。经气流和水流传播,自表皮直接侵入。该病的发生与温室中的温度关系密切,温度 15~20℃ 时有利于病害发生,当室温在 7~10℃ 时,病害发生受到抑制。一年中有两个发生高峰期,苗期发病盛期为 11—12 月,成株发病盛期为翌年的 3—4 月。据报道,瓜叶菊品种的抗病性差异不明显,均较易感病。

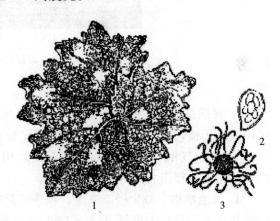

图 5-5 瓜叶菊白粉病
1. 症状 2. 闭囊壳 3. 子囊及子囊孢子
(徐明慧.1993.园林植物病虫害防治)

4. 防治方法

(1) 减少侵染来源。注意温室卫生,及时清除病残体及发病植株。

(2) 加强栽培管理。见月季白粉病的农业防治措施。

(3) 药剂防治。在发病初期及时喷药效果最好。可选用 25% 三唑酮可湿性粉剂 2 000~2 500 倍液、80% 代森锌可湿性粉剂 500~600 倍液等药剂。

(三) 紫薇白粉病

紫薇白粉病主要发生在春、秋季,秋季发病危害最为严重。紫薇发生白粉病后,其光合作用强度大幅降低，病叶组织蒸腾强度增加，从而加速叶片的衰老、死亡。紫薇白粉病在我国普遍发生。据报道，云南、四川、湖北、浙江、江苏、山东、上海、北京、湖南、贵州、河南、福建、台湾等地均有发生。白粉病使紫薇叶片枯黄，引起早落叶。

紫薇白粉病症状

1. 症状 病菌主要侵害紫薇的叶片，嫩叶比老叶易感病。嫩梢和花蕾也能受侵染。叶片展开即可受侵染。发病初期，叶片上出现白色小粉斑，后扩大为圆形病斑，白粉斑可相互连接成片，有时白粉层覆盖整个叶片。叶片扭曲变形，枯黄早落。发病后期白粉层变白而黄，最后变为黑色的小点粒——闭囊壳。

2. 病原 病原菌是南方小钩丝壳菌，属子囊菌亚门核菌纲白粉菌目小钩丝壳属。菌丝体着生于叶片上下表面。闭囊壳聚生至散生，暗褐色，球形至扁球形，直径90～125μm。附属丝有长、短两种，长附属丝直或弯曲，长度为闭囊壳的1～2倍，顶端钩状或卷曲1～2周。子囊3～5个，卵形或近球形，大小为（48.3～58.4）μm×（30.5～40.6）μm。子囊孢子5～7个，卵形，大小为（17.8～22.9）μm×（10.2～15.2）μm（图5-6）。

图5-6 紫薇白粉病症状及病原形态
1. 症状　2. 分子孢子梗及分生孢子

3. 发病规律及发病条件 病原菌以菌丝体在病芽或以闭囊壳在病落叶上越冬，分生孢子由气流传播，生长季节有多次再侵染。分生孢子萌发最适温度为19～25℃，温度范围为5～30℃，空气相对湿度为100%，自由水更有利于粉孢子萌发。分生孢子的萌发力可以持续15d左右，侵染力维持13d。

4. 防治措施 减少侵染来源，秋季清除病枯枝落叶，并烧毁。生长季节及时摘除病芽、病叶和病梢。发病时喷洒25%三唑酮可湿性粉剂3 000倍液或80%代森锌可湿性粉剂500倍液等，药剂应交替使用。

（四）草坪白粉病

白粉病为草坪的常见病害，其中以早熟禾、细羊茅和狗牙根发病较重。

1. 症状 病菌主要侵染叶片和叶鞘，也为害茎秆和穗部。受侵染的草皮呈灰白色，像是被撒了一层面粉。受害叶片和叶鞘上出现长度为1～2mm的白色霉点，后逐渐扩大成近圆形、椭圆形霉斑，初白色，后变灰白色、灰褐色。霉斑表面着生一层白粉状分生孢子，受振动后飘散。后期霉层中生出黑色小粒点，即病原菌的闭囊壳。该病主要降低草坪的光合作用，加大呼吸和蒸腾作用，致使草坪发育不良、早衰，严重影响草坪景观。

2. 病原 病原菌有性态为布氏白粉菌，属子囊菌亚门布氏白粉菌属。分生孢子串生于分生孢子梗上，卵圆形或椭圆形，无色，大小为（25～30）μm×（8～10）μm。分生孢子寿命短，其侵染力只能维持3～4d。闭囊壳球形，黑褐色，直径135～180μm。附属丝线状，不分支，基部淡褐色，无隔膜。闭囊壳内有子囊9～30个。子囊长卵圆形，内含孢子4～8个。子囊孢子椭圆形，无色，单胞，大小为（20～33）μm×（10～13）μm（图5-7）。

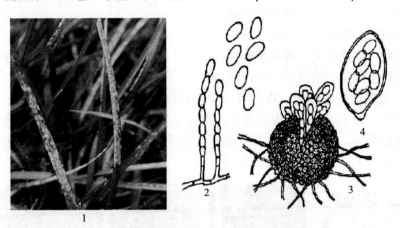

图5-7 草坪白粉病症状及病原形态
1. 症状 2. 分生孢子 3. 闭囊壳 4. 子囊

3. 发病规律及发病条件 病菌主要以菌丝体或闭囊壳在病株上越冬，也能以闭囊壳在病残体上越冬。翌春闭囊壳成熟，释放出子囊孢子；越冬菌丝体也产生分生孢子，随气流传播，成为初侵染来源。春季病叶持续产生分生孢子，1周内就可以产生大量的分生孢子，不断引起再侵染。夏季高温可以限制分生孢子的萌发。

环境温湿度与该病的发生程度有密切关系，15～20℃为发病适温，25℃以上时病害发展受抑制。空气相对湿度较高有利于分生孢子萌发和侵入，但雨水太多又不利于其生成和传播。南方春季降水较多，如在发病关键时期连续降水，不利于该病发生和流行，但在北方地区，常年春季降水较少，因而春季降水量较多且分布均匀时，有利于该病的发生。水肥管理不当、荫蔽、通风不良等都是诱发病害发生的重要因素。

4. 防治方法

（1）农业防治。秋季结合清园彻底清除枯枝落叶等集中烧毁，减少初侵染来源。加强水肥管理，提高树势，增强抗病性。

（2）药剂防治。发病初期喷施15%三唑酮可湿性粉剂1 500～2 000倍液、25%丙环唑乳油2 500～5 000倍液、40%氟硅唑乳油8 000～10 000倍液等进行防治。

二、霜霉病类

（一）十字花科蔬菜霜霉病

霜霉病在全国各地发生普遍，沿江、沿海和气候潮湿冷凉地区易流行。病害流行年份大白菜株发病率可达80%～90%，减产30%～50%，且病株不易贮存。除白菜外，油菜、花椰菜、甘蓝、萝卜、芥菜和荠菜上也有发生，造成不同程度的损失。

十字花科蔬菜霜霉病

1. 症状 整个生育期都可受害。一般以晚秋和早春时的蔬菜发病较普遍。主要为害叶片，其次为害茎、花梗和果荚等。成株期叶片发病，多从下部或外部叶片开始。发病初期叶片正面出现淡绿色小斑，扩大后病斑呈黄色，因其扩展受叶脉限制而呈多角形。空气潮湿时，在叶背相应位置布满白色至灰白色稀疏霉层（孢囊梗和孢子囊）。病斑变成褐色时，整张叶片变黄，随着叶片的衰老，病斑逐渐干枯。大白菜包心期以后，病株叶片由外向内层层干枯，严重时只剩下心叶球。

花轴受害后呈肿胀弯曲状畸形，故有"龙头病"之称。花器受害后经久不凋落，花瓣肥厚、绿色、叶状，不能结实。种荚受害后瘦小，淡黄色，结实不良。空气潮湿时，花轴、花器、种荚表面产生较茂密的白色至灰白色霉层。

2. 病原 此病由鞭毛菌亚门霜霉属寄生霜霉侵染所致。病菌属专性寄生菌。菌丝无色无隔，以吸器伸入寄主细胞内吸取养分。孢囊梗呈锐角两叉状分支，每小梗尖端着生一个孢子囊。孢子囊椭圆形，无色，单胞。卵孢子黄至黄褐色，球形，厚壁，外表光滑或略带皱纹，萌发时直接产生芽管（图5-8）。

图5-8 白菜霜霉病病原形态及为害状
1. 病原　2、3、4. 为害状

病菌菌丝生长发育适温为20~24℃，孢子囊形成的最适温度为8~12℃，孢子囊萌发适温为6~13℃，侵入寄主的最适温度为16℃。在相对湿度低于90%时不能萌发，在水滴中适温下孢子囊经3~4h就能萌发；卵孢子形成的适温为10~15℃，适宜湿度为70%~75%；因此，病菌发育要求稍低的温度和较高的湿度。在长江中下游地区，春、秋两季凉爽高湿的气候条件有利于霜霉病的流行。

3. 发病规律及发生条件　北方主要以卵孢子在土壤中、种子表面、种子中越冬，或以菌丝体在种株上越冬。春季环境适宜卵孢子萌发，侵染小白菜、油菜、萝卜等春菜，发病中后期病组织内产生卵孢子越夏，当年秋季可萌发侵染大白菜等秋菜。所以，卵孢子是北方地区春、秋两季十字花科蔬菜发病的初侵染源。在南方，田间终年种植十字花科植物，病菌不断产生大量孢子囊在多种植物上辗转为害。

在长江中下游地区，病菌以卵孢子随病残体和以菌丝体在田间寄主体内越冬，成为翌春的初侵染源。卵孢子或菌丝体上产生的孢子囊靠气流和雨水传播，萌发后从气孔或表皮直接侵入。病部不断产生的孢子囊随气流传播，进行多次再次侵染，使病害逐步蔓延；植株生长后期，病组织内形成卵孢子。在长江中下游地区，9月形成发病中心，10月下旬至11月初为发病高峰，11月中旬后病害发生平缓。春季主要为害春菜下部叶片和留种株花轴，造成下部叶片发病和花轴"龙头"状畸形。形成春、秋两个发病高峰。

霜霉病发生和流行与气候条件、品种抗性和栽培措施等因素有关，其中以气候条件的影响最大。低温（平均气温16℃左右）高湿有利于病害的发生和流行。温度决定病害出现的早迟和发展的速度，降水量决定病害发展的严重程度。在适温范围内，湿度越大，病害越重。气温16～20℃、昼夜温差大或忽冷忽热有利于病害发生流行。田间湿度越大，夜间结露或多雾，即使雨量少，病害也会发展较快。

十字花科蔬菜连作田块，土中菌量多，病害发生早且严重。秋菜播种早，作物生育期提前，栽培密度大，病害发生早，危害重。基肥不足、追肥不及时，导致植株生长不良，抗病力下降，发病重。

不同品种间抗性差异显著，一般疏心直筒型品种较抗病，圆球型和中心型品种较感病。青帮品种发病较轻，柔嫩多汁的白帮品种发病较重。一般抗病毒病的品种同时也抗霜霉病，反之亦然。

4. 防治方法

（1）利用抗病品种。青帮品种比白帮品种抗病性强，疏心直筒型比圆球型品种抗病性强。抗病毒病的品种一般也抗霜霉病，应因地制宜地选用抗病品种。

（2）合理轮作，适期播种。由于卵孢子随着残体在土壤中越冬，与非十字花科作物轮作最好是水旱轮作，因为淹水不利于病菌卵孢子存活，可减少菌源，减轻前期发病。秋白菜不宜播种过早，常发病区或干旱年份应适当推迟播种。播种不宜过密，注意及时间苗。

（3）栽培防病。加强肥水管理，施足基肥，增施磷、钾肥，合理追肥。收获后清洁田园，进行秋季深翻。

（4）药剂防治。药剂拌种，用药量为种子质量的0.3%～0.4%。加强田间检查，发病初期或发现发病中心时要及时喷药防治，控制病害蔓延。可选用80%代森锰锌可湿性粉剂600倍液、25%甲霜灵可湿性粉剂600倍液、62%霜脲氰可湿性粉剂1 000倍液、65%百菌清可湿性粉剂500～600倍液等药剂进行防治。

（二）黄瓜霜霉病

黄瓜霜霉病是黄瓜最常见的重要病害，也是一种速灭性病害，病害发展迅速，从发病到流行最快时只要5～6d。该病除为害黄瓜外，还可为害丝瓜、瓠瓜、甜瓜、苦瓜等。

黄瓜霜霉病的识别与防治

1. 症状 该病主要为害叶片。早期出现水渍状、淡黄色小斑点，扩大后受叶脉限制呈多角形，黄褐色。潮湿时病斑背面长出灰色至紫黑色霉。湿度大时，病叶腐烂，一般从下往上发展，病重时全株枯死。

2. 病原 由鞭毛菌亚门真菌古假霜霉菌侵染所致，为专性寄生菌。孢囊梗无色，锐角分支，末端尖细。孢子囊椭圆形，有乳头状突起，淡褐色（图5-9）。

1   2   3

图5-9 黄瓜霜霉病病原形态及为害状
1. 病原 2、3. 为害状

3. 发病规律及发生条件　病菌以在土壤或病株残余组织中的孢子囊及潜伏在种子内的菌丝体越冬或越夏。保护地栽培棚内，孢子囊借气流传播至寄主植物上，从寄主表皮直接侵入叶片，引起初次侵染，以后通过气流和雨水传播进行多次再侵染，加重危害。黄瓜霜霉病病菌喜温暖、高湿环境，适宜温度范围为10～30℃，最适发病环境为日均温度为15～22℃，相对湿度90%～100%，昼夜温差8～10℃；最易感病期为开花至结瓜中后期。黄瓜叶片上有水滴或水膜更易发病。

4. 防治方法

（1）选用抗病品种。较为抗病的品种为津研系列黄瓜。

（2）加强栽培管理。培育无病壮苗，露地栽培要选择地势高、排灌良好的地块，采用高畦覆膜栽培。施足底肥，多施有机肥，盛瓜期及时追肥。切忌大水漫灌、阴天灌水，灌水应选择晴天上午进行。保护地栽培要坚持通风换气，浇水施肥应在晴天的上午，并及时开棚降湿。

（3）生态防治。控制温湿度，用于保护地病害防治，采用三段管理：上午，温度为28～32℃，湿度为80%～90%；下午，温度为20～25℃，湿度为70%～80%；夜间，温度为11～12℃，相对湿度小于80%。大棚闷杀，闷棚前要求土壤较潮湿，选择晴天密闭大棚，使温度上升至44～46℃，持续2h，处理后及时降温和加强管理。

（4）药剂防治。在病害始见后3～5d用药，用药间隔期6～10d，连续用药3～5次，可选用62%霜脲氰可湿性粉剂1 000倍液或80%代森锰锌可湿性粉剂800倍液喷雾防治。傍晚用45%百菌清烟剂200～250g/亩，分放在棚内4～5处点燃熏蒸，或用喷粉器喷洒5%百菌清粉尘剂，用量为1kg/亩，关闭门窗，第2天通风。可兼治白粉、灰霉病等。

（三）葡萄霜霉病

葡萄霜霉病的诊断与防治

葡萄霜霉病是一种古老的病害，病原发生在非洲，1860年随引进抗根瘤蚜砧木而传入法国，然后陆续在全世界传播。我国各葡萄产区均有分布，以山东沿海地区及华北、西北春夏多雨时发病较重。秋季发生多，主要为害叶片。此病还侵染山葡萄、野葡萄、蛇葡萄等。

1. 症状　主要为害叶片，也为害新梢、叶柄、花、幼果、果梗及卷须等幼嫩部分。叶片受害初呈半透明水浸状斑，后来变为淡绿至黄绿色不规则病斑，边缘不明显，邻近的病斑可互相愈合成多角形大斑。在病斑发展过程中，叶背长出灰白色霜霉状孢囊梗和孢子囊。天气潮湿时霜霉扩展快，布满全叶，病组织变为黄褐色枯斑；天气干旱病斑不易扩大，不生霉层，病斑呈褐色或红褐色。病叶发育不良，早期脱落。新梢、叶柄、果梗、卷须等受害，初呈水渍状斑，后变为淡褐色至暗褐色不规则病斑。天气潮湿，病斑上产生白色霜霉层；天气干旱，病部组织干缩，生长停滞，扭曲枯死。花及幼果受害，病斑初为淡绿色，后呈深褐色，病粒硬，可生霉层，不久干缩脱落。果实着色后很少染病。

2. 病原　病原为葡萄生单轴霉菌，属鞭毛菌亚门单轴霉属。孢子囊无色，倒卵形，萌发时产生游动孢子。卵孢子褐色，球形，厚壁，萌发产生芽管，在芽管先端形成芽孢囊，萌发时可产生游动孢子（图5-10）。菌丝生长最适温度为25℃左右。病菌孢子囊形成最适温度为15℃，适宜的相对湿度为95%～100%，至少需要4h的黑暗。

3. 发生规律及发病条件　主要以卵孢子在病组织中或随病残体在土壤中越冬，或以菌

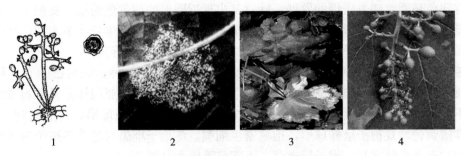

图 5-10　葡萄霜霉病病原形态和为害状
1. 病原　2、3、4. 为害状
（费显伟，2015. 园艺植物病虫害防治）

丝在幼芽中越冬。当日平均温度达 13℃时，卵孢子可在水滴或潮湿土壤中萌发，产生的游动孢子借风雨传播，进行初侵染，潜育期 6～12d。只要条件适宜，病菌可不断产生孢子囊进行再侵染。孢子囊在 13～28℃形成，萌发的最适温度为 10～15℃。孢子囊的产生与萌发均需雨露，因此高湿、低温是发病的重要条件。

冷凉潮湿的气候有利于发病。春、秋两季少风及多雾、多露、多雨的地区霜霉病发生重。不同品种对霜霉病的抗性存在差异，美洲系统品种较抗病，欧洲系统品种较易感病，圆叶葡萄较抗病，欧亚种葡萄较易感病。

一般含钙量高的葡萄组织抗霜霉病的能力也强。果园地势低洼、排水不良、土质黏重、栽植过密、棚架过低、枝蔓徒长郁蔽、通风透光不良、寄主表面易结露及偏施迟施氮肥、刺激葡萄抽新梢、延迟组织成熟、树势衰弱等均有利于发病。

4. 防治方法

（1）农业防治。清扫落叶，剪除病梢，集中烧毁，并进行深翻，以减少菌源。合理修剪使植株通风透光，增施磷、钾肥，酸性土壤多施石灰，提高植株的抗病能力。

（2）药剂防治。在发病前或发病初期喷布 1∶0.6∶200 的波尔多液，以后每隔半个月喷 1 次，连续喷 2～3 次。发病初期可用 25%嘧菌酯悬浮剂 1 500 倍液或 60%丙森锌可湿性粉剂 500 倍液喷雾防治。甲霜灵防治霜霉病有特效，可使用 25%甲霜灵可湿性粉剂 1 500～2 000 倍液进行防治。

三、锈病类

锈病是园艺植物中的一类常见病害。锈病因多数锈菌产生类似铁锈状的粉状孢子堆而得名。锈菌可以为害植物的叶、枝、花、果，为害叶片时，病菌在叶片产生黄色或褐色的斑点，以后出现锈色孢子堆。有的锈菌为害枝干能引起瘤肿、丛枝、溃疡等症状。园艺植物受害后常造成提早落叶、花果畸形，影响植物的生长，降低植物的观赏性。

（一）玫瑰锈病

玫瑰锈病又称蔷薇锈病，是月季、蔷薇上的重要病害，在我国发生普遍。

1. 症状　主要为害叶片和芽，嫩梢、叶柄、果实等部位也可受害。早春时从病芽展开的叶片布满橘黄色粉状物，叶正面的性孢子器不明显。叶背面出现黄色稍隆起的小斑点（锈孢子器），初生于表皮下，成熟后突破表皮散出橘红色粉末，病斑

月季锈病

外围常有褪色环圈。随着病情的发展,叶背又出现近圆形的橘黄色粉堆(夏孢子堆)。嫩梢、叶柄上夏孢子堆呈长椭圆形。果实上的病斑呈圆形,果实畸形。生长季节末期,叶背出现大量的黑褐色小粉堆(冬孢子堆)。危害严重时叶片枯焦,提前脱落。

2. 病原 引起玫瑰锈病的病原菌种类很多,国外报道有9种,国内已知有3种,均属多胞菌属。其中以短类多胞锈菌分布较广,危害严重,属担子菌亚门锈菌目多胞锈菌属。性孢子器不明显。锈孢子器橘黄色,周围有很多侧丝,锈孢子为椭球形,有瘤状刺,淡黄色。夏孢子堆橘黄色,夏孢子呈椭球形,孢壁密生细刺。冬孢子堆黑褐色,冬孢子为圆筒形,暗褐色,顶端有乳头状突起,孢子柄永存,下部显著膨大(图5-11)。

1　　　　　　　　2　　　　　　　3

图5-11　玫瑰锈病病原形态和为害状
1. 叶片正面(性孢子器)　2. 叶片背面(夏孢子堆)　3. 冬孢子堆

3. 发病规律及发病条件 病原菌以菌丝体在病芽、病组织内或以冬孢子在病落叶上越冬。翌年产生担孢子,侵入植株幼嫩组织。在嫩芽、嫩叶上产生橙黄色粉状的锈孢子。在叶背产生橙黄色的夏孢子,经风雨传播后,由气孔侵入进行初侵染,在生长季节可以有多次再侵染。

发病的最适温度为18~21℃。锈孢子萌发的适宜温度为10~21℃,在6~27℃均可萌发;夏孢子萌发的适宜温度为9~25℃;冬孢子萌发的适宜温度为18℃。气温、雨水、寄主品种的抗病性是影响病害流行的主要条件。一年中以5—6月发病较重,9月有一次发病小高峰。

4. 防治方法

(1) 农业防治。选用抗病品种;冬季清除枯枝落叶,减少侵染源;生长季节及时摘除病芽或病叶;加强水肥管理,改善环境条件;温室栽培要注意通风透光,降低空气湿度;增施磷、钾、镁肥,提高抗病性,避免偏施氮肥,防止徒长;休眠期喷洒3~5波美度的石硫合剂,杀死芽内及病部的越冬菌丝体。

(2) 药剂防治。发病初期可选喷15%三唑酮可湿性粉剂1000倍液、12.5%烯唑醇可湿性粉剂2500倍液或0.2~0.3波美度的石硫合剂等,每隔10~15d喷1次,连续喷2~3次。

(二) 梨锈病

梨锈病又称赤星病、羊胡子,分布于我国各梨产区,是梨产区的主要病害。梨锈病菌除为害梨外,还能为害山楂、木瓜、棠梨和贴梗海棠。由于锈病菌具有转主寄生的习性,其转主寄主为松柏科的桧柏、欧洲刺柏、高塔柏、圆柏、龙柏和翠柏等,桧柏类植物的分布和多少是影响梨锈病发生的重要因素,在桧柏类植物较多的南方地区梨锈病发生较普遍,北方平原地区零星发病。

1. 症状 主要为害幼叶和新梢，严重时也能为害果柄和幼果。叶片受害，初在叶正面发生橙黄色、有光泽的小斑点，后逐渐扩大为近圆形的病斑，病斑中部橙黄色，边部淡黄色。天气潮湿时，其上溢出淡黄色黏液，黏液干燥后，小粒点变为黑色。病斑组织逐渐变厚，叶背隆起，正面微凹陷，在隆起的部位长出灰黄色的毛状锈孢子器，其中含有大量孢子（图5-12）。随后病斑变黑枯死，引起落叶。幼果多在萼片处发病，初期症状与叶相似，病果果肉硬化，畸形，提早脱落。嫩梢的病斑龟裂，易折断。

梨锈病叶正面症状

梨锈病叶背面症状（锈孢子器）

图5-12 梨锈病病原形态和症状
1. 病原（性孢子器、锈孢子器及冬孢子萌发） 2. 叶片正面症状
3. 叶片背面症状 4. 桧柏上的菌瘿
（费显伟，2015. 园艺植物病虫害防治）

梨锈病果实症状

2. 病原 病原为梨胶锈菌，属担子菌亚门胶锈菌属。

3. 发病规律及发病条件 病菌以多年生的菌丝体在桧柏等转主寄主的病组织中越冬，翌春2—3月开始形成冬孢子角。冬孢子成熟后，遇雨水时吸水膨胀，冬孢子开始萌发产生担孢子（也称小孢子）。担孢子随风雨传播，当散落在梨树幼叶、新梢、幼果上时，遇水萌发成芽管，从气孔、皮孔或从表皮直接侵入，引起梨树叶片和果实发病。一般在4月上旬，梨树上开始产生性孢子器，4月中旬出现最多，并有性孢子溢出；4月底开始，锈孢子器突破表皮外露；5月中旬锈孢子器成熟并陆续释放锈孢子；6月上旬锈孢子器因锈孢子的释放和重寄生菌的寄生而脱落，病斑变黑、干枯。锈孢子借风传播到柏树枝叶上，在其枝叶上产生黄色隆起的小病斑。病菌以多年生菌丝体在桧柏病部组织中越冬，至翌春形成冬孢子角。梨锈病1年发生1次，锈孢子只能侵害转主寄主桧柏的嫩叶和新梢，无再侵染。病害的发生与转主寄主、气候条件和品种抗病性等相关。担孢子有效传播距离为2.5~5.0km。因此病害的轻重与桧柏的多少及距离远近有关，尤以离梨树栽培区2.5~5.0km的桧柏关系最大，此范围内患病桧柏越多，梨锈病发生越重。

梨锈病的诊断与防治

病害的流行与否受气候条件的影响。病菌一般只侵染幼嫩组织，当梨树萌芽、幼叶初展时，若天气温暖多雨，且温度适宜冬孢子萌芽，田间就会有大量担孢子释放，发病必定严重。风力的强弱和风向都可影响担孢子与梨树的接触，对发病也有一定的影响。在长江中下游地区3月中旬冬孢子陆续成熟，只要气温高于15℃，每次雨后冬孢子角即吸水胶化萌发产生担孢子。此时正值梨树萌芽展叶易感病的时期。病害潜育期长短与气温和叶龄有密切关系，一般为6~10d。温度越高，叶龄越小，潜育期越短。梨树的感病期很短，自展叶开始

20d 内最易感病，超过 25d，叶片一般不再受感染。梨树的不同品种对锈病的抗性有一定差异，一般中国梨最易感病，日本梨次之，西洋梨最抗病。

4. 防治方法

(1) 清除转主寄主。梨区不用桧柏等柏科植物造林绿化，新建梨区应远离柏树多的地方。在梨区周围 5km 范围内，禁止栽植桧柏和龙柏等转主寄主，砍除少量桧柏等植物，是防治梨锈病最彻底有效的措施。

(2) 合理用药。无法清除转主寄主时，3 月上中旬梨树萌发前和春雨前剪除桧柏上的冬孢子角，或选用 2～3 波美度的石硫合剂、1∶2∶(160～200) 的波尔多液、15% 三唑酮可湿性粉剂 2 000 倍液等喷射桧柏，以抑制冬孢子萌发。梨树上用药，应在梨树萌芽至展叶后 25d 内喷药保护，一般应在梨萌芽期用第 1 次药，以后每隔 10d 左右用 1 次，酌情喷 1～3 次。药剂可选用 1∶2∶(160～200) 的波尔多液。开花后若遇降雨，可于雨后 1 周喷 20% 三唑酮乳油 2 000～2 500 倍液。

(3) 抗病品种的利用。在桧柏等转主寄主多、病害发生严重的地区，应考虑种植抗病品种。

（三）豆类锈病

菜豆、豇豆、蚕豆和豌豆等都有锈病发生，一年四季都能发生，其中以 4—7 月发生最多。病情严重时，叶面布满锈斑，叶片迅速干枯早落，减少采豆次数。

1. 症状 主要发生在叶片上，也为害叶柄、茎和豆荚。叶片染病，多在叶背产生黄白色微隆起的小疱斑，扩大后呈黄褐色，表皮破裂，散出红褐色粉末（夏孢子）。后期疱斑变为黄褐色，或在疱斑周围长出黑褐色冬孢子堆，表皮碎裂散出黑褐色粉末（冬孢子），严重时可使叶片枯黄早落。茎、荚和叶柄与叶片相似（图 5-13）。

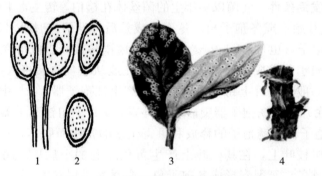

图 5-13 蚕豆锈病病原形态和症状
1. 冬孢子 2. 夏孢子 3. 叶片症状 4. 茎秆症状

2. 病原 病原有疣顶单胞锈菌，可侵染菜豆、绿豆、豇豆、小豆、扁豆等；蚕豆单胞锈菌可侵染蚕豆和豌豆，都属担子菌亚门单胞锈菌属。夏孢子单胞，椭圆形或卵圆形，橘黄色，表面有微刺；冬孢子短椭圆形，单胞，黄褐色，胞壁较厚，顶端有 1 个半透明乳头状突起，下端有 1 条略长于冬孢子的柄，胞壁平滑。

3. 发病规律及发病条件 病菌主要以冬孢子随病残体遗落在土表或附着在架材上越冬。南方夏孢子可周年传播为害。第 2 年条件适宜时冬孢子萌发长出担孢子，通过气流传播进行初侵染。田间通过夏孢子进行频繁的再侵染。生长后期，病部产生冬孢子堆越冬。

温度 16～26℃，相对湿度 95% 以上，高温、多雨、雾大、露重、天气潮湿极有利于锈病流行。菜地低洼、土质黏重、耕作粗放、排水不良或种植过密、插架引蔓不及时、田间通风透光状况差以及施用过量氮肥,均有利于锈病的发生。

4. 防治方法

(1) 轮作。与非豆类作物实行 2 年以上轮作。

(2) 加强田间管理。收获后清除田间病残体并集中烧毁,减少菌源,深沟高畦栽培,合理密植,科学施肥。

(3) 药剂防治。发病初期及时喷药防治。可选用的药剂有 80％代森锰锌可湿性粉剂 800 倍液、15％三唑酮可湿性粉剂 1 000 倍液等,每隔 6d 左右喷 1 次,连续喷 1~2 次。

四、炭疽病类

炭疽病是园艺植物上极为常见的一类病害,主要为害寄主植物叶片,有的也为害嫩枝、茎、花、果等部位。受害组织产生界线明显、稍微下陷、黄褐色或暗褐色的病斑,其主要症状特点是发病后期病斑上出现黑色小点,黑色小点一般呈轮纹状排列,潮湿条件下病部有粉红色、橙黄色或灰白色的黏孢子团出现,即为分生孢子堆。病菌为害肥厚组织时,可引起疮痂或溃疡。炭疽病的另一特点是有潜伏侵染的特点,寄主虽受侵染,但繁殖少不显示任何症状,当条件适宜时大量繁殖侵染显症,经常给园艺植物的引种造成损失。

万年青炭疽病

吊兰炭疽病

一叶兰炭疽病症状

(一) 兰花炭疽病

兰花炭疽病是一种分布广泛的病害,是我国四川、云南、贵州、江苏、浙江、广东、上海、北京、天津等地兰花上的重要病害。兰花素来有观叶似观花的评价,但炭疽病使兰花叶片上布满黑色的病斑,去除病斑后的兰花叶片长短不一,观赏性大大降低。发病严重时兰花整株死亡。

1. 症状 主要为害叶片,也为害果实。发病初期,叶片上出现黄褐色稍凹陷的小斑点,逐渐扩大为暗褐色圆形斑或椭圆形斑。发生在叶尖及叶缘的病斑多为半圆形或不规则形,叶尖端的病斑向下延伸,枯死部分可占整个叶片的 1/5~3/5。发生在叶基部的病斑大,导致全叶迅速枯死或整株死亡,病斑由红褐色变为黑色,病斑中央组织变为灰褐色,或有不规则的轮纹。有的品种病斑周围有黄色晕圈。后期病斑上有许多近轮状排列的黑色小点粒(即分生孢子盘)。潮湿条件下病斑上有粉红色的黏孢子团。病斑的大小、形状因兰花品种的不同而异。建兰上的病斑主要发生在叶尖端,病斑呈椭圆形或长条状。在绿云、寒兰、百岁兰等品种上,病斑多发生在叶缘或叶尖,病斑直径达 20mm 以上等。果实上的病斑不规则,稍长。

2. 病原 病原为兰花炭疽菌,属半知菌亚门腔孢纲刺盘孢属。分生孢子盘呈垫状,刚毛黑色,有数个隔。分生孢子梗短细,不分支,分生孢子呈圆筒状(图 5-14)。

图 5-14 兰花炭疽病病原形态和症状
1. 症状 2. 分生孢子盘、分生孢子及刚毛
(徐明慧,1993. 园林植物病虫害防治)

3. 发生规律及发病条件 病菌以菌丝体和分生孢子盘在病株残体、假鳞茎上越冬。翌年借风、雨、昆虫传播。一般自伤口侵入，幼嫩叶可直接侵入。潜育期 2~8 周。有多次再侵染。分生孢子萌发适温为 22~28℃。每年 3—11 月均可发病，4—6 月梅雨季节发病重。老叶 4—8 月发病，新叶 8—11 月发病。最适 pH 5~6，自由水有利于分生孢子萌发。

高湿闷热、天气忽晴忽雨、通风不良、花盆内积水均加重病害的发生。介壳虫危害严重时也有利于该病的发生。此外，喷灌提高环境湿度也是发病的重要因素。品种抗病性差异明显，春兰、寒兰、风寒兰、报春兰、大富贵等品种易感病；蕙兰抗性中等；台兰、秋兰、墨兰、建兰中的铁梗素较为抗病。

4. 防治方法

（1）农业防治。通过清除病残体，尤其是假鳞茎上的病叶残茬；生长季节及时剪除叶片上的病斑等减少侵染来源。改善环境条件，控制病害发生。花室要通风透光良好，降低湿度。夏季盆花放置在室外要搭荫棚；浇水忌用喷壶直接从植株上端淋水，最好用滴灌。

（2）药剂防治。病斑出现时开始喷药，生长季节喷 3~4 次基本上能控制病害的发生。常用药剂为 50% 多菌灵可湿性粉剂 500 倍液、70% 甲基硫菌灵可湿性粉剂 800 倍液或（0.5∶1∶100）~（1∶1∶100）的波尔多液。

（二）山茶炭疽病（赤枯病）

山茶炭疽病是庭园及盆栽山茶上普遍发生的重要病害。该病分布很广，美国、英国、日本等国均有报道。我国四川、江苏、湖南、云南、广州、天津、北京、上海等地均有发生，其中福州、昆明等市发生严重。炭疽病常引起早落叶、落蕾、落花、落果和枝条的回枯，削弱树势，减少切花产量。

山茶炭疽病症状

1. 症状 该病侵害山茶花地上部分所有器官，主要侵染叶片及嫩梢。老叶片对该病最敏感。发病初期叶片上出现浅褐色小斑点，逐渐扩大成为赤褐色或褐色病斑，近圆形，直径 5~15mm，或更大。病斑上有深褐色与浅褐色相间的线纹。雪山茶品种叶片上的病斑小，病斑边缘稍隆起，暗褐色。叶缘部分有许多病斑，叶缘和叶尖的病斑为半圆形或不规则形。病斑后期变为灰白色，边缘为褐色。病斑上轮生或散生着许多红褐色至黑色的小点粒，即病原菌的分生孢子盘，在湿度大的条件下，从黑色点粒内溢出粉红色黏孢子团（图 5-15）。

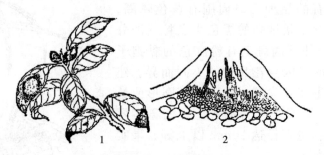

图 5-15 山茶炭疽病症状和病原形态特征
1. 症状 2. 分生孢子盘

枝梢发病时，叶片突然枯萎，但叶片不变色，数天后叶片逐渐变为暗绿色、橄榄色、棕绿色，最后枯死变成黑褐色。病叶常常留在枝条上，但容易破碎。主干和大枝条发病时，病斑迅速蔓延绕干一周，致使病斑以上的枝条变色和枯死。枝干上的溃疡斑，其长度为 6～25mm，大病斑同枝干是平行的。溃疡斑常具有同心轮纹。花器受侵染，鳞片上的病斑不规则，黄褐色或黑褐色，后期变为灰白色。分生孢子盘通常在鳞片的内侧。果皮上的病斑为黑色、圆形，病斑后期轮生黑色的点粒，果实容易脱落。

2. 病原 山茶炭疽菌有无性态及有性态之分。有性态为围小丛壳菌，比较少见。无性态为山茶炭疽菌，属半知菌亚门腔孢纲黑盘孢目刺盘胞属（炭疽菌属）。分生孢子萌发最适宜温度为 24℃（20～32℃），最适 pH 为 5.6～6.2；病原菌生长最适宜温度为 27～29℃。分生孢子盘直径 150～300μm；刚毛黑色，有 1～3 个分隔，大小为（30～72）μm×（4～5.5）μm；分生孢子长椭圆形，两端钝，单胞，无色，大小为（10～20）μm×（4～5.5）μm。

3. 发病规律及发病条件 病原菌以菌丝体和分生孢子盘在病枯枝落叶内，在叶芽、花芽鳞片基部、溃疡斑等处越冬。病原菌无性态在侵染中起着重要作用。该病有潜伏侵染的现象。分生孢子由风雨传播，自伤口侵入。但在自然界，病原菌可以从春季落叶的叶痕侵入，或从叶背茸毛处侵入。潜育期 10～20d，从卷叶虫咬食的伤口侵入潜育期短，只有 3～5d。

山茶炭疽病一般从 5 月开始发病，5—11 月为发病期，6—9 月为发病高峰期。高温、高湿、多雨有利于炭疽病的发生。高温烈日后遇上暴雨，常引起病害的爆发。另外，土壤贫瘠、黏重容易发病。施用氮、磷、钾的比例不当，通风不良，光照不足，均能加重炭疽病的发生。枝干上的病斑愈合后，如山茶生长在不良的条件下则病害仍可复发。山茶品种对炭疽病的抗病性有差异。据报道，日本山茶、茶梅、南山茶等品种容易感病。

4. 防治方法

（1）减少侵染来源。清除枯枝落叶，剪除有病枝条，应从病斑以下 5cm 的健康组织处剪掉，如果剪口处仍有变色斑点，必须向下再次修剪；剪口应用杀菌剂消毒。从健康无病的母树上采条，扦插繁殖无菌苗木。

（2）改善环境条件，促进山茶健康生长，增强植株抗病性。栽植山茶的基物要肥沃、排水良好，呈酸性（pH 5.0～6.5）。栽植地应设置在半阴的通风处，增施有机肥及磷、钾肥。

（3）药剂防治。春季新梢抽出后，喷洒 1% 波尔多液或 70% 甲基硫菌灵可湿性粉剂 800 倍液、50% 多菌灵可湿性粉剂 800 倍液、65% 代森锌可湿性粉剂 500 倍液，每隔 10～15d 喷 1 次药，雨过天晴后喷药效果最好。

（三）辣椒炭疽病

该病是辣椒上的主要病害之一，在多雨年份危害较重，常引起幼苗死亡、落叶、烂果等。

1. 症状 辣椒炭疽病可分为黑色炭疽病、黑点炭疽病和红色炭疽病 3 种，其症状比较可参阅表 5-1。

2. 病原 病原为辣椒炭疽菌，属半知菌亚门真菌。刺盘孢属的黑刺盘孢菌常引起辣椒黑色炭疽病，病斑上的黑色小点是病菌的分生孢子盘，周缘生暗褐色刚毛，有 2～4 个隔膜（图 5-16）。分生孢子梗为圆柱形，无色，单胞。分生孢子为长椭圆形，无色，单胞。从刺盘孢属的从刺盘孢菌常引起辣椒黑点炭疽病，分生孢子盘周缘及内部均密生刚毛，尤其在内部刚毛特别多，刚毛暗褐色，有隔膜，分生孢子为新月形，无色，单胞。盘长孢属的盘长孢菌常引起辣椒红色炭疽病，分生孢子盘排列成轮纹状，无刚毛，分生孢子为椭圆形，无色，单胞。

表 5-1 辣椒炭疽病 3 种症状比较

种类	症状特点
黑色炭疽病	较常见，主要为害叶片和果实。叶片上初产生水渍状褪绿斑，渐变成边缘深褐色、中央浅褐色或灰白色的圆形或不规则形病斑，病斑上轮生小黑点。果实上病斑为褐色，凹陷，长圆形或不规则形，有稍隆起的同心轮纹，上密生小黑点，病斑边缘有湿润的变色圈。病斑易干缩、破裂呈羊皮纸状
黑点炭疽病	仅在浙江、江苏、贵州等地发生，成熟果实受害重。症状似黑色炭疽病，但病斑上的黑点较大，颜色较深，潮湿时，小黑点可溢出粉红色黏质物
红色炭疽病	发生较少，幼果和成熟果均能受害。病斑水渍状，黄褐色，圆形，凹陷，其上着生橙红色小点，略呈同心环状排列，潮湿时，病斑表面溢出淡红色黏质物

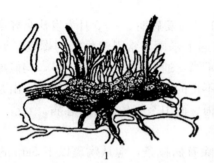

图 5-16 辣椒炭疽病病原形态和果实受害症状
1. 病原　2. 果实受害症状

3. 发病规律及发病条件　病菌均以菌丝体及分生孢子盘随病残体遗落在土中，或以菌丝体潜伏在种子内，或以分生孢子黏附在种子上越冬。翌年田间条件适宜时产生分生孢子，通过气流、雨水溅射、昆虫等传播，从伤口或寄主表皮直接侵入进行初侵染致病。病部产生分生孢子进行重复侵染。高温高湿（相对湿度在 95% 以上）条件下发病重，一般发育适温为 26℃，任何使果实损伤的因素也有利于发病。偏施、多施氮肥会加重发病，果实越成熟越易发病。

4. 防治方法

（1）留种与种子处理。要从无病留种株上采收种子，选用无病种子。播前要做好种子处理，可用 55℃ 温水浸种 5min，冷却后催芽播种；也可用 50% 多菌灵可湿性粉剂 500~600 倍液浸种 20min，用清水冲洗晾干后播种。

（2）合理轮作。与非茄科蔬菜实行 2~3 年轮作。

（3）加强栽培管理。管好肥水，合理密植，适时采收，注意田间卫生。

（4）药剂防治。发现病株及时喷药防治，可选用药剂有 10% 苯醚甲环唑水溶性颗粒剂 1 000~1 500 倍液、25% 咪鲜胺锰盐可湿性粉剂 1 000~1 500 倍液、60% 代森锰锌可湿性粉剂 600 倍液、65% 百菌清可湿性粉剂 600 倍液等喷雾。

(四）菜豆炭疽病

菜豆炭疽病主要为害菜豆，还能为害豇豆、蚕豆等豆类植物。炭疽病是菜豆的重要病害之一，在各地均有发生。

1. 症状 主要为害菜豆的豆荚，也为害叶片和茎蔓。苗期和成株期均可发病。幼苗子叶染病，初产生红褐至黑褐色圆形凹陷病斑，后腐烂。幼茎上初产生锈色小斑点，渐变为细条状，病斑凹陷龟裂。成株叶片染病多在叶背沿叶脉发展成三角形或多角形网状斑，病部叶脉凹陷。豆荚染病初产生红褐色至黑褐色小斑，后扩大为多角形或圆形斑，病斑中央灰色，四周红褐色。严重时，病菌可扩展到种子上。潮湿时，病部产生粉红色黏稠物，即病菌的分生孢子。

2. 病原 此病由半知菌亚门炭疽菌属菜豆炭疽菌侵染所致。分生孢子盘黑色，刚毛黑色，针状，有1~3个隔膜。分生孢子梗杆状，无色，单胞（图5-17）。有性态为子囊菌亚门菜豆小丛壳菌。

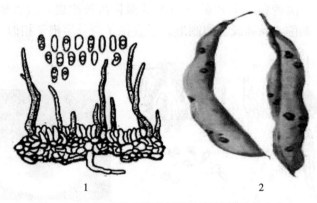

图5-17 菜豆炭疽病病原形态与果荚受害症状
1. 病原　2. 果荚受害症状

3. 发病规律及发病条件 病菌主要以菌丝潜伏在种皮下或以菌丝体随病残体在地面上越冬。翌年播种带病种子引致幼苗子叶或嫩茎染病，病部产生的分生孢子通过昆虫及风雨传播蔓延进行再侵染。豆荚染病，病菌透过荚壳进入种皮，致种子带菌，成为翌年初侵染源。气温16℃左右、相对湿度100%利于发病。温暖多湿或多雨、多露、多雾天气及地势低洼、密度过大、土壤黏重发病重。

4. 防治方法

（1）选用抗病品种，选留无病种子。一般蔓生种比矮生种抗病性强。从无病荚上采种，必要时进行种子消毒，用45℃温水浸种10min，然后晾干播种。也可用种子质量0.3%的50%福美双可湿性粉剂拌种。

（2）合理轮作。重病田与非豆科蔬菜实行2~3年轮作。

（3）加强田间管理。收获后及时清除病残体，合理密植，适时早播，深度适宜，间苗时注意剔除病苗，加强肥水管理。

（4）架材消毒。对旧架杆应在插架前用50%代森铵水剂1 000倍液喷淋灭菌。

（5）药剂防治。发病初期开始喷药，可选用25%咪鲜胺锰盐可湿性粉剂1 000倍液、40%百菌清悬浮剂600倍液、10%苯醚甲环唑水溶性颗粒剂1 000~1 500倍液、50%多菌灵可湿性粉剂800倍液、65%百菌清可湿性粉剂600倍液等药剂，每隔6~10d喷药1次，连续喷2~3次。

（五）苹果炭疽病

苹果炭疽病又称苦腐病、晚腐病，是苹果果实的重要病害。各苹果产区均有发生，在黄河故道及其以南地区危害严重。该病害除为害苹果属果树外，还能为害梨、葡萄等多种果树。

1. 症状　该病主要为害果实。发病初期果面上产生淡褐色斑点，扩大后呈圆形病部下陷，果实软腐，并呈圆锥状向果心发展。当病斑扩大到1～2cm时，病斑表面形成许多黑色小粒点，呈同心轮纹状排列，潮湿时从小黑点上溢出粉红色黏液。一个病斑可扩展到果面的1/3～1/2，一个病果上病斑数量不等，有的可多达几十个，但只有少数病斑扩大，其余病斑大小只有1～2mm，病果易脱落。也有少数病果失水干缩成黑色僵果，留于树上经久不落。

2. 病原　有性世代为围小丛壳菌，属子囊菌亚门核菌纲小丛壳属。无性世代为果生盘长孢菌和胶孢炭疽菌，前者属于半知菌亚门黑盘孢目盘长孢属，后者属半知菌亚门炭疽菌属。分生孢子单胞，无色，椭圆或长卵圆形。子囊孢子与分生孢子相似（图5-18）。

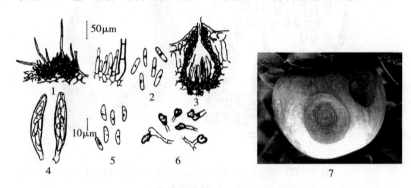

图5-18　苹果炭疽病病原形态与果实受害症状
1. 分生孢子盘　2. 分生孢子梗及分生孢子　3. 子囊壳　4. 子囊　5. 子囊孢子　6. 附着胞　7. 果实受害症状

3. 发生规律及发病条件　主要以菌丝体在树上病僵果、病枯枝、病果台上等部位越冬。翌年春天产生分生孢子，借雨水和昆虫传播。分生孢子萌发通过角质层或皮孔、伤口侵入果肉，病菌孢子从幼果期即可侵入，有潜伏侵染特性，到近成熟期或贮藏期发病，病害有多次再侵染。菌丝在细胞间生长，分泌果胶酶，引起果腐。黄河故道果区5月底至6月初就可见到病果，6—8月为发病盛期。

田间发病有明显的发病中心，以树上残留僵果及病果台下面发病最明显。发病与降水关系密切，特别是雨后高温更有利于病害流行。树势弱、树冠郁闭、通风不良、土壤黏重的果园病害发生严重。品种不同，抗病性不同，红玉、鸡冠、祥玉等发病早而重，祝光、金冠、元帅、大国光、秦冠、印度、国光、红星发病较轻，伏花皮、黄魁等早熟品种很少发病。

4. 防治方法

（1）清除越冬菌源，控制中心病株，结合冬剪剪除树上病僵果、病果台、病枯枝、爆皮枝。发现中心病株，清除干枯果和小僵果、病果。夏、秋季摘除树上病果。

（2）深翻改土，控制结果量，改造树体的通风透气条件，及时中耕除草。

（3）药剂防治。果树发芽前，全树喷40%福美胂可湿性粉剂100倍液。落花后10d喷第1次药，以后每隔15～20d喷药1次，到8月中旬结束。常用药剂有50%胂·锌·福美双可湿性粉剂 600～800 倍液、60%甲基硫菌灵可湿性粉剂 800 倍液、1：(2～3)：200 的波尔多液。波尔多液在雨季与其他药剂应交替使用。

(六) 葡萄炭疽病

葡萄炭疽病又名晚腐病，是葡萄的重要病害之一。在我国南北各地都有分布。

1. 症状　主要发生在着色或近成熟的果实上，但病菌也能侵染绿果、蔓、叶和卷须等，表现不明显症状。着色后的果实发病，初在果面产生很小的褐色圆形斑点，其后病斑逐渐扩大，并凹陷，在表面逐渐长出轮纹状排列的小黑点。天气潮湿时，病斑上长出粉红色黏状物（这是该病的典型特征）。发病严重时，病斑可以扩展到半个或整个果面，果粒软腐，易脱落，或逐渐干缩成为僵果（图 5-19）。果穗及穗轴发病，产生暗褐色长圆形凹陷病斑，影响果穗生长，发病严重时使全穗果粒干枯或脱落。

葡萄炭疽病的诊断与防治

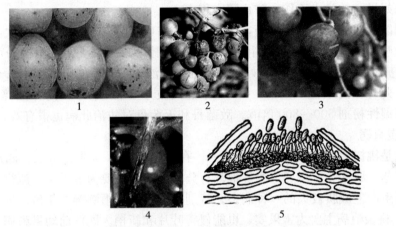

图 5-19　葡萄炭疽病症状和病原形态
1～3.果实受害症状　4.果梗受害症状　5.病原（分生孢子盘及分生孢子）

2. 病原　有性阶段为围小丛壳菌，属子囊菌亚门小丛壳属，在自然条件下很少发现。无性阶段为果生长盘圆孢菌、葡萄刺盘孢菌和胶孢炭疽菌，属半知菌亚门。分生孢子盘橙红色，分生孢子圆筒形，两端钝圆，单胞，无色。

3. 发生规律及发病条件　病菌主要以菌丝体在一年生枝蔓表层组织及病果上越冬，也可在叶痕、穗梗及节部等处越冬。翌春环境条件适宜时，产生大量的分生孢子，借助风雨、昆虫传到果穗上引起初侵染。在河南从 5—6 月开始，每下一场雨即产生一批分生孢子，孢子发芽直接侵入果皮或通过皮孔、伤口侵入。潜育期因受侵染时期不同而异，幼果期侵入潜育期长达 20d，一般为 10d 左右，近成熟期侵染只需 4d。潜育期的长短除温度影响外，与果实内酸、糖的含量有关，酸含量高病菌不能发育，也不能形成病斑。熟果含酸量少，含糖量增加，病菌发育好，潜育期短。所以一般年份，病害从 6 月中下旬开始发生，以后逐渐增多，6—8 月果实成熟时，病害进入盛发期。

一年生枝蔓上潜伏带菌的病部，越冬后于环境条件适宜时产生分生孢子。它在完成初侵染后，随着蔓的加粗与病皮一起脱落，又在当年生蔓上形成新的越冬部位，这就是该病菌在葡萄上每年出现的越冬场所的交替现象。二年生蔓的皮脱落后即不带菌，老蔓也不带菌。

病菌生长的适宜温度为 20～30℃。病菌产生孢子需要一定的温度和湿度，孢子形成的

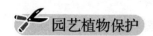

最适温度为28~30℃，在此温度下经24h即出现孢子堆；15℃以下也可产生孢子，但所需时间较长。产生分生孢子所需湿度以能湿润组织为度。炭疽病菌分生孢子外围有一层水溶性胶质，分生孢子团块只有遇水后才能散开并传播出去。孢子萌发的最适温度为28~32℃，并需要较高的湿度。所以，夏季多雨，发病常严重。

一般果皮薄的品种发病较重；早熟品种可避病，而晚熟品种往往发病较严重。此外，果园排水不良、架式过低、蔓叶过密、通风透光不良等环境条件都有利于发病。

4. 防治方法

（1）搞好清园工作。结合修剪，清除留在植株上的副梢、穗梗、僵果、卷须等，并把落于地面的果穗、残蔓、枯叶等彻底清除，集中烧毁，以减少果园内病菌的来源。

（2）加强栽培管理。生长期要及时摘心和处理副梢，及时绑蔓，使果园通风透光良好，以减轻发病。注意合理施肥，氮、磷、钾三要素应适当配合，增施钾肥，以提高植株的抗病力。雨后要搞好果园的排水工作，防止园内积水。

（3）药剂防治。幼果期开始喷药，每隔15d左右喷1次，连续喷3~5次，葡萄采收前半个月应停止喷药。防治葡萄炭疽病的药剂以50%胂·锌·福美双可湿性粉剂800~1 000倍液及5%甲基胂酸铁铵500倍液较好。为了提高药液的黏着性能，可加入0.03%的皮胶或其他黏着剂。此外，可喷洒1∶0.5∶200等量式波尔多液或65%代森锰锌可湿性粉剂、65%百菌清可湿性粉剂500~800倍液。敌菌丹和灭菌丹对防治此病也很有效。

（七）桃炭疽病

桃炭疽病是桃树果实上的重要病害之一，在我国辽宁、河北、山东、四川、云南、贵州、湖北、江苏、浙江、广东、上海等地都有分布。该病主要为害果实，流行年份造成严重落果，是桃树生产上威胁较大的一种病害。特别是幼果期多雨潮湿的年份，损失更为突出。

1. 症状 桃炭疽病主要为害果实，也能侵害叶片和新梢。硬核前幼果染病，初期果面产生淡褐色水渍状斑，继后随果实膨大，病斑也扩大成圆形或椭圆形，呈红褐色并显著凹陷。气候潮湿时，在病斑上长出橘红色小粒点。被害果除少数干缩而残留枝梢外，绝大多数都在5月脱落，这是桃树被害前后引起脱落最严重的一次，重者落果占全树总果数的80%以上，个别果园甚至全部落光。果实近成熟期发病，果面症状除与前述相同外，其特点是果面病斑显著凹陷，呈明显的同心环状皱缩，并常愈合成不规则大斑，最后果实软腐，多数脱落。

新梢被害后，出现暗褐色略凹陷的长椭圆形病斑。气候潮湿时，病斑表面也可长出橘红色小粒点。病梢多向一侧弯曲，叶片萎蔫下垂，纵卷成筒状。严重的病枝常枯死。在芽萌动至开花期间，枝上病斑发展很快，当病斑环绕一圈后，其上段枝梢即枯死。因此，炭疽病严重的桃园在开花前后还会出现大批果枝陆续枯死的现象。

2. 病原 病原菌为桃炭疽盘长孢菌，属于半知菌亚门腔孢纲盘长孢属。病菌主要以菌丝体在病梢组织内越冬，也可在树上僵果中越冬。翌年早春产生分生孢子，随风雨、昆虫传播，侵害新梢和幼果，引起初次侵染。

3. 发生规律及发病条件 该病为害时间较长，在桃的整个生长期都可侵染为害。浙江一般在4月下旬，幼果开始发病，5月为发病盛期，受害最烈，常造成大量落果，6月病情基本停止发展。但果实接近成熟期如遇高温多雨气候，发病也严重。北方一般于5—6月开始发病，若果实成熟期多雨，发病常严重。

病菌入侵寄主后，菌丝先在寄主细胞间蔓延，后在表皮下形成分生孢子盘及分生孢子，成熟后突破表皮，孢子盘外露，分生孢子被雨水溅散或由昆虫传播，引起再次侵染。病菌发育最适温度为24～26℃，最低4℃，最高33℃。分生孢子萌发最适温度为26℃，最低9℃，最高34℃。

桃品种间的抗病性有很大差异，一般早熟种和中熟种发病较重，晚熟种发病较轻。早生水蜜、水林、太仓、锡蜜、六林甜桃以及罐桃5号、14号等均为易感病品种；白凤、橘早生次之；岗山早生、玉露、白花等抗病力较强。桃树开花及幼果期低温多雨，有利于发病；果实成熟期则以温暖、多云多雾、高湿的环境下发病较重；管理粗放、留枝过密、土壤黏重、排水不良以及树势弱的果园发病都较重。

4. 防治方法 防治必须抓早和及时，在芽萌动到开花期要不失时机地及时剪去陆续出现的枯枝，同时抓紧在果实最易感病的4月下旬至5月进行喷药保护，这是防治该病的关键性措施。

（1）消除菌源。结合冬季修剪，彻底清除树上的枯枝、僵果和地面落果，集中烧毁，以减少越冬菌源。芽萌动至开花前后要反复地剪除陆续出现的病枯枝，并及时剪除以后出现的卷叶病梢。

（2）加强果园管理。注意果园排水，降低湿度，增施磷、钾肥料，提高植株抗病力。发病严重的地区可选栽岗山早生、白花等抗病性较强的品种。

（3）药剂防治。重点是保护幼果和消灭越冬菌源。用药时间应抓紧在雨季前和发病初期进行。芽萌动期喷1∶1∶100的波尔多液或3～4波美度的石硫合剂混合0.3%五氯酚钠。落花后至5月下旬，每隔10d左右喷药1次，共喷3～4次。其中以4月下旬至5月上旬的两次最重要。药剂可用60%甲基硫菌灵可湿性粉剂1 000倍液、80%炭疽福美可湿性粉剂800倍液、50%克菌丹可湿性粉剂400～500倍液或50%胂·锌·福美双可湿性粉剂1 000倍液。胂·锌·福美双对某些品种易发生药害，可降低浓度至1 500倍液。

五、煤污病

煤污病是园艺植物上的常见病害，是由吸汁害虫如蚜虫、介壳虫引起的病害。在南方各省份普遍发生，温室及大棚栽培的植物上也时常发病。发病部位的黑色"煤烟层"是煤污病的典型特征。由于叶面布满了黑色"煤烟层"，使叶片的光合作用受到抑制，既削弱植物的生长势，又影响植物的产量和品质。

1. 症状 主要为害植物的叶片，也能为害嫩枝、花器等部位。病菌的种类不同，引起的煤污病的病状也略有差异，但发病部位的黑色"煤烟层"是各种煤污病的典型特征（图5-20）。由于煤污病的病原菌种类多，症状上有许多差异。如枝孢霉引起的煤污病，发病初期叶片上散生着霉点，而后霉点相连成片为黑褐色霉层。又如散播烟霉引起的煤污病，发病初期叶片上着生着疏松的黑色小斑点，而后相连成片，形成质地较硬的黑色煤粉层。煤炱煤污病的煤粉层呈片状，煤粉层厚易剥落。

山茶煤污病症状

2. 病原 引起煤污病的病原菌种类很多，常见的病菌其有性阶段为子囊菌亚门核菌纲小煤炱菌目小煤炱菌属的小煤炱菌；子囊菌亚门腔菌纲座囊菌目煤炱菌属的煤炱菌。小煤炱菌为高等植物上的专性寄生菌，菌丝体生于植物表面，黑色，有附着枝，并以吸器伸入到寄主表皮细胞内吸取营养。煤炱菌主要依靠蚜虫、介壳虫的

紫薇煤污病症状

图 5-20 山茶煤污病症状及病原菌形态
1. 症状 2. 闭囊壳

分泌物生活，表生的菌丝体由圆形细胞组成，菌丝体上常有刚毛。其无性阶段为半知菌亚门丝孢菌纲丛梗孢目烟霉属的散播霉菌和枝孢霉属的枝孢霉菌。煤污病病原菌常见的是无性阶段，散播霉菌的菌丝匍匐于叶面，分生孢子梗暗色，分生孢子顶生或侧生，变化较大，有纵横隔膜进行砖状分隔，暗褐色，常形成孢子链，为煤炱属或小煤炱属的无性态。该菌与蚜虫所分泌的蜜露有关系。

杜鹃煤污病症状

3. 发病规律及发病条件 病菌主要以菌丝体、分生孢子或子囊孢子在病部及病落叶上越冬，成为翌年的初侵染源。翌年温湿度适宜，叶片及枝条表面有植物的渗出物、蚜虫的蜜露、介壳虫的分泌物时，分生孢子和子囊孢子就可萌发并在其上生长发育。菌丝和分生孢子可由气流、蚜虫、介壳虫等传播，进行再次侵染。病菌以昆虫的分泌物或植物的渗出物为营养，或以吸器直接从植物表皮细胞中吸取营养。病原菌寄生在蚜虫、粉虱、介壳虫等昆虫的排泄物上及分泌物上，或植物自身的分泌物上，也有的通过吸器寄生在寄主上。

病害的严重程度与温度、湿度、立地条件及蚜虫、介壳虫的关系密切。温度适宜，湿度大，通风透光差，发病重；栽植过密，环境阴湿，发病重；蚜虫、介壳虫等害虫发生猖獗也能加重煤污病的发生。在露天栽培的情况下，一年中煤污病的发生有春、秋两次高峰，即3—6月和9—12月。温室栽培的园艺植物，煤污病可整年发生。

4. 防治方法 及时防治蚜虫、介壳虫的为害是防治本病的重要措施。

（1）农业防治。防止园艺植物栽植过密，对寄主植物进行适度适时修剪、整枝，改善通风透光条件，以便降低湿度从而减少病害的发生。

（2）药剂防治。喷杀虫剂防治蚜虫、介壳虫等害虫的为害（详见蚜虫、介壳虫的防治），减少其排泄物或蜜露，从而达到防病的目的。在植物休眠季节喷施3~5波美度的石硫合剂，杀死越冬的病菌；发病季节喷施0.3波美度的石硫合剂，有杀虫治病的效果，从而减轻病害的发生。

六、叶斑病类

每一种园艺植物都有许多斑点病，广义地说，锈病、炭疽病等凡是造成叶部病斑的都是叶斑病。但通常所说的叶斑病，主要是指由真菌中半知菌亚门丝孢纲和腔孢纲球壳目及部分子囊菌亚门中的一些真菌以及细菌、线虫等病原物所致病害。叶斑病是叶片因组织受到病菌的局部侵染而形成各种类型斑点的一类病害的总称。叶斑病种类很多，可因病斑的色泽、形状、大小、质地、有无轮纹的形成等因素分为黑斑病、褐斑病、圆斑病、角斑病、斑枯病、轮斑病等。这类病害的后期往往在病斑上产生各种小颗粒或霉层。叶斑病严重影响叶片的光合作用效果，并导致叶片的提早脱落，影响植物的生长和观赏效果。

（一）月季黑斑病

月季黑斑病为世界性病害，是蔷薇、月季、玫瑰上最为常见的病害，全世界所有种植月季、玫瑰的地区都有发生。该病还为害黄刺玫、金樱子等蔷薇属中的多种植物。

1. 症状 主要为害月季的叶片，也侵害花梗、叶柄、叶脉、嫩茎、嫩梢等部位。发病初期，叶片正面出现褐色小斑点，逐渐扩展成放射状近圆形病斑，直径为2～12mm，病斑黑紫色，其外常有一黄色晕圈，边缘有绒状菌丝围绕，是该病的特征性症状。后期病斑上出现许多黑色小颗粒（即分生孢子盘）。有的月季品种病斑周围组织变黄，有的品种在黄色组织与病斑之间有绿色组织，称为"绿岛"（图5-21）。由于受害叶中乙烯含量较高，致使叶片黄化和过早脱落，影响植株的生长和花的数量、质量，并降低植株的抗病、抗冻害能力，最终导致植株的过早衰败。嫩梢上的病斑为紫褐色的长椭圆形斑，后变为黑色，病斑稍隆起。叶柄、叶脉上的病斑与嫩梢上的相似。花蕾上的病斑多为紫褐色的椭圆形斑。

月季黑斑病叶片

 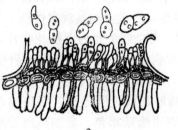

月季黑斑病造成叶片提早脱落成光杆

图5-21 月季黑斑病症状及病原菌形态
1. 症状（绿岛） 2. 分生孢子盘及分生孢子

2. 病原 病原菌是蔷薇盘二孢菌，属半知菌亚门腔孢纲黑盘孢目盘二孢属。分生孢子梗呈短柱状，无色。分生孢子呈长卵圆形或椭圆形，无色，双胞，分隔处稍缢缩，两个细胞大小不等，直或略弯曲，葫芦形或近椭圆形。

3. 发生规律及发病条件 病原菌的越冬方式因栽植方法而异。露地栽培，病菌以菌丝体在芽鳞、叶痕等处越冬，或以分生孢子盘在病枝和枯枝落叶上越冬。温室栽培则以分生孢子和菌丝体在病部越冬。翌年春天产生分生孢子，借雨水或喷灌水飞溅传播，由表皮直接侵入，进行初侵染，昆虫也可传播，生长季节有多次再侵染。在潮湿情况下，温度为26℃左右，叶片上的分生孢子6h之内可萌发侵入，在温度为22～30℃及其他适宜条件下，潜伏期最短3～4d，一般为6～14d，接种15d后产生子实体。

阳光不足，通风透气不良，肥水不当，多雨、多雾、多露，雨后闷热均有利于发病。植物生长不良，尤其是刚移栽的植株发病重。露地栽培株丛密度大，或花盆摆放太挤，偏施氮肥，以及采用喷灌或"滋"水的方式浇水，地面残存病枝落叶等均会加重病害的发生。一般地区5—6月开始发病，7—9月为发病盛期。月季黑斑病每年发生的早晚及危害程度与当年降水的早晚、降水次数、降水量密切相关。老叶较抗病,新叶较易感病,展开6~14d的叶片最易感病。所有的月季栽培品种均可受侵染,但抗病性差异明显。艳阳天、和平、茶香、金枝玉叶等月季品种易感病,伊丽莎白、热带之王、墨龙等月季品种较抗病,月亮花、黄色无瑕、粉色无瑕等品种为高抗病品种。

4. 防治方法

(1) 每年秋季彻底清除枯株落叶,结合冬季修剪剪除有病枝条和病株并烧毁,减少侵染来源。可选用抗病良种。

(2) 合理施肥,增施磷、钾肥,适度修剪,松土培土,提高根系活力,提高长势,增强植株抗病力。清沟排涝,不用喷淋方法浇水,最好采用滴灌、沟灌或沿盆边浇水。

(3) 休眠期喷洒五氯酚钠2 000倍液或1%硫酸铜溶液杀死病残体上的越冬菌源。翌年春在月季、玫瑰萌发前喷晶体石硫合剂100倍液。发病初期喷洒1∶1∶200波尔多液,发病严重时期交替喷75%百菌清可湿性粉剂600倍液、50%炭疽福美可湿性粉剂或50%复方硫菌灵可湿性粉剂800倍液等,雨季每7d喷1次,平常生长期和梅雨季节每7~10d喷1次,连喷4~5次,可控制病害蔓延。

(二) 樱花褐斑穿孔病

樱花褐斑穿孔病发生普遍,日本等国早有报道。该病在我国也发生普遍,上海、南京、西安、太原、苏州、天津、成都、济南、长沙、连云港、武汉、台湾等地均有发生。褐斑病引起樱花叶片穿孔早落,严重影响其观赏性。

樱花褐斑穿孔病症状

1. 症状 褐斑病主要为害樱花叶片,也侵染嫩梢。发病初期,叶片正面出现针尖大小的紫褐色小斑点,逐渐扩大形成直径为8~5mm的圆形斑或近圆形斑。病斑褐色至灰白色,病斑边缘紫褐色。后期病斑着生小霉点,即病原菌的分生孢子及分生孢子梗。病原菌的侵入刺激寄主组织产生离层使病斑脱落,呈穿孔状,穿孔边缘整齐(图5-22)。

2. 病原 该病的病原菌是核果尾孢菌,属半知菌亚门丝孢纲丛梗孢目尾孢属。多根分生孢子梗丛生,有时密集成束,橄榄色,有1~8个分隔,有0~3处明显的膝状屈曲。分生孢子橄榄色,倒棍棒形,直或稍弯,有1~7个横隔,大小为(30~115)μm×(2.5~5.0)μm。有性态为樱桃球壳菌,但在我国有性态罕见。

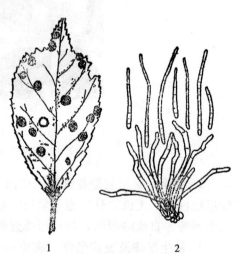

图5-22 樱花褐斑穿孔病症状及病原菌形态
1. 症状 2. 分生孢子及分生孢子梗

3. 发生规律及发病条件 病原菌以菌丝体在枝梢病部或者以子囊壳在病落叶上越冬,孢子由风雨传播,从气孔侵入。该病通常先在老叶上发生,或树冠下部先发病,逐渐向树冠上部扩展。日本樱花每年6月前后开始发病,8—9月危害严重,10月上旬病斑上有子囊壳形成。大风、多雨的年份发病严重;夏季干旱,树势衰弱发病也重。日本樱花和日本晚樱等树种抗病性弱,发病重。该病还侵害樱桃、桃等核果类果树。

4. 防治方法

（1）减少侵染来源。冬季清园，秋季清除病落叶，剪除有病枝条，并集中处理，减少初侵染源。春季发芽前喷洒5波美度的石硫合剂杀死越冬菌源。

（2）从健康无病的植株上取条，扦插繁殖无病苗木。育苗床要远离发病的苗圃。加强检疫，避免从重病区引入苗木。

（3）加强养护管理，增强树势，控制病害发生。适地适树，不在风口区栽植樱花，必要时设风障保护；增施有机肥及磷、钾肥，尤其是夏季干旱时，及时浇灌。在排水良好的土壤上建造苗圃。种植密度要适宜，以便通风透光，降低叶片湿度。

（4）药剂防治。在展叶前后喷洒65%代森锌可湿性粉剂500倍液、70%甲基硫菌灵可湿性粉剂1 000倍液、1%等量式波尔多液、50%多菌灵可湿性粉剂500倍液等。每7～10d喷1次药，连续喷3～4次，基本上可以控制病害的发生。

（三）桂花叶斑病

桂花叶斑病是桂花叶片上各种叶斑病的总称。我国广州、杭州、南京、上海、济南、福州、北京等地均报道过桂花的各种叶斑病，如褐斑病、枯斑病、炭疽病等。桂花叶斑病引起早落叶，削弱植株长势，降低桂花产花量，造成经济损失。尽管桂花叶斑病的种类较多，但防治方法基本上相同，下面介绍我国桂花上常见的几种病害及防治措施（表5-2）。

桂花叶斑病
（黑点为分生孢子器）

表5-2 几种桂花叶斑病的病害特点比较及防治措施

项目	桂花褐斑病	桂花枯斑病	桂花炭疽病
症状	发病初期，叶片上出现褪绿小黄斑点，逐渐扩展成为近圆形或不规则形病斑。病斑黄褐色至灰褐色，病斑外围有一黄色晕圈。后期病斑上着生黑色霉状物（分生孢子及分生孢子梗）	多从叶缘、叶尖端侵入。发病初期，叶片上出现褐色小斑点，逐渐扩大成圆形或不规则大病斑。病斑灰褐色至红褐色，边缘为鲜明的红褐色。发病后期病斑上产生许多黑色小粒点（分生孢子器）	侵染叶片。发病初期，叶片上出现褪绿小斑点，逐渐扩大后形成圆形、椭圆形病斑。病斑浅褐色至灰白色，边缘有红褐色环圈。后期病斑上产生黑色小粒点（分生孢子盘）。潮湿的条件下，病斑上出现淡红色的黏孢子团
病原	半知菌亚门丝孢纲丛梗孢目尾孢属木犀生尾孢菌	半知菌亚门腔孢纲球壳孢目叶点霉属木犀生叶点霉菌	半知菌亚门腔孢纲黑盘孢目炭疽菌属胶孢炭疽菌
发生规律	以菌丝块在病叶、病落叶上越冬，分生孢子由气流和雨滴传播。一般发生在4—10月，老叶比嫩叶易感病	以分生孢子器在病落叶上越冬，由风雨传播。高温、高湿、通风不良的环境条件有利于病害的发生	以分生孢子盘在病落叶中越冬，分生孢子由风雨传播。多发生在4—6月
防治措施	减少侵染来源，秋季彻底清除病落叶，盆栽的桂花要及时地摘除病叶。重病区的苗木出圃时用1 000倍的高锰酸钾溶液浸泡消毒。加强栽培管理，控制病害的发生。选择肥沃、排水良好的土壤或基质栽植桂花；增施有机肥料及钾肥；栽植密度要适宜，以便通风透光，降低叶面湿度，减少病害的发生。发病初期喷洒1∶2∶200倍的波尔多液或50%苯菌灵可湿性粉剂1 000～1 500倍液、50%多菌灵可湿性粉剂1 000倍液等		

（四）杜鹃褐斑病

杜鹃褐斑病又名角斑病，是杜鹃上常见的重要病害之一。该病在我国分布广泛，江苏、江西、广东、安徽、江西等地均有发生。

1. 症状 主要侵染叶片。发病初期，叶片上出现红褐色小斑点，逐渐扩展为近圆形或多角形病斑，病斑褐色或红褐色，正面比反面颜色深。后期病斑中央组织变为黄白至灰白色，边缘深褐色。潮湿条件下，病斑上着生许多灰褐色霉点，即病原菌的分生孢子梗及分生孢子（图5-23）。发病严重时病斑相互汇合，引起叶片枯黄早落。

2. 病原 病原为杜鹃花假尾孢菌，属半知菌亚门丝孢目假尾孢属，异名为杜鹃尾孢菌，属半知菌亚门丛梗孢目尾孢属。分生孢子梗淡褐色，密集成束。分生孢子呈鞭状，稍弯曲，基部略宽钝圆，顶部较尖，成熟后具多个隔膜。

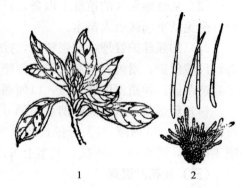

图5-23 杜鹃褐斑病症状及病原菌形态
1. 症状 2. 分生孢子及分生孢子梗

3. 发生规律及发病条件 病原菌以菌丝体在病叶或病残体上越冬，翌年形成分生孢子，借风雨传播，成为初侵染源。分生孢子自伤口侵入，生长季节可多次侵染。该病一般于5月中旬开始发病，6—7月为发病高峰期。褐斑病的盛发期因杜鹃品种、地区气象条件不同而异。如南京的报道，在西洋杜鹃上褐斑病有3个发病高峰期，即5月中旬、9月上旬及11月上旬，而在小叶杜鹃上则分别为7月上旬、9月中旬及11月中旬。温室条件下栽培的杜鹃可周年发病。

雨水多、雾多、露水重有利于发病，因为分生孢子只有在水滴中才能萌发。通风透光不良、管理粗放、植株生长不良、梅雨及台风等环境条件下均能加重病害的发生。不同品种的杜鹃对褐斑病的抗病性差异显著。一般西杜鹃比东杜鹃易感病，满山红、映山红等最易感病，白花杜鹃、玫瑰红等为高抗病品种。

4. 防治方法

（1）减少侵染来源，秋季彻底清除病落叶并集中处理，生长季节及时摘除病叶，改善环境条件。

（2）杜鹃栽植或盆花摆放密度要适宜，以便通风透光，降低叶面湿度。夏季盆花放在室外的荫棚内，以减少日灼和机械损伤等造成的伤口。

（3）药剂防治。杜鹃开花后立即喷洒65%代森锌可湿性粉剂500～600倍液、50%多菌灵可湿性粉剂500～800倍液或70%甲基硫菌灵可湿性粉剂1 000倍液，每10～14d喷1次，连续喷2～3次，防治效果较好。

（五）豇豆煤霉病

豇豆煤霉病是豇豆常见的主要病害之一，在各地菜区均有发生，危害较重，对产量影响较大。该病除为害豇豆外，还可为害菜豆、蚕豆、豌豆、大豆等豆科蔬菜。

1. 症状 主要为害叶片。叶片染病后两面初生赤褐色小点，后扩大成直径为1～2cm、近圆形或多角形的褐色病斑，病健交界不明显。潮湿时，病斑上密生灰黑色霉层，尤以叶片背面显著，即病菌的分生孢子梗和分生孢子（图5-24）。严重时，病斑相互连片，引起早期落叶,仅留顶端嫩叶。病叶变小,病株结荚减少。

图5-24 豇豆煤霉病症状及病原形态
1. 病叶正面　2. 病叶背面　3. 分生孢子梗和分生孢子

2. 病原　此病由半知菌亚门真菌豆类煤污尾孢菌侵染所致。分生孢子梗从气孔伸出,直立不分支,丛生,具1~4个隔膜,褐色;分生孢子鞭状,上端略细,下端稍粗大,淡褐色,具3~16个隔膜。病菌发育的温度为6~35℃,最适温度为30℃。

3. 发生规律及发病条件　豇豆煤霉病以菌丝块随病残体在田间越冬。翌年当环境条件适宜时,在菌丝块上产生分生孢子,通过风雨传播进行初侵染,引起发病。病部产生的分生孢子可进行多次再侵染。田间高温、高湿或多雨是发病的重要条件,当温度为25~30℃、相对湿度在85%以上或遇高湿多雨、通气不良则发病重。连作地或播种过晚发病重。

4. 防治方法

(1) 合理轮作。与非豆科作物实行2~3年轮作。

(2) 加强田间栽培管理。施足腐熟的有机肥,采用配方施肥;合理密植,田间通风透光,防止湿度过大。保护地要通风,排湿降温。及时摘除病叶,收获后清除病残体,集中烧毁或深埋。

(3) 药剂防治。发病初期喷施60%甲基硫菌灵可湿性粉剂1 000倍液、66%氢氧化铜可湿性粉剂1 000倍液等药剂,每隔10d左右喷1次,连续喷2~3次。

(六) 番茄早疫病

番茄早疫病又称轮纹病,是番茄的重要病害之一。我国山东、广东、湖北、江苏、上海、浙江等地都有发生。该病主要为害番茄、茄子、甜(辣)椒、马铃薯等茄科蔬菜。通常保护地内在苗期发病较重,露地番茄上一般在植株生长后期危害相对较重。发病严重时,引起落叶、落果和断枝,对产量影响大,可减产30%以上。

1. 症状　番茄早疫病菌主要为害叶片,也能为害茎、叶柄和果实。从苗期到成株期均可发病。受害叶片初期出现水渍状暗绿色病斑,扩大成近圆形或不规则形,上有同心轮纹(图5-25),潮湿条件下长出黑霉。病斑大多从植株下部叶片开始,逐步向上部叶片发展,严重时,下部叶片萎蔫、枯死。叶柄、茎秆和果实发病,初为暗褐色椭圆形病斑,扩大后稍有凹陷,并出现黑霉和同心轮纹。

2. 病原　由半知菌亚门链格孢属茄链格孢菌侵染所致。分生孢子呈长棍棒状,黄褐色,有纵横隔膜,顶端有细长的嘴胞,嘴胞有数个横隔膜。病菌生长温度范围广(1~45℃),最适温度为26~28℃。

3. 发生规律及发病条件　病菌主要以菌丝体或分生孢子随病残体在土壤中越冬,或以

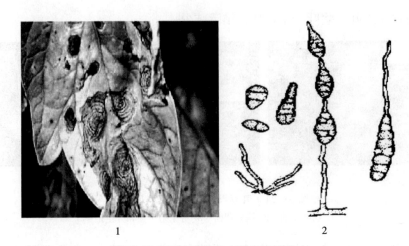

图 5-25 番茄早疫病症状和病原形态
1. 病叶症状 2. 分子孢子梗和分生孢子

分生孢子附着在种子表面越冬，成为翌年的初侵染源。分生孢子靠气流、雨水和农事作业传播，萌发后从气孔、皮孔、伤口侵入寄主，也可从表皮直接侵入。病部产生分生孢子进行多次再侵染。高温（26～28℃）、高湿（相对湿度 90％ 以上）有利于发病。多雨、多雾天气常引起病害流行。连作、排水不良的田块发病较早、较重。栽培上种植过密、通风透光差、管理粗放、大水大肥浇施的田块发病重。番茄的生育期及与发病有关系的作物进入开花坐果期，常是发病始期；果实采收初期是发病高峰期。

4. 防治方法

（1）合理轮作。与非茄科作物实行 2 年以上的轮作。

（2）选种无病壮苗。选择连续 2 年未种过茄科作物的土壤育苗，种子进行消毒，苗期做好病害防治，剔除病苗，定植无病壮苗。

（3）加强管理，合理密植。加强大棚、温室的温湿度管理，浇水要在晴天上午进行，及时通风，防止湿度过大、温度过高，避免叶面结露。增施基肥可减轻发病。铺盖地膜对减轻前期发病有较好的效果。

（4）药剂防治。早疫病菌潜育期短，药剂防治要掌握防治适期，应在发病初期及时喷药防治。可选用 60％ 代森锰锌可湿性粉剂 500 倍液、65％ 百菌清可湿性粉剂 600 倍液、50％ 异菌脲可湿性粉剂 1 000 倍液、50％ 甲基硫菌灵可湿性粉剂 600 倍液、50％ 多菌灵可湿性粉剂 500 倍液、40％ 百菌清悬浮剂 600 倍液等喷雾。保护地也可选用 45％ 百菌清烟雾剂熏蒸。

（七）番茄（马铃薯）晚疫病

番茄（马铃薯）晚疫病是为害番茄、马铃薯的常见病害，常导致减产 20％～30％，严重时绝收。

1. 症状 该病主要为害叶片、叶柄、嫩茎和果实。叶片发病，多从叶尖或叶缘处出现暗褐色水浸状不规则形或近圆形病斑，直径 2～3cm，潮湿时在病健交界处长出一圈稀疏的白色霉层，多病斑相连可使叶片霉烂变黑。叶柄、茎和果梗染病出现褐色稍凹陷的不规则形或条状病斑，嫩茎被害可造成缢缩枯死，潮湿时长出白色霉层。果实多在未着色前染病，发病部位多从近果柄处开始，出现暗褐色不规则形病斑，逐渐向四周扩展，呈轮纹状，周缘没有明显界限，前期病部果肉质地硬实，果皮表面粗糙，颜色加深呈暗棕褐色，潮湿时长出白色霉层（图5-26）。

图5-26 番茄（马铃薯）晚疫病症状和病原形态
1. 番茄病果 2. 马铃薯病叶、病株 3. 孢囊梗及孢子囊

2. 病原 病原菌为致病疫霉菌，属鞭毛菌亚门疫霉属真菌。菌丝无色，无隔膜，在寄主细胞间隙生长，以很少的丝状吸器伸入寄主细胞内吸取营养。病斑上的白霉是病菌的孢囊梗和孢子囊。分生孢子梗3～5根丛生成束，从气孔或病部表皮伸出。分生孢子无色透明，鸭梨形或慈姑形。

3. 发病规律及发病条件 病原菌主要以菌丝体在马铃薯块茎和保护地种植的番茄上越冬，或以菌丝体、卵孢子随病残体在土壤中越冬。条件适宜时产生孢子囊随气流或雨水传播。由气孔或表皮直接侵入引起初侵染。病株上产生孢子囊，进行多次再侵染。

晚疫病病菌喜冷凉高湿条件，最适发病温度为白天22℃，夜间10～13℃，相对湿度95%以上。地势低洼、土壤黏重、田间积水、种植过密、管理粗放或施用氮肥过多、植株生长势弱，均易发病。番茄或马铃薯开花阶段，只要白天温度22℃，夜间10～13℃，相对湿度95%持续8h以上，夜间叶面有水滴持续11～14h，该病即可发生。发病后10～14d，病害蔓延到全田，条件合适即可引起大流行。

4. 防治方法
（1）选用抗病品种，选择无病种薯播种。
（2）合理轮作，不与马铃薯邻作；选择排灌良好、土壤肥沃的地块种植，合理密植，以利于通风透光；保护地及时放风。
（3）发病严重的地块，在番茄（马铃薯）收获前10d将上部叶片清除，减少对块茎的侵染。收获后彻底清除病株落叶，减少越冬菌源。
（4）药剂防治。发现中心病株时，立即喷药控制。可选用72%霜脲·锰锌可湿性粉剂600倍液、70%乙铝·锰锌可湿性粉剂600～800倍液、72.2%霜霉威盐酸盐水剂600～800倍液、58%甲霜·锰锌可湿性粉剂500倍液等药剂，每隔7d～10d喷1次，连续喷3～4次。

七、疫病类

（一）瓜类疫病

瓜类疫病又称死藤，病害蔓延迅速，防治难度高，是毁灭性病害，主要为害黄瓜、冬瓜、西瓜、甜瓜、丝瓜等葫芦科作物。

1. 症状 瓜类疫病从苗期开始至成株期均可发病，不但为害叶片、茎秆，而且为害果实。苗期感病多从嫩梢发生，茎、叶、叶柄及生长点呈水渍状，暗绿色，最后干枯死亡。成株期感病多从嫩茎或节部发生，初在节间出现暗绿色水渍状病斑，后病部失水缢缩，叶片由下而上失水萎蔫，但维管束不变色；叶片受害初在叶缘和叶柄连接产生暗绿色水渍状斑点，后扩大为近圆形大病斑，潮湿时易腐烂并着生白色霉状物，干燥时易破裂；果实感病，病斑初呈水渍状，后病部凹陷，瓜条皱缩软腐，病斑扩大导致果实腐烂，表面生白色霉层，即病菌的孢囊梗和孢子囊（图5-27）。

1　　　　　　　　　　　2

图5-27　瓜类疫病症状
1. 病叶症状　2. 病果症状

2. 病原　由瓜疫霉菌侵染所致，属鞭毛菌亚门疫霉属真菌。菌丝无隔，易产生瘤状或节状突起，常集结成束状或葡萄球状，色深，菌丝间可产生淡黄色的厚垣孢子。

3. 发生规律及发病条件　病菌以卵孢子、厚垣孢子和菌丝体随病残体在土壤或粪肥中越冬。翌年环境适宜，形成孢子囊，经雨水、灌溉水传播到寄主上，从寄主表皮进入寄主体内而导致寄主发病，引起初侵染，主要侵染植株下部。在病部产生新生孢子囊，借风雨传播，进行多次再侵染。

病菌喜高温高湿，病原菌生长的温度是11~36℃，最适温度为23~32℃；发病适温为28~32℃，相对湿度85%以上。在开花前后到坐果盛期，田间发病高峰通常在大雨后暴晴时。地势低洼、地下水位高、排水不良的田块发病重；相反，则发病轻。种植过密、氮肥过量、施用带病残体或未经腐熟的厩肥的田块均发病重。

4. 防治方法　瓜类疫病的防治应采取以农业防治为主、药剂防治为辅的综合防治措施。

（1）选用抗病品种。抗病性较强的黄瓜品种有津研4号、津研7号、中农5号等；甜瓜品种有香黄、红蜜脆等。

（2）合理轮作。与非瓜类作物实行3年以上轮作。

（3）种子消毒。先用冷水将种子浸泡，再用55℃温水浸泡10~15min，移入冷水中冷却后晾干，然后催芽播种。也可以用25%甲霜灵可湿性粉剂600~800倍液浸种30min，再用清水浸4h后催芽播种。

（4）加强田间管理。控制浇水量，及时摘除病叶、病果，拔除病株并烧毁，清除田间病残体，深翻土壤，加速病残体腐烂分解。施用腐熟有机肥，适当早播，合理浇水，推广高畦栽培。沟渠配套的栽培方式便于小水灌溉和及时排除雨后积水，不利病菌传播蔓延，从而减轻病害。

（5）药剂防治。发病初期及时喷药，间隔期6~10d，连续防治2~3次。可选用58%甲霜灵可湿性粉剂1 000倍液、64%霜•锰锌可湿性粉剂1 000倍液、25%嘧菌酯悬浮剂2 000倍液、75%百菌清可湿性粉剂600倍液、58%甲霜•锰锌可湿性粉剂500~1 500倍液等进行防治。以上药剂应注意交替使用。

（二）茄子绵疫病

该病全国各地均有发生，特别是高温多雨季节，茄果受害更为严重。发病后蔓延很快，常造成大量果实腐烂，对产量影响很大。该病除为害茄子外，也能为害番茄、辣椒、黄瓜、马铃薯等作物。

1. 症状 从苗期到成株期均可发病，主要为害果实。果实受害多以下部老果较多，发病初期出现水渍状小斑点，逐渐扩大并产生茂密的白色棉絮状菌丝（图5-28）。果实内部变黑腐烂且易脱落。病果落地后，由于潮湿可使全果腐烂遍生白霉，最后干缩成僵果。叶片被害，病部呈水浸状，褐色，有明显轮纹，潮湿时边缘不明显，扩展极快，病斑上生有稀疏的白色霉状物，干燥时病斑停止扩大，病部组织干枯。花被害，常在发病盛期呈水浸状褐色湿腐，向下蔓延，常使嫩茎变褐腐烂、缢缩以致折断，上部叶片萎蔫下垂。幼苗受害，常发生猝倒现象，病部常产生白色絮状菌丝体。

图5-28　茄子绵疫病症状和病原形态
1. 果实受害症状　2. 孢囊梗及孢子囊　3. 游动孢子　4. 卵孢子

2. 病原 由鞭毛菌亚门疫霉属寄生疫霉菌和辣椒疫霉菌侵染所致。

3. 发生规律及发病条件 病菌以卵孢子或厚垣孢子随病株残余组织遗留在田间越冬。在环境条件适宜时，卵孢子或厚垣孢子萌发侵入根系或茎基部，或借雨水反溅到近地面的果实上，从果实表皮直接侵入，引起初侵染。病部产生的孢子囊借气流、雨水传播，通过伤口或直接侵入引起再侵染。病菌喜高温高湿的环境，田间温度28~30℃及高湿条件下病害发展迅速。多雨、过度密植、通风透光不良发病重。地势低洼、排水不良、定植过迟、偏施氮肥、管理粗放、重茬、长果型品种发病较重。特别是在结果期、雨后暴晴时最易发病。在保护地湿度大、植株上有水、空气相对湿度85%以上、气温25~35℃的条件下，发病较迅速。

4. 防治方法

（1）选用抗病品种。一般认为圆茄型品种比长茄型品种抗病，厚皮品种比薄皮品种耐病。

（2）合理轮作，加强田间管理。有计划地与非茄科作物轮作，施足基肥，不偏施氮肥，培育壮苗，及时整枝打杈，采用高畦栽培，及时清理土表病残体等。

（3）塑料薄膜的运用。在重病地块，清地后在高温季节铺地膜，借日光进行高温灭菌。

采用黑色地膜覆盖地面或铺于行间，可起到较好的防病效果。

（4）药剂防治。在发病初期开始喷药，每隔6d喷1次，连续喷2～3次。药剂可选用46%春雷·王铜可湿性粉剂600倍液、62%霜脲氰可湿性粉剂1 000倍液、65%百菌清可湿性粉剂600倍液等。

（三）茄子褐纹病

茄子褐纹病是茄子的主要病害之一，与茄子绵疫病统称为"烂茄子"，在我国南北方均有发生。高温多雨季节是该病发生的高峰期。

1. 症状 主要为害茄子的茎、叶和果实。茎部感病初期呈水渍状病斑，后变成棱形或纺锤形，边缘深紫褐色，中间灰白色，上生许多深褐色小点（分生孢子器）。病斑多时可连接成坏死区，绕茎一周，上部随之枯死。往往皮层腐烂脱落，仅留下木质化的茎，遇风易被吹折。幼苗有时也被害，茎基染病出现立枯或猝倒。叶片染病初生白色小点，扩大后成近圆形斑，边缘深褐，中央浅褐或灰白，有轮纹，上生大量黑点（图5-29）。果实病斑呈褐色、圆形、有凹陷，上生许多黑色小粒点，排列成轮纹状，病斑不断扩大可达整个果实，病果后期落地软腐或留在枝干逐步脱水成僵果。

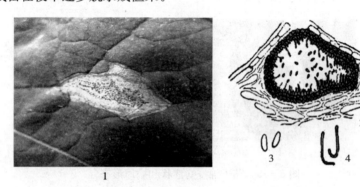

图5-29 茄子褐纹病症状和病原形态
1. 病叶症状 2. 分生孢子器 3. 椭圆形分生孢子 4. 丝状分生孢子

2. 病原 此病由半知菌亚门拟茎点霉属真菌茄褐纹拟茎点霉菌侵染所致。分生孢子器呈球形或扁球形，有凸出的孔口。分生孢子单胞，无色透明，椭圆形或丝状。

3. 发生规律及发病条件 病菌主要以分生孢子器和菌丝体随病株残体遗留在田间越冬，也能以菌丝体潜伏在种皮内，或以分生孢子黏附在种子表面越冬。在病株残体和休眠种子种皮内的分生孢子器和菌丝体能存活2年。种子带菌引起幼苗猝倒，土壤带菌多造成茎基部溃疡。所产生的分生孢子借风雨、昆虫及农事操作等途径传播。分生孢子萌发后，可直接从茄子表皮或伤口侵入，也可由萼片侵入果实，病部产生分生孢子。高温（28～30℃）、高湿（相对湿度80%以上）条件适合发病。夏季高温、连阴、多雨等气候因素有利发病。地势低洼、排水不良、连作、定植过晚、栽植过密以及施用氮肥过多均有利于病害发生。

4. 防治方法

（1）选用抗病品种。在重病区种植条茄、白皮茄等较抗病品种。

（2）种子处理。要从无病留种株上采收种子。播前要做好种子处理，可用55℃温水浸种15min，冷却后催芽播种，也可用适乐时种衣剂进行处理。

(3) 合理轮作。重病田应与非茄科蔬菜实行 3 年以上轮作，以减轻病害。

(4) 土壤消毒。整地时撒施 50%多菌灵可湿性粉剂 30kg/m²，耙入土中消毒土壤。

(5) 田间管理。适当密植，及时打杈整枝，摘除老叶，保持田间通风透光，适度灌溉，及时排渍，高畦栽培，降低湿度，不偏施氮肥。

(6) 药剂防治。发病初期喷药，每 6~10d 喷 1 次，连续喷 2~3 次，效果比较明显。药剂可用 46%春雷·王铜可湿性粉剂 600 倍液、60%代森锰锌可湿性粉剂 600 倍液、65%百菌清可湿性粉剂 600 倍液等。

八、灰霉病类

灰霉病是草本园艺植物上最常见的真菌病害，对保护地温室栽培植物危害最重。灰霉病的病症很明显，在潮湿条件下病部会形成显著的灰色霉层。灰霉病常造成巨大的经济损失，有时造成毁灭性的危害。灰霉病可以防治，但防治往往又很困难，主要是病原菌的来源太多，防不胜防。

（一）仙客来灰霉病

仙客来灰霉病是世界性病害，尤其是温室栽培的花卉发病极普遍。我国北京、上海、天津、杭州、西安等地均有发生。常造成叶片、花瓣的腐烂坏死，使仙客来生长衰弱，降低观赏性。

1. 症状　主要为害仙客来的叶片、叶柄及花冠等部位。发病初期，叶缘部分常出现暗绿色水渍状病斑。病斑扩展较快，病斑可能蔓延至整个叶片，叶片变为褐色，病斑迅速干枯，叶片枯焦。在湿度大的条件下，腐烂部分长出密实的灰色霉层，即病原菌的分生孢子及分生孢子梗。叶柄和花梗发病也出现水渍状腐烂，并生出灰色霉层。花瓣发病时，则出现变色，白色品种花瓣变成淡褐色，红色品种的花瓣褪色，并出现水渍状圆斑，病重时花瓣腐烂，密生灰色霉层（图 5-30）。

图 5-30　仙客来灰霉病症状及病原形态
1. 病叶症状　2. 分生孢子梗及分生孢子

2. 病原　病原菌是灰葡萄孢霉，属半知菌亚门丛梗孢目葡萄孢属真菌。分生孢子梗丛生，有横隔，分生孢子梗顶端为叉状分支，分支末端膨大。分生孢子葡萄状聚生，卵形或椭圆形，少数球形，无色至淡色，单胞。

3. 发生规律及发病条件　病原菌以分生孢子或菌核在病叶等病株残体或其他病组织内越冬。病菌由风雨传播，由伤口侵入，温度 20℃、相对湿度 90%有利于发病，一年中有两次发病高峰。在湿度大的温室内该病可以周年发生，一般情况下，6—7 月梅雨季节，以及

10月以后的开花期发病重,病原菌由老叶的伤口侵入。10月后,植株外围生长衰弱的老叶柄发病,随后腐烂,并向叶片扩展。湿度高、光照不足加重病害的发生。

4. 防治方法

(1) 改善环境条件,控制温室湿度,控制病害发生。为了降低棚室内的湿度,温室栽培应经常通风,最好使用换气扇或暖风机,以便增加室内空气的流通,该项措施在秋季使用效果明显。增加室内光照,提高寄主抗病性,种植密度要适宜,以利通风透光;浇水应避免喷灌,使叶片上保持干燥无水,花盆内不要有积水,阴雨天要控制浇水量。增施钙肥,控制氮肥的施用量,减少伤口的发生。

(2) 清除侵染来源。及时清除温室中的病花、病叶等病残体,拔除重病株,并集中处理,以免扩大传染。种植过有病花卉的盆土必须更换掉或者经消毒之后方可使用。

(3) 加强肥水管理,注意园艺操作。定植时要施足底肥,适当增施磷、钾肥,控制氮肥用量。要避免在阴天和夜间浇水,最好在晴天的上午浇水,浇水后应通风排湿,一次浇水不宜太多。在养护管理过程中应小心操作,尽量避免在植株上造成伤口,以防病菌侵入。

(4) 在生长季节或5月下旬梅雨季节时进行喷药保护,可选用50%腐霉利可湿性粉剂2 000倍液、50%异菌脲可湿性粉剂1 500倍液、70%甲基硫菌灵可湿性粉剂800~1 000倍液、50%多菌灵可湿性粉剂1 000倍液、50%乙烯菌核利可湿性粉剂1 500倍液进行叶面喷雾,每两周喷1次,连续喷3~4次。为了避免产生抗药性,要注意交替和混合用药。在温室大棚内使用烟剂和粉尘剂是防治灰霉病的一种方便而有效的方法。可选用50%腐霉利烟剂熏烟,每亩的用药量为200~250g;45%百菌清烟剂,每亩的用药量为250g,于傍晚分几处点燃后,封闭大棚或温室过夜即可。有条件的也可用5%百菌清粉尘剂、10%锰锌·氟吗啉粉尘剂、10%腐霉利粉剂喷粉,每亩用药粉量为1kg。烟剂和粉尘剂每7~10d用1次,连续用2~3次,效果较好。

番茄灰霉病的诊断与防治

(二) 番茄灰霉病

灰霉病是茄科蔬菜的重要病害。近年来,随着保护地栽培蔬菜的发展,我国灰霉病发生普遍,危害严重。灰霉病菌寄主范围广,除为害番茄外,还为害茄子、甜(辣)椒、黄瓜、叶用莴苣、芹菜、草莓等20多种植物。幼苗、果实及贮藏器官等均易被侵染,引起幼苗猝倒、花腐或烂果等。

1. 症状 苗期至成株期均可受害。主要为害花和果实,叶片和茎也可受害。花染病,病菌一般先侵染已过盛期的残留花瓣、花托或幼果柱头,产生灰白色霉层,然后向幼果或青果发展。果实染病,主要为害幼果和青果,染病后一般不脱落,发病初期被害部位的果皮呈灰白色水浸状,中期果实的被害部位发生组织软腐,后期在病部表面密生灰色和灰白色霉层,即病菌的分生孢子梗及分生孢子(图5-31)。在田间一般植株下部的第1塔(果穗)果最易发病且受害重,植株中上部的果穗相对发病较轻。叶片染病,发病常在植株下部老叶片的叶缘先侵染发生,病斑呈V形扩展,并伴有深浅相间不规则的灰褐色轮纹,表面生少量灰白色霉层。发病末期可使整叶全部枯死,发病严重时可引起植株下部多数叶片枯死。

2. 病原 病原为灰葡萄孢菌,属半知菌亚门葡萄孢属真菌。病菌发育最适温度为20~25℃。分生孢子在温度为21~23℃时萌发最为有利。分生孢子抗旱力强,自然条件下经过138d仍具有生活力。

项目五　园艺植物病害防治技术

图 5-31　番茄灰霉病果实受害症状和病原
1. 果实受害症状　2. 分生孢子梗和分生孢子

3. 发生规律及发病条件　病菌主要以菌核（寒冷地区）或菌丝体及分孢梗（温暖地区）随病残体遗落在土中越夏或越冬。在大棚和温室内，病菌可终年为害。翌春环境条件适宜时，菌核萌发产生菌丝体，然后产生分生孢子。分生孢子通过气流、雨水、灌溉水及农事操作传播。适温和寄主组织表面有水滴存在的条件下，分生孢子萌发，从寄主伤口、衰弱器官或死亡组织侵入。开花后的花瓣、萎蔫组织或老叶尖端坏死部分最易被病菌入侵。侵入后病菌迅速蔓延扩展，并在病部表面产生分生孢子进行再侵染。后期形成菌核越冬。病菌为弱寄生菌，可在有机物上营腐生生活，发育适温为20～23℃，低温高湿条件适于病害发生，一般发病适温20℃左右，相对湿度90%以上时有利于发病。温室内湿度大，叶面结露时间长，灰霉病发生重。寄主植物生长衰弱或组织受冻、受伤时极易感染灰霉病菌。

长江中下游地区番茄灰霉病的主要发病盛期在2月中下旬至5月。早春温度偏低、多阴雨、光照时数少的年份发病重；连作、排水不良、与感病寄主间作的田块发病较早、较重；栽培上种植过密、通风差、氮肥施用过多的田块发病重。

4. 防治方法　根据保护地番茄灰霉病发生特点，采取以培育无病壮苗为基础，定植后选用高效、低毒农药保护以及改进栽培技术等防病控病措施。

（1）调节棚室环境条件，进行棚室变温管理。采用双重覆膜、膜下灌水的栽培措施。根据天气情况，要及时开棚通风，降低棚室内湿度。发病初期控制灌水，灌水后及时放风排湿。如果是晴好天气，可把开棚放风时间适当推迟，保证在1个昼夜即24h之内，有一段时间棚温可升至30℃以上，这个温度对番茄的生长发育十分有利，同时可抑制番茄灰霉病菌的发生发展。

（2）轮作换茬。要尽量避免在同一大棚内多年连续栽种番茄、草莓等易感灰霉病的植物。可与其他蔬菜实行2～3年轮作。

（3）切断侵染途径。及时清除病花、病枝叶、病果，并妥善处理，切断番茄灰霉病的主要侵染途径。收获后及时清除病残体，减少侵染源。

（4）追肥浇水。肥水要勤浇少浇，次数要多，每次量要少。追肥浇水应选择在晴天上午进行，保证在浇水后有充足的时间放风排湿。

（5）防止番茄沾花传病。在沾花时加入腐霉利，使花器沾药，减少病菌传播机会。苗期或定植前，应加强叶部灰霉病的初期诊断，及时用药防治，可用50%多菌灵可湿性粉剂500倍液或50%腐霉利可湿性粉剂1 500倍液喷淋苗床。

（6）开花期防治。要抓住开花期这个防治重点时期，在始花期用一次药，然后每隔6d

左右防治1次。发病初期或浇催果水前1d用药。第1塔果开花时，用50%腐霉利或65%甲霜灵可湿性粉剂蘸花或喷涂。在阴雨天，要先用药预防，农药要交替使用，避免或减缓抗药性产生，用药方法提倡弥雾机低量喷雾。在阴雨天气长期持续期间，可使用10%腐霉利和10%百菌清烟剂3.7kg/m²熏蒸防治，尽量少用药剂喷雾防治。

（7）生物防治。用木霉微粒剂（每克含$16×10^8$个孢子）500倍液进行防治，其防治效果达80%以上。可在无公害蔬菜生产中推广使用此方法。

九、叶畸形类（以桃缩叶病为例）

叶畸形病类病害数量不多，但病原菌侵染寄主的绿色部位，一般情况下，寄主受病菌侵害后，病原菌刺激寄主组织增生，使叶片肿大、皱缩、加厚，果实肿大、中空呈囊果状物，引起早落叶、早落果，发病严重的引起枝条枯死，削弱树势，容易遭受低温危害。下面以桃缩叶病为例说明。

桃缩叶病是桃树的重要病害之一，分布广泛，尤以沿海和滨湖地区发生较重。在我国南、北方桃产区均有发生，南方以湖南、湖北、江苏、浙江等地发生较重。桃树早春发病后，引起初夏落叶，不仅影响当年产量，还影响翌年花芽的形成。桃缩叶病还能引起连年严重落叶，削弱树势，甚至导致植株过早衰亡。桃缩叶病除为害桃外，还可为害油桃、扁桃、蟠桃、李等果树。

1. 症状 主要为害叶片，嫩梢、花、果也可以受害。春季嫩梢从芽鳞抽出的嫩叶即表现出症状，病叶呈波纹状皱缩卷曲，叶片由绿色变为黄色至紫红色，随叶片逐渐开展，卷曲皱缩程度也随之加剧，叶片增厚变脆，并呈褐色，严重时全株叶片变形，枝梢枯死。春末夏初叶片正面出现一层灰白色粉层，即病原菌的子实层，有时叶背病部也出现白粉层。病叶逐渐干枯、脱落（图5-32）。嫩梢发病变为灰绿色或黄色，节间有些肿胀，病枝条上的叶片多呈丛生状卷曲，严重时病枝梢枯萎死亡。幼果发病，发病初期幼果上有黄色或红色的斑点，稍隆起。病斑随着果实的长大逐渐变为褐色、龟裂，引起早落果。

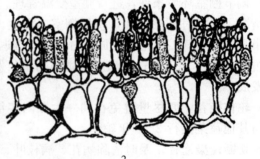

图5-32 桃缩叶病症状和病原形态
1. 病叶症状 2. 子囊及子囊孢子

2. 病原 病原菌为畸形外囊菌，属子囊菌亚门半子囊菌纲外子囊菌目外囊菌属。子囊裸生于寄主表皮外，在寄主叶片角质层下排列成层。子囊为圆筒形，无色，顶端平截，内含4~8个子囊孢子。子囊孢子为球形至卵形，无色。子囊孢子在子囊内外均能进行芽殖，产生近球形的芽孢子。病菌生长发育温度为6~30℃，最适温度为20℃，侵染的最适温度为

13~17℃。

3. 发生规律及发病条件 病菌主要以子囊孢子和厚壁芽殖孢子在桃芽鳞片上越冬、越夏，也可在枝干的树皮上越冬、越夏。翌年春，当桃芽萌发时，芽孢子即萌发，借风雨、昆虫传播，产生芽管直接穿过表皮或气孔侵入嫩叶。病菌只能侵染幼嫩组织，不能侵染成熟的叶片和枝梢。幼叶展开前由叶背侵入，展叶后可从叶正面侵入。病菌侵入后，菌丝在表皮细胞下及栅栏组织细胞间蔓延，刺激中层细胞大量分裂，胞壁加厚，叶片由于生长不均而发生皱缩并变红。初夏则形成子囊层，产生子囊孢子和芽孢子。芽孢子在芽鳞和树皮上越夏，条件适宜时，可继续芽殖，但由于夏季温度高，不适于孢子的萌发和侵染，即使偶有侵入，危害也不显著。所以该菌一般没有再侵染。

缩叶病的发生与早春的气候条件有密切关系。低温多湿利于发病，早春桃芽萌发时，如果气温低（10~16℃），持续时间长，阴雨天多，湿度又大，桃树最易受害；当温度在21℃以上时，病害则停止发展。凡是早春低温多雨的地区，如江河沿岸、湖畔及低洼潮湿地，桃缩叶病往往较重；早春温暖干旱则发病较轻。

病害一般在4月上旬开始发生，4月下旬至5月上旬为发病盛期，6月气温升高，发病渐趋停止。品种间以早熟品种发病较重，中、晚熟品种发病较轻。毛桃一般比优良品种更易感病。

4. 防治方法

（1）加强果园管理，清除菌源。在病叶初见而未形成白色粉状物之前，及时摘除病叶，集中烧毁，可减少当年的越冬菌源。发病较重的桃树，由于叶片大量焦枯和脱落，树势衰弱，应及时增施肥料，并加强培育管理，促使树势恢复，以免影响当年和翌年的产量。桃树落叶后喷洒3%的硫酸铜溶液，以杀死芽上越夏、越冬的孢子。发病初期，在子实层未产生前及时摘除病叶、剪除被害枝条。

（2）药剂防治。桃缩叶病菌自当年夏季到翌年早春桃萌芽展叶前营芽殖生活，不侵入寄主，所以药剂防治桃缩叶病具有明显的效果。早春喷洒农药是防治桃缩叶病的关键时期，早春喷1次药基本上能控制住病害的发生，但要掌握好喷药时间，用药要细致。过早会降低药效，过晚容易发生药害。病菌为害时期主要发生在桃抽梢展叶期，掌握在桃芽开始膨大到花瓣露红（未展开）时，即桃芽膨大抽叶前，喷洒1次3~5波美度的石硫合剂或1∶1∶100的波尔多液、60%代森锰锌可湿性粉剂500倍液、50%甲基硫菌灵可湿性粉剂600倍液等，以铲除树上的越冬病菌，可达到良好的防治效果。

十、穿孔病类（以桃李穿孔病为例）

桃李穿孔病是桃树、李树上常见的叶部病害，包括细菌性穿孔病和真菌性穿孔病。细菌性穿孔病分布较广，在全国各桃、李产区都有发生，在沿海滨湖地区和排水不良的果园以及多雨年份常严重发生，如果防治不及时，易造成大量落叶，削弱树势，影响翌年的结果。霉斑穿孔病和褐斑穿孔病分布也很广，在各地桃、李产区都有发生，部分地区有时危害也较重，引起树叶脱落和导致枝梢枯死。

1. 症状

（1）细菌性穿孔病。主要为害叶片，也能侵害枝梢。叶片发病，初为水渍状小点，后扩大形成圆形或不规则形病斑，紫褐色至黑褐色，大小约2mm。病斑周围呈水渍状并有黄绿色晕环，以后病斑干枯，病健组织交界处发生一圈裂纹，脱落后形成穿孔，或一部分与叶片相连。枝条受害后有两种不同的病斑，一种称春季溃疡，另一种为夏季溃疡。春季溃疡发生在上一年夏季生出的枝条上。春季在第1批新叶出现时，枝条上形成暗褐色小疱疹，直径约2mm，以后扩展长达1~10cm，宽度多不超过枝条直径的一半，有时可造成梢枯现象。春末病斑表皮破裂，病菌溢出，开始传播。夏季溃疡多发生于夏末，在当年的嫩枝上以皮孔为中心形成水渍状暗紫色斑点，以后病斑变褐色至紫黑色，圆形或椭圆形，稍凹陷，边缘呈水渍状。夏季溃疡的病斑不易扩展，并且会很快干枯，故传病作用不大。果实发病，果面发生暗紫色、圆形、中央稍凹陷的病斑，边缘呈水渍状。天气潮湿时，病斑上出现黄白色黏稠物，干燥时常发生裂纹。

（2）霉斑穿孔病。侵染叶片、枝梢、花芽和果实。叶片上病斑初为淡黄绿色后变为褐色，圆形或不规则形，直径2~6mm。病斑最后穿孔。幼叶被害时大多焦枯，不形成穿孔。潮湿时，病斑背面长出污白色霉状物。侵染枝梢时，以芽为中心形成长椭圆形病斑，边缘褐紫色，并发生裂纹和流胶。果实上病斑初为紫色，渐变褐色，边缘红色，中央渐凹陷。

（3）褐斑穿孔病。侵染叶片、枝梢和果实。在叶片两面发生圆形或近圆形病斑，直径1~4mm，边缘清晰并略带环纹，外围有时呈紫色或红褐色。后期在病斑上长出灰褐色霉状物，中部干枯脱落，形成穿孔。病斑穿孔的边缘整齐，穿孔多时即致落叶。新梢和果实上的病斑与叶面相似，均可生有灰色霉状物（图5-33）。

图5-33 桃穿孔病叶片受害症状（左）与李穿孔病果实受害症状（右）
（费显伟，2015. 园艺植物病虫害防治）

2. 病原

（1）细菌性穿孔病菌。病原为黄单胞菌，属薄壁菌门黄单胞菌属。病菌发育最适温度为24~28℃，病菌在干燥条件下可存活10~13d，在枝条上溃疡组织内可存活1年以上，细菌在日光下经30~45min即死亡。

（2）霉斑穿孔病菌。病原为嗜果刀孢菌，属半知菌亚门刀孢属。菌丝发育最适温度为19~26℃，最低5~6℃，最高39~40℃，孢子在5~6℃即可萌发进行侵染。

（3）褐斑穿孔病菌。病原为核果假尾孢菌，属半知菌亚门、假尾孢属真菌。

3. 发生规律及发病条件

（1）细菌性穿孔病。病原细菌在枝条病组织内越冬，主要在春季溃疡斑和秋季感染未表现症状的部位越冬。翌春随气温上升，潜伏在组织内的细菌开始活动，桃树开花前后，病菌从病组织中溢出，借风雨或昆虫传播，经叶片的气孔、枝条及果实的皮孔等自然孔口和伤口侵入，可发生多次再侵染。叶片一般于5月发病，梅雨季为发病盛期，夏季干旱时病势进展缓慢，至秋雨季节，又发生后期侵染，果园又有大量细菌扩散，通过腋芽、叶痕侵入。病菌潜育期因气温高低和树势强弱而不同，当温度在25～26℃时，潜育期为4～5d，20℃时为9d，19℃时为16d；树势强时潜育期可长达40d。温暖、雨水频繁或多雾季节适宜病害发生，树势衰弱或排水、通风不良以及偏施氮肥的果园发病都较重。品种间以晚熟种玉露、太仓等发病重，早熟品种如小林等发病较轻。

（2）霉斑穿孔病。病菌以菌丝体和分生孢子在被害枝梢或芽内越冬。翌年春季病菌借风雨传播，先侵染幼叶，产生新的孢子后，再侵染枝梢和果实。病菌潜育期因温度高低而不同，日平均温度达19℃时为5d，1℃时为34d。低温多雨适于此病发生。

（3）褐斑穿孔病。主要以菌丝体和分生孢子在病叶中越冬，菌丝体也可在枝梢病组织内越冬。翌春随气温回升和降雨，形成分生孢子，借风雨传播，侵染叶片、新枝和果实。低温多雨适合病害发生。

4. 防治方法

（1）加强果园管理。冬季结合修剪，彻底清除枯枝、落叶、落果等，集中烧毁，清除越冬菌源。注意果园排水，合理修剪，使果园通风、透光良好，降低果园湿度。增施有机肥料，避免偏施氮肥，使果树生长健壮，提高抗病力。

（2）药剂防治。果树发芽前，喷4～5波美度石硫合剂或1∶1∶100的波尔多液；5—6月可喷65%代森锌可湿性粉剂500倍液1～2次，对3种穿孔病均有良好的防治效果。硫酸锌石灰液对细菌性穿孔病有良好的防治效果，其配方为硫酸锌0.5kg、消石灰2kg、水120kg。

（3）避免与核果类果树混栽。细菌性穿孔病除为害桃、李外，还能侵害杏、樱桃等核果类果树。如果上述果树混栽在一园内，在管理和防病上困难较多。尤其是李树和杏树对细菌性穿孔病的感病性很强，往往成为果园内的发病中心，进而传染给周围的桃树。因此，在以桃树为主的果园，应将李、杏等果树移植到距离桃园较远的地方。

十一、黑星病类（以梨黑星病为例）

梨黑星病又称疮痂病、黑霉病，在全国梨产区均危害严重，是梨树的重要病害之一，尤在种植鸭梨、白梨等高度感病品种的梨区，病害流行频繁，造成重大损失。

1. 症状 病菌为害梨树所有绿色幼嫩组织，其中以叶片和果实受害最重，为害期从落花后直到果实近成熟时。叶片受害时，病斑多发生在叶片背面，呈不规则淡黄色，叶脉上和叶柄上的病斑为长条形或椭圆形，病斑上很快长出黑霉层，叶片变成黄绿相间的斑纹，病叶易脱落。果实发病初期为淡黄色圆斑，逐渐扩展，病部稍凹陷，上生黑霉，最后病斑木栓化并龟裂。幼果畸形，有时造成裂果，大果表面粗糙。新梢和果柄受害时产生黑褐色椭圆形病斑，边缘不清晰，病斑生黑色茸毛状霉层。芽发病时生长受阻，鳞片茸毛增多，有黑霉，严重时枯死（图5-34）。

2. 病原 无性阶段为梨黑星病菌，为半知菌亚门黑星孢属。有性阶段为黑星和纳雪黑星菌，为子囊菌亚门黑星菌属。分生孢子耐低温干燥，在自然条件下，残叶上的分生孢子能存活4～6个月，但潮湿时，分生孢子易死亡。

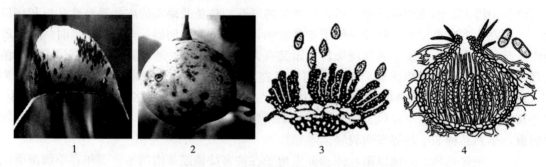

图 5-34 梨黑星病症状和病原形态
1. 受害叶片症状　2. 受害果实症状　3. 分生孢子梗和分生孢子　4. 假囊壳、子囊和子囊孢子
（费显伟，2015. 园艺植物病虫害防治）

3. 发生规律及发病条件　病菌主要以分生孢子和菌丝体在梨芽鳞片和病枝中越冬，或以分生孢子、菌丝体及未成熟的假囊壳在落叶上越冬。翌年春季梨萌芽后，先是花序发病，其次是嫩梢，病花病梢布满黑色霉层。分生孢子由风雨传播到附近的叶、果上，在相对湿度60%~80%、温度20~23℃时，一般经14~25d 的潜伏期后表现症状，以后条件适宜可陆续多次侵染。病菌在20~23℃发育最为适宜。分生孢子萌发要求相对湿度在80%以上，低于50%则不萌发。低温高湿是病害流行的有利条件，高温能延长病害的潜育期。春雨早、持续时间长，夏季6—7月降水量多，日照不足，空气湿度大，易引起病害流行。地势低洼、树冠茂密、通风透光不良和湿度较大的梨园，以及肥力不足、树势衰弱的梨树易发病。梨树的不同品种对黑星病的抗性有明显差异，一般中国梨最易感病，日本梨次之，西洋梨最抗病。

4. 防治方法
（1）清洁果园。秋、冬季节清除果园的落叶、病叶、病果。冬季或早春结合修剪，剪除树上的病枝、病芽。春季开花后摘除病花、病梢，集中烧毁，消除和减少病菌初侵染来源。发病初期，及时连续地剪除中心病梢和花序，防止病菌扩散蔓延。

（2）加强果园管理。合理施肥，提高梨树的抗病性。

（3）药剂防治。梨树休眠期，对全树喷4~5波美度的石硫合剂。萌芽期对树下地面及树冠喷硫酸铵20倍液。开花前和花落2/3时各喷1次50%多菌灵可湿性粉剂500~600倍液或1:2:300的波尔多液。以后根据降水情况和病情发展情况，每隔15~20d用药1次，前后约用4次。常用药有80%代森锰锌可湿性粉剂800倍液、60%甲基硫菌灵可湿性粉剂800~1 000倍液、40%氟硅唑乳油8 000倍液等。

十二、疮痂病类（以柑橘疮痂病为例）

柑橘疮痂病又称"癞头疤""疥疙疤"，是柑橘的重要病害之一。该病在我国东南、西南、长江流域及台湾地区有分布，是温带柑橘区的常发病。

1. 症状　主要为害嫩叶、幼果，也可为害花器。叶片受害，初生油渍状黄褐色圆形小点，后逐渐扩大变为蜡黄色至黄褐色，病斑木栓化隆起，多向叶背突出而叶面凹陷，形成向一面突起的直径为0.5~2.0mm 的灰白色至灰褐色的圆锥形疮痂状木栓化病斑，形似漏斗。早期被害严重的叶片常焦枯脱落。在叶片正反两面都可生病斑，但多数发生在叶片背面，不穿透两面，天气潮湿时病斑顶部有一层粉红色霉状物。病斑多时常连成一片，使叶片扭曲畸形，新梢叶片受害严重的常早期脱落。在温州蜜柑叶片上，病斑在后期常脱落形成穿孔。新梢受害与叶片病斑相似，但突起不显著，病斑分散或连成一片。枝梢变得短小、扭曲。花瓣受害后很快凋落。

果实发病则在果皮上散生或密生突起病斑。幼果在落花后即可发病，长至豌豆大小时发病，呈茶褐色腐烂脱落。稍大的果实初期病斑极小，褐色，后变成黄褐色木栓化的瘤状突起病斑，严重时病斑连成一片，果小、畸形、易早落。果实长大后发病，病斑往往变得不太显著，但果小、皮厚、汁少。病果的另一症状是果实后期发病，病部果皮组织一大块坏死，呈癣皮状剥落，下面的组织木栓化，皮层较薄，久晴骤雨常易开裂（图5-35）。

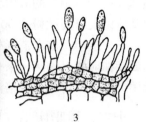

1　　　　　　　　　　2　　　　　　　　　　3

图5-35　柑橘疮痂病症状和病原形态
1. 病叶症状　2. 病果症状　3. 分生孢子梗及分生孢子

2. 病原　有性态为柑橘痂囊腔菌，在我国尚未发现；无性态为柑橘痂圆孢菌。分生孢子盘散生或多个聚生于寄主表皮下，分生孢子梗密集排列，圆柱形，顶端尖或钝圆，无色或淡灰色，分生孢子椭圆形。病菌菌丝生长的最适温度为21℃。分生孢子形成的最适温度为20~24℃。分生孢子在24~28℃下能萌发。

3. 发生规律及发病条件　病菌以菌丝体在病叶、病枝梢等病组织内越冬。翌年春季阴雨多湿，当气温在15℃以上时，旧病斑上的菌丝体开始活动，并产生分生孢子，通过风雨传播，侵害当年生的新梢、嫩叶和幼果。经过3~10d的潜育期后即形成病斑。病斑上产生分生孢子，进行再次侵染，侵害幼嫩叶片、新梢。花瓣脱落后，病菌侵害幼果。夏、秋抽梢期又为害新梢。最后又以菌丝体在病部越冬。病害远距离传播则通过带菌苗木、接穗及果实的调运进行传播。

疮痂病的发生与气候条件等关系密切。病害的发生需要较高的湿度和适宜的温度，发病适宜温度为20~24℃，当温度达28℃以上时就很少发病。凡春季雨水多的年份或地区，春梢发病就重，反之则轻。长江流域、东南沿海及华南高海拔的橘区，由于雨多、雾大、温度适宜，疮痂病发生往往严重。

病菌只侵染幼嫩组织，以刚抽出尚未展开的嫩叶、嫩梢及刚谢花的幼果最易感病。随着组织不断老熟，抗病力增强，叶片宽1.5cm左右，果实至核桃大小时就具有抵抗力，组织完全老熟则不感病。橘苗及幼树因梢多，时间长，发病较重，成年树次之，15年以上树龄的柑橘发病很轻。合理修剪，树冠通风、透光良好，施肥适当，新梢抽生整齐，墩高沟深、排水畅通的橘园发病轻。

疮痂病菌对不同种类和品种的柑橘的为害有显著差异。一般来说，早橘、本地早、温州蜜橘、乳橘、朱红橘、福橘等橘类最易感病，椪柑、蕉柑、葡萄柚、香柠檬等柑类、柚类、柠檬类等中度感病，甜橙类的脐橙和金柑等抗病性较强。

4. 防治方法

（1）加强栽培管理，减少侵染来源。加强冬季清园，剪除、烧毁病枝病叶，喷施松脂合剂的10～15倍液或3～5波美度的石硫合剂1～2次，以减少越冬病菌基数。结合春季修剪，剪去病梢和病叶，改善橘园内树冠通气、透光条件，降低湿度，以减轻发病。加强肥水管理，促使树体健壮，新梢抽发整齐，成熟快，缩短疮痂病的危害时间。

（2）药剂防治。疮痂病菌只侵染柑橘的幼嫩组织，药剂防治的目的是保护新梢和幼果不受病菌侵染，苗木和幼树以保梢为主，成年树以保果为主。掌握在春梢抽发期，梢长1～2mm时喷第1次药，喷施0.8∶0.8∶100的波尔多液以保护春梢；谢花2/3时喷第2次药，喷0.6∶0.6∶100的波尔多液以保护嫩梢和幼果；过10～15d再次喷药，可喷50%～60%甲基硫菌灵可湿性粉剂500～800倍液或50%多菌灵可湿性粉剂1 000倍液。

（3）接穗、苗木消毒处理。新开发的柑橘区，对外来的苗木应进行严格检验，发现病苗木或接穗应予以淘汰。来自病区的接穗，可用50%多菌灵可湿性粉剂500倍液或60%甲基硫菌灵可湿性粉剂800倍液浸泡30min，以杀灭携带病菌。

十三、树脂病类（以柑橘树脂病为例）

柑橘树脂病是柑橘上普遍发生的重要病害之一，在国内分布很广，长江流域、东南沿海、华南地区以及台湾等橘区均有发生。

1. 症状 因发病部位不同而有各种名称，发生在树干上的称流胶和干枯，发生在叶片上的称砂皮和黑点，发生在果实上的称蒂腐。在橘树遭受冻害后最易发病和流行。

（1）流胶和干枯（图5-36）。这两种在枝干上的受害类型并非截然分开，可相互转化。

图5-36 柑橘树脂病症状
1、2. 砂皮 3、4. 流胶

①流胶型。病部皮层组织松软，呈灰褐色，渗出褐色的胶液。在高温干燥情况下，病势发展缓慢，病部逐渐干枯下陷，病势停止发展，病斑周围产生愈伤组织，已死亡的皮层开裂剥落，木质部外露，现出四周隆起的疤痕。在甜橙、温州蜜柑、椪橘等品种上发生较普遍。

②干枯型。病部皮层红褐色，干枯略下陷，微有裂缝，但不立即剥落。在病健交界处有一条明显隆起的界线。在适温、高湿条件下，干枯型可转化为流胶型。在早橘、本地早、南丰蜜橘、朱红橘等品种上发生较多。

（2）蒂腐或褐色蒂腐。主要发生在成熟果实上，特别是在贮藏过程中发生较多。主要特征为环绕蒂部周围出现水渍状、淡褐色的病斑，病部渐向脐部扩展，边缘呈波纹状，最后可使全果腐烂。由于病果内部腐烂比果皮腐烂快，因此，又有"穿心烂"之称。甜橙、葡萄柚等的绿果，有时也能受害，在蒂部周围出现红褐色、暗褐色乃至近于黑色的病斑，引起早期落果。

(3) 砂皮和黑点。病菌侵害新叶、嫩梢和幼果时，在病部表面产生褐色或黑褐色硬胶质小粒点，散生或密集成片，称为砂皮和黑点。病菌为害限于表皮及其下数层细胞，一般不超过5~6层，因此发病迟的影响不大；发病早的生长缓滞，发育不良。

(4) 枯枝。生长衰弱的果枝或上一年冬季受冻害的枝条受病菌侵染后，因抵抗力弱，并不形成砂皮和黑点。病菌深入内部组织，病部一开始则呈现明显的褐色病斑，病健交界处常有小滴树脂渗出。严重时，可使整枝枯死，表面散生无数黑色细小粒点状的分生孢子器。

2. 病原 由柑橘间座壳菌侵染所致，属子囊菌亚门核菌纲间座壳属。无性阶段为柑橘拟茎点霉菌，属于半知菌亚门拟茎点霉属。分生孢子器黑色，分生孢子一种为卵形、单胞、无色；另一种为丝状或钩状、单胞、无色。子囊壳球形，黑色，有细长的喙部伸出子座外，呈毛发状，肉眼可见。子囊长棍棒状，无色。子囊孢子长椭圆形或纺锤形，双胞，分隔处稍缢缩，无色。

病菌生长最适温度为20℃左右，在10℃及35℃时生长缓慢。卵形分生孢子萌发的温度为5~35℃，适温为15~25℃，丝状或钩状分生孢子不易萌发。

3. 发生规律及发病条件 病菌以菌丝体和分生孢子器在病枯枝及病死树干皮层内越冬，分生孢子器为翌年初侵染的主要来源，菌丝体为初侵染的次要来源。翌春，潜伏的菌丝体加快生长，形成更多的分生孢子器，环境适宜时（特别是下雨后）大量孢子从孢子器孔口溢出，经雨水冲刷，随水滴沿枝干流下，或由风吹散溅飞到新梢、嫩叶和青果上，也可由昆虫等传播。孢子萌发后从枝干的伤口或从嫩叶、新梢、青果的表皮直接侵入，5—6月平均气温在21~25℃时，经5~10d的潜育期（一般枝龄、树龄大的潜育期短）出现新病斑后完成初侵染。发病后病部又可产生大量分生孢子，在橘园中辗转传播，进行多次再侵染。当大量分生孢子萌发侵入幼嫩组织时，由于柑橘新生组织活力较强，能产生一种保卫反应以阻止病菌的继续扩展；同时，柑橘细胞内的油质和某些酶也对病菌有抑制或杀伤作用，使病组织下面形成木栓层，挤裂上面的角质层而溢出胶质，因而病部形成许多胶质的小黑硬粒点，呈现砂皮或黑点症状。病菌为害成熟的果实一般从蒂部伤口侵入，在室温下潜育期一般为10~15d，在果园和贮运期间发生蒂腐病。

树脂病的发生和流行程度主要决定于植株伤口、雨水和温度等因素。树脂病菌寄生性不很强，只有在柑橘生长衰弱或受伤的情况下才易侵入为害。因此，导致树势衰弱或受伤的各种环境因素，均易诱发树脂病。

(1) 气候条件。严寒冰冻是诱发树脂病的主导因素。每年5—6月和9—10月，平均气温为18~25℃，降水充足，阴雨天多，是发病的主要季节。

(2) 伤口。该病菌为弱寄生菌，只能从寄主的伤口侵入，所以冻伤、日灼伤、机械伤等伤口是该病流行的先决条件。如在适宜条件下，雨水充足，植株产生伤口多，该病就会严重发生。

(3) 栽培管理。树势旺盛发病较轻，壮年树较老树发病轻。肥料不足或施肥不及时，偏施氮肥、土壤保水、排水力差和病虫害严重的柑橘园，树势衰弱，容易遭受冻害，从而加重柑橘树脂病的发生。

4. 防治方法 树脂病的防治措施主要是做好防寒工作，培养树势，提高树体的抗病能力。

(1) 加强栽培管理。果实采收后，及时施肥培土，恢复树势，提高树体防寒抗冻能力。树干涂白，有条件时在小树主干包扎稻草，或于地面铺草进行防冻。春季结合修剪，剪除病枝梢，锯掉枯死枝，加以烧毁。

(2) 刮治或涂药。对为害树体枝干的树脂病病斑，春季（4—5月）在病斑的病健交界处用纵横刻伤的方法，涂上50%多菌灵或40%拌种双可湿性粉剂20~30倍液，使病部周围长出愈伤组织，促使树体恢复健康。

(3) 灼烧。用煤油喷灯对准病部，从病斑外缘向中间灼烧。刮除病部的，灼烧到刮伤部位呈黑褐色即可，时间30~40s；不刮除病部的，灼烧到腐烂部和与之相接的健部不冒紫色流胶为止。

(4) 药剂防治。结合防治柑橘疮痂病，于春梢萌发前喷1次0.8∶0.8∶100的波尔多液，花落2/3及幼果期各喷1次50%多菌灵可湿性粉剂1 000倍液等药剂，以保护叶片和枝干。

(5) 防止蒂腐。果实适当早采，剔除病、伤果后，包装入箱贮藏，有减轻该病作用。

十四、黑痘病类（以葡萄黑痘病为例）

葡萄黑痘病又名疮痂病、鸟眼病，是葡萄的重要病害之一。该病分布广，南、北方产区均有发生，在多雨潮湿地区发病严重，给葡萄生产造成的损失较大。

1. 症状　主要为害葡萄的绿色幼嫩部分，如果实、果梗、叶片、叶柄、新梢及卷须等。幼果受害后，果面出现褐色小圆斑，后扩大，直径达3~8mm，病斑中央凹陷，灰白色，外部深褐色，周缘紫褐色，似鸟眼状，后期病斑硬化或龟裂，果实小而酸。果梗、叶柄、新梢、卷须受害，初呈褐色圆形或不规则形小斑点，后扩大为近椭圆形、灰黑色、边缘深褐色或紫色的病斑，中部明显凹陷并开裂。新梢未木质化前易受侵染，发病严重时，新梢停止生长，萎缩枯死。幼叶受害，初呈针头大小的褐色或黑色斑点，周围有黄晕，后病斑扩大为圆形或不规则，直径1~4mm，病斑中央灰白，稍凹陷，边缘黑褐或黄色，干燥时病斑中央破裂穿孔，叶脉受害重时常使病叶扭曲皱缩（图5-37）。

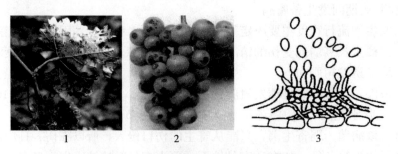

图5-37　葡萄黑痘病症状和病原形态
1. 叶片症状　2. 幼果症状　3. 葡萄痂圆孢菌

2. 病原　有性阶段为葡萄痂囊腔菌，属子囊菌亚门痂囊腔菌属，在我国尚未发现；无性阶段为葡萄痂圆孢菌，属半知菌亚门痂圆孢属。分生孢子盘瘤状；分生孢子梗短小，无色、单胞；分生孢子椭圆形或卵形，无色，单胞，稍弯曲，两端各有1个油球。

3. 发生规律及发病条件 病菌以菌丝体或分生孢子盘在病枝梢、病蔓、病叶、病果、叶痕等处越冬。菌丝生活力强，在病组织内能存活 3~5 年。翌年 5 月前后葡萄开始萌芽展叶时遇雨水，越冬病菌产生新的分生孢子，随风雨传播，引起初侵染，经 10d 潜育而发病。一般在开花前后发病，幼果期危害较重。病害的潜育期长短受气温、感病组织的幼嫩程度和品种抗病性的影响。一个生长季节，特别是在幼嫩组织、器官的形成期，黑痘病可以发生多次再侵染，引致病害流行。葡萄黑痘病菌寄主较少。病菌主要通过带菌苗木与插穗的调运进行远距离传播。

分生孢子在 25℃左右、高湿时最易形成。分生孢子萌发的最适温度为 24~25℃。菌丝生长的最适温度为 30℃，在 24~30℃下，潜育期最短，超过 30℃，发病受到抑制。黑痘病的发生与降水、空气湿度及植株幼嫩情况密切相关。多雨、闷热利于分生孢子的形成、传播及萌发侵入，同时寄主组织生长迅速而幼嫩，致使病害容易流行。果园地势低洼、排水不良、管理粗放、通风透光不好和施氮肥过多等易使病害加重。

4. 防治方法

（1）消除菌源。在生长期中，及时摘除不断出现的病叶、病果及病梢。秋季清扫落叶病穗，冬季修剪时，仔细剪除病梢、僵果，刮除主蔓上的枯皮，集中烧毁。在葡萄发芽前全面喷布 1 次铲除剂，消灭枝蔓上潜伏的病菌。常用 0.3% 五氯酚钠加 3 波美度的石硫合剂或 10% 硫酸亚铁加 1% 粗硫酸进行铲除。

（2）加强栽培管理。合理施肥，增施磷、钾肥，不偏施氮肥，增强树势，同时加强枝梢管理，注意通风透光。

（3）药剂防治。葡萄展叶后开始喷药防治，以开花前和落花 60%~80% 的两次喷药最为重要。可根据降水及病情决定喷药次数。常用的药剂有 1∶0.5∶(200~240) 的波尔多液、50% 胂·锌·福美双可湿性粉剂 800~1 000 倍、50% 多菌灵可湿性粉剂 1 000 倍液、65% 百菌清可湿性粉剂 600 倍液等。

（4）苗木消毒。新建的葡萄园或苗圃除选用抗病品种外，对苗木插条要严格检验，烧毁病重苗，对可疑苗木进行消毒处理，即在萌芽前，用上述铲除剂或 3%~5% 硫酸铜、15% 硫酸铵整株喷药或浸泡 3min，进行消毒。

十五、白腐病类（以葡萄白腐病为例）

葡萄白腐病又称腐烂病、水烂、穗烂，是葡萄的重要病害之一，主要发生在东北、华北、西北和华东北部地区。一般年份果实损失 15%~20%，流行年份损失达 60% 以上。

葡萄白腐病的诊断与防治

1. 症状 主要为害果穗，也为害新梢和叶片。一般在近地面的果穗尖端首先发病，在果梗和穗轴上产生淡褐色、水渍状、边缘不明显的病斑，病斑逐渐向果粒蔓延，使果粒基部变褐软腐，然后整个果粒很快变色变软。病穗轴及果粒表面密生灰白色小粒点。发病严重时全穗腐烂，果梗和穗轴干枯皱缩，病果、病穗易脱落。有时果粒干缩呈深褐色僵果，长久不落。

新梢多在受损伤部位发病，病斑初呈淡褐色水渍状，形状不规则，边缘深褐色。病斑纵向扩展快，成为暗褐色凹陷的不规则大斑，表面密生灰白色小粒点。后期病部表皮纵裂，呈乱麻状。当病斑环绕枝蔓时，病部以上枝叶枯死。叶片发病多从叶缘开始，产生淡褐色水渍状、近圆形或不规则形病斑，逐渐扩大为略显同心轮纹的边缘色深的大斑，上面也有灰白色小粒点，但以叶背和叶脉两边多，后期病斑干枯易破裂（图 5-38）。

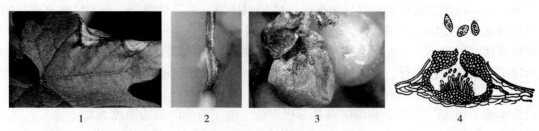

图 5-38 葡萄白腐病症状和病原形态
1. 病叶症状 2. 病枝梗症状 3. 病果症状 4. 分生孢子器及分生孢子

2. 病原 病原为白腐盾壳霉菌，属半知菌亚门盾壳霉属。分生孢子器球形或扁球形，壁较厚，灰褐色至暗褐色；分生孢子梗淡褐色，无分支，无分隔；分生孢子单胞，卵圆形至梨形，一端稍大，表面光滑，初无色，成熟后为淡褐色，内含 1~2 个油球。

3. 发生规律及发病条件 病菌主要以分生孢子器、分生孢子和菌丝体在遗留于地面和土壤中的病残体上越冬，病菌也可在悬挂于树体的僵果上越冬。散落在地面及表土中的病残体是来年初侵染的主要来源。僵果上分生孢子器的基部有结构紧密的菌丝体，抗性强，越冬后能形成新的分生孢子器和分生孢子。分生孢子借风雨、昆虫传播，主要由伤口，也可由蜜腺、水孔、气孔侵入，引起初侵染，以后病斑上产生分生孢子器，散出分生孢子引起再侵染。前期主要为害枝叶，6 月以后主要为害果实。病害潜育期一般为 3~8d。白腐病菌具潜伏侵染现象。病菌在枝蔓发芽展叶后（5 月上旬）即可对其绿色幼嫩组织进行侵染，以花序最易感病。

分生孢子在蒸馏水中萌发率很低，在 0.2% 葡萄糖溶液中萌发率也不高，而在葡萄汁液中萌发率高达 90% 以上，在放有穗轴的蒸馏水中萌发率最高。分生孢子萌发温度是 13~40℃，最适温度为 28~30℃，空气相对湿度达 92% 以上分生孢子才能萌发。因此，高温、高湿是发病的主要因素，一般从 6 月开始，直至果实成熟，病害不断发生。

白腐病的发生与降水关系密切，雨季早则发病早，雨季迟发病也迟。果园发病后，每逢雨后就会出现一个发病高峰。一切造成伤口的条件，如风害、虫害、农事操作等均利于病菌侵入，尤其是风害影响更大，每次暴风雨后发病严重。果实进入着色与成熟期感病性增加。距地表近的果穗易受越冬菌源侵染，并且下部通风透光差、湿度大易发病。果园土壤黏重、地势低洼、排水不良、杂草丛生则发病严重。

4. 防治方法

（1）清除越冬菌源。冬季结合修剪，彻底剪除病果穗、病枝蔓，刮除可能带病菌的老树皮，清除园中的枯枝蔓、落叶、病果穗等，并集中烧毁或深埋。冬季深翻果园，可将病残体埋入土壤深层加速其腐烂分解，减少翌年的初侵染源。生长季节及时剪除病果、病穗、病枝蔓，拣净落地病粒。

（2）加强栽培管理。通过修剪绑蔓提高结果部位，50cm 以下不留果穗；做好中耕除草、雨季排水和其他病虫害防治等经常性的田间管理工作；降低田间小气候湿度，抑制病害发生。增施有机肥和钾肥，合理修剪、疏花疏果，及时摘心、抹副梢、绑蔓，适当疏叶，加强通风透光，调节植株挂果量等措施均可增强植株长势，提高植株抗病力。

(3) 药剂防治。葡萄坐果后经常检查下部果穗，出现零星病穗时应摘除，并立即开始喷药。第 1 次喷药应掌握在病害的始发期，一般在 6 月中旬开始，以后每隔 10～15d 喷药 1 次，连续喷 3～5 次，直至采果前 15～20d 停止。喷药时要仔细周到，重点保护果穗。喷药后遇雨，应于雨后及时补喷，直至采果。有效药剂有 50％胂·锌·福美双可湿性粉剂 800～1 000 倍液、50％多菌灵可湿性粉剂 1 000 倍液、65％百菌清可湿性粉剂 600 倍液、50％甲基硫菌灵可湿性粉剂 500 倍液、50％福美双可湿性粉剂 600～800 倍液等。喷药时，在配好的药液中加入 0.05％皮胶或其他展着剂，可提高药液的黏着性。为消除来自土壤的病菌，重病果园于发病前进行地面撒药灭菌。可用 50％福美双可湿性粉剂 1 份、硫黄粉 1 份、碳酸钙 2 份混合均匀，拌沙土 365kg，按 15～30kg/m² 撒施于果园土表，进行地面消毒。

(4) 套袋。重病区可在最后一次疏果后进行套袋，预防病菌感染。套袋前应对葡萄进行全面喷药，在果实采收前半个月，选择晴天（切忌雨天）去除纸袋，以利果实着色，开袋后及时喷药保护。

十六、褐腐病类（以桃褐腐病为例）

桃褐腐病是桃树的重要病害之一，在辽宁、河北、河南、山东、四川、云南、湖南、湖北、安徽、江苏、浙江等地均有分布，尤以浙江、山东沿海地区和长江流域的桃区发生最重。

1. 症状 为害桃树的花、叶、枝梢及果实。在低温、高湿时，花易被害。花部受害常自雄蕊及瓣尖端开始，先发生褐色水渍状斑点，后逐渐延至全花，随即变褐而枯萎。天气潮湿时，病花迅速腐烂，表面丛生灰霉，若天气干燥则萎垂干枯，残留枝上，长久不脱落。嫩叶受害，自叶缘开始，病部变褐萎垂，俨若霜害残留枝上。

侵害花与叶片的病菌菌丝可通过花梗与叶柄逐步蔓延到果梗和新梢上，形成溃疡斑。病斑长圆形，中央稍凹陷，灰褐色，边缘紫褐色，常发生流胶。当溃疡斑扩展环绕一圈时，上部枝条即枯死。气候潮湿时，溃疡斑上也可长出灰色霉丛。

果实自幼果至成熟期均可受害，但果实越接近成熟受害越重。果实被害最初在果面产生褐色圆形病斑，如果环境适宜，病斑在数日内便可扩及全果，果肉也随之变褐软腐，而后在病斑表面生出灰褐色茸毛状霉丛。孢子层常呈同心轮纹状排列，病果腐烂后易脱落，但不少失水后变成僵果，悬挂于枝上经久不落。僵果为一个大的假菌核，是褐腐病菌越冬的重要场所（图 5 - 39）。

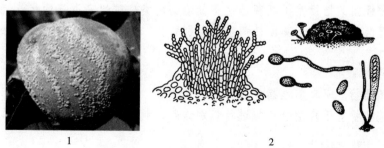

图 5 - 39 桃褐腐症状和病原形态
1. 病果症状 2. 分生孢子、假菌核、子囊及子囊孢子萌发

2. 病原 病原有3种，即桃褐腐（链）核盘菌、果生（链）核盘菌、果产（链）核盘菌。

3. 发生规律及发病条件 病菌主要以菌丝体或假菌核在树上或地面的僵果和枝梢的溃疡部越冬。悬挂在树上或落于地面的僵果，翌春都能产生大量的分生孢子，借风雨、昆虫传播，引起初次侵染。因国内尚未发现有性阶段，故分生孢子在初次侵染中起主要作用。分生孢子萌发产生芽管，经虫伤、机械伤口、皮孔侵入果实，也可直接从柱头、蜜腺侵入花器造成花腐，再蔓延到新梢。在适宜的环境条件下，病果表面长出大量的分生孢子，引起再次侵染。分生孢子除借风雨传播外，桃小食心虫、桃蛀螟和桃象虫等昆虫也是病害的重要传播者。在贮藏期病果与健果接触，也可引起健果发病。

开花及幼果期如遇低温多雨，果实成熟期又逢温暖、多云多雾、高湿度的环境条件，发病严重。前期低温潮湿容易引起花腐；后期温暖多雨、多雾则易引起果腐。桃椿象和桃小食心虫等为害的伤口常给病菌造成侵入的机会。树势衰弱、管理不善、地势低洼、枝叶过于茂密、通风透光较差的果园，发病较重。果实贮运中如遇高温高湿，则有利病害发展，所致损失更重。不同品种的抗病性也不同，一般成熟后质地柔嫩、汁多、味甜、皮薄的品种较易感病；表皮角质层厚，果实成熟后组织保持坚硬状态者抗病力较强。

4. 防治方法

(1) 消除越冬菌源。结合修剪，做好清园工作，彻底清除僵果、病枝，集中烧毁。同时进行深翻，将地面病残体深埋地下。

(2) 及时防治害虫。对桃象虫、桃小食心虫、桃蛀螟、桃椿象等害虫，应及时喷药防治，减少伤口及传病机会，减轻病害发生。有条件套袋的果园，可在5月上中旬进行套袋，以保护果实。

(3) 药剂防治。桃树发芽前喷布5波美度的石硫合剂。落花后10 d左右喷射65%代森锌可湿性粉剂500倍液、50%多菌灵可湿性粉剂1 000倍液或60%甲基硫菌灵可湿性粉剂800~1 000倍液。花腐发生多的地区，在初花期需要加喷1次，这次喷用药剂以代森锌或硫菌灵为宜。不套袋的果实，在第2次喷药后，间隔10~15 d再喷1~2次，直至成熟前1个月左右再喷一次药。

任务三　园艺植物茎干真菌性病害防治技术

知识目标

- 熟悉并掌握园艺植物茎干真菌性病害如溃疡病类、腐烂病类等的症状特点。
- 重点掌握园艺植物茎干真菌性病害的识别特征、发生规律及其防治方法。

能力目标

- 能对园艺植物茎干真菌性病害进行田间调查。
- 能对园艺植物茎干真菌性病害进行识别诊断，制订并实施综合防治措施。

一、腐烂、溃疡病类

腐烂、溃疡病是园艺植物的一类重要病害，常造成植株死亡。这类病害是指茎干皮层局部坏死的病害。典型的溃疡病是茎干皮层局部坏死,坏死后期因组织失水而稍凹陷,周围被稍隆起的愈伤组织所包围。有的溃疡病病斑扩展极快,不待植株形成愈伤组织就包围了茎干,使植株的病部以上部分枯死,在枯死过程中,病斑继续扩大,大部分皮层坏死,这种现象称为腐烂病或烂皮病。当病斑发生在小枝上,小枝迅速枯死,常不表现典型的溃疡症状,一般称为枝枯病;当病斑发生在根、茎部时表现为茎腐。

引起茎干腐烂、溃疡病的病原主要是真菌,少数也由细菌引起,冻害、日灼及机械损伤也可致病。病菌多自伤口侵入。腐烂、溃疡病的流行常常是寄主受不利因素影响而长势减弱的结果。

(一) 仙人掌茎腐病

此病在我国福建、广东、山东、天津、新疆等地均有发生,是仙人掌类植物普遍而严重的病害,常引起茎部腐烂,最后导致全株枯死。

1. 症状 主要为害幼嫩植株茎部或嫁接切口组织,大多从茎基部开始侵染。初为黄褐色或灰褐色水渍状斑块,并逐渐软腐。病斑迅速发展,绕茎一周,使整个茎基部腐烂。后期茎肉组织腐烂失水,剩下一层干缩的外皮,或茎肉组织腐烂后仅留髓部,最后全株枯死。病部产生灰白色或紫红色霉点或黑色小点,即病菌的子实体(图5-40)。

2. 病原 病原有3种,即尖镰孢菌、茎点霉菌、大茎点霉菌,其中主要是尖镰孢菌,属于半知菌亚门丝孢纲瘤座孢目镰孢霉属。子座灰褐色至紫色;分生孢子梗集生;大型分生孢子在分生孢子座内形成,纺锤形或镰刀形,一般有3~5个隔膜;小型分生孢子卵形至肾形,单胞或双胞。

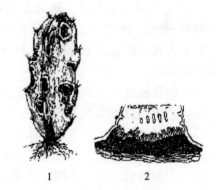

图5-40 仙人掌茎腐病的症状和病原菌形态
1. 症状 2. 病原菌的分生孢子盘和分生孢子
(徐明慧,1993. 园林植物病虫害防治)

3. 发生规律及发病条件 尖镰孢菌以菌丝体和厚垣孢子在病株残体上或土壤中越冬,并在土壤中存活多年。通过风雨、土壤、混有病残体的粪肥和操作工具传播,带病茎是远程传播源,多由伤口侵入。高温、高湿有利于发病。盆土用未经消毒的垃圾土或菜园土,施用未经腐熟的堆肥,嫁接、低温、受冻以及虫害造成的伤口多时,均有利于病害的发生。

(二) 月季枝枯病

此病在我国上海、江苏、湖南、河南、陕西、山东、天津、安徽、广东等地均有发生,为害月季、玫瑰、蔷薇等蔷薇属多种植物,常引起枝条枯死,严重的甚至全株枯死。

1. 症状 主要侵染枝干。发病初期,枝干上出现灰白、黄或红色小点,后扩大为椭圆形至不规则形病斑,中央灰白色或浅褐色,并有一清晰的紫色边缘,后期病斑下陷,表皮纵向开裂。溃疡斑上着生许多黑色小颗粒,即病菌的分生孢子器。老病斑周围隆起。病斑环绕枝条一周,引起病部以上部分枯死(图5-41)。

2. 病原 病原菌为伏克盾壳霉,属半知菌亚门腔孢纲球壳孢目盾壳霉属。分生孢子器生于寄主植物表皮下,黑色,扁球形,具乳突状孔口;分生孢子梗较短,不分支,无色;分生孢子浅黄色,单胞,近球形或卵圆形。

3. 发生规律及发病条件 以菌丝和分生孢子器在枝条的病组织中越冬。翌年春天,在潮湿情况下分生孢子器内的分生孢子大量涌出,借风雨传播,成为初侵染来源。病菌通过休眠芽和伤口侵入寄主。管理不善、过度修剪、生长衰弱的植株发病重。

4. 腐烂、溃疡病类的防治方法

(1) 加强栽培管理、促进植物健康生长是防治茎干腐烂、溃疡病的重要途径。夏季搭荫棚或合理间作或及时灌水降温,可以有效防止病害的发生;适地适树、合理修剪、剪口涂药保护、避免干部皮层损伤、随起苗随移植避免假植时间过长、秋末冬初树干涂白防止冻害、防治蛀干害虫等措施都十分有效。用无菌土作栽培土、厩肥充分腐熟、合理施肥可取得很好的防治效果。

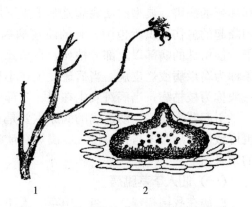

图 5-41 月季枝枯病的症状和病原菌形态
1. 枝条上的症状 2. 病原菌的分生孢子器
(徐明慧,1993.园林植物病虫害防治)

(2) 加强检疫,防止危险性病害扩展蔓延。茎干溃疡、腐烂病中,有些是危险性检疫对象,要防止带病苗木传入无病区,一旦发现,立即烧毁。

(3) 及时清除病死枝条和植株,结合修剪去除其他枯枝或生长衰弱的植株及枝条,刮除老病斑,减少侵染来源,可减轻病害的发生。

(4) 药剂防治。树干发病时可用50%代森铵、50%多菌灵可湿性粉剂200倍液或80%乙蒜素乳油200倍液喷洒,也可以用2波美度石硫合剂喷射树干或涂抹病斑。茎、枝梢发病时可喷洒50%胂·锌·福美双可湿性粉剂800~1 000倍液、50%多菌灵可湿性粉剂800~1 000倍液、60%百菌清可湿性粉剂1 000倍液或65%代森锌可湿性粉剂1 000倍液和50%苯菌灵可湿性粉剂1 000倍液的混合液(1∶1)。

(三) 苹果树腐烂病

苹果树腐烂病俗称烂皮病,是苹果树树干上一种很严重的病害。目前,该病在我国北方苹果产区发生普遍,发病严重时树干病疤累累,树势严重衰弱,枝干残缺,甚至整树枯死和毁园。此病除为害苹果外,还可感染沙果、海棠和山定子等苹果属植物。

1. 症状 主要为害树龄10年以上的结果树枝干,主干和大枝受害显著重于小枝,幼树、苗木甚至果实也可被害。枝干上的症状可归纳为溃疡型和枝枯型两种类型(图5-42)。

(1) 溃疡型。冬春发病盛期和夏秋衰弱树上发病时表现出的症状。发病初期病部红褐色,略隆起,呈水渍状,组织松软,常伴有黄褐色汁液流出,皮易剥离。腐烂皮层为鲜红褐色,组织质地糟烂,湿腐状,有酒糟味。用手指按压即下陷,并流出红褐色汁液。掀开表皮可见树皮内层已完全腐烂,病变范围远比外表所见的大。发病后期病部失水干缩,

图 5-42 苹果树腐烂病症状
1. 溃疡型 2. 枝枯型
(费显伟,2015.园艺植物病虫害防治)

病部有黑绿色或枯黄色小粒点，病斑绕干一周，其上部枯死。

（2）枝枯型。春季多发生在弱树或小枝上，病部扩展迅速，形状不规则，病斑很快包围枝干，枝条逐渐枯死，后期病部也产生很多小黑点。被侵染果实病斑呈红褐色，圆形或不规则形，有轮纹，边缘明晰，病组织腐烂软化，有酒精味，病斑中部散生或集生有时略呈轮纹状排列的小黑点，潮湿时涌出橘黄色卷须状的分生孢子。

2. 病原 有性世代为苹果黑腐皮壳菌，属子囊菌亚门黑腐皮壳属真菌。无性世代为苹果干腐烂壳蕉孢菌，属半知菌亚门壳囊孢属真菌。子囊孢子无色，单胞。分生孢子无色，单胞，腊肠形（图5-43）。病菌菌丝生长最适温度为28～32℃。分生孢子萌发最适温度为24～28℃，子囊孢子最适萌发温度为19℃左右。

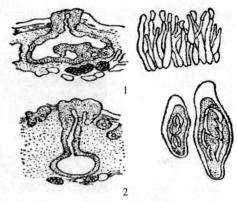

图5-43 苹果树腐烂病病原形态
1. 分生孢子梗及分生孢子 2. 分生孢子器

3. 发生规律及发病条件 病菌主要以菌丝体、分生孢子器和子囊壳在病树皮上越冬，翌年春季树液开始流动时，病菌即开始活动，遇雨或潮湿时产生孢子角，大量分生孢子和子囊孢子从分生孢子器和子囊壳中排出，通过风雨或昆虫活动传播。从植株的各种伤口（冻伤、剪锯伤、环剥伤、虫伤等）、叶痕、果柄痕和皮孔侵入，子囊孢子也能侵染。该病菌是一种弱寄生菌，具有潜伏侵染特性，当树体健壮时，侵入的病菌不能扩展，以潜伏状态存活在侵染点内，当树体衰弱后病菌迅速扩展蔓延，引起树皮腐烂。

苹果树腐烂病发病常始于夏季，因此时树体生长旺盛，病菌只能在落皮层上扩展，形成表层溃疡斑。10月下旬至11月，树体生活力减弱，病菌活动加强，穿过周皮，向树皮内层发展，形成坏死点，开始扩展为害。11月至翌年1月，皮内发病数量激增，但病斑扩展缓慢，病状不明显。

树体冻伤是诱导腐烂病流行的主导因素之一。果园栽培管理粗放、果树营养不良是腐烂病流行的另一个重要因素。苹果树的愈伤能力与发病轻重也有着密切的关系。土壤瘠薄、干旱缺水、其他病虫害严重、树体负载量过大、病斑刮治不及时、病枯枝处理不妥等都可诱发此病。

4. 防治方法 以加强栽培管理、增强树势、提高抗病力为基础，采用预防和治疗相结合的综合防治措施。

（1）增强树势，施足有机肥。注意种植果园绿肥，做到氮、钾、磷配合施肥，避免偏施氮肥。适度修剪，调节控制好结果量，注意排涝抗旱，防治好早期落叶病和红蜘蛛等各种病虫害。

（2）清除菌源。冬季结合修剪，清除枯死树、病枯枝及残桩等，集中烧毁，减少病源。在发芽前喷布40%福美胂可湿性粉剂100倍液于树体。

（3）刮治病斑。刮治病斑要早，原则上要定期检查，及时刮治。其中冬季每半月一次，病斑刮除后用40%福美胂可湿性粉剂50倍液进行涂抹。

二、菌核病类（以十字花科蔬菜菌核病为例）

该病主要为害甘蓝、大白菜、花椰菜等十字花科蔬菜，长江流域和南方沿海各地发生普遍。

1. 症状 主要为害植株的茎基部，也可为害叶片、叶柄、叶球及种荚，苗期和成株期均可染病。幼苗期轻病株无明显症状，重病株根、茎腐烂并生白霉，大田栽植后病情不断扩展，至抽薹后达高峰。病株茎秆上出现浅褐色凹陷病斑，后转为白色，终致皮层朽腐，纤维散离成乱麻状，茎腔中空，内生黑色鼠粪状菌核。在高湿条件下，病部表面长出白色棉絮状菌丝体和黑色菌核。受害轻的造成烂根，致发育不良或烂茎，植株矮小，产量降低；受害严重的茎秆折断，植株枯死（图5-44）。

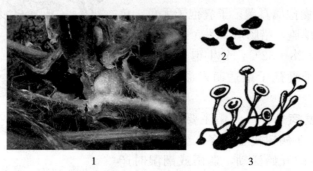

图5-44 十字花科蔬菜菌核病症状和病原菌形态
1. 受害症状 2. 菌核 3. 萌发产生的子囊盘

2. 病原 此病由核盘菌侵染所致。病原属子囊菌亚门核盘菌属真菌。菌核黑色，鼠粪状。

3. 发生规律及发病条件 病菌主要以菌核在土壤中、采种株上或混杂在种子间越冬或越夏。在春、秋两季多雨潮湿时，菌核萌发，产生子囊盘放射出子囊孢子，并借气流传播。子囊孢子在衰老的叶片上进行初侵染引起发病，随后病部长出菌丝，通过病健株的接触进行再侵染，到生长后期形成菌核越冬。温度20℃左右、相对湿度在85%以上有利于病害的发生。另外，连作、地势低洼、排水不良、密植、偏施氮肥的田块发病较早、较重。

4. 防治方法

（1）选种。选用无病种子，并对种子进行处理。

（2）轮作、深翻及加强田间管理。与禾本科作物进行隔年轮作；收获后及时翻耕土地，把子囊盘埋入土中12cm以下，使其不能出土；合理密植；施足腐熟基肥，合理施用氮肥，增施磷、钾肥，均有良好的防治效果。

（3）药剂防治。发病初期可喷洒50%腐霉利可湿性粉剂2 000倍液、50%乙烯菌核利可湿性粉剂1 000倍液、50%多菌灵可湿性粉剂800倍液等药剂。此外，可用生物农药菜丰宁（B_1）拌种或灌根等，效果较好。

三、枯黄萎病类

（一）瓜类枯萎病

瓜类枯萎病又名蔓割病，是瓜类的主要病害之一，全国各地发生普遍。该病在长江中下游地区危害严重，露地栽培的黄瓜发病率常在50%以上，主要为害黄瓜、西瓜、甜瓜等葫芦科作物。瓜类枯萎病是典型的土传病害和积年流行的维管束病害，难于防治。

1. 症状 主要为害根、茎，苗期和成株期均可发病。苗期发生病害时，表现与猝倒相似的症状。幼苗出土后，子叶萎蔫，真叶褪绿黄枯，幼茎腐烂，仅留丝状纤维而死。

成株期发病多在结瓜以后，枯萎病株常表现生长不良，植株矮化，叶小，色暗绿，并由下而上逐渐褪绿黄枯，以后全株或局部瓜蔓白天萎蔫，早晚恢复，5～6d逐渐枯萎死亡。剖视病蔓，可见输导组织变褐，有时根部也表现溃疡病状，潮湿时病蔓表面可出现白色菌丝层和粉红色霉层（图5-45）。

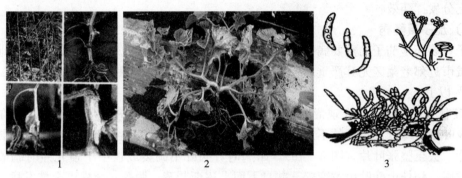

图5-45 瓜类枯萎病症状和病原形态
1、2. 受害症状 3. 菌丝及分生孢子

2. 病原 此病由尖镰孢菌黄瓜专化型侵染所致，属半知菌亚门镰孢属真菌。菌丝有隔，多分支，无色。可以产生两种分生孢子，大型分生孢子镰刀形，有3～5个横隔；小型分生孢子椭圆形，多数单胞，偶尔可见双胞，集生在分生孢子梗上。

3. 发生规律及发病条件 主要以菌丝体、厚垣孢子和菌核在土壤、病残体、种子及未腐熟的粪肥中越冬，成为翌年主要的初侵染源。种子带菌也是侵染来源之一。病菌通过土壤、灌溉水、肥料、昆虫、农具等传播，种子带菌是病害远距离传播的主要途径。病菌主要从根及茎基部的伤口或根毛顶端细胞侵入，再侵染不起主要作用。病菌离开寄主在土壤中能存活5～6年。厚垣孢子与菌核经牲畜消化道后仍保持生活力。其致萎机制与其他作物枯萎病基本相似。病害有潜伏侵染现象，有些植株虽在幼苗期即被感染，但直到开花结瓜期才表现症状。地下害虫和土壤中线虫的活动和为害既可传播病菌，又可造成根部伤口，为病菌的侵入创造有利条件。

病菌喜温暖潮湿的环境，发育最适温度为24～32℃，空气相对湿度在90%以上。温度24～25℃、土温25～30℃、pH 4.5～6.0易发病。高温高湿、土壤黏重、连作、施用不腐熟的带菌肥料、氮肥过多和灌水不当、土壤过分干旱等条件都易引起发病。

4. 防治方法

（1）轮作。避免连作，一般至少应3～4年轮作1次。也可实行水旱轮作，减少田间病菌。

（2）种子处理。播前可用55℃温水浸10min，或用50%多菌灵可湿性粉剂500倍液浸种1h，洗净后再催芽播种。

（3）加强栽培管理。推广高畦地膜种植，控制氮肥施用量，增施磷、钾肥及微量元素。

（4）嫁接防病。以黑籽南瓜作砧木可以防治黄瓜枯萎病。

（5）土壤处理。在病害严重发生的地块，尤其是保护地，可在农闲季节进行土壤处理。

(6) 无土栽培、营养钵育苗或无病新土育苗。无土栽培是防治枯萎病及其他土传病害的有效措施；营养钵育苗或无病新土育苗可提高寄主抗病性，同时可减少根部伤口，在有条件的地区可大力推广应用。

(7) 药剂防治。在发现个别病株初期症状时，可用60%甲基硫菌灵可湿性粉剂1 000倍液或50%多菌灵可湿性粉剂800倍液灌根，每株150~200mL，可阻止病菌侵染瓜根，并抑制维管束内菌体的生长。墒情大时，灌根后应加强中耕保墒，控制灌水，改善土壤通气状况，以充分发挥药效。

（二）茄子黄萎病

茄子黄萎病是茄子的重要病害之一，在国内分布广泛，东北平原与长江中下游地区发生普遍，城市近郊老菜区尤其严重。一般发病率在50%以上，重病田块发病率可达90%以上，减产30%以上。

1. 症状 茄子黄萎病在现蕾期始见，一般在茄子坐果后表现症状。发病初期在叶片的叶脉间或叶缘失绿变成黄色的不规则圆形斑块，逐渐扩展成大块黄斑，可布满两支脉之间或半张叶片，甚至整张叶片（图5-46）。始病时，病叶不凋萎或仅中午强光照时凋萎。随着病情的发展，病株上病叶由黄变褐，并自下而上逐渐凋萎、脱落。植株可全株发病，也可半边发病半边正常（俗称"半边疯"），还有的个别枝条发病。病株果实小而少，质地坚硬，果皮皱缩干瘪。病株根和主茎维管束变深褐色，重病株的分枝、叶柄和果柄的维管束也变成深褐色。

1　　　　　　　　　　　2　　　　　　　　　　　3

图5-46 茄子黄萎病症状和病原形态
1. 田间病株　2. 受害叶片症状　3. 分生孢子梗及分生孢子

2. 病原 病原为大丽花轮枝孢菌，属半知菌亚门轮枝孢属真菌。分生孢子梗轮状分支，每轮有3~4个分支。分生孢子无色，单胞，长卵圆形。病菌生长最适温度为23℃。生长最适pH为5.3~7.2，在pH 3.6条件下，生长良好。

3. 发生规律及发病条件 病菌主要以休眠菌丝体、厚垣孢子、拟菌核随病残体在土壤中越冬，是主要的初侵染源，或以菌丝体潜伏在种子内，分生孢子附着在种子表面越冬。主要通过风雨、流水、人畜、农具及农事操作等途径在田间与田块间传播蔓延。翌年，病菌菌丝体从根部伤口或直接穿透幼根的表皮及根毛侵入，一般不发生再侵染。

病菌侵入寄主后，以菌丝体先在皮层薄壁细胞间扩展，并产生果胶酶分解寄主细胞间的中胶层，从而进入导管并在其内大量繁殖，随着液流迅速向地上部茎、叶、枝、果等部位扩展，构成系统侵染。病株表面一般不产生分生孢子，没有再侵染。

茄子黄萎病发生的适宜温度是20~25℃，超过30℃时病害受到抑制。从茄子定植到开花期，日平均气温低于15℃的日数越多，发病越早、越重。连作田块发病重，连作年限越长，发病越重。土壤湿度高发病重，尤其是定植以后土壤湿度高不利于根部伤口愈合而有利于病菌侵入。初夏的连续阴雨或暴雨、地势低洼积水和灌水不当等均会导致土壤湿度偏高和土温下降，病害发生明显加重。

4. 防治方法

（1）选用抗病品种、无病种与种子处理。在无病区应抓好无病田留种工作，做到自留自用，严禁从病区引种。

（2）栽培防病。抓好栽培防病措施，与葱、蒜、水稻等非茄科作物实行 4 年以上轮作，轮作换茬防病效果显著。

（3）种子处理。用 55℃温水浸种 15min，冷却后催芽播种。

（4）嫁接防病。用野生茄子作砧木嫁接防病。

（5）土壤消毒。定植前可用 50%多菌灵可湿性粉剂与 20%地茂散粉剂按 1∶1 比例混合而成的多地混剂撒施土表，耙入土中，进行土壤消毒，每公顷 30kg，能收到较好的防病增产效果。

（6）药液灌根。定植前 5～6d 用 50%多菌灵可湿性粉剂 1 000 倍液灌根，带药移植。田间发现病株时可用 50%多菌灵可湿性粉剂 1 000 倍液、50%琥胶肥酸铜可湿性粉剂 500 倍液、70%硫菌灵可湿性粉剂 700 倍液灌根，每株 300mL，每 7d 灌 1 次，连续灌 3～4 次。

四、轮纹病类（以苹果、梨轮纹病为例）

苹果轮纹病又称瘤皮病、粗皮病、水烂病。各苹果产区均普遍发生，是为害苹果树枝干和果实的重要病害。该病除为害苹果树外，还能为害梨、桃、李、杏等多种果树。

1. 症状 主要为害枝干和果实，叶片受害比较少。受害枝干常以皮孔为中心，形成扁圆形或椭圆形、直径 3～20mm 的红褐色病斑。病斑的中心突起质地坚硬，如一疣状物，边缘龟裂，往往与健部组织形成一道环沟。翌年病斑上生出黑色小粒点（分生孢子器）。病斑与健部的裂缝逐渐加深，病组织翘起如马鞍状。许多病斑连在一起，树皮极为粗糙，故又称为粗皮病。

果实发病主要在近成熟期或贮藏期。果实受害时，也是以皮孔为中心，生成水渍状褐色小斑点，病斑发展迅速，很快扩大成同心轮纹状（图 5-47），呈淡红褐色。在条件适宜时，几天即可使全果腐烂，并发出酸臭气味。病部中心表皮下逐渐散生黑色粒点。病果腐烂多汁，失水后变为黑色僵果。

图 5-47 苹果、梨轮纹病果实症状和病原形态
1. 苹果轮纹病果实症状 2. 梨轮纹病果实症状 3. 子囊壳、子囊、分生孢子器及分生孢子

叶片发病产生近圆形的具有同心轮纹的褐色病斑或不规则形的褐色病斑，病斑逐渐变为灰白色并生出黑色小粒点。叶片上病斑很多时，往往引起干枯早落。

2. 病原 有性阶段为梨生囊孢壳菌，属子囊菌亚门囊孢壳属，有性阶段不常出现。无性阶段为轮纹大茎点菌，属半知菌亚门大茎点属。分生孢子无色，单胞，纺锤形或椭圆形。

病菌菌丝生长和分生孢子器形成的最适温度均为26℃左右，且需要光照。分生孢子萌发对湿度条件的要求严格，离开水膜时，分生孢子不能萌发。

除轮纹病菌外，引起苹果采收前后烂果的还有苹果干腐病菌。这两种菌在苹果上所致的果腐症状无明显差别，故习惯上将该两种病菌引起的果腐统称轮纹病。

3. 发生规律及发病条件 病菌以菌丝体、分生孢子器在病枝上越冬，菌丝在枝干组织中可存活4~5年。翌年春季菌丝体恢复活动，继续为害枝干。4—6月生成分生孢子，成为初次侵染来源，6—8月分生孢子散发较多，靠雨水飞溅传播，从枝条和果实的皮孔或伤口侵入。该病菌是一种弱寄生菌，衰弱植株、老弱枝干及弱小幼树易感病。枝条的侵染在整个生长期间都有发生；果实从幼果期便开始侵染，直至成熟期。幼果侵染后不立即发病，病菌在果实内呈潜伏状态，一般为80~150d，待果实近成熟期，贮藏期或生活力衰退后，潜伏菌丝迅速蔓延扩展，果实才开始发病。病菌菌丝扩展蔓延，陆续出现轮纹状病斑。由于田间果实发病很晚，很少形成子实体进行再侵染，故轮纹病菌的田间侵染多属初侵染，无再侵染。

若幼果期降雨频繁，园内病菌分生孢子散发多，则当年轮纹病烂果加重。故果实发病多少与田间菌源多少、5—6月降水量多少关系密切。品种间的抗病性也有一定的差异，以红星、富士、金冠和青香蕉等最易感病，国光、祝光和印度等品种次之，伏皮花等较抗病。另外，果园管理粗放、挂果过多、蛀果和蛀干性害虫为害严重等均可导致树势衰弱，从而加重发病。

4. 防治方法

（1）加强栽培管理，增强树势，提高树体抗病能力。

（2）休眠期刮除枝干病瘤或粗翘皮后，可用10%甲基硫菌灵涂抹剂作铲除剂。

（3）药剂防治。苹果落花后10d，雨后立即选择喷洒50%多菌灵可湿性粉剂600倍液、60%甲基硫菌灵可湿性粉剂800倍液、80%代森锰锌可湿性粉剂800倍液等。其他次喷药应根据前一次药的药效期及降水程度而决定。雨季时，上述有机杀菌剂与1∶(2~3)∶240的波尔多液交替使用，至果实成熟前40d左右停止喷药。

（4）果实套袋。一般在谢花后30~40d进行，套袋前喷一次杀虫杀菌剂（波尔多液除外，它会污染果面），可有效防治果实轮纹病的发生。

五、干腐病类（以苹果干腐病为例）

苹果干腐病又称为胴腐病，是苹果树重要病害之一，在我国的各苹果产区均有发生。

1. 症状 幼树受害时，初期多在嫁接部位附近形成暗褐色至黑褐色病斑，沿树干向上扩大，严重时会枯死，病斑上有很多突起的小黑粒点。大树受害时，多在枝干上散生湿润不规则暗褐色病斑，病部溢出浓茶色黏液。病斑在枝上纵向发展严重时会致整个枝干发病，病斑后期失水形成明显凹陷黑褐色干斑。病健交界处往往开裂，病皮翘起以至剥离，病斑表面出现许多小而密的隆起的小黑点。发病严重时，树皮组织死亡，最后可烂到木质部，整个枝干枯死。

果实发病首先在树冠上部向阳面的果实上出现褐色小点，后扩大为圆形或不定形淡褐色病斑，逐渐形成同心轮纹状病斑。在适宜条件下病斑扩展迅速，几天内可使全果腐烂。后期病斑表面可产生黑色粒点（图5-48）。

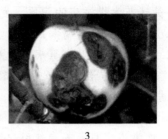

图5-48 苹果干腐病受害症状
1. 受害茎干症状　2. 受害枝干症状　3. 受害果实症状

2. 病原　病原为茶藨子葡萄座腔菌，即苹果干腐病菌，属子囊菌亚门座腔菌属真菌。子座为扁圆形，散生，可产生多个分生孢子器或子囊腔室。分生孢子单胞，无色，长椭圆形。

3. 发生规律及发病条件　病菌以菌丝体、分生孢子器在枝干病部越冬。翌年春产生分生孢子，借风雨传播，从伤口或皮孔侵入，也能从死亡的枯芽侵入。树干发病常始于5月下旬，旱季发病重，雨季来临后病势减弱。土质瘠薄、肥水条件差、结果过多、各种伤口多等有利于发病，干旱年份发病较重。另外，苹果不同品种的抗性也存在差异，其中金冠、国光、富士等发病较重，而红玉、元帅、祝光等受害较轻。

4. 防治方法

（1）加强栽培管理，深翻改土，增施有机肥，适时排灌，增强树体抗病力，尽量减少树体伤口。

（2）清除树上病枯枝，集中烧毁。

（3）刮除病皮，刮后可用40%福美胂可湿性粉剂50倍液涂抹。

（4）秋末冬初或早春芽前，全树喷洒40%福美胂可湿性粉剂100倍液，用于清园铲除病菌。平时结合防治其他病害喷施波尔多液、百菌清等。

（5）防止果实被侵染，可参考苹果轮纹病的防治方法。

?复习思考

1. 引起苗期病害的病原有哪些？苗期立枯病、猝倒病的症状和发生规律有何异同？防治措施有哪些？
2. 根部病害的发病规律有哪些共同点？应采取哪些相应措施预防该类病害的发生？
3. 花木、蔬菜等白绢病的病原、发生规律、发病条件是什么？怎样防治？
4. 简述月季白粉病、瓜类白粉病的病原、发生规律、发病条件及综合防治方法。
5. 简述玫瑰锈病、梨锈病和豆类锈病的病原、发生规律及锈病类的综合防治方法。

6. 简述兰花炭疽病、辣椒炭疽病、葡萄炭疽病的病原、发生规律及炭疽病类的综合防治方法。
7. 番茄灰霉病的症状特点、发生规律、发病条件各是什么？保护地花卉、茄科蔬菜灰霉病的综合防治措施有哪些？
8. 简述月季黑斑病的病原、发生条件及叶斑病类的综合防治方法。
9. 简述花木煤污病的病原、发生规律、发病与蚜虫的关系及煤污病类的综合防治措施。
10. 简述仙人掌茎腐病的病原、发生规律、发病条件及综合防治措施。
11. 十字花科蔬菜霜霉病、黄瓜霜霉病、葡萄霜霉病的症状有何特点？发病与环境条件有何关系？药剂防治应选择哪些农药？白菜霜霉病的发生规律、发病条件是什么？可采取哪些措施进行防治？
12. 怎样防治白菜等菌核病？
13. 瓜类疫病与枯萎病都引起植株萎蔫，二者的主要区别是什么？瓜类疫病的病原有何特征？影响黄瓜疫病发生的因素有哪些？如何对该病害进行有效防治？
14. 番茄早疫病的主要症状是什么？防治番茄早疫病应采取哪些措施？
15. 简述番茄晚疫病、茄子褐纹病的病原、症状特点、发生规律及防治措施。
16. 黄瓜枯萎病的病原、发生规律、发病条件是什么？防治黄瓜枯萎病有哪些经济有效的措施？
17. 茄子黄萎病的症状特点是什么？为何低温条件下茄子黄萎病发生重？防治茄子黄萎病的措施有哪些？
18. 消毒架材对防治黄瓜黑星病有何意义？
19. 根据苹果、梨轮纹烂果病、腐烂病的发生特点如何选择防治措施？如何根据轮纹烂果病及炭疽病的发生特点选择防治措施？梨黑星病及苹果斑点落叶病的发生规律、发病条件及防治措施是什么？
20. 简述柑橘溃疡病、柑橘疮痂病的病原、发生规律及防治方法。
21. 苹果、梨几种主要枝干病害的病原、识别要点、发生规律、发病条件及其防治措施是什么？
22. 如何区别葡萄白腐病、黑痘病、炭疽病的果实症状？葡萄白腐病的发生流行条件是什么？防治的关键时期是什么时候？葡萄感染黑痘病主要在哪个时期？防治的关键是什么？
23. 怎样结合桃褐腐病及炭疽病的发生特点采取防治措施？
24. 当地桃（李）穿孔病主要有哪些种类？怎样防治？结合当地桃（李）树的主要病虫害种类及发生特点，制订综合防治方案。
25. 调查当地蔬菜生产上发生的主要病虫害种类、防治方法及防治方面存在哪些问题？

任务四　园艺植物其他病原物病害防治技术

知识目标

- 熟悉并掌握园艺植物其他细菌性病害、病毒病、线虫病等的症状特点。
- 重点掌握园艺植物其他病害的症状识别特征、发生规律及其防治方法。

项目五 园艺植物病害防治技术

能力目标

- 能对园艺植物其他病害进行田间调查。
- 能对园艺植物其他病害进行识别诊断，制订并掌握综合防治技术措施。

一、园艺植物细菌性病害和植原体病害防治技术

（一）十字花科蔬菜软腐病

十字花科蔬菜软腐病是一种世界性病害，我国凡栽培大白菜的地区都有发生，是大白菜三大病害之一。软腐病危害期长，在大白菜生长、贮藏运输与销售过程中，都可发生腐烂，造成严重损失。该病除为害十字花科作物外，还可为害马铃薯、番茄、莴苣、黄瓜等蔬菜，引起各种不同程度的损失。

1. 症状　软腐病的症状因受害组织和环境条件的不同，略有差异。一般柔嫩多汁的组织受侵染后开始多呈浸润半透明状，后渐呈明显的水渍状。颜色由淡黄色、灰色至灰褐色，最后组织黏滑软腐，并有恶臭。较坚实少汁的组织受侵染后，病斑多呈水渍状，先淡褐色，后变褐色，逐渐腐烂，最后病部水分蒸发，组织干缩。

在田间，白菜、甘蓝多从包心期开始发病，通常植株外围叶片在烈日下表现萎蔫，但早、晚仍能恢复，随着病情的发展，这些外叶不再恢复，露出叶球，病组织内充满污白色或灰黄色黏稠物质。腐烂病叶在干燥环境下失水变成透明薄纸状。发病严重时，植株结球小，叶柄基部和根颈处心髓组织完全腐烂，并充满灰黄色黏稠物，臭气四溢，农事操作时易被碰落（图5-49）。

图5-49　十字花科蔬菜软腐病症状和病原形态
1、2. 病株症状　3. 受害组织内的细菌　4. 菌体

2. 病原　此病由胡萝卜软腐欧氏杆菌胡萝卜致病亚种侵染所致，属细菌薄壁菌门欧氏杆菌属。菌体短杆状，2~8根周生鞭毛，无荚膜，革兰氏染色反应阴性，兼性嫌气性。该细菌在4~36℃都能生长发育，最适温度27~30℃，致死温度50℃。pH 5.3~9.3都能生长，以pH 7时生长最好。不耐干燥和日光。

3. 发生规律和发病条件　病菌主要在病株和病残组织中越冬。翌年病菌通过昆虫、雨水和灌溉水传播，从伤口或生理裂口侵入寄主。

软腐病的发生与伤口及影响寄主愈伤能力均有密切关系。此外，该病与寄主的抗病性也有关，气候条件中以雨水与发病的关系最密切，白菜包心以后多雨往往发病严重。昆虫为害白菜造成的伤口有利于病菌的侵入，同时有的昆虫携带病菌，直接起到了传播和接种病菌的作用。在多雨或低洼地区，平畦地面易积水，土中缺乏氧气，不利于寄主伤口愈合，有利于

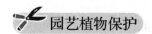

病菌繁殖和传播,发病重。采收后的发病轻重还与贮藏条件密切相关,缺氧、温度高、湿度大均易发病,造成损失。

白菜品种间也存在着抗病性差异。一般而言,直筒型的品种由于外叶直立,垄间不荫蔽,通风良好,发病较轻。另外,青帮菜较抗病,多数柔嫩多汁的白帮菜品种则较感病。一般抗病毒病和霜霉病的品种也抗软腐病。

4. 防治方法 软腐病的防治应以利用抗病品种、加强栽培管理为主,结合防病治虫等综合措施,才能收到较好的效果。

(1) 利用抗病品种。提倡推广使用杂交品种。晚熟品种、青帮品种、抗病毒病和霜霉病的品种一般也抗软腐病。较抗病的大白菜品种有大青口和旅大小根等。

(2) 加强田间管理。实行轮作和合理安排茬口,采用垄作或高畦栽培,有利于田间排水,降低湿度。在不影响产量的前提下,可考虑适当迟播。田间发现重病株时应立即拔除,带出田外。白菜收获后及时清除病残体,施足基肥,早追肥,促进幼苗生长健壮,减少自然裂口,增施钙素可提高寄主对软腐病的抵抗性。

(3) 防虫治病。从幼苗起加强对黄曲条跳甲、地蛆、菜青虫、小菜蛾等害虫的防治。

(4) 药剂防治。发病前或发病初期及时进行药剂防治,防止病害发生蔓延。喷药应以发病株及其周围的植株为重点,注意喷射接近地面的叶柄及茎基部。大白菜喷药时间一般掌握在莲座期至包心期,在莲座期开始喷药,以后每隔6～7d喷1次,连续喷2～3次。可选用27.12%碱式硫酸铜悬浮剂500倍液、46%春雷•王铜可湿性粉剂800～1 000倍液、62%硫酸链霉素可湿性粉剂500倍液等药剂。此外,可用生物农药菜丰宁(B_1)拌种或灌根等,效果较好。消毒病穴,防止烂窖减少机械损伤,适当晾晒。

(二) 菜豆细菌性疫病

菜豆细菌性疫病又称叶烧病、火烧病,是菜豆常见病害之一,目前在我国各地的菜豆生产区均有发生,主要为害菜豆、豇豆、扁豆等豆类作物。

1. 症状 该病主要为害叶片、茎及豆荚,苗期和成株期均可染病。叶片染病,初生暗绿色油渍状小斑点,后逐渐扩大,呈不规则形,被害组织逐渐变褐色、干枯,枯死组织变薄,半透明。病斑周围有黄色晕圈。病斑上常分泌出一种淡黄色菌脓,干后在病斑表面形成白色或黄色的薄膜状物。严重时病斑连接成片,相互愈合,最后引起叶片枯死,但一般不脱落。嫩叶受害则扭曲变形,甚至皱缩脱落。

茎上的病斑常发生在第1节附近,多在豆荚半成熟时出现,表现为水渍状,有时凹陷,逐渐纵向扩大并变褐色,表面常常开裂,渗出菌脓。病斑常环绕茎部,导致病株在此处折断,这种症状又称环腐或节腐。荚上病斑初呈暗绿色油渍状小斑点,逐渐扩大,病斑呈不规则形,红色至褐色,有时略带紫色,最后病斑中央凹陷,病部常有胶状的黄色菌脓溢出(图5-50)。发病严重时全荚皱缩,种子也皱缩,种脐部产生淡黄色菌脓。

2. 病原 此病由细菌薄壁菌门黄单胞杆菌属菜豆致病变种侵染所致。菌体短杆状,极生单鞭毛,不形成芽孢和荚膜,革兰氏染色阴性,病菌生长适温为28～30℃,超过40℃时不能生长。致死温度为50℃(10min)。适宜生长的pH为7.4。好气性。

3. 发生规律及发病条件 病菌主要在种子上越冬,也可随病残体在土壤中越冬。潜伏在种子内的病菌能存活2～3年。在未分解的病残体上,病菌可以越冬;病残体腐烂后,病菌也随之死亡。带菌种子是病害的主要初侵染源。通过风雨、昆虫、灌溉水、农事操作等传

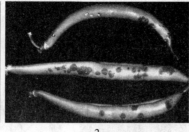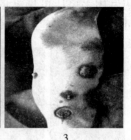

图 5-50 菜豆细菌性疫病受害症状
1. 受害叶片症状　2、3. 受害豆荚症状

播。种子带菌使幼苗子叶及生长点发病，病部产生菌脓，从气孔、水孔、伤口侵入，引起叶、荚、茎等部位发病。

带菌种子萌发后，病菌侵染子叶，在子叶、幼茎上形成病斑并溢出黄色菌脓，通过雨水和昆虫传播进行再侵染。病菌从气孔、水孔侵入叶片，或由伤口侵害叶、茎和种荚，引起局部性发病。病菌可侵入寄主的生长点，进入维管束系统，蔓延至植株各部，引起系统性发病，严重时引起幼苗枯萎或植株枯死。病菌可进一步侵入豆荚的维管束组织，通过与豆荚相连的胚珠柄侵染种子，造成种子带菌。

4. 防治方法

（1）选留无病种子，对种子进行消毒。从无病健康植株上采种。播种前对带菌种子用 45℃ 的恒温 50% 福美双原粉拌种，然后播种。

（2）合理轮作。与非豆类蔬菜轮作 2 年以上。

（3）加强田间栽培管理。施用腐熟的有机肥，减少病原，增施磷、钾肥，提高植株抗病力；高垄、深沟、地膜覆盖栽培，降低土壤湿度，减少土壤蒸发，既保墒又降低空气湿度；清洁田园，拉秧后及时清除病残体，集中烧毁或深埋；发病初期及时摘除病叶；合理密植，及时上架引蔓，改善田间通风透光条件。

（4）药剂防治。在发病初期开始喷药，每隔 6~10d 用药 1 次，连续防治 2~3 次。药剂可选用 30% 琥胶肥酸铜可湿性粉剂 600 倍液、66% 氢氧化铜可湿性粉剂 1 000 倍液、72.2% 霜霉威水溶性液剂 1 000 倍液等。

（三）番茄青枯病

番茄青枯病又名细菌性枯萎病，系细菌性维管束组织病害，是茄科蔬菜的重要病害之一，主要分布在赤道南北纬度 38°以内的亚热带国家，我国主要发生在长江流域以南地区，如浙江、江苏、安徽、湖南、上海等地。青枯病菌寄主范围非常广泛，多达 33 科 100 多种植物都能被害。在茄科蔬菜中，一般以番茄受害最为严重，马铃薯、茄子次之，辣椒受害较轻。烟草、芝麻、花生、大豆、萝卜等栽培植物也能被害，流行性极强。

1. 症状　青枯病是一种细菌性维管束病害。一般在苗期不表现症状，番茄结果以后才开始表现症状，至盛夏时发病最为严重。病株初期仅部分幼叶表现萎蔫，早晚或阴天温度低时可恢复正常，同时下部老叶轻微黄化，其茎、根部的维管束被害后变褐腐烂，根部则呈水渍状，数天后植株即青枯而死。后期茎的外部也可部分呈现褐色病变，植株叶片呈青绿色，茎秆粗糙，后期病株随着更多叶片的萎蔫与枯死而导致全株死亡。解剖茎秆，病茎维管束变褐，横切后用手挤压可见乳白色黏液流出，这是青枯病的典型症状（图 5-51）。根据此项特征，可与真菌性枯萎病或黄萎病相区别。

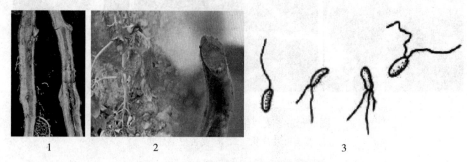

图 5-51　番茄青枯病症状和病原菌形态
1. 病茎剖面　2. 病茎斜切面　3. 菌体

2. 病原　由薄壁菌门劳尔氏菌属的茄青枯病细菌侵染番茄维管束所致。细菌生长发育的最适温度为 30～37℃，最高为 41℃，致死温度为 55℃（10min）。对酸碱度的适应范围为 pH 6.0～8.0，最适为 pH 6.6。

3. 发生规律及发病条件　病原细菌主要随病株残体在土壤中越冬，在土壤中的病残体上能存活 14 个月至 6 年，属弱寄生菌，营腐生生活。病菌可通过田间耕作、整枝打杈、浇水及雨水进行传播。从寄主的根部或茎基部的伤口侵入，侵入后在维管束的螺纹导管内繁殖，并沿导管向上蔓延，阻塞或穿过导管侵入邻近的薄壁组织，使之变褐腐烂。整个输导器官被破坏而失去功能，茎、叶因得不到水分的供应而萎蔫。田间病害的传播主要通过雨水和灌溉水将病菌带到无病的田块或健康的植株上。此外，农具、昆虫等也能传病。带菌的马铃薯块茎也是主要的传病来源。

此病菌喜欢高温高湿环境，适宜的发病温度为 20～38℃，易在酸性土壤中生长繁殖；最适宜感病的生育期在番茄结果中后期。发病潜育期 5～20d。在番茄生长前期和中期降水偏多、田间排水不良、温度较高时极易流行，可造成大面积减产。引发病症表现的天气条件为大雨或连续阴雨后骤然放晴，气温迅速升高，田间湿度大，发病现象会成片出现。

4. 防治方法

（1）合理施肥。实行配方施肥，施足基肥，勤施追肥，增施有机肥及微肥，不施用番茄、辣椒等茄科植物沤制的肥料。

（2）轮作与嫁接。对发病较重的田块可与葱、蒜及十字花科蔬菜实行 4～5 年轮作，或采用嫁接技术控制病情。

（3）土壤处理。调节土壤酸碱度，抑制细菌的生长繁殖。

（4）降低田间湿度。采用高畦种植，开好排水沟，使雨后能及时排水。及时中耕除草。

（5）清除病株。及时拔除病株，将其深埋或烧毁，病穴用生石灰或草木灰消毒。

（6）药剂防治。在青枯病发病初期，选晴天用 46% 春雷·王铜可湿性粉剂 600 倍液、77% 氢氧化铜可湿性粉剂 1 000 倍液喷雾防治。

（四）根癌病

根癌病又称癌肿病，危害严重，分布在世界各地，我国山东、北京、湖南、江苏和河南经常发生。此病菌的寄主范围很广，包括月季、菊、樱花、天竺葵等多达 59 科 142 属 300

多种植物。

1. 症状 主要发生在根颈处，也可发生在主根、侧根以及地上部的主干和侧枝上。发病初期病部膨大呈球形的瘤状物。幼瘤为白色或淡黄色，质地柔软，表面光滑。后病瘤逐渐增大，成为不规则块状，在大的瘤上又长出小瘤（图5-52）。成熟瘤表面粗糙，间有龟裂，质地坚硬木栓化，褐色或黑褐色。地上部分由于根系受到破坏，轻则植株生长缓慢，叶片变小、黄化，花朵纤弱；重则引起全株死亡。

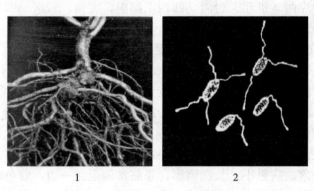

图5-52 根癌病症状及病原形态
1. 受害根部症状　2. 菌体
（费显伟，2015. 园艺植物病虫害防治）

2. 病原 病原为根癌土壤杆菌，属原核生物界土壤杆菌属或野杆菌属。菌体短杆状，大小为（1～3）$\mu m \times$（0.4～0.8）μm。具1～6根周生鞭毛，有荚膜，革兰氏染色呈阴性。病菌生长发育最适温度为22℃，致死温度为51℃（10min）。在10%石灰乳中25min即死亡。酸碱度范围为pH 5.6～9.2，以pH 6.3为最适合。

3. 发生规律及发病条件 病菌可在病瘤内或土壤中病株残体上生活1年以上，若2年得不到侵染机会，细菌就会失去致病力和生活力。病菌主要靠灌溉水、雨水、采条、嫁接条、耕作农具、地下害虫等传播。远距离传播靠病苗和种苗的运输。病菌必须通过伤口才能侵入，如机械伤、虫伤、嫁接伤口等，植株根颈土壤接触处最易遭受侵染。偏碱性、湿度大的沙壤土植株发病率最高。连作有利于病害发生。嫁接方式以切接比芽接发病率要高。苗木根部伤口多、发病重。

4. 防治方法

（1）严格检疫。严禁从病区调运苗木。培育和利用抗病品种。

（2）合理选择圃地。栽植地应选择排水良好、土壤偏酸的地方。病土须经处理后方可使用，用氯化苦消毒效果好。病区可实施2年以上的轮作。

（3）病苗处理。栽植前将根与根颈处浸入500～2 000万单位的链霉素溶液中30min或1%硫酸铜溶液中5min，清水冲洗后定植。病植株可用乙基硫代磺酸乙酯300～400倍液浇灌或切除肿瘤后用链霉素500～2 000倍液、土霉素500～1 000倍液涂抹伤口。

（4）加强田间管理。细心栽培，及时防治地下害虫，减少根部各种伤口。

（5）药剂防治。轻病株切除病瘤后用62%硫酸链霉素可溶性粉剂3 000倍液涂抹，或用甲冰碘液，即用50∶25∶12的甲醇、冰醋酸、碘片混合液涂敷病部，并浇灌抗菌剂乙基硫代磺酸乙酯 300～400 倍液。重病株及时挖除后，病穴用 1∶1∶100 等量式波尔多液等消毒。

(6) 生物防治。国外报道，发生癌肿病植株根部有一种无致病力放射野杆菌 KG4 株系能放射野杆菌素 84，可有效抑制癌肿组织形成。

（五）柑橘黄龙病

柑橘黄龙病又称黄梢病、青果病，为我国对内对外检疫对象，是一种世界性的柑橘病害。黄龙病在亚洲、非洲和印度洋的 40 多个国家和地区已有分布，其中以东南亚和南非受害最重。我国广东、广西、福建、台湾、江西、湖南、贵州、云南、四川、浙江和海南等地都有发生。

1. 症状 柑橘黄龙病全年均可发生，以夏、秋梢发生最多，春梢次之。

(1) 枝、叶症状。在浓绿的树冠中有 1～2 条或多条枝梢发黄。叶片均匀黄化或黄绿相间的斑驳状黄化。新抽的春梢，叶肉渐褪绿变黄，形成黄绿相间的斑驳状，病叶叶质变硬。夏、秋梢期，树冠上出现的病梢，多数在 1～2 个梢或几个梢尚未完全转绿时即停止转绿。叶片在老熟过程中黄化，叶质变硬。

(2) 花、果症状。病树一般开花多而早，花瓣短小、肥厚，颜色黄。小枝上的花朵常聚集成团，最后大多脱落。病果小，长椭圆形，果脐常偏歪在一边，着色较淡或不均匀，有的品种近果蒂部分为橙黄色而其余部分为青绿色，形成"红鼻果"（图 5-53）。病果果汁少，渣多，其中种子多发育不健全。

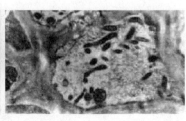

1　　　　　　　　　　　2　　　　　　　　　　　3

图 5-53　柑橘黄龙病症状和病原形态
1. 叶片黄化、变硬　2. 红鼻果　3. 短杆状细菌

2. 病原 病原为亚洲韧皮杆菌，属韧皮杆菌属细菌。病菌菌体有多种形态，多数圆形、椭圆形或香肠形，少数呈不规则形，无鞭毛，革兰氏染色阴性。限于韧皮部寄生，至今还未能在人工培养基上培养。病菌的寄主主要是柑橘属、金柑属和枳属。

3. 发生规律及发病条件 病菌在田间病株和带菌木虱虫体上越冬，通过柑橘木虱在田间传播。柑橘木虱的成虫和 4～5 龄若虫均可传病。病菌在木虱体内的循回期短者为 1～3d，长者可达 29～30d，类似于持久性病毒的传播方式。汁液摩擦或土壤不能传病。病害的远距离传播则通过带病的苗木和接穗的调运。

目前栽培的柑橘品种均能感染黄龙病，其中以蕉柑和椪柑最易感病，甜橙、早橘和温州蜜柑次之，柚子和柠檬则较耐病。一般来说，果园病株率超过 10%，如果传病木虱的数量较大，病害将严重发生。各种树龄的柑橘树均能感染黄龙病，其中幼年树（6 年生以下）比老年树更易感病。

4. 防治方法

(1) 实行检疫。禁止病区苗木及带病材料进入新区和无病区，新开辟的果园种植无病苗。

（2）建立无病苗圃，培育无病苗木。对优良单株进行脱毒（茎尖嫁接脱毒或热力脱毒）并经鉴定证明不带菌；在网室内建立种质圃；在隔离地方或在网室内建立无病母本园；在隔离地方或在网室内建立无病苗圃。

（3）挖除病株。发现病株或可疑病株应立即挖除，用无病苗进行补植。

（4）防治柑橘木虱。通过水肥管理和控梢以减少木虱繁殖和传播。新梢期喷布1~2次杀虫剂。果园四周栽种防护林带，对木虱的迁飞也有阻碍作用。

（5）加强管理。保持树势健壮，提高抗病力。

（6）病区改造。对于一些黄龙病发生非常严重、已失去经济价值的果园，应实行病区改造。把整个果园的柑橘树（包括未显症状的植株）全部挖除，喷杀带菌木虱，然后用无病柑橘苗重新种植，把病区改造为无病新区。

（六）柑橘溃疡病

柑橘溃疡病是柑橘的重要病害之一，为国内外植物检疫对象。我国长江流域、东南沿海、两广及西南、台湾等橘区均有发生，局部地区相当严重。

1. 症状 叶片受害后，开始在叶背出现黄色或暗绿色针头大小油渍状斑点，逐渐扩大，同时叶片正反两面均逐渐隆起，成为近圆形、米黄色的斑点。不久，病部表皮破裂，呈海绵状，隆起更显著，木栓化，表面粗糙、灰白色或灰褐色。后病部中心凹陷，并呈现微细的轮纹，周围有黄色晕环，紧靠晕环处常有褐色的釉光边缘。病斑的大小与品种有关，一般直径在3~5mm。有时几个病斑互相连合，形成不规则形的大病斑。后期病斑中央凹陷成火山口状开裂。枝梢受害以夏梢为重，病斑特征基本与叶片上相似，但无黄色晕环，严重时引起叶片脱落，枝梢枯死。果实上病斑也与叶片上相似，但病斑较大，一般直径为4~5mm，最大的可达12mm，木栓化程度比叶部更为坚实。病斑限于果皮上，发生严重时引起早期落果（图5-54）。

图5-54 柑橘溃疡病的症状与病原
1. 病原 2. 症状

2. 病原 病原为地毯草黄单胞杆菌柑橘致病变种，属薄壁菌门黄单胞杆菌属细菌。病菌短杆状，两端圆，极生单鞭毛，有荚膜，无芽孢，革兰氏染色阴性，好气性。

病菌生长适宜温度为20~30℃，致死温度为55℃~60℃。病菌耐干燥，在相对湿度较低的土壤表面，病菌能在落叶中存活90~100d，当落叶埋入土壤时，存活期为85d。病菌耐低温，但在阳光下暴晒2h病菌即死亡。病菌发育的适宜pH为6.6。

3. 发生规律及发病条件 病菌潜伏在病叶、病梢、病果等病组织内越冬，尤其是秋梢上的病斑是病菌主要的越冬场所。翌春气温回升并有降雨时，越冬病菌从病部溢出，借风雨、昆虫、人和工具以及枝叶交接，近距离传播到附近的嫩梢、嫩叶和幼果上。病菌的远距离传播主要是通过带菌的苗木、接穗和果实等繁殖材料的调运。病菌从寄主气孔、皮孔和伤口侵入。侵入后，温度较高时，在寄主体内迅速繁殖并充满细胞间隙，刺激细胞增生，使组织肿胀。潜育期长短因品种的抗（感）病性、组织的老熟程度和温度而异，一般为3~10d。

发病后病斑上产生菌脓，通过风雨传播，再侵染幼叶、新梢和幼果，加重病情。沿海地区台风暴雨后，常导致病害严重发生。病菌具潜伏侵染特性，从外观健康的温州蜜柑枝条上可分离到病菌，有的秋梢受侵染后，常至翌年春季气温回升后才显现症状。

从柑橘的物候期来说，以夏梢发病最严重，秋梢次之，春梢发病较轻，但春梢的感病则影响到夏梢的发病程度。柑橘溃疡病的发生主要与气候条件、寄主品种、栽培管理等有关。高温多雨的天气有利于发病，当气温在25～30℃、寄主表面保持20min以上的水膜，即可侵入。暴风雨和台风给寄主造成大量伤口，有利于病菌的入侵，也有利于病菌的传播。不同品种的感病性不同，以橙类最易感病，柚类、柠檬和枳次之，柑类、橘类感病较轻，金柑类抗病。发病的轻重与树龄也有关，一般苗木及幼树比成年树发病重，树龄越大，发病越轻。此外，发病轻重还与寄主组织的老熟程度有关，病菌只侵染幼嫩的寄主组织，老熟组织不侵染或很少侵染。

合理施肥，适当修剪，控制夏梢，增施钾肥，可减轻发病。受潜叶蛾、凤蝶幼虫危害严重的，溃疡病一般发生严重。所以，及时防治害虫，特别是潜叶蛾，可以减轻溃疡病的发生。

4. 防治方法　以防为主，在无病区或新发展区应严格实行检疫，防止病菌传入，在病区则应开展综合防治。

（1）加强检疫。无病区或新区应严格执行检疫制度，严禁从病区调运苗木、接穗、砧木、果实和种子等。

（2）建立无病苗圃，培育无病苗木。苗圃应设在无病区或远离柑橘园2km以上。砧木的种子应采自无病果实，接穗采自无病区或无病柑橘园。种子、接穗要按规定的方法消毒。育苗期间发现有病株，应及时挖掉烧毁，并喷药保护附近的健苗。

（3）加强栽培管理。冬季做好清园工作，收集落叶、落果和枯枝，加以烧毁。早春结合修剪，剪除病早枝、徒长枝和弱枝等，以减少侵染来源。适时控梢，抹去夏梢，培育春梢和早秋梢。合理施肥，增强树势，提高树体的抗病力。

（4）药剂防治。在病区要用药剂进行保护，应按苗木、幼树和成年树的不同特性区别对待。苗木和幼树以保梢为主，各次新梢萌芽后20～30d（梢长1.5～3.0cm，叶片刚转绿期）各喷药1次。成年树以保果为主，在谢花后10d、30d、50d各喷药1次。药剂可选用1：1：200的波尔多液、50％胂•锌•福美双可湿性粉剂500～800倍液等。

二、园艺植物病毒病害防治技术

（一）唐菖蒲花叶病

病毒病在园艺植物花木上不仅大量普遍存在，且危害严重。寄主受病毒侵害后，常导致叶色、花色异常，器官畸形，植株矮化；病重则不开花，甚至毁种。病毒由媒介昆虫、汁液、嫁接等方式传播，种子传毒在花卉病毒病中占有一定的比例，因此病毒病防治较困难。下面以唐菖蒲花叶病为例进行说明。

唐菖蒲花叶病是世界性病害，凡是种植唐菖蒲的地方均有该病发生。该病引起唐菖蒲球茎退化、植株矮小、花穗短小、花少花小，严重地影响切花的产量和质量。

1. 症状　主要侵染叶片，也侵染花器等部位。发病初期，叶片上出现褪绿角斑与圆斑，因病斑扩展受叶脉限制多呈多角形，最后变为褐色。病叶黄化、扭曲。有病植株矮小、花穗短、花少花小，发病严重的植株抽不出花穗。有些品种的花瓣变色，呈碎锦状，如粉红色花品系。唐菖蒲叶片上也有深绿和浅绿相间的块状斑驳或线纹（图5-55）。初夏时，新叶上的症状特别明显，盛夏时症状不明显，有症状隐蔽现象。

图5-55 唐菖蒲花叶病症状
1. 病叶症状 2. 病花症状

2. 病原 侵染唐菖蒲的病毒在我国主要有两种，即菜豆黄花叶病毒和黄瓜花叶病毒。菜豆黄花叶病毒属马铃薯Y病毒组，病毒粒体为线条状，长750nm，钝化温度为55~60℃，稀释终点为10^{-3}，体外存活期为2~8d。黄瓜花叶病毒属黄瓜花叶病毒组，病毒粒体为球形，直径为28~30nm，钝化温度为70℃，稀释终点为10^{-4}，体外存活期为3~6d。

3. 发生规律级发病条件 两种病毒均在病球茎及病植株体内越冬，成为翌年初侵染源。菜豆黄花叶病毒由汁液、蚜虫传播；黄瓜花叶病毒由桃蚜及其他蚜虫和汁液传播，两种病毒均以带毒球茎远距离传播，均自微伤口侵入。两种病毒寄主范围都较广或很广。菜豆黄花叶病毒除侵染唐菖蒲之外，还侵染美人蕉、菜豆、蚕豆、黄瓜、曼陀罗等植物。黄瓜花叶病毒能侵染40~50种花卉，如大花美人蕉、美人蕉、粉叶美人蕉、金盏花、百日草、萱草、福禄考、香石竹、兰花、鸢尾、小苍兰、水仙、百合等。很多蔬菜和杂草都是该病毒的毒源植物。

4. 防治方法 加强检疫，控制病害发生。对调运的种球茎进行血清学方面的检测，对有病毒的球茎视病情加以处理，最好全部销毁。建立无毒良种繁育基地，生产中应栽培脱毒的组培苗，减少田间的再侵染。用辟蚜雾等药剂防治传毒蚜虫，对切花用具及操作人员手部用5%~8%的磷酸三钠或热肥皂水进行消毒。及时拔除田间病株。唐菖蒲种植地块应远离其他寄主的种植田，以防交叉感染。选育抗病及耐病的唐菖蒲品种，淘汰观赏性差的感病品种。

（二）十字花科蔬菜病毒病

病毒病、霜霉病和软腐病是全国性十字花科蔬菜的三大病害，全国各地均有分布。该病除为害大白菜外，还可为害青菜、萝卜、甘蓝、油菜等，病毒病流行年份可引起三大病害并发。

1. 症状 各生育期均可发病。症状因种类和品种不同略有变化。大白菜病毒病苗期发病，心叶呈明脉或沿脉失绿，后产生浓淡不均的绿色斑驳或花叶，重病株心叶畸形或全株矮化、皱缩、僵死。成株期发病早的，叶片严重皱缩，质硬而脆，常生许多褐色小斑点，叶背主脉上生褐色稍凹陷坏死条状斑，植株明显矮化畸形，不结球或结球松散。感病晚的，只在植株一侧或半边呈现皱缩畸形，或显轻微皱缩和花叶，仍能结球，内层叶上生灰褐色小点。种株染病或种植带病母株，抽薹缓慢，薹短缩或花梗扭曲畸形，植株矮小，新生叶出现明脉或花叶，老叶生褐色坏死斑，花蕾发育不良或花瓣畸形，不结荚或果荚瘦小，重病株根系不发达，须根少，不能生长到抽薹便死亡，病根切面黄褐色，严重影响生长发育（图 5-56）。

图 5-56　十字花科蔬菜病毒病症状
1. 明脉　2. 坏死斑点　3. 斑驳、花叶

2. 病原　目前已知十字花科蔬菜病毒病的主要病原有芜菁花叶病毒、黄瓜花叶病毒、烟草花叶病毒、萝卜花叶病毒、苜蓿花叶病毒。在我国，芜菁花叶病毒是十字花科蔬菜的主要病原，其分布广、危害重，其次是黄瓜花叶病毒和烟草花叶病毒。以上 3 种病毒可单独侵染为害，也可两种或两种以上复合侵染，田间多见复合侵染为害，防治难度大。

芜菁花叶病毒粒体线状，大小（700～800）nm×（12～18）nm，失毒温度为 55～60℃（10min），稀释限点 1 000 倍，体外保毒期 48～72h。在田间自然条件下主要靠蚜虫传毒，还可通过农事操作等途径传播。除十字花科外，还可侵染菠菜、茼蒿、芥菜等。目前已知其分化有若干个株系。苜蓿花叶病毒是一个多质粒的体系，含有 5 种大小不一的质粒，致死温度为 55～60℃，稀释限点 1 000～2 000 倍，体外存活期 3～4d，通过汁液摩擦及蚜虫传毒，传毒蚜虫主要有桃蚜、大戟长管蚜和豌豆蚜。

3. 发生规律及发病条件　冬季不种十字花科蔬菜的地区，病毒在窖藏的大白菜、甘蓝、萝卜或越冬菠菜上越冬。冬季如栽植十字花科蔬菜，病毒主要在留种株或多年生宿根植物及杂草上越冬。翌年春天，蚜虫把毒源从越冬寄主上传到春季甘蓝、水萝卜、油菜、青菜或小白菜等十字花科蔬菜及野油菜上。南方由于终年长有十字花科植物，则无明显越冬现象，感病的十字花科蔬菜、野油菜等十字花科杂草都是重要的初侵染源。

病害发生与寄主生育期、品种、气候条件、栽培制度、播种期及品种抗病性等因素密切相关。苗期易感病，特别是 7 叶期前是易感时期，侵染越早发病越重，7 叶期后受害明显减轻。此外，播种早，毒源或蚜虫多，再加上菜地管理粗放、地势低、不通风或土壤干燥、缺水缺肥时发病重。高温干旱有利此病发生。

白菜播种后遇高温干旱，地温高或持续时间长，根系生长发育受抑，地上部朽住不长，寄主抗病力下降，此外，高温还会缩短病毒潜育期，28℃芜菁花叶病毒潜育期为 3～10d，10℃则为 25～30d 或不显症。该病春、秋两季蚜虫发生高峰期与白菜感病期吻合，并遇有气温 15～20℃、相对湿度 75% 以下易发病。早春温度偏高、雨水偏少的年份发病重；秋季干旱少雨、温度偏高的年份发病重。连作、地势低、排水差的田块发病重。管理粗放、氮肥施用过多也有利此病发生。

4. 防治方法

（1）选用抗病品种。一般杂交品种比普通品种抗病性强，青帮品种比白帮品种抗病性强。

（2）加强肥水栽培管理。秋季高温干旱应及时浇水，增施有机肥，合理密植，适时移栽。

（3）适期早播。避开高温及蚜虫猖獗季节，根据天气、土壤和苗情适时蹲苗，一般深锄后轻蹲十几天即可。蹲苗时间过长，妨碍白菜根系生长发育，容易染病。

（4）注意防蚜灭蚜。蚜虫是传播病毒病的主要媒介，应注意防蚜灭蚜，苗期防蚜至关重要，在幼苗7叶期前应适当喷药防治。要尽一切可能把传毒蚜虫消灭在毒源植物上，尤其春季气温升高后对采种株及春播十字花科蔬菜的蚜虫更要早防。

（5）药剂防治。发病初期开始喷洒0.5%菇类蛋白多糖水剂300倍液、病毒1号油乳剂500倍液、1.5%烷醇·硫酸铜乳剂1 000倍液或10%混合脂肪酸水剂100倍液，每隔10d喷1次，连续喷2~3次。

（三）番茄病毒病

该病全国各地普遍发生，危害严重。一般发病率10%~30%，严重的达50%~70%，产量损失大，对夏秋露地生产造成了严重威胁，秋播番茄病害发生最为严重。在田间病害症状可归纳为6种主要表现型，即花叶型、蕨叶型、条纹型、丛生型、卷叶型和黄顶型。发病率以花叶型最高，蕨叶型次之，条斑型较少。危害程度以条斑型最严重甚至绝收，蕨叶型居中，花叶型较轻。

1. 症状

（1）花叶型。主要发生在植株上部叶片，表现为在叶片上出现黄绿相间或叶色深浅相间的花叶症状，叶色褪绿，叶面稍皱，植株矮化。新生叶片偏小、皱缩、明脉，叶色偏淡。

（2）蕨叶型。植株一般明显矮化，上部叶片叶肉组织退化，叶片细长呈线状，节间缩短。花瓣加长增厚。

（3）条纹型。可发生在茎、叶、果上，茎感病初始产生暗绿短条斑，后呈褐色、长短不一的条斑，并逐渐蔓延，严重时引起部分枝条或全株枯死。叶染病形成褐色斑点或云纹状或条状斑。果实染病，果面着色不匀，畸形，病果易脱落（图5-57）。

图5-57 番茄病毒病症状
1. 花叶型 2. 蕨叶型 3. 条纹型

（4）丛生型。顶部及叶腋长出的丛生分枝众多，叶片线状，色淡畸形。病株不结果或结果少，所结果坚硬，圆锥形。

（5）卷叶型。叶脉间黄化，叶片卷曲整个植株萎缩，或丛生多不能开花结果。

（6）黄顶型。顶部叶片褪绿或黄化，叶片变小，叶面皱缩，病叶中部突起，边缘卷曲，植株矮小，分枝增多。

2. 病原 番茄病毒病的毒源，据国内外报道有 20 多种，我国主要有 6 种，即烟草花叶病毒、黄瓜花叶病毒、马铃薯 X 病毒、马铃薯 Y 病毒、烟草蚀纹病毒、苜蓿花叶病毒。最主要的是烟草花叶病毒和黄瓜花叶病毒。北方以烟草花叶病毒为主，南方以黄瓜花叶病毒为主，长江中下游烟草花叶病毒、黄瓜花叶病毒复合侵染。花叶型病毒病是由烟草花叶病毒侵染所致。条斑型病毒病是由烟草花叶病毒的另一个株系侵染所致，其物理性状与烟草花叶病毒相似。蕨叶型病毒病是由黄瓜花叶病毒侵染所致。

（1）烟草花叶病毒。钝化温度 92~96℃，稀释限点 10^{-7}~10^{-6}，体外存活期 60d，杆状，寄主范围很广，涉及 30 多个科 200 种植物。

（2）黄瓜花叶病毒。钝化温度 50~60℃，稀释限点 10^{-4}~10^{-2}，体外存活期 2~8d，球状，有明显的株系分化（图 5-58）。

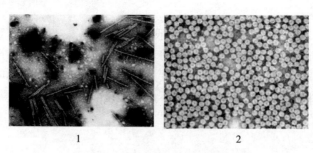

图 5-58 番茄病毒病病原
1. 烟草花叶病毒　2. 黄瓜花叶病毒

3. 发生规律及发病条件 烟草花叶病毒具有高度的传染性，极易通过接触传染，但蚜虫不传毒。番茄花叶病和条纹病主要通过田间各项农事操作（如分苗、定植、绑蔓、整枝、打杈和 2，4-滴蘸花等）传播。番茄种子附着的果肉残屑也带毒。此外，烟草花叶病毒还可在干燥的烟叶和卷烟中，以及寄主的病残体中存活相当长的时期。

黄瓜花叶病毒和马铃薯 Y 病毒由蚜虫传播，如桃蚜、棉蚜等多种蚜虫都能传播，但以桃蚜为主，种子和土壤都未发现有传病现象。病毒可以在多年生宿根植物或杂草上越冬，这些植物在春季发芽后蚜虫也随之发生，通过蚜虫吸毒与迁移，将病毒传带到附近的番茄地里，引起番茄发病。

夏番茄发病最重，秋番茄次之，春番茄最轻，冬季温室内几乎不发病。高温干旱年份易流行。品种间抗病性差异明显。

4. 防治方法 控制番茄病毒病的发生和流行，应采用以农业防治为主的综合防病措施。其中最重要的是培育出番茄植株发达的根系，促进健壮生长，增强其对晴雨骤变的适应性，提高对病害的抵抗能力。

（1）选栽抗病品种。粉红系列明显比大红系列抗病。

（2）种子处理。种子在播种前先用清水浸泡 3~4h，再放在 10% 磷酸三钠溶液中浸种 30min，用清水冲洗干净后催芽播种。

（3）加强田间管理，注意农事操作。适时播种，培育壮苗；在植株成龄抗病阶段；严格挑选健壮无病苗移植；及时清理田边杂草，减少传毒来源；加强肥水管理；注意防止农事操作中人为传病,如接触过病株的手和农具应用肥皂水冲洗,吸烟菜农用肥皂水洗手后再进行农事操作。

(4) 早期治蚜防病。推广应用银灰膜避蚜防病。在蚜虫发生初期,及时用药防治,防止蚜虫传播病毒。

(5) 深耕及轮作。烟草花叶病毒在土壤中的病体上可以存活2年以上,所以轮作要采用3年轮作制。

(6) 药剂防治。发病前或发病始见期用20%吗胍·乙酸铜可湿性粉剂600~1 000倍液喷药预防,每隔6~10d喷1次,连续喷2~3次,可以减少感染,增强植株抗性,起到较好的预防作用。

三、园艺植物线虫病害及其他病害防治技术

(一)菊花叶枯线虫病

1. 症状 主要为害叶片、叶芽、花芽、花蕾、生长点等部位。发病初期,病斑首先在叶背的下缘出现,初为淡黄色,后渐变为褐色或黑色。叶片背面出现大量的小斑点,小斑点扩展相互连接成为大病斑,使叶片卷缩、枯死,叶片一般不脱落,倒挂在茎秆上。线虫在叶肉细胞内营寄生生活。病斑扩展往往受叶脉的限制,典型的枯斑呈三角形。叶芽受侵染后抽出的叶片小、畸形;花芽受侵染变小、畸形,花蕾枯萎脱落。苗木生长点受侵染,导致全株生长发育受阻,甚至整株死亡。线虫在花芽、花蕾、叶芽、生长点部位外营寄生生活。

2. 病原 病原为芽叶线虫,属线虫纲滑刃线虫属。虫体细长,尾端尖,其末端通常有2~4个微小的针状突起(图5-59)。侧区有侧线4条,口针基部球明显。叶线虫发育最适温度为20~28℃。在该温度条件下,叶线虫从卵发育为成虫只需14d左右,每条雌成虫在感病寄主内产卵20~30个。

3. 发生规律及发病条件 叶枯线虫在叶芽、花芽及生长点内越冬,也能在干枯的病叶内越冬,在干燥的叶片内可存活2年或更长。线虫由气孔侵入,主要靠雨滴滴溅传播,也能在水膜中主动扩散传播。

菊花栽培品种对叶枯病的抗病性有差异。一般大花菊花品种易感病,如哥文—玫丽、拉依安蒂、蒙那哥等。叶线虫寄主范围广,花卉寄主有菊属、银莲花属、秋海棠属、樱草属、毛茛属、罂粟属、虎耳草属、商陆属等植物。野生寄主有繁缕、西番莲、苣荬菜等杂草。

图5-59 菊花叶枯线虫病症状和病原线虫形态

1. 病株 2. 雌成虫 3. 雄成虫

4. 防治方法

(1) 加强检疫。线虫叶枯病在国外及我国南方发病严重,北方菊花引种工作中一定要加强检疫,以免该病在我国北方地区扩散。

(2) 减少侵染来源。彻底清除并烧毁病株残体,有病土壤、盆钵及操作工具等必须进行消毒后方能继续使用;清除田间杂草、野生寄主植物。栽植地不得混种其他寄主。

(3) 有病苗木的热处理。将有病植株或苗木浸泡在50℃的温水中5min,或在44.4℃温

水中浸泡处理30min，或在46℃恒温处理器中浸泡10min，均能取得良好的防治效果，最高防效为100%。

（4）药剂防治。化学农药对该病的防治效果很好，常用的杀线虫剂及杀虫剂有1 000mg/kg的克线磷、1 500mg/kg的草氨酰或1 500mg/kg的杀螟硫磷等。

（二）花木藻斑病

藻斑病是我国南方花木上常见的一种病害，主要分布在湖南、广东、上海、浙江、江苏、福建、安徽等地。藻斑病的为害主要是降低寄主植物的光合作用，使植株生长不良，枝干皮层有时剥离、枯死。

1. 症状　主要为害叶片及嫩枝。藻斑病为害叶片的上下表面，但以叶的正面为主。发病初期，叶片上出现针头大小的灰白色、灰绿色及黄褐色的圆斑；病斑逐渐扩大成圆形或不规则形的隆起斑，病斑边缘为放射状或羽毛状。病斑上有纤维状细纹和茸毛。藻斑颜色为暗褐色、暗绿色或橘褐色。藻斑直径为1～15mm。藻斑的大小和颜色常因寄主植物的种类而异，如含笑的藻斑直径为1～2mm、暗绿色；山茶的藻斑直径为2～15mm、灰绿色或橘黄色（图5-60）。

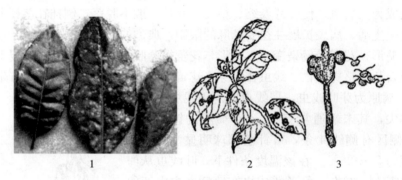

图5-60　藻斑病症状及病原形态

1. 山茶藻斑病症状　2. 受害叶片症状　3. 游动孢子、孢子囊及孢囊梗

（徐明慧，1993. 园林植物病虫害防治）

2. 病原　常见的病原物是头孢藻，属绿藻纲橘色藻科头孢藻属。孢囊梗呈叉状分支，顶端大，近圆形，上生8～12个卵形孢子囊。游动孢子椭圆形，双鞭毛，无色。

3. 发生规律及发病条件　以丝网状营养体在寄主组织内越冬，孢子囊及游动孢子在潮湿条件下产生，由风雨传播。高温高湿条件有利于游动孢子的产生、传播和萌发、侵入。一般来说，栽植密度及盆花摆放密度大、通风透光不良、土壤贫瘠、淹水、天气闷热、潮湿等均有可能加重病害的发生。

4. 防治方法　加强养护管理，控制病害的发生。花木要栽植在地势开阔、排水良好、土壤肥沃的地块上。及时修剪，以利通风透光，降低湿度。生长季节喷洒50%多菌灵可湿性粉剂500～800倍液或（0.6∶1.2∶100)～(0.7∶1.4∶100）半量式波尔多液或48%～53%碱式硫酸铜400倍液均有效，涂抹枝干也有效。一般来说，化学农药的综合防治效果最好，叶片先喷洒2%尿素或2%氯化钾，之后再喷0.25%铜制剂，防治效果高达90%以上。

（三）园艺植物毛毡病

园艺植物毛毡病发生普遍，在我国各地均有发生，主要为害木本园艺植物，如梨、柑橘、葡萄、丁香、雀梅盆景等。毛毡病严重地破坏了叶片的光合作用，使树木生长衰弱，果树产量降低。

1. 症状 毛毡病侵染各种观赏乔灌木的叶片。发病初期，叶片背面产生白色不规则形病斑，之后发病部位隆起，病斑上密生毛毡状物，灰白色。毛毡状物最后变为红褐色或暗褐色，有的为紫红色。毛毡色泽因寄主及病原物种类的不同而异。病斑主要分布于叶脉附近，也能相互连接覆盖整个叶片。病叶上的毛毡物是寄主表皮细胞受病原物的刺激后伸长和变形的结果。这种刺激往往在寄主细胞中产生褐色素或红色素。发病严重时，叶片发生皱缩或卷曲，质地变硬，引起早落叶（图5-61）。

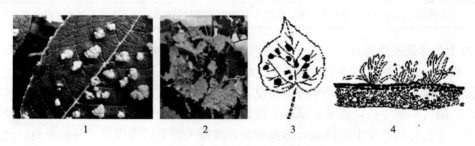

图5-61 园艺植物毛毡病
1. 胡桃楸毛毡病症状 2. 葡萄毛毡病症状 3. 叶片受害症状 4. 叶片表面毛毡状物
（徐明慧，1993. 园林植物病虫害防治）

2. 病原 病原是四足螨，属蛛形纲瘿螨总科绒毛瘿螨属。病原动物的体形近圆形至椭圆形，黄褐色，体长 $100\sim300\mu m$，体宽 $40\sim70\mu m$。头胸部有两对步足，腹部较宽大，尾部较狭小，尾部末端有1对细毛；背、腹面具有许多皱褶环纹，背部环纹很明显。卵球形，光滑，半透明。幼螨体形比成虫小，背、腹部环纹不明显。

3. 发生规律及发病条件 瘿螨以成螨在芽的鳞片内，或在病叶内以及枝条的皮孔内越冬。翌年春季，当嫩叶抽出时瘿螨随着叶片展开爬到叶背面为害、繁殖。为害不断扩大，但不深入到叶肉组织内。瘿螨在茸毛丛中隐居。在高温干燥条件下，瘿螨繁殖很快。夏秋季为发病盛期。天气干旱有利于该病的发生。

4. 防治方法 减少侵染来源，秋季清除病落叶并集中处理；在春季发芽前喷洒5波美度的石硫合剂，杀死越冬病原物，减少初侵染来源。将有病苗木在50℃的温水中浸泡10min即能杀死苗木上的卵；有病苗木用硫黄粉熏蒸也有较好的防治效果。6月幼虫发生盛期可喷洒 $0.3\sim0.4$ 波美度的石硫合剂、40%螨卵脂可湿性粉剂 $1\,000\sim2\,000$ 倍液进行防治。

四、寄生性种子植物防治技术

（一）菟丝子

菟丝子在全国各地均有分布，主要为害一串红、金鱼草、菊花、玫瑰等多种植物，轻者生长不良，重者导致植物死亡。

1. 症状 菟丝子为全寄生种子植物。它以茎缠绕在寄主植物的茎干，并以吸器伸入寄主茎干或枝干内与其导管和筛管相连接，吸取全部养分，因而导致被害植物生长不良。通常表现为植株矮小、黄化，甚至死亡。

2. 病原 常见有中国菟丝子与日本菟丝子两种，其形态区别如表5-3所示。

表 5-3　中国菟丝子与日本菟丝子的形态区别

部位	中国菟丝子	日本菟丝子
茎	纤细，丝状，直径约 1mm，橙黄色	粗壮，直径 2mm，分枝多，黄白色，并有凸起的紫斑；在尖端及以下 3 节上有退化的鳞片状叶
花	花淡黄色，头状花序；花萼杯状，长约 1.5mm；花冠钟形，白色，稍长于花萼，短 5 裂	花萼碗状，有瘤状红紫色斑点；花冠管状，白色，长 3～5mm，5 裂
果实	蒴果近球形，内有种子 2～4 枚	蒴果卵圆形，内有种子 1～2 枚
种子	种子卵圆形，长约 1mm，淡褐色，表面粗糙	种子微绿至微红色，表面光滑

3. 发生规律及发生条件　菟丝子以成熟种子脱落在土壤中或混杂在草本花卉种子中休眠越冬，也有以藤茎在被害寄主上越冬的。以藤茎越冬的，翌年春温湿度适宜时即可继续生长攀缠为害。越冬后的种子于翌年春末初夏，当温湿度适宜时在土中萌发，长出淡黄色细丝状的幼苗。随后不断生长，藤茎上端部分进行旋转并向四周伸出，当碰到寄主时，便紧贴在其上缠绕，不久在其与寄主的接触处形成吸盘，并伸入寄主体内吸取水分和养料。此后茎基部逐渐腐烂或干枯，藤茎上部与土壤脱离，靠吸盘从寄主体内获得水分、养料，不断分枝生长缠绕植物，开花结果，繁殖蔓延为害。

夏、秋季是菟丝子生长高峰期，它 11 月开花结果。菟丝子的繁殖方法有种子繁殖和藤茎繁殖两种。菟丝子靠鸟类传播种子，或成熟种子脱落土壤，再经人为耕作进一步扩散；另一种传播方式是借寄主树冠之间的接触，由藤茎缠绕蔓延到邻近的寄主上，或人为将藤茎扯断后有意无意地抛落在寄主的树冠上。

（二）桑寄生

桑寄生科植物多分布于热带、亚热带地区，在我国西南、华南最常见，通常为害山茶、蔷薇等植物，可导致被害植物长势衰弱，严重时全株枯死。

1. 症状　桑寄生科的植物为常绿小灌木，它寄生在树木的枝干上非常明显。由于寄生物夺走部分无机盐类和水分，并对寄主产生毒害作用，因而导致受害植物叶片变小，提早落叶，发芽晚，不开花或延迟开花，果实易落或不结果。植物枝干受害处最初略为肿大，以后逐渐形成瘤状，木质部纹理也受到破坏，严重时枝条或全株枯死（图 5-62）。

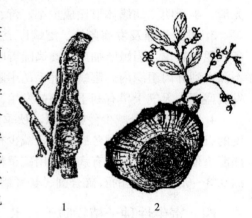

图 5-62　桑寄生症状
1. 被害枝条　2. 被害枝的横断面

2. 病原　主要有桑寄生属和槲寄生属。桑寄生属植物树高 1m 左右，茎褐色；叶对生、轮生或互生，全缘；花两性，花瓣分离或下部合生成管状；果实为浆果状的核果。槲寄生属植物枝绿色；叶对生，常退化成鳞片状；花单性异株，极小，单生或丛生于叶腋内或枝节上，雄花被坚实；雌花子房下位，1 室，柱头无柄或近无柄，垫状；果实肉质，果皮有黏胶质。

3. 发生规律及发生条件　桑寄生科植物以植株在寄主枝干上越冬，每年产生大量的种子传播为害。鸟类是传播桑寄生的主要媒介。小鸟取食桑寄生浆果后，种子被鸟从嘴中吐出或随粪便排出后落在树枝上，靠外皮的黏性物质黏附在树皮上，在适宜的温度和光照下种子萌发，萌发时胚芽背光生长，接触到枝干即在先端形成不规则吸盘，以吸盘上产生的吸根自伤口或无伤体表侵入寄主组织，与寄主植物导管相连，从中吸取水分和无机盐。从种子萌发到寄生关系的建立需10～20d。与此同时，胚芽发育长出茎叶。如有根出条则沿着寄主枝干延伸，每隔一定距离便形成一吸根钻入寄主组织定殖，并产生新的植株。

4. 寄生性种子植物害的防治方法

（1）农业防治。经常巡查，一旦发现病株，应及时清除。在种子成熟前结合修剪剪除有种子植物寄生的枝条，清除要彻底，并集中烧毁。如在菟丝子种子萌发期前进行深翻，将种子深埋在3cm以下的土壤中，使其难以萌芽出土。

（2）药剂防治。对菟丝子发生较普遍的园地，一般于5—10月酌情喷药1～2次。有效的药剂有10%草甘膦水剂400～600倍液加0.3%～0.5%硫酸铵，或48%地乐胺乳油600～800倍液加0.3%～0.5%硫酸铵。

> **案例分析**
>
> **松材线虫病的防治措施**
>
> （1）加强检疫。防治危险性病害的扩展与蔓延。松材线虫病、香石竹枯萎病等都属于检疫对象，应加强对传病材料的监控。
>
> （2）加强对传病昆虫的防治。这是防止松材线虫扩散蔓延的有效手段。防治松材线虫的主要媒介——松墨天牛可在天牛从树体中飞出时用0.5%杀螟硫磷乳剂或乳油。用溴甲烷（40～60g/m³）或水浸100d，可杀死松材内的松墨天牛幼虫。
>
> （3）清除侵染来源。及时挖除病株烧毁并进行土壤消毒可有效控制病害的扩展。
>
> （4）药剂防治。防治松材线虫病可在树木被侵染前用丰索磷、克线磷等进行树干注射或根部土壤处理。防治香石竹枯萎病可在发病初期用50%多菌灵可湿性粉剂800～1 000倍液或50%胂·锌·福美双500～1 000倍液灌注根部土壤，每隔10d灌1次，连灌2～3次。

园艺植物蔬菜其他病害见表5-4。

表5-4 园艺植物蔬菜其他病害

病害名称	症状特点	发病规律	防治要点
十字花科蔬菜根肿病	发病后，根部肿大，形成大小不一的不规则形肿瘤。主根肿瘤大而量少，侧根肿瘤小而多。根部受害后，地上部分生长缓慢，植株矮小，严重时出现萎蔫，最后整株死亡	以休眠孢子囊随病残体遗留在土壤越冬或越夏，孢子囊在土壤中可存活5～6年。翌年休眠孢子产生游动孢子，借雨水、地下害虫、农事操作传播，从植株根部表皮侵入，引起初侵染。病菌喜温暖潮湿环境，最适发病环境为温度19～25℃，相对湿度60%～98%，土壤pH 5.4～6.4；最易感病期为苗期至成株期	有病的地块与非十字花科作物进行轮作。做好种子调入、调出时的检疫。种子带菌可喷洒50℃温水浸种20min杀菌。结合增施熟石灰粉或草木灰等碱性物质改变土壤酸性状况。发病初期可喷洒50%多菌灵可湿性粉剂500倍液。发现病株拔除后可用65%五氯硝基苯可湿性粉剂600～1 000倍液浇灌，对土壤消毒

(续)

病害名称	症状特点	发病规律	防治要点
十字花科蔬菜炭疽病	主要发生于叶和叶柄上。叶片发病先有褪绿色圆形斑，呈水渍状，慢慢扩大，最后病部中央为灰白色，变薄呈半透明状，易破裂穿孔。叶柄被侵害后，病斑呈梭形或长圆形，有浅褐色凹陷，有时开裂。病情严重时，病斑布满整叶，致使全叶枯死	以菌丝体或分生孢子随病残体在土中或附着在种子上越冬，成为翌年的初侵染源。病菌借气流、雨水、灌溉水传播。病害发生、流行要求26～30℃的温度条件和高湿条件	与非十字花科蔬菜实行隔年轮作。可用50%多菌灵或50%福美双药剂拌种。加强栽培管理。发病初始期，可选用40%百菌清悬浮剂600倍液、60%甲基硫菌灵可湿性粉剂600～1 000倍液、65%百菌清可湿性粉剂600倍液等药剂喷雾
番茄叶霉病	叶、茎、花和果实均可受害，以叶片受害最为常见。叶片受害后变黄枯萎，发病部位产生"黑毛"。影响番茄产量和品质，发病严重时可造成绝收	以菌丝体或菌丝块随病残体在土壤中越冬，或以分生孢子附着在种子表面，或菌丝体潜伏在种皮内越冬。翌年产生的分生孢子通过气流或雨水传播，从气孔侵入，可引起多次再侵染。病菌发育适温为20～25℃，相对湿度90%以上	选用抗病品种，合理轮作，加强栽培管理，及时摘除病、老叶。保护地在定植前用硫磺粉2～2.5g/m³，密闭熏蒸24h。可用40%多硫悬浮剂400～500倍液、50%多菌灵可湿性粉剂800倍液等药剂喷雾防治
辣椒疫病	成株期果实受害多从蒂部开始，病斑水渍状，青灰色，无光泽，后期常伴有细菌腐生，呈白色软腐。高湿时可见白色稀疏霉层，干燥条件时易形成僵果。根颈部的病斑凹陷，导致全株叶片由下向上发黄、凋萎、脱落，直至植株死亡	以卵孢子或厚垣孢子在土壤或土壤中的病残体上越冬。翌年温湿度适宜时，卵孢子萌发形成芽管或游动孢子囊，引起对寄主的初侵染。高湿条件下形成的游动孢子囊借助于雨水或灌溉水传播，不断进行再侵染。直接侵入或伤口侵入	选用抗病品种。进行2～3年的轮作，用无病床土或进行床土消毒。发病初期及时施药防治，可用58%甲霜·锰锌可湿性粉剂500倍液、72.2%霜霉威水剂600～700倍液等药剂
瓜类白粉病	主要为害叶片，也能为害叶柄、茎蔓。从幼苗期至成株期均可染病。子叶侵染后出现星点点的褪绿斑，逐渐发展可使整个子叶表面覆盖一层白色粉状物，幼茎也有相似症状。染病子叶或整株幼苗逐渐萎缩枯干。成株叶片从下而上染病，在正反两面出现褪绿斑点，很快在病斑上长出白粉层，这不但降低叶片光合效能，且进一步可使叶片甚至整株萎黄枯干	病菌以菌丝体和分生孢子随株残体遗留在田间越冬或越夏。分生孢子通过气流传播或雨水反溅至寄主植物上，直接侵入引起初次侵染。受害部位产生新分生孢子可进行再侵染。病菌喜温湿，耐干燥，温度16～24℃、较高湿度有利于病害流行	选用抗、耐病品种。及时摘除病、老叶，清除病残体，加强栽培管理。发病初期开始喷药，可选用10%苯醚甲环唑水溶性颗粒剂1 000～1 200倍液、40%氟硅唑乳油4 000～6 000倍液、15%三唑酮可湿性粉剂1 000倍液等药剂，每隔6～10d喷1次，连续喷2～3次
黄瓜细菌性角斑病	主要侵染叶片和果实，苗期和成株期均可染病。叶片染病从下部叶片开始，逐渐向上发展，叶片上初产生水渍状斑点，扩大后受叶脉限制呈多角形，淡黄色至黄褐色，后期病斑中央易干枯碎裂。湿度大时，叶背面病部可见到乳白色黏液。病斑后期易开裂穿孔，潮湿时瓜上病斑也产生菌脓，后期腐烂，有臭味	病菌在种子内或随病残体在土壤中越冬，种子上的病菌可存活2年以上。经风雨、昆虫及农事操作等途径传播，从自然孔口或伤口侵入。病部溢出的菌脓可进行多次再侵染，发病适温18～26℃，相对湿度65%以上	可用50℃温水浸种20min处理种子。与非葫芦科作物实行隔年轮作。及时通风降湿，控制室内结露时间。及时摘除病残叶片和病果。发病初期用30%琥胶肥酸铜可湿性粉剂600倍液、65%百菌清可湿性粉剂600倍液、50%氯溴异氰尿酸水溶性粉剂1 000～1 500倍液喷雾，每隔7d喷1次，连续喷3～4次

(续)

病害名称	症状特点	发病规律	防治要点
瓜类病毒病	花叶型：病叶呈浓绿与淡绿相间的斑驳，叶片皱缩，节间短，植株矮化，果实呈浓、淡绿色相间斑驳，病果变形。皱缩型：新叶沿叶脉发生浓绿色隆起皱纹，或出现蕨叶、裂片或叶片变小，果病瘤突、畸形。绿斑型：叶片初生黄色斑点，继而形成黄色斑驳，绿色部分呈瘤状隆起，病果畸形。黄化型：叶片色泽黄绿至黄色，叶脉绿色	传毒昆虫介体为多种蚜虫，也极易以汁液接触传染，黄瓜种子不带毒，但由黄瓜花叶病毒侵染引起的甜瓜花叶病的种子带毒率可高达16%~18%	种子播种前用60~62℃温水浸种10min或在55℃温水中浸种40min后，即移入冷水中冷却，晾干后播种。铲除田边杂草，消灭越冬毒源。加强栽培管理，增施肥料，提高植株抗病力。防治蚜虫，减少病毒传播。喷洒植物双效助壮素（病毒K）或高产宝叶面肥
蚕豆赤斑病	叶片初生赤色小点，后扩大为圆形或椭圆形斑，中央略凹，周缘隆起，病健交界明显；茎或叶柄染病，先出现赤色小点，后出现边缘深赤褐色条斑，表皮破裂后形成裂痕；花染病后枯萎；种子染病后种皮上出现小红斑	以混在病残体中的菌核于土表越冬或越夏。菌核产生分生孢子进行初侵染。分生孢子借风雨传播。湿度须饱和，寄主表面具水膜，孢子才能发芽和侵入	种植抗病品种，采用配方施肥技术，实行2年以上轮作，可用种子质量0.3%的50%多菌灵可湿性粉剂拌种。发病初期可用40%多硫悬浮剂500倍液、50%乙烯菌核利可湿性粉剂1 000倍液、50%异菌脲可湿性粉剂1 500倍液等喷雾，每隔10d左右喷1次，连续喷2~3次
豇豆白粉病	主要为害叶片。叶片染病，叶背初产生黄褐色小斑，扩大后为不规则形褐色病斑，并在叶背或叶面产生白色粉霉斑，后呈白色粉状斑，严重时粉斑相互连合成片，叶面大部分或全部被白粉状物所覆盖，终致叶片枯黄乃至脱落	以菌丝体和分生孢子在病残体上越冬。以子囊孢子或分生孢子进行初侵染，病部产生分生孢子进行再侵染。在环境适宜时，分生孢子通过气流传播或雨水反溅传播	选用良种。加强田间栽培管理。结合防治锈病，及早施药预防控病。每隔6~10d喷药1次，连续喷2~3次。可选用10%苯醚甲环唑水溶性颗粒剂1 000~1 500倍液、15%三唑酮可湿性粉剂1 000倍液、40%百菌清悬浮剂600倍液等药剂
芹菜斑枯病	主要为害叶片，其次是叶柄和茎。叶片染病，一般从下部老叶开始，逐渐向上发展，病斑初为淡褐色油渍状小斑点，扩大后，病斑外缘黄褐色，中间散生许多黑色小粒点（分生孢子器）。在叶柄和茎上，病斑长圆形，稍凹陷。严重时叶枯、茎秆腐烂	主要以菌丝体潜伏在种皮内越冬，种皮内的病菌可存活1年多，也可在病残体上越冬。分生孢子主要借风雨传播，农事操作也能传播。病菌从气孔或直接穿透寄主表皮侵入体内。发病后在病斑上产生分生孢子器及分生孢子进行再侵染	选用无病种子，播前种子处理。与其他蔬菜进行2~3年的轮作。及时摘除病叶，清除田间病残体，适当密植，合理灌溉等。芹菜苗高2~3cm时，就应开始喷药保护，每隔6~10d喷药1次。可用65%百菌清可湿性粉剂500~800倍液、65%代森锌可湿性粉剂500倍液等

园艺观赏植物其他真菌病害见表5-5。

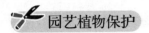

表5-5　园艺观赏植物其他病害

病害名称	症状特点	发病规律	防治要点
山茶炭疽病（赤枯病）	主要侵染叶片及嫩梢。老叶最敏感。发病初期叶片上出现浅褐色小斑点，后扩大成为赤褐色或褐色病斑，近圆形。后期病斑上轮生或散生着红褐色至黑色的小点粒（分生孢子盘），湿度大时，点粒内溢出粉红色黏孢子团	以菌丝体和分生孢子盘在病枯枝落叶内，叶芽、花芽鳞片基部、溃疡斑等处越冬。分生孢子由风雨传播，自伤口侵入。高温、高湿、多雨有利于炭疽病的发生	清除枯枝落叶，剪除有病枝条。扦插繁殖无菌苗木。增施有机肥及磷、钾肥。春季新梢抽出后，可喷洒1∶1∶100等量式波尔多液、50%多菌灵可湿性粉剂800倍液，每隔10~15d喷1次药，雨过天晴后喷药效果最好
紫荆角斑病	主要发生在叶片上，发病初期出现针头大小的斑点，病菌扩展受叶脉限制，呈多角形，黄褐色至深红褐色，严重时病斑连接成片，叶片枯死脱落。后期病斑上密生黑褐色小霉点	病菌在病落叶上越冬。孢子经风雨传播。展叶不久病菌就能为害，多下部叶片先感病，逐渐向上蔓延扩展。植株生长不良、多雨季节发病重	秋季清除病落叶并集中烧毁。加强栽培管理。发病期间可喷50%多菌灵可湿性粉剂700~1 000倍液、75%百菌清可湿性粉剂700~1 000倍液等，每10d喷1次，连喷3~4次
香石竹叶斑病	主要侵染叶片和茎秆。发病初期叶片上出现淡绿色水渍状圆斑，后变为紫色并扩大，后期病斑中央为灰白色，边缘褐色。潮湿的天气条件下，病斑上出现黑色霉层。茎秆上的病斑多发生在茎节上，病斑灰褐色，形状不规则	以菌丝体和分生孢子在土壤中的病残体上越冬。分生孢子经气流和雨水传播，由气孔和伤口侵入，或自表皮直接侵入。露地栽培比温室栽培发病严重。降水次数多，降水量大加重发病；连作发病严重	清除种植场中的病残体。实行轮作；有病土壤进行高温处理或用甲醛液处理。栽植密度要适宜。发病时可选喷1∶1∶100等量式波尔多液、50%代森锰锌可湿性粉剂500倍液等，每10d喷1次
芍药（牡丹）褐斑病	主要为害叶片，也侵染枝条。叶片一展开即受害，叶背出现针尖状的凹陷斑点，后扩大成近圆形或不规则形病斑。病斑连接成片使得叶片皱缩、枯焦、破碎。潮湿的条件下，病斑的背面产生墨绿色霉层。幼茎及枝条上的病斑长椭圆形，红褐色	以菌丝体在病叶、病枝条、果壳等残体上越冬。伤口侵入或直接侵入。褐斑病发生的早晚、严重程度与当年春雨的早晚、降水量大小密切相关。栽培品种抗病性差异显著	采用及时分株移栽、合理栽植密度、加强肥水管理等措施控制病害发生发展。发病时，在展叶后开花前，喷洒50%多菌灵可湿性粉剂1 000倍液；落花后可交替喷洒65%代森锌可湿性粉剂500倍液、1∶1∶100等量式波尔多液，每7~10d喷1次，遇雨须重喷
仙客来病毒病	主要为害叶片，受害叶片皱缩、反卷、变厚、质地脆，叶片黄化，有疱状斑，叶脉突起成棱。花畸形，花少而小，有时抽不出花梗。植株矮化，球茎退化变小	黄瓜花叶病毒在病球茎、种子内越冬。病毒主要通过汁液、棉蚜、叶螨及种子传播。该病与寄主生育期、温度和昆虫介体种群密度关系密切	合理施肥控制病害的发生。种子用70℃的高温进行干热处理脱毒率高。栽植土壤要进行灭菌。对传毒介体进行药剂防治可以取得较好的效果
菊花褐斑病	主要为害叶片。发病初期，叶片上出现褪绿色斑或紫褐色小斑点，后扩大成为圆形、椭圆形或不规则形病斑，（黑）褐色。后期病斑中央变为灰白色，边缘为黑褐色。病斑上散生黑色小点粒	以菌丝体和分生孢子器在病残体或土壤中的病残体上越冬。风雨传播，分生孢子由气孔侵入。病害发育适宜温度为24~28℃	清除病落叶，栽培抗病品种。发病期间及时喷药，常用药剂有65%代森锌可湿性粉剂500倍液、70%甲基硫菌灵可湿性粉剂1 000倍液、50%代森铵水剂600~800倍液，每7~10d喷1次药

(续)

病害名称	症状特点	发病规律	防治要点
杜鹃饼病	主要为害叶片、嫩梢。发病初期，叶片正面出现淡黄色、半透明的近圆形病斑，后逐渐扩大，黄褐色，叶背的相应部位隆起产生大小不同的菌瘿。菌瘿表面着生有灰白色黏性粉层。病叶枯黄早落。有时受侵染叶片加厚，犹如饼干状，故称为饼病	以菌丝体在病植物组织内越冬。担孢子借风雨传播蔓延，生长季节有多次再侵染。栽植密度大、通风透光不良、偏施氮肥等均有利于病害的发生	及时摘除病叶、剪除病枝梢，加强栽培管理，提高植株抗病力。在休眠期喷洒3～5波美度的石硫合剂；新叶刚展开后和抽梢时，喷洒1∶1∶100等量式波尔多液进行保护；发病期间和落花后喷洒65%代森锌可湿性粉剂400～600倍液或0.2%～0.5%的硫酸铜液3～5次
郁金香碎锦病	侵害郁金香的叶片及花冠。发病初期，受害叶片上出现淡绿色或灰白色条斑。受害花瓣畸形，由于病毒侵染影响花青素的形成，原为色彩均一的花瓣上出现淡黄色、白色条纹，或不规则的斑点，称为"碎锦"	病菌在病鳞茎内越冬，成为翌年的初侵染源。该病毒由桃蚜和其他蚜虫作非持久性的传播	建立郁金香无病毒母本和品种基地，加强检疫，加强栽培管理，控制病害的发生。防治传毒蚜虫，定期喷洒乐果和辟蚜雾等杀虫剂杀灭传毒蚜虫

园艺植物果树其他病害见表5-6。

表5-6 园艺植物果树其他病害

病害名称	症状特点	发病规律	防治要点
梨轮纹病	症状与苹果轮纹病相似	以菌丝体、分生孢子器和子囊壳在病部越冬，主要经雨水传播，分生孢子借风雨对皮孔、气孔、伤口进行初次传播侵染。梨轮纹病的发生与气候条件和品种抗病性有关，同时与栽培管理有一定的关系	冬季清除病枯枝叶和病果，随后喷3～5波美度的石硫合剂，消灭越冬病菌。加强栽培管理。进行病部刮除，后消毒伤口，再外涂波尔多液保护。梨树谢花60%左右时开始喷药，间隔10～15d，共2～3次。药剂有50%多菌灵可湿性粉剂500～600倍液、60%甲基硫菌灵可湿性粉剂800～1 000倍液等
梨腐烂病	主要为害主枝和侧枝，发病期间，病斑稍隆起，呈水渍状，红褐色，用手压可下陷，并溢出红褐色液汁，散发出酒糟味。以后病部逐渐凹陷、干缩，并于病部出现龟裂，表面布满黑色瘤状小点，空气潮湿时，从中涌出淡黄色孢子角。病部与健部分界明显	以菌丝体、分生孢子器及子囊壳在枝干病部越冬，经雨水传播，多从伤口侵入。病害发生1年中有2个高峰，春季盛发，秋季为害没有春季严重。该病的发生与土质、树龄、枝干部位、品种有一定的关系	春、秋季注意预防，如春季萌芽前喷5波美度的石硫合剂；秋季进行枝干涂白。增强树势是防治本病的重要环节。早春、晚秋和初冬季节要及时彻底刮除树上的病斑并烧毁。注意刮口要光滑、平整，刮后涂药治疗，常用药剂有2%抗霉菌素120 10～20倍液、5%菌毒清水剂30～50倍液等，半个月后再涂1次

（续）

病害名称	症状特点	发病规律	防治要点
苹果霉心病	两种症状：一种是果实病变，向果内扩展，呈黄褐色腐烂，后期果心部形成一个空洞，病部长有粉红霉层；另一种是果心长出灰褐色至深褐色霉层，少数可扩展至果肉。因此本病主要特征是常使果心霉变或从果心向果肉腐烂	主要在树上僵果、枯死小枝、病落叶上越冬。分生孢子靠气流传播。花期是主要侵染期。降雨早而多，果园低洼潮湿及郁闭，均有利于发病	早春芽前喷布2～3波美度的石硫合剂，现蕾期和落花60%时喷洒50%异菌脲可湿性粉剂1 500倍液、60%甲基硫菌灵可湿性粉剂800倍液。果实采收后及时放到冷库中贮藏。清除病枯枝、杂草，增施磷、钾肥
枇杷枝干褐腐病	主干和主枝受害后出现不规则病斑，病健交界处产生裂纹，病皮红褐色，粗糙易脱落，且留下凹陷痕迹。未脱落病皮则连接成片，呈鳞片状翘皮。受害皮层坏死、腐烂严重时可深达木质部，绕枝干一周致使枝枯甚至全树死亡。后期病部可见黑色小粒点	主要以菌丝体和分生孢子器在树皮中越冬。翌春条件适宜时，产生分生孢子器和分生孢子，分生孢子借风雨传播，从皮孔和伤口侵入。嫁接、虫害等造成伤口，常诱发本病	增强树势，及时整形修剪，改善通风透光条件，减少树皮受伤。早期发现病斑及时刮除，并涂刷50%多菌灵可湿性粉剂200倍液或25%丙唑多菌灵悬浮剂300倍液。未发病茎干、侧枝可喷施50%肿·锌·福美双可湿性粉剂600倍液或45%咪鲜胺乳油1 500倍液保护，间隔15d用药1次，连喷2～3次
枇杷角斑病	只侵染果实。初期叶上出现赤褐色小点病斑，后逐渐扩大，以叶脉为界，呈多角形，周围有黄色晕环。多数病斑可愈合成不规则形大斑。后期在病斑上长出霉状小粒点	以分生孢子盘、菌丝体和分生孢子在病叶或病落叶上越冬。翌年3—4月，越冬后的病菌或新产生的分生孢子借风雨传播引起初侵染。温暖地区全年均可发生，出现重复侵染，不断扩展蔓延	冬季清园，剪除病叶，清除枯枝落叶，集中烧毁，减少越冬菌源。增施有机肥料，及时修剪，增强树势。新叶长出刚展叶时用药剂喷施。药剂可选用25%嘧菌酯悬浮剂1 000倍液、60%甲基硫菌灵可湿性粉剂800倍液等。注意轮换使用药剂，喷雾要均匀，药量要足
枇杷轮纹病	为害叶片，多从叶缘先发病，病斑半圆形至近圆形，淡褐色至棕褐色，后期中央变灰褐色至灰白色，边缘褐色。病健部分界清晰，斑面微具同心轮，上生细小黑点	同枇杷角斑病的发病规律	同枇杷角斑病的防治要点
杨梅癌肿病	各种年龄的枝条都能发病。病部初期先发生乳白色的小突起，表面平滑。后逐渐增大形成肿瘤，表面粗糙坚硬，呈褐色或黑褐色，肿瘤近球形，小如樱桃，大如核桃，1根枝条上的肿瘤少者1～2个，多者4～5个或更多	病原菌在树上和果园地面的残枝病瘤内越冬。翌年4月中下旬，细菌从病瘤内溢出，通过雨水、空气、接穗、昆虫传播。病菌只能从伤口侵入。该病的发生与气候条件关系密切，病瘤在4月中下旬，气温15℃左右时开始发生；6月气温在25℃左右、梅雨连绵的情况下发生最快；9—10月又趋缓慢。随着树龄增大，伤口增多，病瘤也不断增加	随时剪除病瘤多的病枝、枯枝并烧毁。尽量减少人为的机械损伤。增施有机肥料和钾肥。禁止在病树上接穗、嫁接繁殖苗木。在雨水较多季节，当病瘤吸水软化后，用快刀削去瘤体，然后涂刷乙蒜素50～100倍液或25%叶枯灵可湿性粉剂500倍液

❓复习思考

1. 简述十字花科蔬菜软腐病的病原、发生规律、发病与害虫的关系及防治措施。
2. 十字花科蔬菜病毒病在什么情况下容易发生？简述其病原、发生规律及防治的有效措施。
3. 简述番茄病毒病、美人蕉花叶病的病原、发生规律、发病条件及病毒病类防治的有效措施。
4. 影响茄科蔬菜青枯病发生和流行的因素有哪些？如何才能有效防治茄科蔬菜青枯病？
5. 简述柑橘溃疡病的病原、发生规律及防治方法。
6. 如何防治寄生性种子植物？

任务实施

技能实训 5-1　识别园艺植物苗期和根部病虫害的形态及为害状

一、实训目标

识别园艺植物苗期和根部病害的症状特点和病原菌的形态特征。识别园艺植物主要地下害虫的形态特征及为害状。

二、实训材料

园艺植物立枯病和猝倒病、紫纹羽病、白绢病、根癌病、白纹羽病、根腐病标本或新鲜材料，病原菌玻片标本；华北大黑鳃金龟、暗黑鳃金龟、铜绿丽金龟、东方蝼蛄、华北蝼蛄、细胸金针虫、种蝇、小地老虎和大地老虎等针插标本、浸渍标本、为害状标本、挂图及多媒体课件等。

三、仪器和用具

显微镜、解剖镜、放大镜、解剖刀、刀片、镊子、挑针、滴瓶、载玻片、盖玻片及多媒体教学设备等。

四、操作方法

（一）立枯病和猝倒病识别

识别立枯病和猝倒病为害幼苗茎基部所产生病斑的形状、颜色，是否缢缩？是否倒伏？病部是否有丝状霉或菌核？识别病菌菌丝的形态特征。

（二）白绢病识别

识别病部皮层腐烂情况，有无酒糟味？是否溢出褐色汁液？表面菌丝层的颜色和形状如何？是否形成菌核？

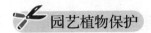

（三）根癌病识别

识别病害发生的部位、颜色、形状和大小。

（四）其他园艺植物根部病害识别

识别发病部位、症状特点和病原菌形态。

（五）金龟子及其幼虫（蛴螬）类形态识别

观察成虫形状、大小、鞘翅特点和体色，注意幼虫头部前顶刚毛的数量与排列、臀栉腹面覆毛区刺毛排列情况及肛裂特点。

（六）东方蝼蛄和华北蝼蛄形态识别

识别成虫体形、大小、体色、前胸背板中央心脏形斑大小、后足胫节的主要区别。

（七）地老虎类形态识别

识别成虫体长、体色、前翅斑纹、后翅颜色、雌雄蛾的触角。观察幼虫体长、体色、体表皮特征。观察蛹的大小、颜色及其他区别。

（八）当地园艺植物其他地下害虫识别

主要识别它们的形态特征和为害状的区别。

五、实训成果

（1）列表比较所识别园艺植物根部病害的为害状。
（2）绘制东方蝼蛄和华北蝼蛄前足腿节内侧外缘形态图。
（3）绘制小地老虎类前翅斑纹形态图。

技能实训 5-2　识别园艺植物叶部和枝干病害的症状和病原真菌形态

一、实训能力

了解园艺植物叶部病害的种类，识别常见园艺植物叶部病害及主要枝干病害的症状及病原菌形态特征，为诊断和防治园艺植物病害奠定基础。

二、实训材料

紫薇白粉病、月季白粉病、海棠锈病、玫瑰锈病、兰花炭疽病、山茶炭疽病、月季黑斑病、樱花穿孔病、仙客来灰霉病、郁金香茎腐病、鸢尾细菌性软腐病、月季枝枯病、水仙茎线虫病等盒装标本、新鲜标本、浸渍标本、病原菌玻片标本、挂图及多媒体课件等。

三、仪器和用具

显微镜、放大镜、镊子、挑针、刀片、滴瓶、纱布、盖玻片、载玻片、擦镜纸、吸水纸及多媒体教学设备等。

四、操作方法

(一) 白粉病识别
识别白粉病的症状,发病部位的白色粉层是否有小黑点?病叶是否扭曲?镜检分生孢子、闭囊壳及附属丝形态。

(二) 锈病识别
识别锈病病叶上冬孢子堆、性子器、锈子器和夏孢子堆的形状和颜色。切片或挑取锈病的锈子器、夏孢子堆并观察其形态结构。

(三) 黑斑病识别
识别所示病害标本叶片病斑的形状及颜色变化,注意有无小黑点或霉层。镜检分生孢子盘、分生孢子器、分生孢子梗和分生孢子的形态特征。

(四) 灰霉病识别
识别灰霉病为害仙客来嫩梢、幼叶、花蕾、花器的症状特点,注意病部是否产生灰色霉层。

(五) 枯萎病识别
识别球根观赏植物枯萎病地上部分枯萎和种球基腐的症状特点。

(六) 炭疽病识别
识别炭疽病类枝干病害的症状特点,注意病斑中央是否有同心轮纹状排列的小黑点。

(七) 识别其他病害症状
注意其他病害的主要症状及病原菌的形态特征。

五、实训成果

(1) 将园艺植物叶部和枝干病害的识别结果填入表5-7。

表5-7 园艺植物叶部和枝干病害识别结果记录

病害名称	为害部位和症状特点	病原菌形态特征

(2) 绘制白粉病、炭疽病、灰霉病病原菌的形态特征图。

技能实训 5-3 识别蔬菜病害的症状和病原菌形态

一、实训目标

熟悉并识别当地蔬菜主要病害的症状及其病原菌的形态特征。

二、实训材料

十字花科蔬菜病毒病、霜霉病、软腐病、黑腐病、菌核病、根肿病,番茄病毒病、灰霉病、叶霉病、脐腐病,茄子褐纹病、黄萎病、绵疫病,辣椒病毒病、炭疽病,黄瓜霜霉病、细菌性角斑病、菌核病,瓜类疫病、枯萎病、白粉病、炭疽病,豆类炭疽病、菜豆细菌性疫病,豇豆煤霉病,葱紫斑病,大蒜叶枯病,芹菜斑枯病,姜瘟病等病害的新鲜标本、浸渍标本、干制标本、病原菌玻片标本、挂图及多媒体课件等。

三、仪器和用具

显微镜、放大镜、挑针、解剖刀、载玻片、盖玻片、吸水纸、纱布、蒸馏水等。

四、操作方法

(一)识别十字花科蔬菜病害标本

注意病毒病病株的矮化、扭曲、皱缩等畸形现象。识别霜霉病叶片正反面病斑的颜色、形状,霉层的特点。观察软腐病标本,注意受害部位的腐烂状况及叶片失水后的薄纸状特征。识别菌核病发病的部位,病斑颜色,病斑上是否有白色絮状霉层和黑色菌核等特征。识别提供的其他常发生的十字花科蔬菜病害的发病部位、症状特点。

(二)识别茄科蔬菜病害标本

1. **番茄病害识别** 识别番茄病毒病,注意叶片是否有花叶、蕨叶、坏死斑等症状。识别番茄早疫病,注意病斑的形状、大小和发生部位、有无轮纹等特征。识别番茄叶霉病,注意病斑的形态、大小、颜色,叶片背面是否有黑色霉层?识别其他的番茄病害,注意发病部位及症状特征并观察病原菌的形态特征。

2. **茄子病害识别** 识别茄子褐纹病,注意病果的发病部位,病斑大小、颜色,有无腐烂等。识别茄子绵疫病,注意病果的发病部位、病斑大小和颜色、腐烂与茄子褐纹病的区别。识别茄子黄萎病,注意叶片上变黄部分的分布特点,维管束是否变成褐色?识别其他的茄子病害,注意发病部位及症状特征。

3. **其他茄科蔬菜病害识别** 注意各种病害的发病部位、症状特点。

(三)识别葫芦科蔬菜病害标本

1. **黄瓜病害识别** 注意霜霉病叶片上病斑前、后期的发展,是否有灰黑色霉层?观察黄瓜黑星病,注意叶片、茎及叶柄上病斑的区别。识别黄瓜细菌性角斑病,注意病斑前、后期的变化,叶背是否有污白色菌脓或粉末状物或白膜?比较其症状表现与黄瓜霜霉病的异同。

2. **识别瓜类病害** 注意瓜类白粉病叶片正面白色粉斑及粉斑形态、粉斑中黑褐色的小粒点。观察瓜类枯萎病,注意茎基部表皮的纵裂,根是否变褐色?剖检病茎维管束是否变成褐色?茎基部表面是否有白色或粉红色霉层?识别瓜类炭疽病幼苗、叶片、茎蔓、果实上病斑的大小、形状和颜色等特点。识别瓜类疫病叶片上水渍状病斑,茎基部是否缢缩、扭折?维管束是否变褐?病部表面是否产生稀疏的白色霉层?识别瓜类其他病害,注意识别叶片、果实上的症状特点。

(四) 识别豆科蔬菜病害标本

1. **识别豆类锈病**　注意叶背黄白色的小疱斑，表皮破裂后是否有大量铁锈色粉状夏孢子或黑褐色粉状冬孢子散出？挑取病变部的粉状物制片，观察夏孢子及冬孢子的形态特征。

2. **识别菜豆细菌性疫病**　注意识别叶片的不规则形深褐色病斑，病斑周围是否有黄色晕圈？豆荚上是否有近圆形或不规则形的褐色病斑？病斑是否凹陷？茎部是否有凹陷的长条形病斑？潮湿时病部是否有黄色菌脓或菌膜？

3. **识别菜豆炭疽病**　注意叶背沿叶脉的病斑和豆荚上病斑形状，病斑上是否有粉红色黏质物？

(五) 识别其他科蔬菜病害标本

注意其他科蔬菜病害的发病部位、症状特点等。

五、实训成果

(1) 列表描述蔬菜常见病害的症状特点。

(2) 绘制白菜霜霉病、茄子褐纹病、瓜类枯萎病、豆类锈病病原菌形态图，注明各部位名称。

技能实训5-4　识别果树病害的症状和病原菌形态

一、实训目标

认识果树常发生的病害种类，区别主要病害的症状特点及病原菌的形态，为正确诊断和防治病害奠定基础。

二、实训材料

苹果树腐烂病、苹果干腐病、苹果轮纹病、苹果斑点落叶病、苹果褐斑病、苹果锈病、苹果白粉病、苹果炭疽病、苹果紫纹羽、苹果花叶病、梨黑星病、梨锈病、梨轮纹病、梨炭疽病、梨树腐烂病、柑橘黄龙病、柑橘溃疡病、柑橘疮痂病、柑橘炭疽病、柑橘黑斑病、柑橘根结线虫病、柑橘青霉病、柑橘绿霉病、柑橘黑腐病、柑橘煤烟病、葡萄霜霉病、葡萄白腐病、葡萄黑痘病、葡萄炭疽病、葡萄黑腐病、葡萄白粉病等病害的新鲜标本、浸渍标本、盒装标本、病原菌玻片标本、照片、挂图及多媒体课件等。

三、仪器和用具

显微镜、放大镜、挑针、解剖刀、镊子、载玻片、盖玻片、吸水纸、纱布、蒸馏水及多媒体教学设备等。

四、操作方法

(一) 苹果树病害的症状和病原菌形态识别

识别苹果树腐烂病、苹果干腐病、苹果轮纹病枝干病斑的部位、形状、质地、表面特征和气味。识别苹果斑点落叶病、苹果褐斑病、苹果锈病、苹果白粉病病斑的形状、颜色。识别苹果炭疽病为害果实的部位、病斑形状、质地和表面特征等。识别苹果紫纹羽地上、地下症状。识别苹果花叶病的果、叶、枝干特征。以上部分病害可以通过徒手制作切片或识别切片标本来识别病原菌的形态特征。

(二) 梨树病害的症状和病原菌形态识别

识别梨黑星病、梨锈病病斑的形状、大小。识别梨轮纹病、梨炭疽病的发病部位和病斑形状、质地和表面特征等。识别梨轮纹病、梨腐烂病等枝干病害，注意病斑的形状、质地、小黑点着生情况等特征。以上部分病害可以通过制作徒手切片或识别切片标本来识别病原菌的形态特征。

(三) 柑橘病害的症状和病原菌形态识别

识别柑橘黄龙病新梢的新叶颜色、中脉及侧脉颜色变化，病梢上老叶叶脉和叶肉的颜色、形状和厚度。识别柑橘溃疡病叶片病斑的大小、分布、颜色，注意枝梢和果实上的病斑是否表现木栓化。识别柑橘炭疽病叶片、枝梢和果实病斑的形状、颜色、轮纹和小黑点，比较叶、枝、果症状的异同。识别柑橘疮痂病叶片、嫩梢和果实病斑的形状，注意与柑橘溃疡病症状的区别。识别柑橘根结线虫病、柑橘青霉病、柑橘绿霉病、柑橘树脂病和柑橘煤烟病等标本及症状特点。以上部分病害可以通过制作徒手切片或识别切片标本来识别病原菌的形态特征。

(四) 葡萄病害的症状和病原菌形态识别

识别葡萄霜霉病叶片下面病斑的颜色及形状，注意叶片背面病斑有无密生的白色双霉状物。识别葡萄白腐病病果干缩失水和果梗干枯缢缩状态，病蔓和病梢皮层形态，病叶病斑形状、大小，注意病部是否生有灰色颗粒状物。识别葡萄黑痘病叶片、新梢及果实病斑，注意各部位病斑的形状、大小、颜色、晕圈，观察果实病斑有无鸟眼状表现。识别葡萄炭疽病、锈病等病害在叶片上的症状特点。以上部分病害可以通过制作徒手切片或识别切片标本来识别病原菌的形态特征。

(五) 其他果树病害的症状和病原菌形态识别

注意其他果树病害发病部位、病状特点等。

五、实训成果

(1) 将果树病害的识别结果填入表5-8。

表5-8 果树病害识别结果记录

病害名称	为害部位和症状特点	病原菌形态特征	发生规律	防治方法

(2) 绘制梨锈病病菌、葡萄霜霉病病菌的形态图。

主要参考文献

北京农业大学，1999. 昆虫学通论［M］. 北京：中国农业出版社.
蔡平，祝树德，2003. 园林植物昆虫学［M］. 北京：中国农业出版社.
蔡祝南，张中义，2003. 花卉病虫害防治大全［M］. 北京：中国农业出版社.
曹若彬，1996. 果树病理学［M］. 北京：中国农业出版社.
常用农药使用手册编委会，2006. 常用农药使用手册［M］. 成都：四川科学技术出版社.
陈利锋，徐敬友，2001. 农业植物病理学［M］. 北京：中国农业出版社.
陈岭伟，2002. 园林植物病虫害防治［M］. 北京：高等教育出版社.
陈啸寅，朱彪，2014. 植物保护［M］. 3版. 北京：中国农业出版社.
陈友，孙丹萍，2013. 园林植物病虫害防治［M］. 2版. 北京：中国林业出版社.
程亚樵，2012. 园艺植物病虫害防治［M］. 北京：中国农业出版社.
费显伟，2005. 园艺植物病虫害防治实训［M］. 北京：高等教育出版社.
费显伟，2015. 园艺植物病虫害防治［M］. 2版. 北京：高等教育出版社.
古德祥，2000. 中国南方害虫生物防治50周年回顾［J］. 昆虫学报，43（3）：326-335.
韩召军，2001. 园艺昆虫学［M］. 北京：中国农业大学出版社.
侯学文，2001. 生物技术在植物性杀虫剂研究开发中的应用［J］. 植物保护学报，28（1）：66-82.
华南农业大学，1999. 普通昆虫学［M］. 北京：中国农业出版社.
华中农业大学，1986. 蔬菜病理学［M］. 北京：中国农业出版社.
黄少彬，2006. 园林植物病虫害防治［M］. 北京：高等教育出版社.
金波，1994. 花卉病虫害防治［M］. 北京：中国农业出版社.
李鑫，2001. 园艺昆虫学［M］. 北京：中国农业出版社.
李照会，2004. 园艺植物昆虫学［M］. 北京：中国农业出版社.
林焕章，张能唐，1999. 花卉病虫害防治手册［M］. 北京：中国农业出版社.
刘承焕，王继煌，2010. 园林植物病虫害防治技术［M］. 北京：中国农业出版社.
刘树生，2000. 害虫综合治理面临的机遇、挑战和对策［J］. 植物保护，26（4）：35-38.
吕佩珂，2001. 中国花卉病虫原色图鉴［M］. 北京：蓝天出版社.
马成云，张淑梅，窦瑞木，2011. 植物保护［M］. 北京：中国农业大学出版社.
马飞，2001. 害虫预测预报研究进展［J］. 安徽农业大学学报，38（1）：92-96.
苏建亚，郭坚华，2000. 植物病虫害基础［M］. 南京：南京大学出版社.
万方浩，2000. 我国生物防治研究的进展与展望［J］. 昆虫知识，36（2）：65-64.
王连荣，2000. 园艺植物病理学［M］. 北京：中国农业出版社.
王险峰，2000. 进口农药应用手册［M］. 北京：中国农业出版社.
吴福祯，1990. 中国农业百科全书（昆虫卷）［M］. 北京：中国农业出版社.
吴文君，2000. 农药学原理［M］. 北京：中国农业出版社.
谢先芝，1999. 抗虫转基因植物的研究进展与前景［J］. 生物工程进展，19（6）：46-51.
徐明慧，1993. 园林植物病虫害防治［M］. 北京：中国林业出版社.
许志刚，2002. 普通植物病理学［M］. 北京：中国农业出版社.

袁锋，1996. 昆虫分类学 [M]. 北京：中国农业出版社.
张随榜，2001. 园林植物保护 [M]. 北京：中国农业出版社.
张孝羲，1985. 昆虫生态及预测预报 [M]. 北京：中国农业出版社.
张孝羲，1995. 害虫预测预报的理论基础 [J]. 昆虫知识，32（1）：55-60.
张中社，江世宏，2005. 园林植物病虫害防治 [M]. 北京：高等教育出版社.
赵怀谦，赵宏儒，杨志华，1994. 园林植物病虫害防治手册 [M]. 北京. 中国农业出版社.
赵善欢，2000. 植物化学保护 [M]. 3版. 北京：中国农业出版社.
郑乐怡，归鸿，1999. 昆虫分类学 [M]. 南京：南京师范大学出版社.

读者意见反馈

亲爱的读者：

感谢您选用中国农业出版社出版的职业教育规划教材。为了提升我们的服务质量，为职业教育提供更加优质的教材，敬请您在百忙之中抽出时间对我们的教材提出宝贵意见。我们将根据您的反馈信息改进工作，以优质的服务和高质量的教材回报您的支持和爱护。

地　　址：北京市朝阳区麦子店街18号楼（100125）
　　　　　中国农业出版社职业教育出版分社
联系方式：QQ（1492997993）

教材名称：_____　ISBN：_____

个人资料

姓名：_____所在院校及所学专业：_____
通信地址：_____
联系电话：_____电子信箱：_____
您使用本教材是作为：□指定教材□选用教材□辅导教材□自学教材
您对本教材的总体满意度：
　从内容质量角度看□很满意□满意□一般□不满意
　　改进意见：_____
　从印装质量角度看□很满意□满意□一般□不满意
　　改进意见：_____
本教材最令您满意的是：
□指导明确□内容充实□讲解详尽□实例丰富□技术先进实用□其他_____
您认为本教材在哪些方面需要改进？（可另附页）
□封面设计□版式设计□印装质量□内容□其他_____
您认为本教材在内容上哪些地方应进行修改？（可另附页）
_____
_____
本教材存在的错误：（可另附页）
第_____页，第_____行：_____应改为：_____
第_____页，第_____行：_____应改为：_____
第_____页，第_____行：_____应改为：_____
您提供的勘误信息可通过QQ发给我们，我们会安排编辑尽快核实改正，所提问题一经采纳，会有精美小礼品赠送。非常感谢您对我社工作的大力支持！

欢迎访问"全国农业教育教材网"http：//www.qgnyjc.com（此表可在网上下载）
欢迎登录"中国农业教育在线"http：//www.ccapedu.com查看更多网络学习资源

图书在版编目（CIP）数据

园艺植物保护 / 吴雪芬，席敦芹，邱晓红主编．—北京：中国农业出版社，2021.3（2024.8重印）
高等职业教育农业农村部"十三五"规划教材 "十三五"江苏省高等学校重点教材
ISBN 978-7-109-27272-9

Ⅰ.①园⋯ Ⅱ.①吴⋯ ②席⋯ ③邱⋯ Ⅲ.①园林植物－植物保护－高等职业教育－教材 Ⅳ.①S436.8

中国版本图书馆 CIP 数据核字（2020）第 167086 号

中国农业出版社出版
地址：北京市朝阳区麦子店街 18 号楼
邮编：100125
责任编辑：吴 凯
版式设计：杜 然 责任校对：赵 硕
印刷：中农印务有限公司
版次：2021 年 3 月第 1 版
印次：2024 年 8 月北京第 2 次印刷
发行：新华书店北京发行所
开本：787mm×1092mm 1/16
印张：22
字数：600 千字
定价：55.00 元

版权所有·侵权必究
凡购买本社图书，如有印装质量问题，我社负责调换。
服务电话：010-59195115　010-59194918